科学出版社"十三五"普通高等教育本科规划教材
普通高等教育机械类特色专业系列教材

现代设计理论与方法
（第三版）

主　编　张　鄂　张　帆　买买提明·艾尼
参　编　李晓玲　计志红　许林安
主　审　吴宗泽　陈国定

U0221292

科　学　出　版　社
北　京

内 容 简 介

本书较为系统地介绍了现代设计的理论与方法。内容包括绪论、优化设计、可靠性设计、计算机辅助设计、有限元法、工业造型设计、设计方法学、动态设计、反求工程设计、绿色设计、并行设计、协同设计和智能设计。

本书内容丰富，具有系统性、先进性和实用性，并通过工程应用实例，加强读者对相关设计理论的理解与设计方法的掌握与运用。全书取材新颖，内容充实，结构体系完整，重点突出，理论联系实际。

本书可作为高等学校机械工程类、能源动力类及相关专业学生的教材，也可作为工程技术人员继续教育的培训教材，还可供有关技术人员参考。

图书在版编目（CIP）数据

现代设计理论与方法/张鄂，张帆，买买提明·艾尼主编. —3 版. —北京：科学出版社，2019.1
科学出版社"十三五"普通高等教育本科规划教材·普通高等教育机械类特色专业系列教材
ISBN 978-7-03-060336-4

Ⅰ. ①现… Ⅱ. ①张… ②张… ③买 Ⅲ. ①设计学-高等学校-教材 Ⅳ. ①TB21

中国版本图书馆 CIP 数据核字（2019）第 001838 号

责任编辑：朱晓颖／责任校对：郭瑞芝
责任印制：赵 博／封面设计：迷底书装

科 学 出 版 社 出版
北京东黄城根北街 16 号
邮政编码：100717
http://www.sciencep.com

保定市中画美凯印刷有限公司印刷
科学出版社发行 各地新华书店经销
*
2007 年 3 月第 一 版 开本：787×1092 1/16
2014 年 8 月第 二 版 印张：20 1/4
2019 年 1 月第 三 版 字数：518 000
2025 年 1 月第二十二次印刷
定价：59.80 元
（如有印装质量问题，我社负责调换）

前　言

本书自 2007 年出版以来，已连续印刷 15 次，受到全国多所高校和广大读者的欢迎。

随着机械产品和设备向高速、高效、精密、轻量化方向的快速发展，产品和设备的结构日益复杂。人们对产品提出了功能性更强、可靠性更高、经济性更好的要求，这就需要从事机械设计和制造的工程技术人员掌握新的设计理论和设计方法，提高设计开发能力，以满足社会不断增长的各种需要。

进入 21 世纪，随着科学和技术的飞速发展，特别是计算机及其应用技术的快速发展，人类社会进入了一个新的时代，即数字化、信息化、智能化、网络化、大数据、云计算时代。近40 年来，现代设计理论与方法经历了逐渐形成和不断发展的历程。今天，计算机辅助设计、优化设计、可靠性设计和有限元分析已经得到迅速普及。同时，计算机辅助设计的更高阶段——智能设计、虚拟设计，可靠性设计的更高阶段——稳健设计，以及创新设计、绿色设计、动态设计、反求工程设计、人机工程、并行设计、协同设计等的出现，极大地丰富了现代设计理论与方法的内涵，也为现代产品和设备的设计水平及设计质量的提高做出了重要贡献。

本书是在 2014 年第二版的基础上，根据近几年的教学实践和创新型人才培养需要以及现代设计理论与方法的最新发展，对原书的一些内容和章节做了增删和修改。此次修订基本上维持了第二版的总体体系，力求基本概念阐述准确、插图清晰、继承与创新结合、先进与实用兼顾，使本书更加适用于现代设计理论与方法课程的教学需要。第三版教材主要有以下几个特色：

1）内容丰富，重点突出。全书较全面地介绍了 12 种现代设计理论与方法，并重点突出地介绍了现代工程设计中运用最为普遍的优化设计、可靠性设计、计算机辅助设计、有限元法和工业造型设计五种现代设计方法。这使得本书内容既有较广的覆盖面，又重点突出，从而使学生在学习中对现代设计理论与方法能有较广的视野，又能较好掌握这些理论基础和运用这些方法。

2）体系先进、科学。随着当前现代设计技术不断向信息化、智能化、自动化方向发展，本版中增补了"智能优化算法""并行设计""协同设计""智能设计"等新章节，反映了现代设计理论与方法在工程领域内的最新进展与应用，保持本书内容的先进性和科学性。

3）结构合理，简繁得当，通俗易懂。力求做到结构合理，简繁得当，增强知识的完整性与实用性；内容由浅入深，语言阐述上力求通俗易懂，便于学生学习与掌握。

4）实用性强，注重学生能力培养。注重基本概念、基本理论、基本方法的讲解，加强理论与实际应用的结合，突出实用；尽量避免繁杂的数学公式推导；在各章安排有较多工程应用实例和设计实例，增强知识的实用性；注重学生能力培养，提高学生创新设计技能。

5）使用便利，因需施教。既注重全书的整体性，又兼顾各章的独立性，以便各校根据专业及人才培养需要，方便组织教学。本书作为一个整体，每章介绍一种现代设计方法。各章节保持统一风格，又自成一体，教师可根据教学计划和学生基础合理取舍，方便教学改革需要。

本书由西安交通大学张鄂、西安建筑科技大学张帆、新疆大学买买提明·艾尼主编。参加本次修订的有：张鄂（第 1、2、3、9、10 章），张帆（第 4、11、12、13 章），买买提明·艾尼（第 5 章），李晓玲（西安交通大学，第 6 章），计志红（西安交通大学，第 7 章），许林安（西安交通大学，第 8 章）。全书由张鄂统稿。

西安交通大学芈振南教授、张言羊教授、唐照民教授和西北工业大学陆长德教授仔细审阅了修订稿，并提出了宝贵建议，特此致谢。

本书承蒙清华大学吴宗泽教授和西北工业大学陈国定教授审稿，他们对本书都提出了宝贵的意见，编者在此深表谢意。

由于水平所限，书中难免存在疏漏之处，诚请广大读者批评指正。

编　者

2018 年 9 月

目　　录

第1章 绪 论

1.1 现代设计概述

从 20 世纪 60 年代末开始，随着现代科学技术的飞速发展、计算机技术的广泛应用和现代产品并发的迫切需要，设计领域中相继出现了一系列新兴的设计理论与方法——称为现代设计理论与方法。现代设计理论与方法是不同于强度、刚度等传统设计理论的新兴的设计理论与方法，它是一门基于思维科学、信息科学、系统工程、计算机技术等学科，研究产品设计规律、设计技术和工具、设计实施方法的工程技术学科。

几十年来，现代设计理论与方法在国内外的各个设计领域和工业产品设计中得到广泛的应用，极大地推动了人类设计事业的发展。现代设计理论与方法的主要特点体现在：最优化、数字化、智能化、系统化、创新性和网络化。现代设计理论与方法从"传统"走向"现代"，体现了现代设计理论与方法的科学性、前沿性和与时俱进的品质。

1.1.1 设计及其内涵

设计是人类认识自然、改造自然的基本活动之一。它与人类的生产活动及生活密切相关。在改造自然利用自然的历史长河中，设计活动贯穿于人类所有实践活动的始终。从某种意义上讲，人类文明的历史，就是不断进行设计活动的历史。

设计一词有广义和狭义两种概念：广义概念是指对发展过程的安排，包括发展的方向、程序、细节及达到的目标；狭义的概念是指将客观需求转化为满足需求的技术系统（或技术过程）的智力活动。目前，各种产品包括机、电产品的设计即属此种。

随着科学技术和生产力的不断发展，设计和设计科学也在不断向深度和广度发展，其内容、要求、理论和手段等都在不断更新。目前科技界对设计尚无统一的定义，但对设计的基本内涵都有共同的认识。综合来理解设计的含义，其目的是满足人类与社会的功能要求，将预定的目标通过人们创造性思维，经过一系列规划、分析和决策，产生载有相应的文字、数据、图形等信息的技术文件，以取得最满意的社会与经济效益，这就是设计。然后或通过实践转化为某项工程，或通过制造成为产品，而造福于人类。

产品设计过程从本质上说就是创造性的思维与活动过程，是将创新构思转化为有竞争力的产品的过程。从对设计含义的理解出发，设计活动具有需求特征、创造性特征、程序特征、时代特征。

1）需求特征。产品设计的目的是满足人类社会的需求，即设计始于需要，没有需要就没有设计。

2）创造性特征。时代的发展，使人们的需求、自然环境、社会环境都处于变化之中，从而要求设计者适应条件变化，不断更新老产品，创造新产品。

3）程序特征。设计是通过一定规范程序的过程，最终实现设计目标。因此，设计过程是指从明确设计任务到编制技术文件所进行的整个设计工作的流程。设计过程一般可分为四个主要阶段：产品规划、原理方案设计、技术设计和施工设计。只有按设计程序进行工作，才能提高效率，保证产品的设计质量。

4）时代特征。人类的任何活动都要受一定的物质条件和技术水平的约束，设计也是如此。在设计中，要充分考虑设计方法、设计手段、材料、制造工艺等。这些约束条件使得各种产品设计无不打上时代的烙印。

认识了产品设计的特征，才能全面、深刻地理解设计活动的本质，进而研究与设计活动有关的各种问题，以提高设计的质量和效率。

1.1.2　设计发展的基本阶段

从人类设计活动发展的历史来看，设计经历了如下四个阶段：直觉设计阶段、经验设计阶段、半理论半经验设计阶段和现代设计阶段。

（1）直觉设计阶段

17世纪以前，人类的设计活动完全是靠人的直觉来进行的，这种设计为直觉设计，或称自发设计。当时人们或许是从自然现象中直接得到启示，或是全凭直观感觉来设计制作工具。由于当时人类认识世界的局限性，设计者往往是知其然而不知其所以然，在设计过程中基本上没有信息交流。这种全凭人的直观感觉来设计制作工具的特点，导致设计方案存在于手工艺人头脑中，无法记录表达，产品也是比较简单的。通常一项简单产品的问世，周期很长，且一般无经验可以借鉴。

（2）经验设计阶段

到了17世纪，随着人们对自然的认识增强与生产的发展，产品的复杂性增加，对产品的需求量也开始增大，单个手工艺人的经验或其头脑中的构思已难满足这些要求，促使一个个孤立的设计者必须联合起来互相协作，设计信息的载体——图纸出现，并逐渐开始利用图纸进行信息交流、设计及制造。另外，这一时期由于数学和力学得到长足的发展，二者结合初步形成了机械设计的雏形，从而使工程设计有了一定的理论指导。

在1670年前后首次出现了有关海船的图纸。图纸的出现既可使具有丰富经验的手工艺人通过图纸将其经验或构思记录下来，传于他人，便于用图纸对产品进行分析、改进和提高，推动设计工作向前发展；还可满足更多的人同时参加同一产品的生产活动，满足社会对产品的需求及生产率的要求。利用图纸进行设计，使人类设计活动由直觉设计阶段进步到经验设计阶段，但是其设计过程仍是建立在经验与技巧能力的积累上的。它虽然较直觉设计前进了一步，但周期长，质量也不易保证。

（3）半理论半经验设计阶段

20世纪初以来，随着人类认识自然的过程进一步深入，特别是试验技术的发展，使取得反映系统或机器工作过程内在规律的数据有了可能，于是开始采用局部试验、模拟试验等作为设计过程的辅助手段。通过中间试验取得较可靠的数据，选择较合适的结构，从而缩短了试制周期，提高了设计可靠性。这个阶段成为半理论半经验设计阶段。

在该阶段中，随着科技的进步、试验手段的加强，设计水平得到进一步提高，共取得了如下进展。

1）加强设计基础理论和各种专业产品设计机理的研究，从而为设计提供了大量信息，如包含大量设计数据的图表、图册和设计手册等。

2）加强关键零件的设计研究，大幅提高了设计速度和成功率。

3）加强了"三化"研究，即零件标准化、部件通用化、产品系列化的研究，后来又提出设计组合化，进一步提高了设计的速度、质量，降低了产品的成本。

本阶段由于加强了设计理论和方法的研究，与经验设计相比，显著减小了设计的盲目性，有效地提高了设计效率和质量，并降低了设计成本。

（4）现代设计阶段

20 世纪 60 年代以来，随着科学和技术迅猛发展，特别是计算机技术的发展、普及和应用，为进行有关设计中的理论分析、数值计算和物理模拟等提供了有利条件，使设计工作产生了革命性的突变，人类设计工作步入现代设计阶段。这一阶段的特点如下。

1）设计是基于知识的设计。

2）设计中除了考虑产品本身以外，还要考虑对系统和环境、人机工程的影响。

3）不仅要考虑技术领域，还要考虑经济、社会效益。

4）不仅考虑当前，还需考虑长远发展。

1.1.3 现代设计与传统设计

20 世纪以来，由于科学和技术的发展与进步，对设计的基础理论研究得到加强，随着设计经验的积累，以及设计和工艺的结合，已形成了一套半经验半理论的设计方法。依据这套方法进行机电产品设计，称为传统设计。所谓"传统"是指这套设计方法已沿用了很长时间，直到现在仍广泛采用。传统设计又称常规设计。传统设计是以经验总结为基础，运用力学和数学而形成的经验、公式、图表、设计手册等作为设计的依据，通过经验公式、近似系数或类比等方法进行设计。传统设计方法基本上是一种以静态分析、近似计算、经验设计、手工劳动为特征的设计方法。显然，随着现代科学技术的飞速发展，生产技术的需要和市场的激烈竞争，以及先进设计手段的出现，这种传统设计方法已难以满足要求，迫使设计领域不断研究和发展新的设计方法与技术。

现代设计是过去长期传统设计活动的延伸和发展，它继承了传统设计的精华，吸收了当代科技成果和计算机技术。与传统设计相比，它是一种基于知识的、以动态分析、精确计算、优化设计和 CAD 为特征的设计方法。

现代设计方法与传统设计方法相比，主要完成了以下几方面的转变。

1）产品结构分析的定量化。

2）产品工况分析的动态化。

3）产品质量分析的可靠性化。

4）产品设计结果的最优化。

5）产品设计过程的高效化和自动化。

目前，我国设计领域正面临着由传统设计向现代设计过渡的过程中，广大设计人员应尽快适应这一新的变化。通过推行现代设计，尽快提高我国机电产品的性能、质量、可靠性和在市场的竞争能力。

1.2 现代设计理论与方法的主要内容及特点

1.2.1 现代设计理论与方法的主要内容

一般说来，设计理论是对产品设计原理和机理的科学总结，设计方法是使产品满足设计要求以及判断产品是否满足设计原则的依据。现代设计方法是基于设计理论形成的，因而更具科学性和逻辑性。实质上，现代设计理论和方法更是科学方法论在设计中的应用，是设计领域中发展起来的一门新兴的多元交叉学科。

从 20 世纪 60 年代末开始，设计领域中相继出现一系列新兴理论与方法。为区别过去常用的传统设计理论与方法，把这些新兴理论与方法统称为现代设计理论与方法。表 1-1 列出了目前现代设计理论与方法的主要内容。不同于传统设计方法，在运用现代设计理论与方法进行产品及工程设计时，一般都以计算机作为分析、计算、综合、决策的工具。

表 1-1　现代设计的主要理论与方法

1. 优化设计	7. 动态设计	13. 模块化设计	19. 价值工程
2. 可靠性设计	8. 反求工程设计	14. 相似设计	20. 摩擦学设计
3. 计算机辅助设计	9. 绿色设计	15. 虚拟设计	21. 健壮设计
4. 有限元法	10. 并行设计	16. 疲劳设计	22. 精度设计
5. 工业造型设计	11. 协同设计	17. 三次设计	23. 设计专家系统
6. 设计方法学	12. 智能设计	18. 人机工程	24. 人工神经元计算方法等

现代设计理论和方法的内容众多而丰富，也有学者把它们看作由既相对独立又有机联系的"十一论"方法学构成，即功能论（可靠性为主体）、优化论、离散论、对应论、艺术论、系统论、信息论、控制论、突变论、智能论和模糊论。

综上所述，现代设计理论和方法的种类繁多，但并不是任何一件产品和一项工程的设计都需要采用全部设计方法，也不是每个产品零件或电子元件的设计均能采用上述每一种方法。由于不同的产品都有各自的特点，所以设计时常需综合运用上述设计方法。

本书主要讲述 12 种常用的设计理论和方法：分别为优化设计、可靠性设计、计算机辅助设计、有限元法、工业造型设计、设计方法学、动态设计、反求工程设计、绿色设计、并行设计、协同设计、智能设计等。

除上述 12 种设计理论与方法外，还有一些常用的设计理论与方法。随着社会、经济、科技的进步以及人们观念的更新而不断发展，如发明问题的解决理论（TRIZ）理论、快速响应设计、稳健设计、模糊设计、全寿命周期设计、面向制造的设计、摩擦学设计、模块化设计、人机工程、价值工程、相似设计、虚拟设计、疲劳设计、精度设计、设计专家系统等，由于在节能、环保、高效、改进产品性能和增强产品市场竞争力等方面有其重要性，受到越来越多的重视。

最后指出，由于现代设计理论与方法种类繁多，国内外学者对现代设计理论和方法的分类也各不相同。有文献提出将现代设计理论分为哲理层和应用工程层，也有文献提出分为设计过程理论、性能需求理论、知识流理论和多方利益协调理论的理论框架。一般认为，根据现代设计方法的主要特征，可以将现代设计方法概述为三大类型：综合动态优化设计、可视化设计和智能化设计。现代设计理论与方法的体系结构由设计理论基础层、设计工具和支持技术平台层、设计实施技术方法层三大部分内容组成，三者之间相互交叉与融合。其中，设计实施技术方法层包括面向基本共性问题的设计技术、基于 IT 技术的设计技术、面向学科领域产品的设计技术、基于环境资源的设计技术等四类具体的实施技术方法。

从现代产品设计的发展趋势来看，智能设计、协同设计、虚拟设计、创新设计、资源节约设计、全生命周期设计等设计方法代表了现代产品设计模式的发展方向。

1.2.2 现代设计理论与方法的特点

现代设计理论与方法的特点是计算机、计算技术、应用数学和力学等学科的充分结合与应用，它使机械设计从经验的、静止的、随意性较大的传统设计逐步发展为基于知识的、动态的、自动化程度高的、设计周期短的、设计方案优越的、计算精度高的现代化设计，它应用系统工程的方法，将高度自动化的信息采集、产品订购、制造、管理、供销等一系列环节有机地结合起来，使产业结构、产品结构、生产方式和管理体制发生了深刻变化。现代设计理论与方法在机械设计领域的推广和应用，必将极大地促进机械产品设计的现代化，从而促进机械产品的不断现代化，提高企业的竞争能力。

现代设计方法的基本特点如下。

1) 程式性。研究设计的全过程，要求设计者从产品规划、方案设计、技术设计、施工设计到试验、试制进行全面考虑，按步骤有计划地进行设计。

2) 创造性。突出人的创造性，发挥集体智慧，力求探寻更多突破性方案，开发创新产品。

3) 系统性。强调用系统工程处理技术系统问题。设计时应分析各部分的有机关系，力求系统整体最优。同时考虑技术系统与外界的联系，即人-机-环境的大系统关系。

4) 最优化。设计的目的是得到功能全、性能好、成本低的价值最优产品。设计中不仅考虑零部件参数、性能的最优，更重要的是争取产品的技术系统整体最优。

5) 综合性。现代设计方法是建立在系统工程、创造工程基础上，综合运用信息论、优化论、相似论、模糊论、可靠性理论等自然科学理论，以及价值工程、决策论、预测论等社会科学理论，同时采用集合、矩阵、图论等数学工具和计算机技术，总结设计规律，提供多种解决设计问题的科学途径。

6) 数字性。将计算机技术全面引入设计过程，并应用程序库、数据库、知识库、信息库和网络技术服务于设计，使计算机在设计计算和绘图、信息储存、评价决策、动态模拟、人工智能等方面充分发挥作用。

1.3 现代产品设计

1.3.1 现代产品的特点与设计要求

现代产品的特点主要表现在广泛采用现代新兴技术，并对产品的功能、可靠性、效益提出更为严格的要求。许多高技术产品，如激光测量装置、航天飞机、核动力设备、高铁、航母无人机、智能汽车等，无一不是采用现代新兴技术的结果。而常规产品，如机床、纺织机械、工程机械、电视机等，也都大量采用了新技术，如数字控制、气动纺纱、液压技术、集成电路等。先进的科技成果正在源源不断地通过设计改变着产品。

机械产品中日益普遍地采用计算机进行自动控制，发展为机械-电子-信息一体化技术及产品，新兴技术促使机械产品在功能上出现了大跨越，成为现代产品最突出的特点。科学技术的发展、新的设计领域不断开辟，出现了芯片设计、基因设计、微型机械设计等新领域，同时新技术不断涌现，又促进了经济的高速发展。而这些又促使企业间的竞争日益激烈，且这种竞争已成为世界范围内技术水平、经济实力的全面竞争。

现代机械日益向大型化、高速化、精密化和高效化方向发展，不可避免地对工业产品与工程设计提出了新的要求，具体表现为以下几个方面。

1）设计对象由单机走向系统。

2）设计要求由单目标走向多目标。

3）设计所涉及的领域由单一领域走向多个领域。

4）承担设计工作的人员从单人走向小组协同。

5）产品更新速度加快，使设计周期缩短。

6）产品设计由自由发展走向有计划的发展。

7）设计的发展要适应科学技术的发展，特别是适应计算机技术的发展。

1.3.2　现代产品的设计类型及进程

产品设计是形成工业产品的第一道工序。要设计好一个现代产品，除需掌握现代设计理论与方法外，还应了解产品设计过程的一般规律和设计程序。

1. 现代产品的设计类型

现代产品设计按其创新程度可分开发性设计、适应性设计、变型设计 3 种类型。

1）开发性设计。它是在全部功能或主要功能的实现原理和结构未知的情况下，运用成熟的科学技术成果所进行的新型工业产品的设计，也可以称为"零-原型"的设计。这是一种完全创新的设计。

2）适应性设计。在工作原理不变的情况下，只对产品进行局部变更或增设部件，其目的是使产品能更广泛地适应使用要求。例如，各种不同工况条件的适应性、产品工作的安全性、可靠性、寿命、工作效率、易控性等。

3）变型设计。在工作原理和功能都不变的情况下，变更现有产品的结构配置和尺寸，使之满足不同的工作要求。

2. 现代产品设计的 3 个阶段

任何一种产品的开发，都要面对市场竞争的考验。要使产品受到市场的接受和欢迎，一般来说产品开发要经历功能原理设计、实用化设计、商品化设计 3 个重要阶段。

1）功能原理设计。产品的功能原理设计就是针对产品某一确定的功能要求，寻找一些实现该功能目标的解法原理。其实质就是进行产品原理方案的构思与拟定的过程。因此，设计时必须从最新的自然科学原理及其技术效应出发，通过创新构思，优化筛选，寻求最适宜于实现预定功能目标的原理方案。

功能原理设计通常是以简图或示意图来进行方案构思的，它是一个形象思维与逻辑推理的过程，是实现创新和开发的关键阶段，它的优劣从根本上决定了产品设计的水平。

2）实用化设计。实用化设计就是使原理方案构思转化为包括总体设计、部件设计、零件设计到制造施工的全部技术资料。

3）商品化设计。一个产品要成为商品，并保证产品在市场竞争中成功，必须具备一定的条件。商品化设计就是从技术、经济、社会等各方面来提高产品的市场竞争能力。

3. 现代产品设计的进程

现代产品设计进程一般可分为产品规划、原理方案设计、技术设计、施工设计 4 个阶段。

（1）产品规划

产品规划就是进行待开发产品的需求分析、市场预测、可行性分析，确定设计参数及制约条件，最后提出详细的设计任务书（或设计要求表），作为设计、评价和决策的依据。

对产品开发中的重大问题经过技术、经济、社会各方面条件的详细分析和对开发可能性的综合研究后，提出产品开发的可行性报告。报告内容一般包括：

1）产品开发的必要性，市场调查及预测情况。

2）有关产品的国内外水平，发展趋势。

3）技术上预期所能达到的水平，经济效益和社会效益的分析。

4）设计、工艺等方面需要解决的关键问题。

5）投资费用及开发时间进度。

6）现有条件下开发的可能性及准备采取的措施等。

（2）原理方案设计

原理方案设计就是进行新产品的功能原理设计。在功能分析的基础上通过创新构思，优化筛选，求取较理想的功能原理方案，列表给出原理参数，作出新产品的功能原理方案图。

方案设计阶段是产品设计中的一个重要阶段。它将决定产品性能、成本，关系到产品水平及竞争能力。

（3）技术设计

技术设计就是将新产品的最优功能原理方案具体化为装置及零部件的合理结构。相对于原理方案设计，技术设计有更多反映设计规律的合理化设计要求。该阶段的工作内容一般包括：

1）总体设计，即按照人-机-环境-社会的合理要求，对产品各部分的位置、运动、控制等进行总体布置设计。

2）按照实用化设计和商品化设计两条设计路线，同时分别进行结构设计（材料、尺寸等）和造型设计（美感、宜人性等），得到若干个结构方案和造型方案；再分别经过试验和评价，选出最优结构方案和最优造型方案。

3）分别得出结构设计技术文件、总体装置草图、结构装配草图和造型设计技术文件、总体效果草图、外观构思模型等。

上述设计路线的每一步骤，都必须相互交流相互补充，而不是完成结构设计再进行造型设计，最后完成的图纸和文件所表示的是统一的新产品。

技术设计完成后应提交新产品的总装图、结构装配图和造型图。

（4）施工设计

施工设计是把技术设计的结果变成施工的技术文件。该阶段就是完成零件工作图、部件装配图、造型效果图、设计说明书、工艺文件、使用说明书等有关技术文件。

上述现代产品设计进程的 4 个阶段，应尽可能地实现计算机设计与制造（CAD/CAM）一体化，以提高设计效率，加快设计进度。各阶段中的具体设计内容都要在现代设计理论的指导下，用现代设计方法来完成。

1.4　学习本课程的意义及任务

1.4.1　学习本课程的意义

当前，我国经过 40 年来改革开放的快速发展，已成为世界制造业第一大国和全球第二大经济体，并正在经历由世界制造大国向世界制造强国的转变。经济的发展与人民生活水平的不断提高，迫切需要质量好、效率高、消耗低、价格低廉的先进工业、军事与民用产品，而产品设计是决定产品性能、质量、水平和经济效益的重要一环。与此同时，随着知识经济时代的到来与我国加入世界贸易组织（WTO），产品在国际市场是否具有竞争能力，在很大程度上取决于产品的设计。在这种形势下，唯有提高产品的先进性及质量才能参与国际竞争。为此，在产品设计中就必须大力推广目前已经广泛应用的先进设计理论和方法，提高我国产品的设计水平。

另外，在市场全球化的今天，产品的竞争实质上就是设计的竞争。设计是产品生产的关键一步，它不仅决定了产品的制造过程和产品的性能与质量，同时对产品的市场竞争力有直接影响。应用现代设计理论与方法，把好产品的设计关，不仅可以降低制造成本，保证产品的使用性能，增强产品的市场竞争力；优良的产品设计还可以降低使用成本、降低能耗、减少对环境的破坏，有利于人类的可持续发展。因此，加强现代设计理论与方法的研究及应用，推动我国企业产品开发技术的现代化是学术界、工业界需要大力进行的工作。

随着科学技术的飞速发展以及计算机技术的广泛应用，人们的设计思想和方法有了飞跃式的变化，设计手段有了革命性的提高，使设计领域正在进行一场深刻的变革，各种现代设计理论与方法不断涌现，设计方法更为科学、系统、完善和进步。传统设计方法已经发展成为一门新兴的综合性、交叉性学科——现代设计理论与方法。先进的设计理论与方法是提高设计质量、更好更快地完成产品设计的关键。现代设计理论与方法的广泛应用，必将为我国的工业生产带来巨大的经济效益，提供更丰富、更方便、更环保的产品，在提高我国工业产品的设计质量、缩短设计周期、推动设计工作的现代化和科学化方面将发挥重大作用。

因此，无论是作为未来设计者的理工科大学生，还是正在从事产品设计工作的工程师，学习和掌握现代设计理论与方法就具有特别重要的意义。设计人员是新产品的重要创造者，同时是新的设计理论与方法的创造者和使用者，更是产品质量的主要保证者。为了适应当代科学技术发展的要求和市场经济体制对设计人才的需要，必须加强设计人员的创新能力和素质的培养，现代设计理论与方法课程的开设目的就在于此。

1.4.2　学习本课程的方法和任务

现代设计理论与方法是一门理论性与实践性都非常强的交叉学科。作为理工科专业学生，学习现代设计理论与方法，最主要的任务是掌握其基本原理、方法、求解问题的思路和步骤，认识其在求解工程问题中发挥的作用，同时应了解其局限性，最终目的是要运用现代设计理论与方法解决工程实际问题，提高产品的设计质量和设计效率。

本课程的学习方法如下。

1）设计理论与设计实践相结合。

2）传统设计手段与现代设计手段相结合。

3）本课程的实践教学大多是以计算机技术为基础，需要各种计算机软件的支持，求解问题也是在计算机上进行的，课程的实践性很强。因此，学习中没有必要对大量的公式及其推导过程死记硬背，要明确最主要的任务是掌握其原理、方法、求解问题的思路和步骤；要结合编程和使用通用软件上机计算，通过上机解题体会现代设计方法与传统设计方法在求解问题上的异同，学会运用现代设计理论与方法求解工程实际问题。

学习本课程的任务如下。

1）通过学习，了解现代设计理论与方法的基本原理和主要内容，掌握各种设计方法的设计思想、设计步骤及上机操作要领，以提高自己的设计素质，增强创新设计能力。

2）通过学习，在充分掌握现代设计理论与方法的基础上，力求在未来产品设计实践的工作过程中，能够不断地发展现代设计理论与方法，甚至发明和创造出新的现代设计方法和手段，以推动人类设计事业的进步。

3）通过学习，开拓学生思路，提高现代设计能力，在未来从事设计工作中，使所设计的产品具有先进性、创新性、可靠性、经济性和最优性等。

4）通过学习培养学生严肃认真的工作态度和严谨细致的工作作风。

习 题

1-1　试述现代设计理论与方法的含义。

1-2　机械设计中哪些需要用到现代设计理论与方法进行设计？

1-3　试述传统设计和现代设计间的区别。

1-4　指出现代设计理论与方法的主要特点。

1-5　说明学习现代设计理论与方法课程的意义和任务。

第 2 章　优 化 设 计

2.1　概　　述

2.1.1　优化设计基本概念

优化设计 (optimal design，OD) 是 20 世纪 60 年代随着计算机的广泛使用而迅速发展起来的一种现代设计方法。它是最优化技术和计算机技术在计算领域中应用的结果。优化设计能为工程及产品设计提供一种重要的科学设计方法，使得在解决复杂设计问题时，能从众多的设计方案中寻得尽可能完善的或最适宜的设计方案，因而采用这种设计方法能大幅提高设计质量和设计效率。

目前，优化设计方法在机械、电子电气、化工、纺织、冶金、石油、航空航天、航海、道路交通及建筑等设计领域得到了广泛应用，而且取得了显著的技术、经济效果。特别是在机械设计中，对于机构、零件、部件、工艺设备等的基本参数，以及一个分系统的设计，都有许多优化设计方法取得良好经济效果的实例。实践证明，在机械设计中采用优化设计方法，不仅可以减轻机械设备自重，降低材料消耗与制造成本，而且可以提高产品的质量与工作性能，同时能显著缩短产品设计周期。因此，优化设计已成为现代设计理论与方法中一个重要的领域，并且越来越受到广大设计人员和工程技术人员的重视。

优化设计是将工程设计问题转化为最优化问题，利用数学规划的方法，借助计算机的高速运算和强大的逻辑判断能力，从满足设计要求的一切可行方案中，按照预定的目标自动寻找最优设计的一种设计方法。

优化设计过程一般分为如下四步。

1) 设计课题分析。首先确定设计目标，它可以是单项指标，也可以是多项设计指标的组合。从技术经济观点出发，就机械设计而言，机器的运动学和动力学性能、体积与重量、效率、成本、可靠性等，都可以作为设计所追求的目标。然后分析设计应满足的要求，主要的有：某些参数的取值范围；某种设计性能或指标按设计规范推导出的技术性能；工艺条件对设计参数的限制等。

2) 建立数学模型。将实际设计问题用数学方程的形式进行全面、准确的描述，其中包括：确定设计变量，即哪些设计参数参与优选；构造目标函数，即评价设计方案优劣的设计指标；选择约束函数，即把设计应满足的各类条件以等式或不等式的形式表达。建立数学模型要做到准确、齐全这两点，即必须严格地按各种规范进行相应的数学描述，必须把设计中应考虑的各种因素全部包括进去，这对于整个优化设计的效果是至关重要的。

3) 选择优化方法。根据数学模型的函数性态、设计精度要求等选择使用的优化方法，并编制出相应的计算机程序。

4) 上机寻优计算。将所编程序及有关数据输入计算机，进行运算，求解得最优值，然后对所算结果进行分析判断，得到设计问题的最优设计方案。

上述优化设计过程步骤的核心是进行如下两项工作：一是分析设计任务，将实际问题转化为一个最优化问题，即建立优化问题的数学模型；二是选用适用的优化方法在计算机上求解数学模型，寻求最优设计方案。

2.1.2 优化设计的数学模型

下面通过三个简单的优化设计实例，说明优化数学模型的一般形式及其有关概念。

例 2-1 如图 2-1 所示，有一圆形等截面的销轴，一端固定，一端作用着集中载荷 $F=10000\mathrm{N}$ 和转矩 $T=100\mathrm{N}\cdot\mathrm{m}$。由于结构需要，轴的长度 l 不得小于 8cm，已知销轴材料的许用弯曲应力 $[\sigma_w]=120\mathrm{MPa}$，许用扭转切应力 $[\tau]=80\mathrm{MPa}$，允许挠度 $[f]=0.01\mathrm{cm}$，密度 $\rho=7.8\mathrm{t/m^3}$，弹性模量 $E=2\times10^5\mathrm{MPa}$。现要求在满足使用要求的条件下，试设计一个用料最省（销轴质量最轻）的方案。

解： 根据上述问题，该销轴的力学模型是一个悬臂梁。设销轴直径为 d，长度为 l，体积为 V，则该问题的物理表达式如下。

1）销轴用料最省（即体积最小）：

$$V=\frac{1}{4}\pi d^2l\to\min$$

图 2-1 圆形等截面销轴

可见销轴用料取决于其直径 d 和长度 l。这是一个合理选择 d 和 l 而使体积 V 最小的优化设计问题。

2）满足的条件。

① 强度条件。

弯曲强度表达式 $\qquad\sigma_{\max}=\dfrac{Fl}{0.1d^3}\leqslant[\sigma_w]$

扭转强度表达式 $\qquad\tau=\dfrac{T}{0.2d^3}\leqslant[\tau]$

② 刚度条件。

挠度表达式 $\qquad f=\dfrac{Fl^3}{3EJ}=\dfrac{64Fl^3}{3E\pi d^4}\leqslant[f]$

③ 结构尺寸边界条件。

$$l\geqslant l_{\min}=8\mathrm{cm}$$

将已知的有关数值代入，按优化数学模型的规范形式，可归纳为如下数学模型：

设 $\qquad x_1=d,\quad x_2=l$

设计变量 $\qquad X=[d\quad l]^\mathrm{T}=[x_1\quad x_2]^\mathrm{T}$

目标函数的极小化

$$\min f(X)=V=\frac{1}{4}\pi d^2l=\frac{1}{4}\pi x_1^2x_2\approx0.785x_1^2x_2$$

约束条件

$$g_1(X)=8.33l-d^3=8.33x_2-x_1^3\leqslant0\quad\text{（弯曲强度条件）}$$

$$g_2(X)=6.25-d^3=6.25-x_1^3\leqslant0\quad\text{（扭转强度条件）}$$

$$g_3(X)=0.34l^3-d^4=0.34x_2^3-x_1^4\leqslant 0 \quad （刚度条件）$$

$$g_4(X)=8-l=8-x_2\leqslant 0 \qquad （长度的边界条件）$$

综上所述，这是一个具有 4 个约束条件的二元非线性的约束优化问题。

例 2-2　现用薄钢板制造一体积为 $5\mathrm{m}^3$，长度不小于 4m 的无上盖的立方体货箱。要求该货箱的钢板耗费量最少，试确定货箱的长、宽和高的尺寸。

解：钢板的耗费量与货箱的表面积成正比。设货箱的长、宽、高分别为 x_1、x_2、x_3，货箱的表面积为 S，则该问题的物理表达式如下。

1）货箱的钢板耗费量（即货箱的表面积用料）最少：

$$S=x_1x_2+2(x_1x_3+x_2x_3)\to \min$$

可见货箱的表面积取决于货箱的长度 x_1、宽度 x_2 和高度 x_3。

2）满足的条件：　　　　　$x_1\geqslant 4,\quad x_2>0,\quad x_3>0$

按优化数学模型的规范形式，可归纳为如下数学模型：

设计变量　　　　　　　$X=[x_1\quad x_2\quad x_3]^{\mathrm{T}}$

目标函数的极小化　　$\min f(X)=S=x_1x_2+2(x_1x_3+x_2x_3)$

约束条件

$$g_1(X)=4-x_1\leqslant 0$$
$$g_2(X)=-x_2\leqslant 0$$
$$g_3(X)=-x_3\leqslant 0$$
$$h(X)=5-x_1x_2x_3=0$$

由等式约束条件可知，三个设计变量中只有两个是独立变量，即 $x_3=\dfrac{5}{x_1x_2}$。因此，该问题的优化数学模型应写为如下模型：

设计变量　　　　　　　$X=[x_1\quad x_2]^{\mathrm{T}}$

目标函数的极小化

$$\min f(X)=x_1x_2+2(x_1x_3+x_2x_3)=x_1x_2+10\left(\frac{1}{x_2}+\frac{1}{x_1}\right)$$

约束条件

$$g_1(X)=4-x_1\leqslant 0$$
$$g_2(X)=-x_2\leqslant 0$$

例 2-3　某车间生产甲、乙两种产品。生产甲种产品每件需使用 9kg 材料、3 个工时、$4\mathrm{kW\cdot h}$ 电，可获利润 60 元。生产乙种产品每件需用 4kg 材料、10 个工时、$5\mathrm{kW\cdot h}$ 电，可获利 120 元。若每天能供应 360kg 材料、300 个工时、$200\mathrm{kW\cdot h}$ 电。试确定两种产品每天的产量，以使每天可能获得的利润最大。

解：这是一个生产计划问题，可归结为既满足各项生产条件，又使每天所能获得的利润达到最大的优化设计问题。

设每天生产的甲、乙两种产品分别为 x_1、x_2 件，每天获得的利润可用函数 $f(x_1,x_2)$ 表示，即

$$f(x_1,x_2)=60x_1+120x_2\to \max$$

每天实际消耗的材料、工时和电力可分别用以下约束函数表示：

$$g_1(X)=9x_1+4x_2$$

$$g_2(X) = 3x_1 + 10x_2$$
$$g_3(X) = 4x_1 + 5x_2$$

于是上述生产计划问题的优化数学模型应写为

设计变量 $\qquad\qquad\qquad X = [x_1 \quad x_2]^T$

目标函数的极大化

$$\max f(X) = f(x_1,\ x_2) = 60x_1 + 120x_2$$

约束条件

$$g_1(X) = 9x_1 + 4x_2 \leqslant 360 \qquad (材料约束)$$
$$g_2(X) = 3x_1 + 10x_2 \leqslant 300 \qquad (工时约束)$$
$$g_3(X) = 4x_1 + 5x_2 \leqslant 200 \qquad (电力约束)$$
$$g_4(X) = -x_1 \leqslant 0$$
$$g_5(X) = -x_2 \leqslant 0$$

由于目标函数和所有约束函数均为设计变量的线性函数，故此问题属线性约束优化问题。

从以上三个实例可以看出，优化设计的数学模型需要用设计变量、目标函数和约束条件等基本概念才能予以完整的描述，可以写成以下统一形式：

求设计变量 $\qquad\qquad X = [x_1,\ x_2,\ \cdots,\ x_n]^T$ $\qquad\qquad\qquad$ (2-1)

使极小化或极大化函数 $\qquad f(X) = f(x_1,\ x_2,\ \cdots,\ x_n)$ $\qquad\qquad$ (2-2)

满足约束条件

$$g_u(X) \leqslant 0 \qquad (u=1,\ 2,\ \cdots,\ m)$$
$$h_v(X) = 0 \qquad (v=1,\ 2,\ \cdots,\ p;\ p < n)$$

其中，$g_u(X) \leqslant 0$ 称为不等式约束条件，$h_v(X) = 0$ 称为等式约束条件。

用向量 $X = [x_1,\ x_2,\ \cdots,\ x_n]^T$ 表示设计变量，$X \in R^n$ 表示向量 X 属于 n 维实欧氏空间；用 min、max 表示极小化和极大化；s. t.（subjected to 的英文缩写）表示"满足于"；m、p 分别表示不等式约束和等式约束的个数。优化数学模型可以写成以下向量形式：

$$\min f(X), \qquad X \in R^n$$
$$\text{s. t.} \quad g_u(X) \leqslant 0 \quad (u=1,\ 2,\ \cdots,\ m) \qquad\qquad (2-3)$$
$$h_v(X) = 0 \quad (v=1,\ 2,\ \cdots,\ p;\ p < n)$$

式 (2-3) 就是优化数学模型的一般表达式。这一优化数学模型，称为约束优化设计问题。若式 (2-3) 所列数学模型内 $m = p = 0$，则成为

$$\min f(X) \quad (X \in R^n) \qquad\qquad\qquad (2-4)$$

这一优化问题不受任何约束，称为无约束优化设计问题。式 (2-4) 即为无约束优化问题的数学模型表达式。

当涉及问题要求极大化 $f(X)$ 目标函数时，只要将式中目标函数改写为 $-f(X)$ 即可。因为 $\min f(X)$ 和 $\max[-f(X)]$ 具有相同的解。同样，当不等式约束为 "$\geqslant 0$" 时，只要将不等式两端同乘以 "-1"，即可得到 "$\leqslant$" 的一般形式。

一个完整的规格化的优化数学模型应包含有三部分内容：即设计变量 X、目标函数 $f(X)$、约束条件 $g_u(X) \leqslant 0$ 和 $h_v(X) = 0$。它们又称为优化数学模型的三要素。

建立的优化数学模型，在计算机上求得的解称为优化问题的最优解，它包括以下内容。

最优方案　　　　　　　　　$X^* = [x_1^*, \ x_2^*, \ \cdots, \ x_n^*]^{\mathrm{T}}$

最优目标函数值　　　　　　　　　　$f(X^*)$

即优化问题的最优解由最优设计方案 X^*（或称最优点）和最优目标函数值 $f(X^*)$ 两部分组成，最优目标函数值 $f(X^*)$ 是最优点 X^* 代入目标函数 $f(X)$ 所求得的最优函数值，它是评价设计方案优劣程度的一个标量值。

1. 设计变量

在优化设计过程中需要调整和优选的参数称为设计变量。例如，在工程及工业产品设计中，一个零部件或一台机器的设计方案，常用一组基本参数来表示。概括起来参数可分为两类：一类是按照具体设计要求事先给定，且在设计过程中保持不变的参数，称为设计常量；另一类是在设计过程中须不断调整，以确定其最优值的参数，则为设计变量。也就是说，设计变量是优化设计要优选的量。优化设计的任务，就是确定设计变量的最优值以得到最优设计方案。

由于设计对象不同，选取的设计变量也不同。它可以是几何参数，如零件外形尺寸、截面尺寸、机构的运动尺寸等；也可以是某些物理量，如零部件的重量、体积、力与力矩、惯性矩等；还可以是代表工作性能的导出量，如应力、变形等。总之，设计变量必须是对该项设计性能指标优劣有影响的参数。

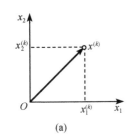

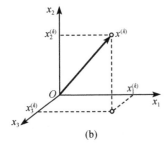

图 2-2　设计空间

设计变量是一组相互独立的基本参数。一般用向量 X 来表示。设计变量的每一个分量都是相互独立的。以 n 个设计变量为坐标轴所构成的实数空间称为设计空间，或称 n 维实欧氏空间，用 R^n 表示。当 $n=2$ 时，$X=[x_1, \ x_2]^{\mathrm{T}}$ 是二维设计向量；当 $n=3$ 时，$X=[x_1, \ x_2, \ x_3]^{\mathrm{T}}$ 为三维设计向量，设计变量 x_1，x_2，x_3 组成一个三维空间；当 $n>3$ 时，设计空间是一个想象的超越空间，称为 n 维实数空间。其中二维和三维设计空间如图 2-2 所示。

设计空间是所有设计方案的集合，用符号 $X \in R^n$ 表示。任何一个设计方案，都可以看作从设计空间原点出发的一个设计向量 $X^{(k)}$，该向量端点的坐标值就是这一组设计变量 $X^{(k)} = [x_1^{(k)}, \ x_2^{(k)}, \ \cdots, \ x_n^{(k)}]^{\mathrm{T}}$。因此，一组设计变量表示一个设计方案，它与一向量的端点相对应，也称为设计点。而设计点的集合即构成了设计空间。

根据设计变量的多少，一般将优化设计问题分为三种类型：设计变量数目 $n<10$ 的称为小型优化问题；$n=10 \sim 50$ 的称为中型优化问题；$n>50$ 的称为大型优化问题。

在工程优化设计中，根据设计要求，设计变量常有连续量和离散量之分。大多数情况下，设计变量是有界连续变化型量，称为连续设计变量。但在一些情况下，有些设计变量是离散型量，则称为离散设计变量，如齿轮的齿数、模数、钢管的直径、钢板的厚度等。对于离散设计变量，在优化设计过程中常先把它视为连续量，再求得连续量的优化结果后再进行圆整或标准化，以求得一个实用的最优设计方案。

2. 目标函数

目标函数又称评价函数，是用来评价设计方案优劣的标准。任何一项机械设计方案的好坏，总可以用一些设计指标来衡量，这些设计指标可表示为设计变量的函数，该函数就称为优化设计的目标函数。n 维设计变量优化问题的目标函数记为 $f(X)=f(x_1, x_2, \cdots, x_n)$。它代表设计中某项最重要的特征，如机械零件设计中的重量、体积、效率、可靠性、承载能力，机械设计中的运动误差、动力特性，产品设计中的成本、寿命等。

目标函数是一个标量函数。目标函数值的大小，是评价设计质量优劣的标准。优化设计就是要寻求一个最优设计方案，即最优点 X^*，从而使目标函数达到最优值 $f(X^*)$。在优化设计中，一般取最优值为目标函数的最小值。

确定目标函数，是优化设计中最重要的决策之一。因为这不仅直接影响优化方案的质量，而且影响优化过程。目标函数可以根据工程问题的要求从不同角度来建立，如成本、重量、几何尺寸、运动轨迹、功率、应力、动力特性等。

一个优化问题，可以用一个目标函数来衡量，称为单目标优化问题；也可以用多个目标函数来衡量，称为多目标优化问题。单目标优化问题，由于指标单一，易于衡量设计方案的优劣，求解过程比较简单明确；而多目标优化问题求解比较复杂，但可获得更佳的最优设计方案。

目标函数可以通过等值线（面）在设计空间中表现出来。所谓目标函数的等值线（面），就是当目标函数 $f(X)$ 的值依次等于一系列常数 $c_i (i=1, 2, \cdots)$ 时，设计变量 X 取得一系列值的集合。现以二维优化问题为例来说明目标函数等值线（面）的几何意义。如图 2-3 所示，二维变量的目标函数 $f(x_1, x_2)$ 图形可以用三维空间描述出来。令目标函数 $f(x_1, x_2)$ 的值分别等于 c_1，c_2，$\cdots$，则对应这些设计点的集合是在 $x_1 O x_2$ 坐标平面内的一族曲线，每一条曲线上的各点都具有相等的目标函数值，所以这些曲线称为目标函数的等值线。由图可见，等值线族反映了目标函数值的变化规律，等值线越向里面，目标函数值越小。对有中心的曲线族来说，等值线族的共同中心就是目标函数的无约束极小值点 X^*。因此，从几何意义上来说，求目标函数无约束极小值点也就是求其等值线族的共同中心。

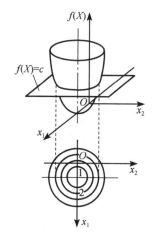

图 2-3 二维目标函数等值线

以上二维目标函数等值线的讨论，可以推广到多维问题的分析中去。对于三维问题在设计空间中是等值面问题；高于三维问题在设计空间中是超等值面问题。

3. 约束条件

设计空间是一切设计方案的集合，只要在设计空间确定一个点，就确定了一个设计方案。但是，实际上并不是任何一个设计方案都可行，因为设计变量的取值范围有限制或必须满足一定的条件。在优化设计中，这种对设计变量取值时的限制条件，称为约束条件（或称设计约束）。前述销轴直径 d 和长度 l 的选取，就是约束的例子。

按照约束条件的形式不同，约束有不等式约束和等式约束两类，一般表达式为

$$g_u(X) \leqslant 0 \quad (u=1, 2, \cdots, m)$$
$$h_v(X)=0 \quad (v=1, 2, \cdots, p; \ p<n)$$

式中，$g_u(X)$ 和 $h_v(X)$ 都是设计变量的函数；m 为不等式约束的数目；p 为等式约束的数

目，而且等式约束的个数必须小于设计变量的个数量 n。因为一个等式约束可以消去一个设计变量，当 $p=n$ 时，即可由 p 个方程组解得唯一的一组设计变量 x_1，x_2，…，x_n。这样，只有唯一确定的方案，无优化可言。

当不等式约束条件要求为 $g_u(X) \leqslant 0$ 时，可以用 $-g_u(X) \geqslant 0$ 的等价形式来代替。

按照设计约束的性质不同，约束有性能约束和边界约束两类。性能约束是根据设计性能或指标要求而确定的一种约束条件，例如，零件的工作应力、变形的限制条件以及对运动学参数（如位移、速度、加速度）的限制条件均属性能约束。边界约束则是对设计变量取值范围的限制，例如，对齿轮的模数，齿数的上、下限的限制以及对构件长度尺寸的限制都是边界约束。

任何一个不等式约束条件，若将不等号换成等号，即形成一个约束方程式。该方程的图形将设计空间划分为两部分：一部分满足约束，即 $g_j(X) < 0$；另一部分则不满足约束，即 $g_j(X) > 0$。故将该分界线或分界面称为约束边界（或约束面）。等式约束本身也是约束边界，但此时只有约束边界上的点满足约束，而边界两边的所有部分都不满足约束。以二维问题为例，如图 2-4 所示，其中阴影方向部分表示不满足约束的区域。

约束的几何意义是它将设计空间一分为二，形成可行域和非可行域。每一个不等式约束或等式约束都将设计空间分为两部分，满足所有约束的部分形成一个交集，该交集称为此约束问题的可行域，记作 D，见图 2-5。不满足约束条件的设计点构成该优化问题的不可行域。可行域也可看作满足所有约束条件的设计点的集合，因此可用集合表示如下：

$$D = \{X \mid g_u(X) \leqslant 0,\ h_v(X) = 0 \quad (u=1,\ 2,\ \cdots,\ m;\ v=1,\ 2,\ \cdots,\ p;\ p < n)\}$$

$$(2\text{-}5)$$

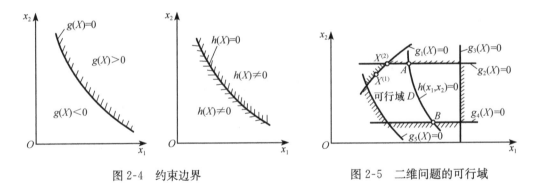

图 2-4　约束边界　　　　　　　　图 2-5　二维问题的可行域

根据是否满足约束条件可以把设计点分为可行点（或称内点）和非可行点（或称外点）。处于不等式约束边界上（即不等式约束的极值条件 $g_j(X)=0$）的设计点，称为边界设计点。边界设计点也是可行点，但它是一个为该项约束所允许的极限设计方案，所以又称为极限设计点。非可行点即为不允许采用的非可行设计方案。当优化设计问题除有 m 个不等式约束条件外，还应满足 p 个等式约束时，即对设计变量的选择又增加了限制。如图 2-5 所示，当有一个等式约束条件 $h(x_1,\ x_2)=0$ 时，这时的可行点（可行设计方案）只允许在 D 域内的等式约束函数曲线的 AB 段上选择。

根据设计点是否在约束边界上，又可将约束条件分为起作用约束和不起作用约束。所谓起作用约束就是对某个设计点特别敏感的约束，即该约束的微小变化可能使设计点由边界点变成可行域的内点，也可能由边界点变成可行域的外点。如图 2-5 所示，其中点 $X^{(1)}$ 位于约束边界 $g_1(X)=0$ 上，故 $g_1(X) \leqslant 0$ 是 $X^{(1)}$ 的起作用约束。点 $X^{(2)}$ 位于两个约束边界 $g_1(X)=0$ 和

$g_2(X)=0$ 的交点上，因此，点 $X^{(2)}$ 的起作用约束有两个，它们是 $g_1(X) \leqslant 0$ 和 $g_2(X) \leqslant 0$。

$X^{(k)}$ 点起作用约束的个数可以用集合的形式表示如下：

$$I_k = \{u \mid g_u(X^{(k)})=0 \quad (u=1, 2, \cdots, m)\}$$

综上所述，优化数学模型是对实际问题的数学描述和概括，是进行优化设计的基础。因此，根据设计问题的具体要求和条件建立完备的数学模型是关系优化设计成败的关键。这是因为优化问题的计算求解完全是围绕数学模型进行的。也就是说，优化计算所得的最优解实际上只是数学模型的最优解。此解是否满足实际问题的要求，是否就是实际问题的最优解，完全取决于数学模型和实际问题的符合程度。

由此可见，建立数学模型是一项重要而复杂的工作：一方面希望建立一个尽可能完善的数学模型，以求精确地表达实际问题，得到满意的结果；另一方面又力求使所建立的数学模型尽可能简单，以方便计算求解。

2.1.3 优化问题的分类

与一般工业产品设计相类似，产品及工程优化设计可以分为两个层次：总体方案优化和设计参数优化。这两者之间既有密切的联系，又存在实质性的区别。前者是指总体布局、结构或系统的类型以及几何形式的优化设计；后者是在总体方案选定后，对具体设计参数（几何参数、性能参数等）的优化设计。总体方案设计是一种创造性活动，必须依靠思考与推理，综合运用多学科的专门知识和丰富的实践经验，才能获得正确、合理的设计。因此，总体方案优化的大量工作是依据知识和经验进行演绎与推理，可用人工智能方法（特别是专家系统技术）求解这类问题。设计参数优化是择优确定具体的设计参数，属于数值计算型工作，比较容易总结出可供计算分析用的数学模型，因而一般采用数学规划方法来求解。本章主要介绍设计参数优化问题。

根据优化问题的数学模型是否含有设计约束，可将工程优化问题分为约束优化问题和无约束优化问题，它们的数学模型如式（2-3）和式（2-4）所示。工程优化设计问题中的绝大多数问题都是约束优化问题。

无约束优化问题的目标函数如果是一元函数，则称为一维优化问题；如果是二元或二元以上函数，则称为多维无约束优化问题。

对于约束优化问题，可按其目标函数与约束函数的特性，分为线性规划问题和非线性规划问题。如果目标函数和所有的约束函数都是线性函数，则称为线性规划问题（见例2-3）；否则称为非线性规划问题。对于目标函数是二次函数而约束函数都是线性函数这一类问题，一般称为二次规划问题。如果目标函数和所有的约束函数都是凸函数，则称为凸规划问题。凸规划的一个重要的性质就是，凸规划的任何局部极小解一定是全局最优解。

线性规划和非线性规划是数学规划中的两个重要分支，在工程设计问题中均得到广泛应用。

2.1.4 优化设计的迭代算法

对于优化问题数学模型的求解，目前可采用的求解方法有三种：数学解析法、图解法和数值迭代法。

数学解析法就是把优化对象用数学模型描述出来后，用数学解析法（如微分法、变分法等）求出最优解，如高等数学中求函数极值或条件极值的方法。数学解析法是优化设计的理论基础，但它仅限于维数较少且易求导的优化问题的求解。

图解法就是直接用作图的方法来求解优化问题，通过画出目标函数和约束函数的图形，求出最优解。该方法的特点是简单直观，但仅限于 $n \leqslant 2$ 的低维优化问题的求解。图 2-6 即为采用图解法来求解二维优化问题

$$\min f(X) = x_1^2 + x_2^2 - 4x_1 + 4$$
$$\text{s. t.} \quad g_1(X) = x_2 - x_1 - 2 \leqslant 0$$
$$g_2(X) = x_1^2 - x_2 + 1 \leqslant 0$$
$$g_3(X) = -x_1 \leqslant 0$$
$$g_4(X) = -x_2 \leqslant 0$$

最优解的结果。图 2-6（a）所示为该问题的目标函数和约束函数的立体图；图 2-6（b）所示为该问题的设计空间关系图，阴影线部分即为由所有约束边界围成的可行域。该问题的约束最优点就是约束边界 $g_2(X) = 0$ 与目标函数等值线的切点，即图中的 X^* 点，$X^* = [x_1^*, x_2^*]^T = [0.58, 1.34]^T$，其目标函数极小值 $f(X^*) = 0.38$。

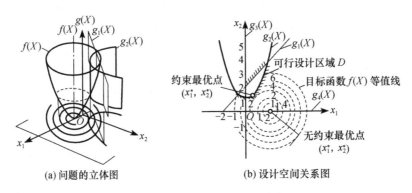

(a) 问题的立体图　　　　　(b) 设计空间关系图

图 2-6　二维优化问题的几何解

数值迭代法完全是依赖于计算机的数值计算特点而产生的，它是具有一定逻辑结构并按一定格式反复迭代计算，逐步逼近优化问题最优解的一种方法。采用数值迭代法可以求解各种优化问题（包括数学解析法和图解法不能适用的优化问题）。

1. 数值迭代法的迭代格式

数值迭代法的基本思想是：搜索、迭代、逼近。为了寻找目标函数 $f(X)$ 的极小值点 X^*，首先在设计空间中给出一个估算的初始设计点 $X^{(0)}$，然后从该点出发，按照一定的规则确定适当的搜索方向 $S^{(0)}$ 和搜索步长 $\alpha^{(0)}$，求得第一个改进设计点 $X^{(1)}$，它应满足条件：$f(X^{(1)}) < f(X^{(0)})$，至此完成第一次迭代。之后，又以 $X^{(1)}$ 为新的初始点，重复上述步骤，求得 $X^{(2)}$，…，如此反复迭代，从而获得一个不断改进的点列 $\{X^{(k)}, k = 0, 1, 2, \cdots\}$ 以及相应的递减函数值数列 $\{f(X^{(k)}), k = 1, 2, \cdots\}$。这一迭代过程用数学式来表达，即得数值迭代法的基本迭代格式为

$$X^{(k+1)} = X^{(k)} + \alpha^{(k)} S^{(k)} \quad (k = 0, 1, 2, \cdots)$$
$$f(X^{(k+1)}) < f(X^{(k)}) \tag{2-6}$$
$$g_u(X^{(k+1)}) \leqslant 0 \quad (u = 1, 2, \cdots, m)$$

式中，$X^{(k)}$ 为前一步已取得的设计方案（迭代点）；$X^{(k+1)}$ 为新的改进设计方案（新的迭代点）；$S^{(k)}$ 为第 k 次迭代计算的搜索方向；$\alpha^{(k)}$ 为第 k 次迭代计算的步长因子。

这样一步一步地重复数值计算，不断用改进了的新设计点迭代前次设计点，逐步改进目标函数值并最终逼近极值点，即极小值点 X^*。数值迭代法的迭代过程如图 2-7 所示。

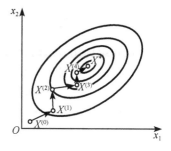

图 2-7 二维优化问题的
迭代过程

由以上分析可见，优化迭代过程所得一系列迭代点都是以统一基本迭代格式进行重复运算所获得的，因而在计算机上很容易实现，而且由于每一次迭代取得的新的可行迭代点目标函数值有所下降，于是迭代点不断地向约束最优点靠拢，最后必将到达十分逼近理论最优点的近似最优点 X^*。

通过以上分析及图 2-7 可知，要运用数值迭代法寻找目标函数的极小值 X^*，这里关键要解决三个问题：一是如何确定迭代步长 $\alpha^{(k)}$；二是怎样选定搜索方向 $S^{(k)}$；三是如何判断是否找到了最优点，以终止迭代。由于在优化技术中，关于迭代方法有多种，它们之间的区别就在于确定 $\alpha^{(k)}$ 和 $S^{(k)}$ 的方式不同。特别是 $S^{(k)}$ 的确定，在各种方法中起关键性作用。因此，关于前两个问题的确定将在以后各节介绍。

2. 迭代计算的终止准则

数值迭代法的求解过程是逐步向理论最优点靠拢，接近理论最优的近似最优。因此，迭代过程不可能无限制地进行。那么，什么时候终止迭代呢？这就有一个迭代终止的准则问题。

对于无约束优化问题，通常采用的迭代终止准则有以下几种。

（1）点距足够小准则

相邻两迭代点之间的距离已达到充分小，即

$$\| X^{(k+1)} - X^{(k)} \| \leqslant \varepsilon \tag{2-7}$$

式中，ε 为给定的计算精度，它是一个足够小的正数。

（2）函数下降量足够小准则

相邻两迭代点的函数值下降量已达到充分小，即

$$| f(X^{(k+1)}) - f(X^{(k)}) | \leqslant \varepsilon \tag{2-8}$$

式中，ε 为给定的计算精度（足够小的正数）。

（3）函数梯度充分小准则

目标函数在迭代点的梯度已达到充分小，即

$$\| \nabla f(X^{(k+1)}) \| \leqslant \varepsilon \tag{2-9}$$

式中，ε 为给定的计算精度（足够小的正数）。

这是由于函数极值点的必要条件是函数在这一点的梯度值的模为零。因此，当迭代点的函数梯度的模已充分小时，则认为迭代可以终止。

通常，上述三个准则都可以单独使用。只要其中一个得到满足，就可以认为达到了近似最优解，迭代计算到此结束。对于约束优化问题，不同的优化方法有各自的终止准则，在此不再介绍。

2.2 优化方法的数学基础

工程优化设计问题大多是多变量有约束的非线性规划问题，其数学本质是求解多变量非线性函数的极值问题。因此，本节将介绍与此有关的一些数学基础知识。

2.2.1 二次型与正定矩阵

在介绍优化方法时，常常先将二次型函数作为对象。其原因除二次型函数在工程优化问题中有较多的应用且比较简单之外，还因为任何一个复杂的多元函数都可采用泰勒二次展开式做局部逼近，使复杂函数简化为二次函数。因此，有必要讨论有关二次函数的问题。

二次函数是最简单的非线性函数，在优化理论中具有重要的意义。二次函数可以写成如下向量形式：

$$f(X) = \frac{1}{2}X^{\mathrm{T}}AX + B^{\mathrm{T}}X + C \tag{2-10}$$

式中，B 为常数向量；H 为 2×2 常数矩阵；$X^{\mathrm{T}}AX$ 称为二次型，A 称为二次型矩阵，相当于函数的二阶导数矩阵。

矩阵有正定和负定之分。对于所有非零向量 X：

1）若有 $X^{\mathrm{T}}AX > 0$，则称矩阵 A 是正定的。

2）若有 $X^{\mathrm{T}}AX \geqslant 0$，则称矩阵 A 是半正定的。

3）若有 $X^{\mathrm{T}}AX < 0$，则称矩阵 A 是负定的。

4）若有 $X^{\mathrm{T}}AX \leqslant 0$，则称矩阵 A 是半负定的。

5）若有 $X^{\mathrm{T}}AX = 0$，则称矩阵 A 是不定的。

由线性代数可知，矩阵 H 的正定性除可以用上面的定义判断外，还可以用矩阵的各阶主子式进行判别。所谓主子式，就是包含第一个元素在内的左上角各阶子矩阵所对应的行列式。

如果矩阵 A 的各阶主子式均大于零，即

一阶主子式 $\qquad\qquad\qquad |a_{11}| > 0$

二阶主子式 $\qquad\qquad\qquad \begin{vmatrix} a_{11} & a_{12} \\ a_{21} & a_{22} \end{vmatrix} > 0$

……

n 阶主子式 $\qquad\qquad \begin{vmatrix} a_{11} & a_{12} & \cdots & a_{1n} \\ a_{21} & a_{22} & \cdots & a_{2n} \\ \vdots & \vdots & & \vdots \\ a_{n1} & a_{n2} & \cdots & a_{nn} \end{vmatrix} > 0$

则矩阵 A 是正定的。

如果矩阵 A 的各阶主子式负正相间，即有

$$|a_{11}| < 0, \quad \begin{vmatrix} a_{11} & a_{12} \\ a_{21} & a_{22} \end{vmatrix} > 0, \quad \cdots, \quad (-1)^n \begin{vmatrix} a_{11} & a_{12} & \cdots & a_{1n} \\ a_{21} & a_{22} & \cdots & a_{2n} \\ \vdots & \vdots & & \vdots \\ a_{n1} & a_{n2} & \cdots & a_{nn} \end{vmatrix} > 0$$

即奇数阶主子式小于 0，偶数阶主子式大于 0，则矩阵 A 是负定的。

如果式（2-10）中的二次型矩阵 A 是正定的，则函数 $f(X)$ 称为正定二次函数。在最优化理论中，正定二次函数具有特殊的作用。这是因为许多优化理论和优化方法都是根据正定二次函数提出并加以证明的，而且所有对正定二次函数适用并有效的优化算法，经证明对一般非线性函数也是适用和有效的。

可以证明，正定二次函数具有以下性质。

1）正定二次函数的等值线或等值面是一簇同心椭圆或同心椭球。椭圆簇或椭球簇的中心就是该二次函数的极小值点，如图 2-8 所示。

2）非正定二次函数在极小值点附近的等值线或等值面近似于椭圆或椭球，如图 2-9 所示。因此在求极值时，可近似地按二次函数处理，即用二次函数的极小值点近似函数的极小值点，反复进行，逐渐逼近函数的极小值点。

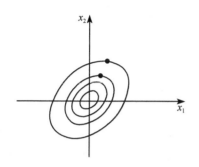

图 2-8 正定二元二次函数的等值线

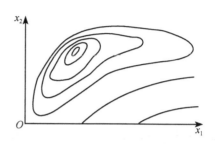

图 2-9 非正定二元二次函数的等值线

2.2.2 函数的方向导数和梯度

目标函数的等值线（或面）仅从几何方面定性直观地表示出函数的变化规律。这种表示方法虽然直观，但不能定量表示，且多数只限于二维函数。为了能够定性地表明函数特别是多维函数在某一点的变化形态，需要引出函数的方向导数及梯度的概念。

1. 方向导数

由多元函数的微分学可知，对于一个连续可微多元函数 $f(X)$，在某一点 $X^{(k)}$ 的一阶偏导数为

$$\frac{\partial f(X^{(k)})}{\partial x_1}, \quad \frac{\partial f(X^{(k)})}{\partial x_2}, \quad \cdots, \quad \frac{\partial f(X^{(k)})}{\partial x_n} \tag{2-11}$$

可简记为

$$\frac{\partial f(X^{(k)})}{\partial x_i} \quad (i=1, 2, \cdots, n) \tag{2-12}$$

它描述了该函数 $f(X)$ 在点 $X^{(k)}$ 沿各坐标轴 $x_i(i=1, 2, \cdots, n)$ 这一特定方向的变化率。现以二元函数 $f(x_1, x_2)$ 为例，求其沿任一方向 S（它与各坐标轴之间的夹角为 α_1、α_2，见图 2-10）的函数变化率。

该二元函数 $f(x_1, x_2)$ 在点 $X^{(k)}$ 沿任意方向 S（其模为 $\|S\|=\rho=\sqrt{\Delta x_1^2+\Delta x_2^2}$）的变化率可用函数在该点的方向导数表示，如图 2-10 所示。记作

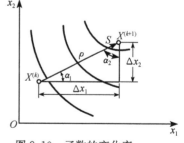

图 2-10 函数的变化率

$$\begin{aligned}\frac{\partial f(X^{(k)})}{\partial S} &= \lim_{\rho \to 0} \frac{f(X^{(k+1)})-f(X^{(k)})}{\rho}\\ &= \lim_{\rho \to 0} \frac{f(x_1^{(k)}+\Delta x_1, x_2^{(k)}+\Delta x_2)-f(x_1^{(k)}, x_2^{(k)})}{\rho}\\ &= \lim_{\substack{\Delta x_1 \to 0 \\ \Delta x_2 \to 0}} \left[\frac{f(x_1^{(k)}+\Delta x_1, x_2^{(k)}+\Delta x_2)-f(x_1^{(k)}, x_2^{(k)}+\Delta x_2)}{\Delta x_1} \cdot \frac{\Delta x_1}{\rho}\right.\end{aligned}$$

$$+ \frac{f(x_1^{(k)}, \ x_2^{(k)} + \Delta x_2) - f(x_1^{(k)}, \ x_2^{(k)})}{\Delta x_2} \cdot \frac{\Delta x_2}{\rho}]$$

$$= \frac{\partial f(X^{(k)})}{\partial x_1} \cdot \cos\alpha_1 + \frac{\partial f(X^{(k)})}{\partial x_2} \cdot \cos\alpha_2 \tag{2-13}$$

同理，仿此可以推导出多元函数 $f(X)$ 在 $X^{(k)}$ 点沿方向 S 的方向导数为

$$\frac{\partial f(X^{(k)})}{\partial S} = \frac{\partial f(X^{(k)})}{\partial x_1} \cdot \cos\alpha_1 + \frac{\partial f(X^{(k)})}{\partial x_2} \cdot \cos\alpha_2 + \cdots + \frac{\partial f(X^{(k)})}{\partial x_n} \cdot \cos\alpha_n$$

$$= \sum_{i=1}^{n} \frac{\partial f(X^{(k)})}{\partial x_i} \cdot \cos\alpha_i \tag{2-14}$$

式中，$\partial f(X^{(k)})/\partial x_i$ 为函数 $f(X)$ 对坐标轴 x_i 的偏导数；$\cos\alpha_i = \Delta x_i/\rho$ 为 S 方向的方向余弦。

由式（2-14）可知，在同一点（如 $X^{(k)}$ 点），沿不同的方向（α_1 或 α_2 不同），函数的方向导数值是不等的，也就是表明函数沿不同的方向上有不同的变化率。因此，方向导数是函数在某点沿给定方向的变化率。

2. 梯度

函数在某一确定点沿不同方向的变化率是不同的。为求得函数在点 $X^{(k)}$ 的方向导数为最大的方向，需要引入梯度的概念。

将式（2-14）写成矩阵形式，则有

$$\frac{\partial f(X^{(k)})}{\partial S} = \frac{\partial f(X^{(k)})}{\partial x_1} \cdot \cos\alpha_1 + \frac{\partial f(X^{(k)})}{\partial x_2} \cdot \cos\alpha_2 = \begin{bmatrix} \dfrac{\partial f(X^{(k)})}{\partial x_1} & \dfrac{\partial f(X^{(k)})}{\partial x_2} \end{bmatrix} \begin{bmatrix} \cos\alpha_1 \\ \cos\alpha_2 \end{bmatrix}$$

若令　　　　　　　　$\nabla f(X^{(k)}) = \begin{bmatrix} \dfrac{\partial f(X^{(k)})}{\partial x_1} \\ \dfrac{\partial f(X^{(k)})}{\partial x_2} \end{bmatrix}, \quad S = \begin{bmatrix} \cos\alpha_1 \\ \cos\alpha_2 \end{bmatrix} \tag{2-15}$

于是可将方向导数 $\partial f(X^{(k)})/\partial S$ 表示为

$$\frac{\partial f(X^{(k)})}{\partial S} = \nabla f(X^{(k)})^{\mathrm{T}} \cdot S = \| \nabla f(X^{(k)}) \| \cdot \| S \| \cdot \cos\theta \tag{2-16}$$

式中，$\| \nabla f(X^{(k)}) \|$ 和 $\| S \|$ 分别为向量 $\nabla f(X^{(k)})$ 和向量 S 的模，其值分别为

$$\| \nabla f(X^{(k)}) \| = \left[\sum_{i=1}^{2} \left(\frac{\partial f(X^{(k)})}{\partial x_i} \right)^2 \right]^{1/2} \tag{2-17}$$

和　　　　　　　　　　　$\| S \| = \left[\sum_{i=1}^{2} (\cos\alpha_i)^2 \right]^{1/2} = 1 \tag{2-18}$

θ 为向量 $\nabla f(X^{(k)})$ 和 S 之间的夹角。

由式（2-16）可以看出，由于 $-1 \leqslant \cos\theta \leqslant 1$，故当 $\cos\theta = 1$，即向量 $\nabla f(X^{(k)})$ 与 S 的方向相同时，方向导数 $\partial f(X^{(k)})/\partial S$ 值最大，其值为 $\| \nabla f(X^{(k)}) \|$。这表明向量 $\nabla f(X^{(k)})$ 就是点 $X^{(k)}$ 处的方向导数最大的方向，即函数变化率最大的方向，称 $\nabla f(X^{(k)})$ 为函数在该点的梯度，可记作 $\mathrm{grad} f(X^{(k)})$。

上述梯度的概念可以推广到多元函数中去，对于 n 元函数 $f(X)$ 的梯度可为

$$\nabla f(X) = \left[\frac{\partial f(X)}{\partial x_1}, \quad \frac{\partial f(X)}{\partial x_2}, \quad \cdots, \quad \frac{\partial f(X)}{\partial x_n} \right]^{\mathrm{T}} \tag{2-19}$$

函数的梯度 $\nabla f(X)$ 在优化设计中具有十分重要的作用。由于梯度是一个向量，而梯度方向是函数具有最大变化率的方向。亦即梯度 $\nabla f(X)$ 方向是指函数 $f(X)$ 的最速上升方向，而负梯度 $-\nabla f(X)$ 则为函数 $f(X)$ 的最速下降方向。

梯度向量 $\nabla f(X^{(k)})$ 与过 $X^{(k)}$ 点的等值线（或等值面）的切线是正交的，如图 2-11 所示。式（2-16）表明，函数 $f(X)$ 在某点 $X^{(k)}$ 沿方向 S 的方向导数等于该点的梯度在方向 S 上的投影，如图 2-12 所示。

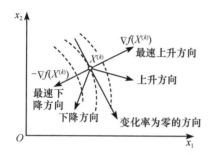

图 2-11　梯度方向与等值线的关系

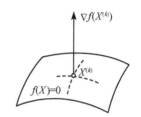

图 2-12　梯度与等值面的关系

由此可见，只要知道函数在一点的梯度，就可以求出函数在该点上沿任意方向的方向导数。因此，可以说函数在一点的梯度是函数在该点变化率的全面描述。

例 2-4　求函数 $f(X) = (x_1 - 2)^2 + x_2^2$ 在点 $X^{(1)} = [2，2]^{\mathrm{T}}$ 处函数变化率最大的方向和数值。

解：由于函数变化率最大的方向是梯度方向，这里用单位向量 p 表示，函数变化率最大的数值是梯度的模 $\| \nabla f(X^{(1)}) \|$。则由梯度的定义式可求得

$$\nabla f(X^{(1)}) = \begin{bmatrix} \dfrac{\partial f(X)}{\partial x_1} \\[2mm] \dfrac{\partial f(X)}{\partial x_2} \end{bmatrix}_{X^{(1)}} = \begin{bmatrix} 2x_1 - 4 \\ 2x_2 \end{bmatrix}_{X^{(1)}} = \begin{bmatrix} 0 \\ 4 \end{bmatrix}$$

$\nabla f(X^{(1)})$ 的模为

$$\| \nabla f(X^{(1)}) \| = \sqrt{\left(\frac{\partial f(X)}{\partial x_1} \right)^2 + \left(\frac{\partial f(X)}{\partial x_2} \right)^2} = \sqrt{0^2 + 4^2} = 4$$

该梯度的单位向量 p 为

$$p = \frac{\nabla f(X^{(1)})}{\| \nabla f(X^{(1)}) \|} = \frac{1}{4} \begin{bmatrix} 0 \\ 4 \end{bmatrix} = \begin{bmatrix} 0 \\ 1 \end{bmatrix}$$

2.2.3　多元函数的泰勒近似展开式和海森矩阵

在优化方法的讨论中，为便于数学问题的分析和求解，往往需要将一个复杂的非线性函数简化成线性函数或二次函数。简化方法可以采用泰勒展开式。

由高等数学可知，一元函数 $f(x)$ 若在点 $x^{(k)}$ 的邻域内 n 阶可导，则函数可在该点的邻域内进行如下泰勒展开：

$$f(x) = f(x^{(k)}) + f'(x^{(k)}) \cdot (x - x^{(k)}) + \frac{1}{2!} f''(x^{(k)}) \cdot (x - x^{(k)})^2 + \cdots + R^n$$

式中，R^n 为高阶余项。

多元函数 $f(X)$ 在点 $x^{(k)}$ 也可以作泰勒展开，展开式一般取三项，其形式与一元函数展开式的前三项相似，即

$$f(X) \approx f(X^{(k)}) + [\nabla f(X^{(k)})]^{\mathrm{T}}[X - X^{(k)}] + \frac{1}{2}[X - X^{(k)}]^{\mathrm{T}} \nabla^2 f(X^{(k)})[X - X^{(k)}]$$

$$(2\text{-}20)$$

式（2-20）称为函数 $f(X)$ 的泰勒二次近似式。其中，$\nabla^2 f(X^{(k)})$ 是由函数在点 $X^{(k)}$ 的所有二阶偏导数组成的矩阵，称为函数 $f(X)$ 在点 $X^{(k)}$ 的二阶偏导数矩阵或黑塞（Hessian）矩阵，经常记作 $H(X^{(k)})$。二阶偏导数矩阵的组成形式如下：

$$H(X^{(k)}) = \nabla^2 f(X^{(k)}) = \begin{bmatrix} \dfrac{\partial^2 f(X^{(k)})}{\partial x_1^2} & \dfrac{\partial^2 f(X^{(k)})}{\partial x_1 \partial x_2} & \cdots & \dfrac{\partial^2 f(X^{(k)})}{\partial x_1 \partial x_n} \\ \dfrac{\partial^2 f(X^{(k)})}{\partial x_2 \partial x_1} & \dfrac{\partial^2 f(X^{(k)})}{\partial x_2^2} & \cdots & \dfrac{\partial^2 f(X^{(k)})}{\partial x_2 \partial x_n} \\ \vdots & \vdots & & \vdots \\ \dfrac{\partial^2 f(X^{(k)})}{\partial x_n \partial x_1} & \dfrac{\partial^2 f(X^{(k)})}{\partial x_n \partial x_2} & \cdots & \dfrac{\partial^2 f(X^{(k)})}{\partial x_n^2} \end{bmatrix} \quad (2\text{-}21)$$

由于 n 元函数的偏导数有 $n \times n$ 个，而且偏导数的值与求导次序无关，所以函数的二阶偏导数矩阵是一个 $n \times n$ 对称矩阵。

取泰勒展开式的前两项时，可得到函数的泰勒线性近似式为

$$f(X) \approx f(X^{(k)}) + [\nabla f(X^{(k)})]^{\mathrm{T}}[X - X^{(k)}] \quad (2\text{-}22)$$

例 2-5 用泰勒展开的方法将函数 $f(X) = x_1^3 - x_2^3 + 3x_1^2 + 3x_2^2 - 9x_1$ 在点 $X^{(1)} = [1, 1]^{\mathrm{T}}$ 简化成二次函数。

解：分别求函数在点 $X^{(1)}$ 的函数值、梯度和二阶导数矩阵：

$$f(X^{(1)}) = -3$$

$$\nabla f(X^{(1)}) = \begin{bmatrix} 3x_1^2 + 6x_1 - 9 \\ -3x_2^2 + 6x_2 \end{bmatrix} \begin{bmatrix} 1 \\ 1 \end{bmatrix} = \begin{bmatrix} 0 \\ 3 \end{bmatrix}$$

$$\nabla^2 f(X^{(1)}) = \begin{bmatrix} 6x_1 + 6 & 0 \\ 0 & -6x_2 + 6 \end{bmatrix} \begin{bmatrix} 1 \\ 1 \end{bmatrix} = \begin{bmatrix} 12 & 0 \\ 0 & 0 \end{bmatrix}$$

$$X - X^{(1)} = \begin{bmatrix} x_1 \\ x_2 \end{bmatrix} - \begin{bmatrix} 1 \\ 1 \end{bmatrix} = \begin{bmatrix} x_1 - 1 \\ x_2 - 1 \end{bmatrix}$$

求展开式的二次项：

$$\frac{1}{2}[X - X^{(1)}]^{\mathrm{T}} \nabla^2 f(X^{(1)})[X - X^{(1)}]$$

$$= \frac{1}{2}[x_1 - 1 \quad x_2 - 1] \begin{bmatrix} 12 & 0 \\ 0 & 0 \end{bmatrix} \begin{bmatrix} x_1 - 1 \\ x_2 - 1 \end{bmatrix} = 6(x_1 - 1)^2$$

代入式（2-20），得简化的二次函数：

$$f(X) \approx f(X^{(1)}) + [\nabla f(X^{(1)})]^{\mathrm{T}}[X - X^{(1)}] + \frac{1}{2}[X - X^{(1)}]^{\mathrm{T}} \nabla^2 f(X^{(1)})[X - X^{(1)}]$$

$$=3x_2-6+6(x_1-1)^2=6x_1^2-12x_1+3x_2$$

将 $X^{(1)}=[1，1]^{\mathrm{T}}$ 代入简化所得的二次函数中，其函数值也等于 -3，与原函数在点 $X^{(1)}$ 的值是相等的，说明简化计算正确。

2.2.4　无约束优化问题的极值条件

求解无约束优化问题的实质是求解目标函数 $f(X)$ 在 n 维空间 R^n 中的极值。

由高等数学可知，任何一个单值、连续并可微的一元函数 $f(x)$ 在点 $x^{(k)}$ 取得极值的必要条件是函数在该点的一阶导数等于零，充分条件是对应的二阶导数不等于零，即

$$f'(x^{(k)})=0，\quad f''(x^{(k)})\neq 0$$

当 $f''(x^{(k)})>0$ 时，函数 $f(x)$ 在点 $x^{(k)}$ 取得极小值；当 $f''(x^{(k)})<0$ 时，函数 $f(x)$ 在点 $x^{(k)}$ 取得极大值。极值点和极值分别记作 $x^*=x^{(k)}$ 和 $f^*=f(x^*)$。

与此相似，多元函数 $f(X)$ 在点 $X^{(k)}$ 取得极值的必要条件是函数在该点的所有方向导数等于零，也就是说函数在该点的梯度等于零，即

$$\nabla f(X^{(k)})=0$$

把函数在点 $X^{(k)}$ 展开成泰勒二次近似式，并将上式代入，整理得

$$f(X)-f(X^{(k)})=\frac{1}{2}[X-X^{(k)}]^{\mathrm{T}}\nabla^2 f(X^{(k)})[X-X^{(k)}]$$

当 $X^{(k)}$ 为函数的极小值点时，因为有 $f(X)-f(X^{(k)})>0$，故必有

$$[X-X^{(k)}]^{\mathrm{T}}\nabla^2 f(X^{(k)})[X-X^{(k)}]>0$$

此式说明函数的二阶导数矩阵必须是正定的，这就是多元函数极值的充分条件。由此可知，多元函数在点 $X^{(k)}$ 取得极小值的条件是：函数在该点的梯度为零，二阶导数矩阵为正定，即

$$\nabla f(X^*)=0 \tag{2-23}$$

$$\nabla^2 f(X^*)\text{ 为正定} \tag{2-24}$$

同理，多元函数在点 $X^{(k)}$ 取得极大值的条件是：函数在该点的梯度为零，二阶导数矩阵为负定。

一般说来，式（2-24）对优化问题只有理论上的意义。因为就实际问题而言，由于目标函数比较复杂，二阶导数矩阵不容易求得，二阶导数矩阵的正定性的判断更加困难。因此，具体的优化方法是只将式（2-23）作为极小值点的判断准则。

例 2-6　求函数 $f(x_1，x_2)=x_1^2+x_2^2-4x_1-2x_2+5$ 的极值。

解：根据极值存在的必要条件

$$\nabla f(X)=\left[\frac{\partial f(X)}{\partial x_1}，\quad \frac{\partial f(X)}{\partial x_2}\right]^{\mathrm{T}}=0$$

$$\frac{\partial f(X)}{\partial x_1}=2x_1-4=0$$

$$\frac{\partial f(X)}{\partial x_2}=2x_2-2=0$$

联立求解得驻点 $X^*=[2，1]^{\mathrm{T}}$。再由极值的充分条件，由于该点的黑塞矩阵

$$H(X^*) = \begin{bmatrix} \dfrac{\partial^2 f(X)}{\partial x_1^2} & \dfrac{\partial^2 f(X)}{\partial x_1 \partial x_2} \\ \dfrac{\partial^2 f(X)}{\partial x_2 \partial x_1} & \dfrac{\partial^2 f(X)}{\partial x_2^2} \end{bmatrix}_{X^*} = \begin{bmatrix} 2 & 0 \\ 0 & 2 \end{bmatrix}$$

则 $H(X^*)$ 的一阶主子式 　　　　$A_1 = \left.\dfrac{\partial^2 f(X)}{\partial x_1^2}\right|_{X^{(0)}} = 2 > 0$

和二阶主子式 　　　　　　　　　$A_2 = \begin{vmatrix} 2 & 0 \\ 0 & 2 \end{vmatrix} = 4 > 0$

均大于零，故 $H(X^*)$ 为正定矩阵，由极值存在的充分条件可知，$X^* = [2, 1]^T$ 是严格极小值点，并可求得 $f(X^*) = 0$ 为极小值。

2.2.5　约束优化问题的极值条件

求解约束优化问题的实质就是在所有的约束条件所形成的可行域内，求得目标函数的极值点。因此，约束优化问题比无约束优化问题更为复杂。

约束优化问题的极值点可能出现两种情况：一种是如图 2-13（a）所示，即目标函数的极值点 X^* 处于可行域 D 内，此时目标函数的极值点 X^* 也就是该约束问题的极值点；另一种如图 2-13（b）所示，即目标函数的自然极值点 $\overline{X^*}$ 在约束可行域 D 外，此时约束优化问题的极值点 X^* 是约束边界上的一点，该点 X^* 是约束边界 $g_1(X) = 0$ 与目标函数的一条等值线的切点。

下面分别就等式约束和不等式约束两种情况加以讨论。

1. 等式约束的极值条件

由高等数学可知，对于等式约束优化问题

$$\min f(X)$$
$$\text{s. t. } \quad h_v(X) = 0 \quad (v = 1, 2, \cdots, p)$$

可建立如下拉格朗日函数

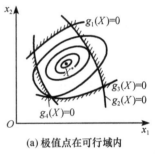

(a) 极值点在可行域内

(b) 极值点在可行域的边界上

图 2-13　约束优化问题的极值点

$$L(X, \lambda) = f(X) + \sum_{v=1}^{p} \lambda_v h_v(X) \qquad (2\text{-}25)$$

式中，$\lambda = [\lambda_1, \lambda_2, \cdots, \lambda_n]^T$ 为拉格朗日乘子向量。令 $\nabla L(X^*, \lambda) = 0$，得

$$\nabla f(X^*) + \sum_{v=1}^{p} \lambda_v \nabla h_v(X^*) = 0$$
$$(v = 1, 2, \cdots, p; \ p < n, \ \lambda_v \text{ 不全为零}) \qquad (2\text{-}26)$$

这就是等式约束问题在点 X^* 取得极值的必要条件。此式的几何意义可以解释为：在等式约束的极值点上，目标函数的负梯度等于诸约束函数梯度的线性组合。如图 2-14 所示，在两个等式约束的交线 E 上的点 X^*，约束函数的梯度与目标函数的梯度共面，因此式（2-26）成立，故 X^* 就是极值点。

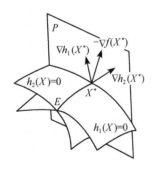

图 2-14　等式约束问题的极值条件

2. 不等式约束的极值条件

对于不等式约束优化问题

$$\min f(X)$$

$$\text{s. t.} \quad g_u(X) \leqslant 0 \quad (u=1, 2, \cdots, m)$$

引入 m 个松弛变量 $x_{n+u} \geqslant 0 (u=1, 2, \cdots, m)$，可将上面的不等式约束优化问题变成等式约束问题

$$\min f(X)$$

$$\text{s. t.} \quad g_u(X) + x_{n+u}^2 = 0 \quad (u=1, 2, \cdots, m)$$

建立这一问题的拉格朗日函数

$$L(X, \lambda, \overline{X}) = f(X) + \sum_{u=1}^{m} \lambda_u [g_u(X) + x_{n+u}^2]$$

式中，$\overline{X} = [x_{n+1}, x_{n+2}, \cdots, x_{n+m}]^\mathrm{T}$ 为松弛变量组成的向量。

令该拉格朗日函数的梯度等于零，即使

$$\nabla L(X, \lambda, \overline{X}) = 0$$

则有

$$\frac{\partial L}{\partial X} = \nabla f(X) + \sum_{u=1}^{m} \lambda_u \nabla g_u(X) = 0$$

$$\frac{\partial L}{\partial \lambda_u} = g_u(X) + x_{n+u}^2 = 0 \tag{2-27}$$

$$\frac{\partial L}{\partial x_{n+u}} = 2\lambda_u x_{n+u} = 0 \quad (u=1, 2, \cdots, m)$$

式中，当 $\lambda_u \neq 0$ 时有 $x_{n+u} = 0$ 和 $g_u(X) = 0$，这说明点 X 在约束边界上，$g_u(X) \leqslant 0$ 为点 X 的起作用约束。注意到约束条件为 "$\leqslant 0$" 的形式，可知约束函数的梯度方向指向可行域外，为满足 $\frac{\partial L}{\partial X} = 0$，$\lambda_u$ 必须大于零；而当 $\lambda_u = 0$ 时，有 $x_{n+u} \neq 0$ 和 $g_u(X) \neq 0$，这说明点 X 在可行域内。

设 $g_i(X) \leqslant 0 (i \in I_k)$ 为点 X^* 的 n 个起作用约束，且 X^* 是极值点，则由式（2-27）及其分析可知，必有

$$\nabla f(X^*) + \sum_{i \in I_k} \lambda_i \nabla g_i(X^*) = 0 \tag{2-28}$$

$$\lambda_i \geqslant 0 \quad (i \in I_k)$$

此式就是不等式约束优化问题的极值条件，称为 Kuhn-Tucker 条件，简称 K-T 条件。该条件表明，若设计点 X^* 是函数 $f(X)$ 的极值点，要么 $\nabla f(X^*) = 0$（如图 2-15 所示，此时 $\lambda_i = 0$），要么目标函数的负梯度位于诸起作用约束梯度所构成的夹角或锥体之内。也就是说，目标函数的负梯度 $-\nabla f(X^*)$ 等于诸起作用约束梯度 $\nabla g_i(X^*)$ 的非负线性组合（如图 2-16 所示，此时 $\lambda_i > 0$）。

应该指出，K-T 条件是多元函数取得约束极值的必要条件，既可以用来作为约束极值点的判别条件，又可以用来直接求解比较简单的约束优化问题。但 K-T 条件不是多元函数取得约束极值的充分条件。只有当目标函数 $f(X)$ 是凸函数，而约束函数 $g_u(X) \leqslant 0$ 是凸函数（或 $g_u(X) \geqslant 0$ 为凹函数），即为凸规划时，K-T 条件才是极值存在的充分必要条件。

下面通过一个实例来说明 K-T 条件的应用。

例 2-7 试用 K-T 条件判定点 $X^* = [1, 0]^\mathrm{T}$ 是否为下列优化问题的极值点。

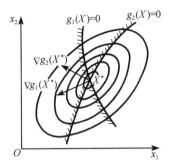

图 2-15　极值点处目标函数的梯度为零

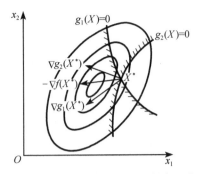

图 2-16　极值点处目标函数的梯度不为零

$$\min f(X) = (x_1 - 2)^2 + x_2^2 \quad (X \in R^2)$$
$$\text{s. t.} \quad g_1(X) = -x_1 \leqslant 0$$
$$g_2(X) = -x_2 \leqslant 0$$
$$g_3(X) = x_1^2 + x_2 - 1 \leqslant 0$$

解： 1) 画出该优化问题的目标函数等值线和可行域图。

根据该优化问题给出的目标函数和约束条件，表示该问题的可行域 D 和目标函数 $f(X)$ 的一些等值线图，如图2-17所示。

2) 找出起作用的约束。

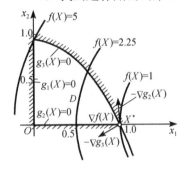

图 2-17　例 2-7 的极值点判断

由图 2-17 可见，在点 $X^* = [1, 0]^\mathrm{T}$ 处起作用的约束有 $g_2(X)$ 和 $g_3(X)$。

3) 求 $f(X)$、$g_2(X)$ 和 $g_3(X)$ 在点 X^* 处的梯度。

$$\nabla f(X^*) = \begin{bmatrix} 2(x_1 - 2) \\ 2x_2 \end{bmatrix}_{X^*} = \begin{bmatrix} -2 \\ 0 \end{bmatrix}$$

$$\nabla g_2(X^*) = \begin{bmatrix} 0 \\ -1 \end{bmatrix}_{X^*} = \begin{bmatrix} 0 \\ -1 \end{bmatrix}$$

$$\nabla g_3(X^*) = \begin{bmatrix} 2x_1 \\ 1 \end{bmatrix}_{X^*} = \begin{bmatrix} 2 \\ 1 \end{bmatrix}$$

4) 将以上 $\nabla f(X^*)$、$\nabla g_2(X^*)$、$\nabla g_3(X^*)$ 代入 K-T 条件式（2-28），即
$$-\nabla f(X^*) = \lambda_2 \nabla g_2(X^*) + \lambda_3 \nabla g_3(X^*)$$

得
$$\begin{bmatrix} 2 \\ 0 \end{bmatrix} = \lambda_2 \begin{bmatrix} 0 \\ -1 \end{bmatrix} + \lambda_3 \begin{bmatrix} 2 \\ 1 \end{bmatrix}$$

当 $\lambda_2 = 1$、$\lambda_3 = 1$ 时，该式成立，满足 K-T 条件，故点 $X^* = [1, 0]^\mathrm{T}$ 就是该约束优化问题的极小值点，如图 2-17 所示。

另外，经检验得知 $f(X)$ 和 $g_i(X)$ 均为凸函数，故 $f(X)$ 在 $g_i(X) \leqslant 0$（$i = 1, 2, 3$）下的极小值点 $X^* = [1, 0]^\mathrm{T}$ 是唯一的。

2.3　一维优化方法

求解一维目标函数 $f(X)$ 最优解的过程，称为一维优化（或一维搜索），所使用的方法称为一维优化方法。

一维优化方法是优化方法中最简单、最基本的优化方法。它不仅用来解决一维目标函数的求最优问题，而且更常用于多维优化问题在既定方向上寻求最优步长的一维搜索。

由前述内容可知，求多维优化问题目标函数的极值时，迭代过程每一步的格式都是从某一定点 $X^{(k)}$ 出发，沿着某一使目标函数下降的规定方向 $S^{(k)}$ 搜索，以找出此方向的极小值点 $X^{(k+1)}$。这一过程是各种最优化方法的一种基本过程。在此过程中因 $X^{(k)}$、$S^{(k)}$ 已确定，要使目标函数值为最小，只需找到一个合适的步长 $\alpha^{(k)}$。这也就是说，在任何一次迭代计算过程中，当起步点 $X^{(k)}$ 和搜索方向 $S^{(k)}$ 确定之后，就把求多维目标函数极小值这个多维问题，化解为求一个变量（步长因子 α）的最优值 $\alpha^{(k)}$ 的一维问题。

从点 $X^{(k)}$ 出发，在方向 $S^{(k)}$ 上的一维搜索可用数学表达式为

$$\min f(X^{(k)}+\alpha S^{(k)})=f(X^{(k)}+\alpha^{(k)}S^{(k)})$$
$$X^{(k+1)}=X^{(k)}+\alpha^{(k)}S^{(k)}$$

(2-29)

该式表示对包含唯一变量 α 的一元函数 $f(X^{(k)}+\alpha S^{(k)})$ 求极小，得到最优步长因子 $\alpha^{(k)}$ 和方向 $S^{(k)}$ 上的一维极小值点 $X^{(k+1)}$。

一维搜索方法一般分两步进行：首先在方向 $S^{(k)}$ 上确定一个包含函数极小值点的初始区间，即确定函数的搜索区间，该区间必须是单峰区间；然后采用缩小区间或插值逼近的方法得到最优步长，即求出该搜索区间内的最优步长和一维极小值点。

一维搜索方法主要有：分数法、黄金分割法（0.618 法）、二次插值和三次插值法等。本节介绍最常用的黄金分割法和二次插值法。

2.3.1 搜索区间的确定

根据函数的变化情况，可将区间分单峰区间和多峰区间。所谓单峰区间，就是在该区间内的函数变化只有一个峰值，即函数的极小值，如图 2-18 所示。设区间 $[\alpha_1,\alpha_3]$ 为单峰区间，α_2 为该区间内的一点，若有

$$\alpha_1<\alpha_2<\alpha_3 \quad (或 \alpha_1>\alpha_2>\alpha_3)$$

成立，则必有
$$f(\alpha_1)>f(\alpha_2)<f(\alpha_3)$$

同时成立。即在单峰区间内的极小值点 X^* 的左侧，函数呈下降趋势，而在极小值点 X^* 的右侧，函数呈上升趋势。也就是说，单峰区间的函数值是"高-低-高"的变化特征。

若在进行一维搜索之前，可估计极小值点所在的大致位置，则可以直接给出搜索区间；否则，需采用试算法确定。常用的方法是进退试算法。

进退试算法的基本思想是：按照一定的规律给出若干试算点，依次比较各试算点的函数值的大小，直到找到相邻三点的函数值按"高-低-高"变化的单峰区间。

进退试算法的运算步骤如下：

1）给定初始点 α_0 和初始步长 h，设搜索区间 $[a,b]$，如图 2-19 所示。

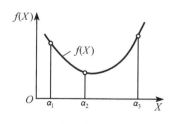
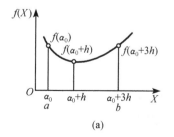
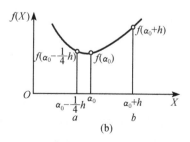

(a) (b)

图 2-18 单峰区间　　　图 2-19 求搜索区间

2）将 α_0 及 $\alpha_0 + h$ 代入目标函数 $f(x)$ 进行计算并比较它们的大小。

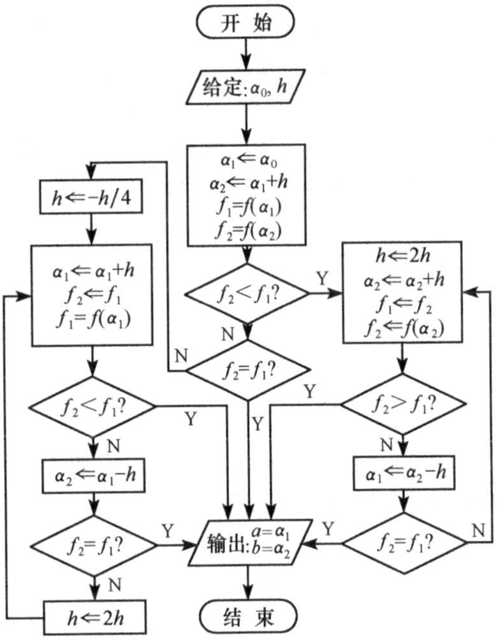

图 2-20　进退试算法的程序框图

3）若 $f(\alpha_0) > f(\alpha_0 + h)$，则表明极小值点在试算点的右侧，需前进试算。在做前进运算时，为加速计算，可将步长 h 增加 2 倍，并取计算新点为 $\alpha_0 + h + 2h = \alpha_0 + 3h$。若 $f(\alpha_0 + h) \leqslant f(\alpha_0 + 3h)$，则所计算的相邻三点的函数值已具高-低-高特征，这时可确定搜索区间为

$$a = \alpha_0, \qquad b = \alpha_0 + 3h$$

否则，将步长再加倍，并重复上述运算。

4）若 $f(\alpha_0) < f(\alpha_0 + h)$，则表明极小值点在试算点的左侧，须后退试算。在做后退运算时，应将后退的步长缩短为原步长 h 的 1/4，则取步长为 $h/4$，并从 α_0 点出发，得到后退点为 $\alpha_0 - h/4$，若 $f\left(\alpha_0 - \dfrac{h}{4}\right) > f(\alpha_0)$，则搜索区间可取为

$$a = \alpha_0 - \frac{h}{4}, \qquad b = \alpha_0 + h$$

否则，将步长再加倍，继续后退，重复上述步骤，直到满足单峰区间条件。

上述进退试算法的程序计算框图如图 2-20 所示。

2.3.2　黄金分割法

黄金分割法又称 0.618 法，它是一种等比例缩短区间的直接搜索方法。该方法的基本思路是：通过比较单峰区间内两点函数值，不断舍弃单峰区间的左端或右端一部分，使区间按照固定区间缩短率（缩小后的新区间与原区间长度之比）逐步缩短，直到极小值点所在的区间缩短到给定的误差范围内，而得到近似最优解。

为了达到缩短区间之目的，可在已确定的搜索区间（单峰区间）内，选取计算点，计算函数值，并比较它们的大小，以消去不可能包含极小值点的区间。

如图 2-21 所示，在已确定的单峰区间 $[a, b]$ 内任取两个内分点 α_1、α_2，并计算它的函数值 $f(\alpha_1)$、$f(\alpha_2)$，比较它们的大小，可能发生以下情况。

1）若 $f(\alpha_1) < f(\alpha_2)$，则由于函数的单峰性，极小值点必位于区间 $[a, \alpha_2]$ 内，因而可以去掉区间 $[\alpha_2, b]$，得到缩短后的搜索区间 $[a, \alpha_2]$，如图 2-21（a）所示；

2）若 $f(\alpha_1) > f(\alpha_2)$，显然，极小值点必位于 $[\alpha_1, b]$ 内，因而可去掉区间 $[a, \alpha_1]$，得到新区间 $[\alpha_1, b]$，如图 2-21（b）所示；

3）若 $f(\alpha_1) = f(\alpha_2)$，极小值点应在区间 $[\alpha_1, \alpha_2]$ 内，因而可去掉 $[a, \alpha_1]$ 或 $[\alpha_2, b]$，甚至将此二段都去掉，如图 2-21（c）所示。

对于上述缩短后的新区间，可在其内再取一个新点 α_3，然后将此点和该区间内剩下的那一点进行函数值大小的比较，以再次按照上述方法，进一步缩短区间，这样不断进行下去，直到所保留的区间缩小到给定的误差范围内，而得到近似最优解。按照上述方法，就可得到一个

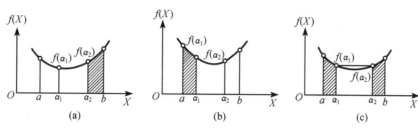

图 2-21 序列消去原理

不断缩小的区间序列，故称为序列消去原理。

黄金分割法的内分点选取原则是：每次区间缩短都取相等的区间缩短率。按照这一原则，其区间缩短率都是取 $\lambda = 0.618$，即该法是按区间全长的 0.618 倍的关系来选取两个对称内分点 α_1、α_2 的。

如图 2-22 所示，设原区间 $[a, b]$ 长度为 L，区间缩短率为 λ。为了缩短区间，黄金分割法要求在区间 $[a, b]$ 上对称地取两个内分点 α_1 和 α_2，设两个对称内分点交错离两端点距离为 l，则首次区间缩短率为

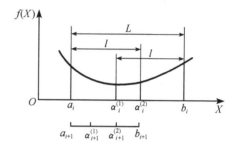

图 2-22 0.618 法新、旧区间的几何关系

$$\lambda = \frac{l}{L}$$

再次区间缩短率为

$$\lambda = \frac{(L-l)}{l}$$

根据每次区间缩短率相等的原则，有

$$\lambda = \frac{l}{L} = \frac{(L-l)}{l}$$

由此可得

$$l^2 - L(L-l) = 0$$

即 $\left(\dfrac{l}{L}\right)^2 + \dfrac{l}{L} - 1 = 0$，或 $\lambda^2 + \lambda - 1 = 0$，解此方程，取其正根可得

$$\lambda = \frac{\sqrt{5}-1}{2} = 0.6180339887\cdots \approx 0.618$$

这意味着，只要取 $\lambda = 0.618$，就以满足区间缩短率不变的要求。即每次缩短区间后，所得到的区间是原区间的 0.618 倍，舍弃的区间是原区间的 0.382 倍。黄金分割法迭代过程中，除初始区间要找两个内分点外，每次缩短的新区间内，只需再计算一个新点函数值就够了。

根据以上结果，黄金分割法两个内分点的取点规则为

$$\begin{cases} \alpha_1 = a + (1-\lambda)(b-a) = a + 0.382(b-a) \\ \alpha_2 = a + \lambda(b-a) = a + 0.618(b-a) \end{cases} \tag{2-30}$$

综上所述，黄金分割法的计算步骤如下。

1）给定初始单峰区间 $[a, b]$ 和收敛精度 ε。

2）在区间 $[a, b]$ 内取两个内分点并计算其函数值：

$$\alpha_1 = a + 0.382(b-a), \qquad f_1 = f(\alpha_1)$$
$$\alpha_2 = a + 0.618(b-a), \qquad f_2 = f(\alpha_2)$$

3）比较函数值 f_1 和 f_2 的大小。若 $f_1 <$ f_2，则取 $[a, \alpha_2]$ 为新区间，而 α_1 则作为新区间内的第一个试算点，即令

$$b \Leftarrow \alpha_2, \quad \alpha_2 \Leftarrow \alpha_1, \quad f_2 \Leftarrow f_1$$

而另一试算点可按下式计算出

$$\alpha_1 = a + 0.382(b - a), \quad f_1 = f(\alpha_1)$$

若 $f_1 \geqslant f_2$，则取 $[\alpha_1, b]$ 为新区间，而 α_2 作为新区间内的第一个试算点，即令

$$a \Leftarrow \alpha_1, \quad \alpha_1 \Leftarrow \alpha_2, \quad f_1 \Leftarrow f_2$$

而另一试算点可按下式计算出来：

$$\alpha_2 = a + 0.618(b - a), \quad f_2 = f(\alpha_2)$$

4）若满足迭代终止条件 $b - a \leqslant \varepsilon$，则转下一步，否则返回步骤 3），进行下一次迭代计算，进一步缩短区间。

5）输出最优解：

$$x^* = \frac{a + b}{2}, \quad f^* = f(x^*)$$

黄金分割法的计算框图如图 2-23 所示。

例 2-8 试用黄金分割法求函数 $f(x) = x(x + 2)$ 的极小值点，设初始单峰区间 $[a, b] = [-3, 5]$，给定计算精度 $\varepsilon = 0.3$。

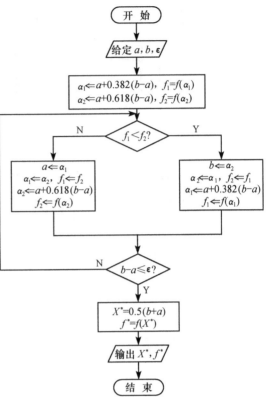

图 2-23 黄金分割法的计算框图

解： 第一次迭代：

1）已给定初始搜索区间 $[a, b] = [-3, 5]$。

2）在区间 $[-3, 5]$ 中取两内分点并计算其函数值：

$$\alpha_1^{(1)} = a + 0.382(b - a) = -3 + 0.382(5 + 3) = 0.056$$
$$\alpha_2^{(1)} = a + 0.618(b - a) = -3 + 0.618(5 + 3) = 1.944$$
$$f_1 = f(\alpha_1^{(1)}) = 0.056(0.056 + 2) = 0.115$$
$$f_2 = f(\alpha_2^{(1)}) = 1.944(1.944 + 2) = 7.667$$

3）比较函数值 f_1 和 f_2 的大小。因 $f_1 < f_2$，则取 $[a, \alpha_2^{(1)}]$ 为新区间，而 $\alpha_1^{(1)}$ 则作为新区间内的第一个试算点，即令

$$b \Leftarrow \alpha_2^{(1)} = 1.944, \quad \alpha_2^{(1)} \Leftarrow \alpha_1^{(1)} = 0.056, \quad f_2 \Leftarrow f_1 = 0.155$$

而

$$\alpha_1^{(1)} = b + 0.382(a - b) = -3 + 0.382(1.944 + 3) = -1.111$$
$$f_1 = f(\alpha_1^{(1)}) = -1.111(-1.111 + 2) = -0.988$$

4）收敛判断。

$$b - a = 1.944 - (-3) = 4.944 > \varepsilon$$

因不满足终止条件，故返回步骤 2），继续缩短区间，进行第二次迭代。

各次迭代计算结果见表 2-1。由该表可知，经过 8 次迭代，其区间缩小为

$$b - a = -0.836 - (-1.111) = 0.275 < \varepsilon = 0.3$$

故可停止迭代，输出最优解

$$X^* = \frac{a+b}{2} = \frac{-1.111 - 0.836}{2} = -0.9735$$

$$f(X^*) = -0.9735(-0.9735 + 2) = -0.9993$$

表 2-1　例 2-8 的迭代计算结果

迭代次数	a	b	α_1	α_2	f_1	比较	f_2	$b-a$
1	−3	5	0.056	1.944	0.155	<	7.667	8.000
2	−3	1.944	−1.111	0.056	−0.988	<	0.115	4.944
3	−3	0.056	−1.833	−1.111	−0.306	>	−0.988	3.056
4	−1.833	0.056	−1.111	−0.666	−0.988	<	−0.888	1.889
5	−1.833	−0.666	−1.387	−1.111	−0.850	>	−0.988	1.167
6	−1.387	−0.666	−1.111	−0.941	−0.988	>	−0.997	0.721
7	−1.111	−0.666	−0.941	−0.836	−0.977	<	−0.973	0.445
8	−1.111	−0.836						0.275

2.3.3　二次插值法

二次插值法又称近似抛物线法。它的基本思想是：在给定的单峰区间中，利用目标函数上的三个点来构造一个二次插值函数 $p(X)$，以近似地表达原目标函数 $f(X)$，并求这个插值函数的极小值点近似作为原目标函数的极小值点。它是以目标函数的二次插值函数的极小值点作为新的中间插入点，进行区间缩小的一维搜索方法。

设一元函数 $f(X)$，在单峰区间 $[\alpha_1, \alpha_3]$ 内取一点 α_2，且 $\alpha_1 < \alpha_2 < \alpha_3$，这三点对应的函数值分别为

$$f_1 = f(\alpha_1), \quad f_2 = f(\alpha_2), \quad f_3 = f(\alpha_3)$$

于是通过原函数曲线上的三个点 (α_1, f_1)、(α_2, f_2) 和 (α_3, f_3) 可以构成一个二次插值函数，如图 2-24 所示。设该次插值函数为

$$p(\alpha) = A + B\alpha + C\alpha^2 \tag{2-31}$$

此函数可以很容易地求得它的极小值点 α_p^*。令其一阶导数等于零，即

$$\frac{\mathrm{d}p(\alpha)}{\mathrm{d}\alpha} = B + 2C\alpha = 0$$

解得

$$\alpha_p^* = -\frac{B}{2C} \tag{2-32}$$

为求得 α_p^*，应设法求得式（2-32）中的待定系数 B 和 C。

由于所构造的二次插值函数曲线通过原函数 $f(X)$ 上的三个点，因此将三个点 (α_1, f_1)、(α_2, f_2) 及 (α_3, f_3) 代入方程（2-31）可得

$$\begin{cases} p(\alpha_1) = A + B\alpha_1 + C\alpha_1^2 = f_1 \\ p(\alpha_2) = A + B\alpha_2 + C\alpha_2^2 = f_2 \\ p(\alpha_3) = A + B\alpha_3 + C\alpha_3^2 = f_3 \end{cases} \tag{2-33}$$

解得系数

$$B = \frac{(\alpha_2^2 - \alpha_3^2)f_1 + (\alpha_3^2 - \alpha_1^2)f_2 + (\alpha_1^2 - \alpha_2^2)f_3}{(\alpha_1 - \alpha_2)(\alpha_2 - \alpha_3)(\alpha_3 - \alpha_1)}$$

$$C = -\frac{(\alpha_2 - \alpha_3)f_1 + (\alpha_3 - \alpha_1)f_2 + (\alpha_1 - \alpha_2)f_3}{(\alpha_1 - \alpha_2)(\alpha_2 - \alpha_3)(\alpha_3 - \alpha_1)}$$

将 B、C 之值代入式（2-32），可求得

$$\alpha_p^* = -\frac{B}{2C} = \frac{1}{2}\frac{(\alpha_2^2 - \alpha_3^2)f_1 + (\alpha_3^2 - \alpha_1^2)f_2 + (\alpha_1^2 - \alpha_2^2)f_3}{(\alpha_2 - \alpha_3)f_1 + (\alpha_3 - \alpha_1)f_2 + (\alpha_1 - \alpha_2)f_3} \tag{2-34}$$

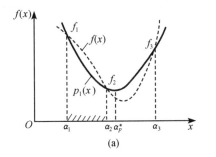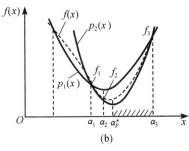

图 2-24　二次插值法的原理及区间缩小过程

由上述内容可知，在已知一个单峰搜索区间内的 α_1、α_2、α_3 三点值后，便可通过二次插值法求得极小值点的近似值 $\overline{X} = \alpha_p^*$。由于在求 α_p^* 时，是采用原函数的近似函数，因而求得的 α_p^* 不一定与原函数的极值点 X^* 重合，见图 2-24。为了求得满足预定精度要求的原函数的近似极小值点，一般要进行多次迭代。为此，可根据前述的序列消去原理，在已有的四个点 α_1、α_2、α_3 及 α_p^* 中选择新的三个点，得到一个缩小了的单峰区间，并利用此单峰区间的三个点，再一次进行插值。如此进行下去，直至达到给定的精度。

二次插值法的计算步骤如下。

1）给定初始搜索区间 $[\alpha_1, \alpha_3]$ 和计算精度 ε。

2）在区间 $[\alpha_1, \alpha_3]$ 内取一内点 α_2，有下面两种取法：

$$\alpha_2 = \begin{cases} \dfrac{\alpha_1 + \alpha_3}{2} & \text{（等距原则取点）} \\[2mm] \dfrac{2\alpha_1 + \alpha_3}{3} & \text{（不等距原则取点）} \end{cases}$$

计算三点的函数值 $f_1 = f(\alpha_1)$，$f_2 = f(\alpha_2)$，$f_3 = f(\alpha_3)$。

3）计算二次插值多项式 $p(\alpha)$ 的极小值点 α_p^* 与极小值 $f(\alpha_p^*)$。

4）进行收敛判断：若满足 $|\alpha_p^* - \alpha_2| \leqslant \varepsilon$，则停止迭代，并将点 α_2 与 α_p^* 中函数值较小的点作为极小值点输出，结束一维搜索；否则，转下步骤5）。

5）缩小区间，以得到新的单峰区间，然后转步骤3），继续迭代，直到满足精度要求。

二次插值法的程序计算框图如图 2-25 所示。

2.4　多维无约束优化方法

多维无约束优化问题的一般数学表达式为

$$\min f(X) = f(x_1, x_2, \cdots, x_n) \quad (X \in R^n) \tag{2-35}$$

求解这类问题的方法，称为多维无约束优化方法。它也是构成约束优化方法的基础算法。

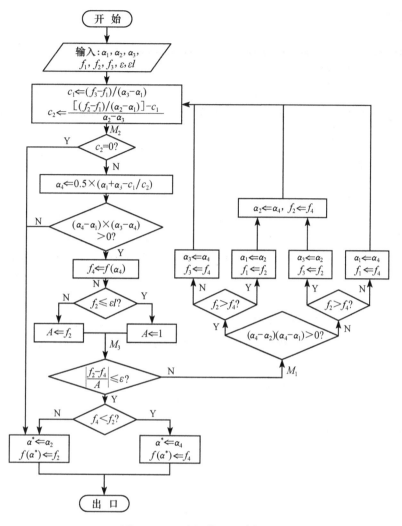

图 2-25 二次插值法程序框图

多维无约束优化方法是优化技术中最重要和最基本的内容之一。因为它不仅可以直接用来求解无约束优化问题，而且实际工程设计问题中的大量约束优化问题，有时也是通过对约束条件进行适当处理，转化为无约束优化问题来求解的。因此，无约束优化方法在工程优化设计中有十分重要的作用。

根据其确定搜索方向所使用的信息和方法不同，多维无约束优化方法可分为两大类：

一是需要利用目标函数的一阶偏导数或二阶偏导数来构造搜索方向，如梯度法、共轭梯度法、牛顿法和变尺度法等。这类方法由于需要计算偏导数，因此计算量大，但收敛速度较快，一般称为间接法。另一类是通过几个已知点上目标函数值的比较来构造搜索方向，如坐标轮换法、随机搜索法和共轭方向法等。这类方法只需要计算函数值，因此对于无法求导或求导困难的函数，有突出的优越性，但是其收敛速度较慢，一般称之为直接法。

各种优化方法之间的主要差异在于构造的搜索方向，因此关于搜索方向 $S^{(k)}$ 的选择问题，是最优化方法要讨论的重要内容。下面介绍几种经典的无约束优化方法。

2.4.1　坐标轮换法

坐标轮换法是求解多维无约束优化问题的一种直接法，它不需求函数导数而直接搜索目标函数的最优解。该法又称降维法。

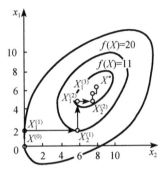

图 2-26　坐标轮换法搜索过程

坐标轮换法的基本原理是：它将一个多维无约束优化问题转化为一系列一维优化问题来求解，即依次沿着坐标轴的方向进行一维搜索，求得极小值点。当对 n 个变量 x_1，x_2，…，x_n 依次进行过一次搜索之后，即完成一轮计算。若未收敛到极小值点，则又从前一轮的最末点开始，进行下一轮搜索，如此继续下去，直至收敛到最优点。

坐标轮换法的搜索过程如图 2-26 所示。对于 n 维问题，是先将 $n-1$ 个变量固定不动，只对第一个变量进行一维搜索，得到极小值点 $X_1^{(1)}$；然后，再保持 $n-1$ 个变量固定不动，对第二个变量进行一维搜索，得到极小值点 $x_2^{(1)}$，…，依次把一个 n 维的问题转化为求解一系列一维的优化问题。当沿 x_1，x_2，…，x_n 坐标方向依次进行一维搜索之后，得到 n 个一维极小值点 $X_1^{(1)}$，$X_2^{(1)}$，…，$X_n^{(1)}$，即完成第一轮搜索。接着，以最后一维的极小值点为始点，重复上述过程，进行下轮搜索，直到求得满足精度的极小值点 X^*，则可停止搜索迭代计算。

根据上述原理，对于第 k 轮计算，坐标轮换法的迭代计算公式为

$$X_i^{(k)} = X_{i-1}^{(k)} + \alpha_i S_i^{(k)} \quad (i=1,\ 2,\ \cdots,\ n) \tag{2-36}$$

其中，搜索方向 $S_i^{(k)}$ 是轮流取 n 维空间各坐标轴的单位向量：

$$S_i^{(k)} = e_i = 1 \quad (i=1,\ 2,\ \cdots,\ n)$$

即

$$e_1 = \begin{bmatrix} 1 \\ 0 \\ 0 \\ \vdots \\ 0 \end{bmatrix}, \quad e_2 = \begin{bmatrix} 0 \\ 1 \\ 0 \\ \vdots \\ 0 \end{bmatrix}, \quad \cdots, \quad e_n = \begin{bmatrix} 0 \\ 0 \\ 0 \\ \vdots \\ 1 \end{bmatrix}$$

也就是其中第 i 个坐标方向上的分量为 1，其余均为零。其中步长 α_i 取正值或负值均可，正值表示沿坐标正方向搜索，负值表示逆坐标轴方向搜索，但无论正负，必须使目标函数值下降，即

$$f(X_i^{(k)}) < f(X_{i-1}^{(k)})$$

关于坐标轮换法的迭代步长 α_i，常用如下两种取法。

1）最优步长。

2）加速步长，即在每一维搜索时，先选择一个初始步长 α_i，若沿该维正向第一步搜索成功（即该点函数值下降），则以倍增的步长继续沿该维向前搜索，步长的序列为

$$\alpha_i, \quad 2\alpha_i, \quad 4\alpha_i, \quad 8\alpha_i, \quad \cdots$$

直到函数值出现上升时，取前一点为本维极小值点，然后改换为沿下一维方向进行搜索，依次循环继续前进，直至到达收敛精度。

坐标轮换法的特点是：计算简单，概念清楚，易于掌握；但搜索路线较长，计算效率较低，特别当维数很高时计算时间很长，所以坐标轮换法只能用于低维（$n<10$）优化问题的求

解。此外，该法的效能在很大程度上取决于目标函数的性态，即等值线的形态与坐标轴的关系。

2.4.2　鲍威尔法

为了克服坐标轮换法收敛速度很慢的缺点，鲍威尔（Powell）对坐标轮换法进行了根本性的改革，提出了鲍威尔法，又称共轭方向法。

在上述坐标轮换法中，之所以收敛速度很慢，原因在于其搜索方向总是平行于坐标轴，不适应函数的变化情况。如图 2-27 所示，若把上一轮的搜索末点 $X_2^{(k)}$（即本轮搜索的起点 $X_0^{(k+1)}$）和本轮的搜索末点 $X_2^{(k+1)}$ 连接起来，形成一个新的搜索方向 $S^{(2)}=X_2^{(k)}-X_2^{(k+1)}$，并沿此方向进行一维搜索，由图 2-27 可见，它可极大地加快收敛速度。那么，方向 $S^{(2)}$ 具有什么性质，它与 S_2 方向有何关系？为了利用这种搜索方向，则应首先弄清楚这些问题。

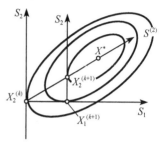

图 2-27　共轭方向

1. 共轭方向的概念与形成

设 A 为一 $n \times n$ 实对称正定矩阵，若有一组非零向量 $S^{(1)}$，$S^{(2)}$，…，$S^{(n)}$ 满足

$$[S^{(i)}]^{\mathrm{T}}AS^{(j)}=0 \quad (i \neq j) \tag{2-37}$$

则称这组向量关于矩阵 A 共轭。

当 A 为单位矩阵（即 $A=I$）时，则有

$$[S^{(i)}]^{\mathrm{T}}S^{(j)}=0 \quad (i \neq j)$$

此时称向量 $S^{(i)}(i=1, 2, …, n)$ 相互正交。可见，向量正交是向量共轭的特例，或者说向量共轭是向量正交的推广。

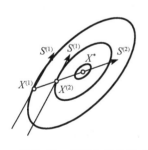

图 2-28　共轭方向的形成

共轭方向有两种形成方法，它们是平行搜索法和基向量组合法。现说明平行搜索法如下：如图 2-28 所示，从任意不同的两点出发，分别沿同一方向 $S^{(1)}$ 进行两次一维搜索（或者说进行两次平行搜索），得到两个一维极小值点 $X^{(1)}$ 和 $X^{(2)}$，则连接此两点构成的向量

$$S^{(2)} = X^{(2)} - X^{(1)}$$

便是与原方向 $S^{(1)}$ 共轭的另一方向。沿此方向做两次平行搜索，又可得到第三个共轭方向。如此继续下去，便可得到一个包含 n（维数）个共轭方向的方向组。二次函数这种共轭方向的产生如图 2-28 所示。

2. 基本鲍威尔法

在明确了共轭方向的概念后，不难知道鲍威尔法是在坐标轮换法的基础上发展起来的，其实质是共轭方向的方法。它采用坐标轮换的方法来产生共轭方向，因不必利用导数的信息，因此是一种直接法。

基本鲍威尔法的基本原理是：首先采用坐标轮换法进行第一轮迭代。然后以第一轮迭代的最末一个极小值点和初始点构成一个新的方向，并且以此新的方向作为最末一个方向，而去掉第一个方向，得到第二轮迭代的 n 个方向。仿此进行下去，直至求得问题的极小值点。

现以二维问题为例来说明基本鲍威尔法的迭代过程及在迭代过程中，共轭方向是如何形成

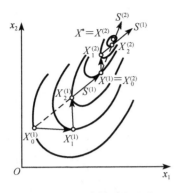

图 2-29　基本鲍威尔法的
迭代过程

的。如图 2-29 所示，取初始点 $X^{(0)}$ 作为迭代计算的出发点，即令 $X_0^{(1)} = X^{(0)}$，先沿坐标轴 X_1 的方向 $S_1^{(1)} = e_1 = [1, 0]^T$ 进行一维搜索，求得此方向上的极小值点 $X_1^{(1)}$。再沿 X_2 坐标方向 $S_2^{(1)} = e_2 = [0, 1]^T$ 进行一维搜索，求得该方向上的极小值点 $X_2^{(1)}$。然后利用两次搜索得到的极小值点 $X_0^{(1)}$ 及 $X_2^{(1)}$ 构成一个新的迭代方向 $S^{(1)}$：

$$S^{(1)} = X_2^{(1)} - X_0^{(1)}$$

并沿此方向进行一维搜索，得到该方向上一维极小值点 $X^{(1)}$，至此完成第一轮搜索。进行第二轮迭代时，去掉第一个方向 $S_1^{(1)} = e_1$，将方向 $S^{(1)}$ 作为最末一个迭代方向，即从 $X^{(1)} = X_0^{(2)}$ 出发，依次沿着方向 $S_1^{(2)} \Leftarrow S_2^{(1)} = e_2$ 及 $S_2^{(2)} \Leftarrow S^{(1)} = X_2^{(1)} - X_0^{(1)}$

进行一维搜索，得到极小值点 $X_1^{(2)}$、$X_2^{(2)}$；然后利用 $X_2^{(2)}$、$X_0^{(2)}$ 构成另一个迭代方向 $S^{(2)}$：

$$S^{(2)} = X_2^{(2)} - X_0^{(2)}$$

并沿此方向搜索得到 $X^{(2)}$。为形成第三轮迭代的方向，将 $S^{(2)}$ 加到第二轮方向组中，并去掉第二轮迭代的第一个方向 $S_1^{(2)} = e_2$，即令

$$S_1^{(3)} \Leftarrow S_2^{(2)} = S^{(1)}, \qquad S_2^{(3)} \Leftarrow S^{(2)} = X_2^{(2)} - X_0^{(2)}$$

即第三轮迭代的方向实际上是 $S^{(1)}$ 和 $S^{(2)}$，由于 $S^{(2)}$ 是连接两个平行线的方向 $S^{(1)}$ 搜索得到的两极小值点 $X_2^{(2)}$、$X_0^{(2)}$ 所构成的，根据上述共轭方向的概念可知，$S^{(1)}$ 和 $S^{(2)}$ 是互为共轭的方向。如果所考察的二维函数是二次的，即对于二维二次函数，经过沿共轭方向 $S^{(1)}$、$S^{(2)}$ 的两次一维搜索所得到的极小值点 $X^{(2)}$ 就是该目标函数的极小值点 X^*（即椭圆的中心）。而对于二维非二次函数，这个极小值点 $X^{(2)}$ 还不是该函数的极小值点，需要继续按照上述方向进行进一步搜索。

由上述内容可知，共轭方向是在更替搜索方向反复进行一维搜索中逐步形成的。对于二元函数，经过两轮搜索，就产生了两个互相共轭的方向。仿此，对于三元函数经过三轮搜索以后，就可以得到三个互相共轭的方向。而对于 n 元函数，经过 n 轮搜索以后，一共可产生 n 个互相共轭的方向 $S^{(1)}$，$S^{(2)}$，$\cdots$，$S^{(n)}$。得到了一个完整的共轭方向组（即所有的搜索方向均为共轭方向）以后，再沿最后一个方向 $S^{(n)}$ 进行一维搜索，就可得到 n 元二次函数的极小值点。而对于非二次函数，一般尚不能得到函数的极小值点，而需要进一步搜索，得到新的共轭方向组，直到最后得到问题的极小值点。

上述基本鲍威尔法的基本要求是，各轮迭代中的方向组的向量应该是线性无关的。然而，很不理想的是，上述方法每次迭代所产生的新方向可能出现线性相关，使搜索运算蜕化到一个较低维的空间进行，从而导致计算不能收敛而无法求得真正的极小值点。为了提高沿共轭方向搜索的效果，鲍威尔针对上述算法提出了改进，则改进后的算法称为修正鲍威尔法。

3. 修正鲍威尔法

为了避免迭代方向组的向量线性相关现象发生，改进后的鲍威尔法，放弃了原算法中不加分析地用新形成的方向 $S^{(k)}$ 替换上一轮搜索方向组中的第一个方向的做法。该算法规定，在每一轮迭代完成产生共轭方向 $S^{(k)}$ 后，在组成新的方向组时不一律舍去上一轮的第一个方向 $S_1^{(k)}$，而是先对共轭方向的好坏进行判别，检验它是否与其他方向线性相关或接近线性相关。若共轭方向不好，则不用它作为下一轮的迭代方向，而仍采用原来的一组迭代方

向好，则可用它替换前轮迭代中使目标函数值下降最多的一个方向，而不一定是替换第一个迭代方向。这样得到的方向组，其收敛性更好。

为了确定函数值下降最多的方向，应先将一轮中各相邻极小值点函数值之差计算出来，并令

$$\Delta_m^{(k)} = \max_{1 \leqslant m \leqslant n} \{ f(X_{m-1}^{(k)}) - f(X_m^{(k)}) \} \tag{2-38}$$

按式（2-38）求得 $\Delta_m^{(k)}$ 后，即可确定对应于 $\Delta_m^{(k)}$ 的两点构成的方向 $S_m^{(k)}$ 为这一轮中函数值下降最多的方向。

修正鲍威尔法对于是否用新的方向来替换原方向组的某一方向的判别条件如下：

在第 k 轮搜索中，若

$$\begin{cases} F_3 < F_1 \\ (F_1 - 2F_2 + F_3)(F_1 - F_2 - \Delta_m^{(k)})^2 < \frac{1}{2}\Delta_m^{(k)}(F_1 - F_3)^2 \end{cases} \tag{2-39}$$

同时成立，则表明方向 $S^{(k)}$ 与原方向组线性无关，因此可将新方向 $S^{(k)}$ 作为下一轮的迭代方向，并去掉方向 $S_m^{(k)}$ 而构成第 $k+1$ 轮迭代的搜索方向组；否则，仍用原来的方向组进行第 $k+1$ 轮迭代。

式（2-39）中 $F_1 = f(X_0^{(k)})$ 为第 k 轮起始点函数值；$F_2 = f(X_n^{(k)})$ 为第 k 轮方向组一维搜索终点函数值；$F_3 = f(2X_n^{(k)} - X_0^{(k)})$ 为 $X_0^{(k)}$ 对 $X_n^{(k)}$ 的映射点函数值；$\Delta_m^{(k)}$ 为第 k 轮方向组中沿诸方向一维搜索所得的各函数值下降量中最大者，其相对应的方向记为 $S_m^{(k)}$。

式（2-39）中各符号意义如图 2-30 所示。

实践证明，上述修正鲍威尔法保证了非线性函数寻优计算可靠的收敛性。修正的鲍威尔法的迭代计算步骤如下。

1）给定初始点 $X^{(0)}$ 和收敛精度 ε。

2）取 n 个坐标轴的单位向量 $e_i(i=1,2,\cdots,n)$ 为初始搜索方向 $S_i^{(k)} = e_i$，置 $k=1$（k 为迭代轮数）。

3）从 $X_0^{(k)}$ 出发，依次沿 $S_i^{(k)}(i=1,2,\cdots,n)$ 进行 n 次一维搜索，得到 n 个一维极小值点，即

$$X_i^{(k)} = X_{i-1}^{(k)} + \alpha_i^{(k)} S_i^{(k)} \quad (i=1,2,\cdots,n)$$

4）连接 $X_0^{(k)}$、$X_n^{(k)}$，构成新的共轭方向 $S^{(k)}$，即

$$S^{(k)} = X_n^{(k)} - X_0^{(k)}$$

沿共轭方向 $S^{(k)}$ 计算 $X_0^{(k)}$ 的新映射点，即

$$X_{n+1}^{(k)} = 2X_n^{(k)} - X_0^{(k)}$$

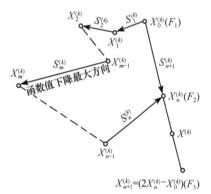

图 2-30　修正鲍威尔法的方向淘汰

5）计算 k 轮中各相邻极小值点目标函数的差值，并找出其中的最大差值及其相应的方向：

$$\Delta_m^{(k)} = \max_{1 \leqslant m \leqslant n} \{ f(X_{i-1}^{(k)}) - f(X_i^{(k)}) \} \quad (i=1,2,\cdots,n)$$

$$S_m^{(k)} = X_{m-1}^{(k)} - X_m^{(k)}$$

6）计算 k 轮初始点、终点和映射点的函数值：

$$F_1 = f(X_0^{(k)}), \quad F_2 = f(X_n^{(k)}), \quad F_3 = f(X_{n+1}^{(k)})$$

7）用判别条件式（2-39）检验原方向组是否需要替换，若同时满足

$$F_3 < F_1$$

和
$$(F_1 - 2F_2 + F_3)(F_1 - F_2 - \Delta_m^{(k)})^2 < \frac{1}{2}\Delta_m^{(k)}(F_1 - F_3)^2$$

则由 $X_n^{(k)}$ 出发沿方向 $S^{(k)}$ 进行一维搜索，求出该方向的极小值点 $X^{(k)}$，并以 $X^{(k)}$ 作为 $k+1$ 轮迭代的初始点，即令 $X_0^{(k+1)} = X^{(k)}$；然后去掉方向 $S_m^{(k)}$，而将方向 $S^{(k)}$ 作为 $k+1$ 轮迭代的最末一个方向，即第 $k+1$ 轮的搜索方向为

$$[S_1^{(k+1)}, S_2^{(k+1)}, \cdots, S_n^{(k+1)}]^T \Leftarrow [S_1^{(k)}, S_2^{(k)}, \cdots, S_{m-1}^{(k)}, S_{m+1}^{(k)}, \cdots, S_n^{(k)}, S^{(k)}]^T$$

若上述判别条件不满足，则进入第 $k+1$ 轮迭代时，仍采用第 k 轮迭代的方向。

8）进行收敛判断。

若满足
$$\| X_0^{(k+1)} - X_0^{(k)} \| \leqslant \varepsilon$$

或
$$\left| \frac{f(X_0^{(k+1)}) - f(X_0^{(k)})}{f(X_0^{(k+1)})} \right| \leqslant \varepsilon_1$$

则结束迭代计算，输出最优解：X^*、$f^* = f(X^*)$；否则，置 $k \Leftarrow k+1$，转入下一轮继续进行循环迭代。

修正鲍威尔法的计算框图如图 2-31 所示。

例 2-9　用修正鲍威尔共轭方向法求无约束优化问题
$$\min f(X) = 60 - 10x_1 - 4x_2 + x_1^2 + x_2^2 - x_1 x_2$$
的最优点 $X^* = [x_1^*, x_2^*]^T$，计算精度 $\varepsilon = 0.0001$。

解： 第一轮迭代如下。

1）给定初始点 $X_0^{(1)} = X^{(0)} = [0, 0]^T$，$\varepsilon = 0.0001$。

2）取搜索方向为 n 个坐标的单位向量 $S_1^{(1)} = e_1 = [1, 0]^T$，$S_2^{(1)} = e_2 = [0, 1]^T$，$k \Leftarrow 1$。

3）从 $X_0^{(1)}$ 出发，先从 $S_1^{(1)}$ 方向进行一维最优搜索，求得最优步长 $\alpha_1^{(1)} = 5$，由此得
$$X_1^{(1)} = X_0^{(1)} + \alpha_1^{(1)} S_1^{(1)} = \begin{bmatrix} 0 \\ 0 \end{bmatrix} + 5\begin{bmatrix} 1 \\ 0 \end{bmatrix} = \begin{bmatrix} 5 \\ 0 \end{bmatrix}$$

从 $X_1^{(1)}$ 出发，沿 $S_2^{(1)}$ 进行一维搜索求得最优步长 $\alpha_2^{(1)} = 4.5$，于是可求得
$$X_2^{(1)} = X_1^{(1)} + \alpha_2^{(1)} S_2^{(1)} = \begin{bmatrix} 5 \\ 0 \end{bmatrix} + 4.5\begin{bmatrix} 0 \\ 1 \end{bmatrix} = \begin{bmatrix} 5 \\ 4.5 \end{bmatrix}$$

4）连接 $X_0^{(1)}$、$X_2^{(1)}$ 构成共轭方向 $S^{(1)}$：
$$S^{(1)} = X_2^{(1)} - X_0^{(1)} = \begin{bmatrix} 5 \\ 4.5 \end{bmatrix} - \begin{bmatrix} 0 \\ 0 \end{bmatrix} = \begin{bmatrix} 5 \\ 4.5 \end{bmatrix}$$

并沿着共轭方向 $S^{(1)}$ 计算 $X_1^{(0)}$ 的映射点：
$$X_3^{(1)} = 2X_2^{(1)} - X_0^{(1)} = 2\begin{bmatrix} 5 \\ 4.5 \end{bmatrix} - \begin{bmatrix} 0 \\ 0 \end{bmatrix} = \begin{bmatrix} 10 \\ 9 \end{bmatrix}$$

5）计算本轮相邻两点函数值的下降量，并求其最大差值及其相应的方向：
$$f(X_0^{(1)}) = 60, \quad f(X_1^{(1)}) = 35, \quad f(X_2^{(1)}) = 14.75$$
$$\Delta_1^{(1)} = f(X_0^{(1)}) - f(X_1^{(1)}) = 25, \quad \Delta_2^{(1)} = f(X_1^{(1)}) - f(X_2^{(1)}) = 20.25$$
$$\Delta_m^{(1)} = \max\{\Delta_1^{(1)}, \Delta_2^{(1)}\} = \Delta_1^{(1)} = 25, \quad 则 S_m^{(1)} = S_1^{(1)} = e_1 = [1, 0]^T$$

6）计算本轮初始点 $X_0^{(1)}$、终点 $X_2^{(1)}$ 和映射点 $X_3^{(1)}$ 的函数值：
$$F_1 = f(X_0^{(1)}) = 60, \quad F_2 = f(X_2^{(1)}) = 14.75, \quad F_3 = f(X_3^{(1)}) = 15$$

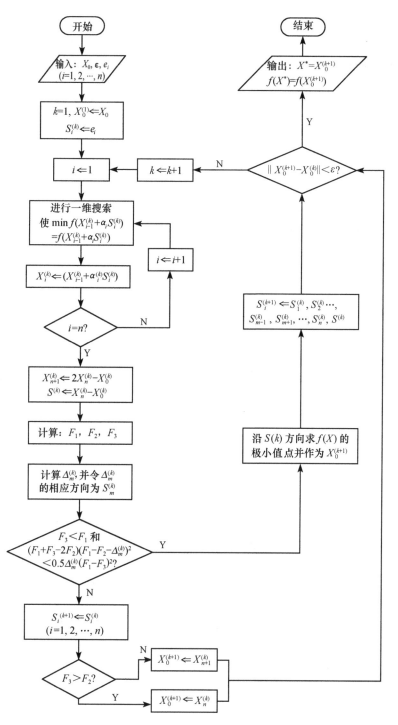

图 2-31 修正鲍威尔法的计算框图

7）进行收敛判断。

由于 $F_3 = 15 < F_1 = 60$ 和 $(F_1 - 2F_2 + F_3)(F_1 - F_2 - \Delta_m^{(1)})^2 < 0.5\Delta_m^{(1)}(F_1 - F_3)^2$ （即 $18657.8 < 25312.5$）同时成立，故应以 $S^{(1)} = [5, 4.5]^T$ 替换 $S_m^{(1)} = S_1^{(1)} = e_1$，并沿 $S^{(1)}$ 方向求极小值点，用一维搜索求得最优步长因子 $\alpha_3^{(1)} = 0.4945$，从而求得

$$X^{(1)} = X_2^{(1)} + \alpha_3^{(1)} S^{(1)} = \begin{bmatrix} 5 \\ 4.5 \end{bmatrix} + 0.4945 \begin{bmatrix} 5 \\ 4.5 \end{bmatrix} = \begin{bmatrix} 7.4725 \\ 6.7253 \end{bmatrix}$$

故可令第二轮迭代的初始点为

$$X_0^{(2)} = X^{(1)} = \begin{bmatrix} 7.4725 & 6.7253 \end{bmatrix}^T$$

第二轮的搜索方向为　　$S_1^{(2)} = S_2^{(1)} = e_2 = \begin{bmatrix} 0 \\ 1 \end{bmatrix}$,　　$S_2^{(2)} = S^{(1)} = \begin{bmatrix} 5 \\ 4.5 \end{bmatrix}$

8）进行迭代终止检验。

由于　　$\parallel X_0^{(2)} - X_0^{(1)} \parallel = \left\| \begin{bmatrix} 7.4725 \\ 6.7253 \end{bmatrix} - \begin{bmatrix} 0 \\ 0 \end{bmatrix} \right\| > \varepsilon$

故需进行下一轮迭代。

第二轮迭代，同上述各步骤，最后得

$$X^{(2)} = X_2^{(2)} + \alpha_3^{(1)} S^{(2)} = \begin{bmatrix} 7.4725 \\ 6.7253 \end{bmatrix} + 0.123 \begin{bmatrix} 0.4348 \\ -0.5978 \end{bmatrix} = \begin{bmatrix} 7.9999 \\ 6.0001 \end{bmatrix}$$

本优化问题的精确解为 $X^* = [8, 6]^T$，第二轮迭代完后的误差已小于 0.0001，故可结束迭代运算。

2.4.3　梯度法

梯度法是求解多维无约束优化问题的解析法之一，它是一种古老的优化方法。由前 2.2 节可知，目标函数的正梯度方向是函数值增大最快的方向，而负梯度方向则是函数值下降最快的方向。于是在求目标函数极小值的优化算法中，人们会很自然地想到采用负梯度方向来作为一种搜索方向。梯度法就是取迭代点处的函数负梯度作为迭代的搜索方向，该法又称最速下降法。

梯度法的迭代格式为

$$\begin{aligned} S^{(k)} &= -\nabla f(X^{(k)}) \\ X^{(k+1)} &= X^{(k)} + \alpha^{(k)} S^{(k)} = X^{(k)} - \alpha^{(k)} \nabla f(X^{(k)}) \end{aligned} \tag{2-40}$$

式中，$\alpha^{(k)}$ 为最优步长因子，由一维搜索确定，即

$$f(X^{(k+1)}) = f(X^{(k)} - \alpha^{(k)} \nabla f(X^{(k)})) = \min f(X^{(k)} - \alpha S^{(k)})$$

依照式（2-40）求得负梯度方向的一个极小值点 $X^{(k+1)}$，作为原问题的一个近似最优解；若此解尚不满足精度要求，则再以 $X^{(k+1)}$ 作为迭代起始点，以点 $X^{(k+1)}$ 处的负梯度方向 $-\nabla f(X^{(k+1)})$ 作为搜索方向，求得该方向的极小值点 $X^{(k+2)}$。如此进行下去，直到所求得的解满足迭代精度要求。

梯度法迭代的终止条件采用梯度准则，若满足

$$\parallel \nabla f(X^{(k+1)}) \parallel \leqslant \varepsilon \tag{2-41}$$

则可终止迭代，结束迭代计算。

梯度法的迭代步骤如下。

1）给定初始迭代点 $X^{(0)}$ 和收敛精度 ε，并置 $k \Leftarrow 0$。

2）计算迭代点的梯度 $\nabla f(X^{(k)})$ 及其模 $\parallel \nabla f(X^{(k)}) \parallel$，取搜索方向为

$$S^{(k)} = -\nabla f(X^{(k)})$$

3）进行收敛判断。

若满足 $\parallel \nabla f(X^{(k)}) \parallel \leqslant \varepsilon$，则停止迭代计算，输出最优解：$X^* = X^{(k)}$，$f(X^*) =$

$f(X^{(k)})$；否则，进行下一步。

4）从 $X^{(k)}$ 点出发沿负梯度方向 $-\nabla f(X^{(k)})$ 进行一维搜索，求最优步长 $\alpha^{(k)}$：

$$f(X^{(k)} - \alpha^{(k)} S^{(k)}) = \min f(X^{(k)} - \alpha S^{(k)})$$

5）求新的迭代点 $X^{(k+1)}$：

$$X^{(k+1)} = X^{(k)} - \alpha^{(k)} \nabla f(X^{(k)})$$

并令 $k \Leftarrow k+1$，转步骤 2），直到求得满足迭代精度要求的迭代点。

梯度法的优点是迭代过程简单，要求的存储量少，而且在远离极小值点时，函数值下降还是较快的。因此，常将梯度法与其他优化方法结合，在计算前期用梯度法，当接近极小值点时，再改用其他算法，以加快收敛速度。

2.4.4 牛顿法

牛顿法也是经典的优化方法，是一种解析法。该法为梯度法的进一步发展，它的搜索方向是根据目标函数的负梯度和二阶偏导数矩阵来构造的。牛顿法分为原始牛顿法和修正牛顿法两种。

原始牛顿法的基本思想是：在求目标函数 $f(X)$ 的极小值时，先将它在点 $X^{(k)}$ 处展成泰勒二次近似式 $\phi(X)$，然后求出这个二次函数的极小值点，并以此点作为原目标函数极小值点的一次近似值；若此值不满足收敛精度要求，则可以以此近似值作为下一次迭代的初始点，仿照上面的做法，求出二次近似值；照此方式迭代下去，直至所求出的近似极小值点满足迭代精度要求。

现用二维问题来说明。设目标函数 $f(X)$ 为连续二阶可微，则在给定点 $X^{(k)}$ 展成泰勒二次近似式：

$$f(X) \approx \phi(X) = f(X^{(k)}) + [\nabla f(X^{(k)})]^T [X - X^{(k)}] + \frac{1}{2}[X - X^{(k)}]^T H(X^{(k)})[X - X^{(k)}]$$

$$(2\text{-}42)$$

为求二次近似式 $\phi(X)$ 的极小值点，对式（2-42）求梯度，并令

$$\nabla \phi(X) = \nabla f(X^{(k)}) + H(X^{(k)})[X - X^{(k)}] = 0$$

解之可得

$$X_\phi^* = X^{(k)} - [H(X^{(k)})]^{-1} \nabla f(X^{(k)}) \qquad (2\text{-}43)$$

式中，$[H(X^{(k)})]^{-1}$ 称为海森矩阵的逆矩阵。

在一般情况下，$f(X)$ 不一定是二次函数，因而所求得的极小值点 X_ϕ^* 也不可能是原目标函数 $f(X)$ 的真正极小值点。但是由于在 $X^{(k)}$ 点附近，函数 $\phi(X)$ 和 $f(X)$ 是近似的，因而 X_ϕ^* 可作为 $f(X)$ 的近似极小值点。为求得满足迭代精度要求的近似极小值点，则可将 X_ϕ^* 点作为下一次迭代的起始点 $X^{(k+1)}$，即得

$$X^{(k+1)} = X^{(k)} - [H(X^{(k)})]^{-1} \nabla f(X^{(k)}) \qquad (2\text{-}44)$$

式（2-44）就是原始牛顿法的迭代公式。由式可知，牛顿法的搜索方向为

$$S^{(k)} = -[H(X^{(k)})]^{-1} \nabla f(X^{(k)}) \qquad (2\text{-}45)$$

方向 $S^{(k)}$ 称为牛顿方向，可见原始牛顿法的步长因子恒取 $\alpha^{(k)} = 1$，所以原始牛顿法是一种定步长的迭代过程。

显然，如果目标函数 $f(X)$ 是正定二次函数，则海森矩阵 $H(X)$ 是常矩阵，二次近似式 $\phi(X)$ 变成了精确表达式。因此，由 $X^{(k)}$ 出发只需迭代一次即可求得 $f(X)$ 的极小值点。

例 2-10 用原始牛顿法求目标函数 $f(X) = 60 - 10x_1 - 4x_2 + x_1^2 + x_2^2 - x_1 x_2$ 的极小值，

取初始点 $X^{(0)} = [0，0]^T$。

　　解： 对目标函数 $f(X)$ 分别求点 $X^{(0)}$ 处的梯度、海森矩阵及其逆矩阵，可得

$$\nabla f(X^{(0)}) = \begin{bmatrix} \dfrac{\partial f(X)}{\partial x_1} \\ \dfrac{\partial f(X)}{\partial x_2} \end{bmatrix}_{X^{(0)}} = \begin{bmatrix} -10 + 2x_1^{(0)} - x_2^{(0)} \\ -4 + 2x_2^{(0)} - x_1^{(0)} \end{bmatrix} \begin{bmatrix} 0 \\ 0 \end{bmatrix} = \begin{bmatrix} -10 \\ -4 \end{bmatrix}$$

$$H(X^{(0)}) = \begin{bmatrix} \dfrac{\partial^2 f(X)}{\partial x_1^2} & \dfrac{\partial^2 f(X)}{\partial x_1 \partial x_2} \\ \dfrac{\partial^2 f(X)}{\partial x_2 \partial x_1} & \dfrac{\partial^2 f(X)}{\partial x_2^2} \end{bmatrix} = \begin{bmatrix} 2 & -1 \\ -1 & 2 \end{bmatrix}$$

$$[H(X^{(0)})]^{-1} = \frac{1}{\begin{vmatrix} 2 & -1 \\ -1 & 2 \end{vmatrix}} \begin{bmatrix} 2 & 1 \\ 1 & 2 \end{bmatrix} = \frac{1}{3} \begin{bmatrix} 2 & 1 \\ 1 & 2 \end{bmatrix}$$

代入牛顿法迭代公式，求得

$$X^{(1)} = X^{(0)} - [H(X^{(0)})]^{-1} \nabla f(X^{(0)}) = \begin{bmatrix} 0 \\ 0 \end{bmatrix} - \frac{1}{3} \begin{bmatrix} 2 & 1 \\ 1 & 2 \end{bmatrix} \begin{bmatrix} -10 \\ -4 \end{bmatrix} = \begin{bmatrix} 8 \\ 6 \end{bmatrix}$$

　　上例说明，牛顿法对于二次函数是非常有效的，即迭代一步就可到达函数的极值点，而这一步根本就不需要进行一维搜索。对于高次函数，只要当迭代点靠近极值点附近，目标函数近似二次函数时，才会保证很快收敛，否则也可能导致算法失败。为克服这一缺点，将原始牛顿法的迭代公式修改为

$$X^{(k+1)} = X^{(k)} - \alpha^{(k)} [H(X^{(k)})]^{-1} \nabla f(X^{(k)}) \tag{2-46}$$

式（2-45）为修正牛顿法的迭代公式。式中，步长因子 $\alpha^{(k)}$ 又称阻尼因子。

　　修正牛顿法的迭代步骤如下。

　　1）给定初始点 $X^{(0)}$ 和收敛精度 ε，置 $k=0$。

　　2）计算函数在点 $X^{(k)}$ 上的梯度 $\nabla f(X^{(k)})$、海森矩阵 $H(X^{(k)})$ 及其逆阵 $[H(X^{(k)})]^{-1}$。

　　3）进行收敛判断，若满足 $\| \nabla f(X^{(k)}) \| \leqslant \varepsilon$，则停止迭代，输出最优解：$X^* = X^{(k)}$，$f(X^*) = f(X^{(k)})$；否则，转下步。

　　4）构造牛顿搜索方向，即

$$S^{(k)} = -[H(X^{(k)})]^{-1} \nabla f(X^{(k)})$$

并从 $X^{(k)}$ 出发沿牛顿方向 $S^{(k)}$ 进行一维搜索，即求出在 $S^{(k)}$ 方向上的最优步长 $\alpha^{(k)}$，使

$$f(X^{(k)} + \alpha^{(k)} S^{(k)}) = \min f(X^{(k)} + \alpha S^{(k)})$$

　　5）沿方向 $S^{(k)}$ 一维搜索，得迭代点

$$X^{(k+1)} = X^{(k)} + \alpha^{(k)} S^{(k)}$$

置 $k \Leftarrow k+1$，转步骤 2）。

2.4.5　变尺度法

　　变尺度法的提出与梯度法和牛顿法有着密切联系。它是一种拟牛顿法。所谓拟牛顿法是指基于牛顿法的基本原理而又对牛顿法进行了重要改进的一种方法。这种方法克服了梯度法收敛慢和牛顿法计算量大的缺点，而又继承了牛顿法收敛速度快和梯度法计算简单的优点。理论和

实践表明，变尺度法是求解无约束优化问题最有效的算法之一，是目前应用比较广泛的一种算法。变尺度法的种类很多，本节介绍其中最重要的两种：DFP 变尺度法和 BFGS 变尺度法。

1. DFP 变尺度法

变尺度法的基本思想是：利用牛顿法的迭代形式，但并不直接计算 $[H(X^{(k)})]^{-1}$，而是用一个对称正定矩阵 $A^{(k)}$ 近似地代替 $[H(X^{(k)})]^{-1}$。$A^{(k)}$ 在迭代过程中，不断地改进，最后逼近 $[H(X^{(k)})]^{-1}$。这种方法，省去了海森矩阵的计算和求逆，使之计算量大幅减少，而且保持了牛顿法收敛快的优点。由于这一方法的迭代形式与牛顿法类似，所以又称拟牛顿法。

DFP 变尺度法由戴维顿（Davidon）首先提出，后经费莱彻（Fletcher）和鲍威尔（Powell）做了改进，因而称为 DFP 变尺度法。DFP 变尺度法的迭代公式为

$$X^{(k+1)} = X^{(k)} + \alpha^{(k)} S^{(k)} = X^{(k)} - \alpha^{(k)} A^{(k)} \nabla f(X^{(k)}) \tag{2-47}$$

式中，$\alpha^{(k)}$ 为变尺度法的最优步长；$-A^{(k)} \nabla f(X^{(k)})$ 为搜索方向，即 $S^{(k)} = -A^{(k)} \nabla f(X^{(k)})$，称为拟牛顿方向；$A^{(k)}$ 为变尺度矩阵，是一 $n \times n$ 对称正定矩阵，在迭代过程中它是逐次形成并不断修正，即从一次迭代到另一次迭代是变化的，故称变尺度矩阵。

不难看出，当 $A^{(k)} = I$（单位矩阵）时，式（2-47）变为

$$X^{(k+1)} = X^{(k)} - \alpha^{(k)} \nabla f(X^{(k)}) \tag{2-48}$$

当 $A^{(k)} = [H(X^{(k)})]^{-1}$ 时，式（2-47）变为

$$X^{(k+1)} = X^{(k)} - \alpha^{(k)} [H(X^{(k)})]^{-1} \nabla f(X^{(k)}) \tag{2-49}$$

显然，式（2-48）就是梯度法的迭代公式；式（2-49）就是牛顿法迭代公式。由此可知，梯度法和牛顿法可以看作变尺度法的一种特例。

要使变尺度矩阵 $A^{(k)}$ 在迭代过程中逐步逼近 $[H(X^{(k)})]^{-1}$，应使其满足拟牛顿条件（即 DFP 条件）。下面就介绍这一条件的建立。

设将目标函数 $f(X)$ 展为泰勒二次近似式，有

$$f(X) \approx f(X^{(k)}) + [\nabla f(X^{(k)})]^{\mathrm{T}} [X - X^{(k)}] + \frac{1}{2} [X - X^{(k)}]^{\mathrm{T}} H(X^{(k)}) [X - X^{(k)}]$$

其梯度为

$$\nabla f(X) = \nabla f(X^{(k)}) + H(X^{(k)}) [X - X^{(k)}]$$

如果取 $X = X^{(k+1)}$ 为极值附近第 $k+1$ 次迭代点，于是可得

$$\nabla f(X^{(k+1)}) = \nabla f(X^{(k)}) + H(X^{(k)}) [X^{(k+1)} - X^{(k)}]$$

即

$$\nabla f(X^{(k+1)}) - \nabla f(X^{(k)}) = H(X^{(k)}) [X^{(k+1)} - X^{(k)}]$$

若令

$$\Delta g^{(k)} = \nabla f(X^{(k+1)}) - \nabla f(X^{(k)}) \tag{2-50}$$

$$\Delta X^{(k)} = X^{(k+1)} - X^{(k)} \tag{2-51}$$

则式（2-50）可写成 $\qquad \Delta g^{(k)} = H(X^{(k)}) \Delta X^{(k)}$

若矩阵 $H(X^{(k)})$ 为可逆矩阵，则用 $[H(X^{(k)})]^{-1}$ 左乘上式两边，得

$$\Delta X^{(k)} = [H(X^{(k)})]^{-1} \Delta g^{(k)} \tag{2-52}$$

式中，$\Delta X^{(k)}$ 为第 k 次迭代中前后迭代点的向量差；$\Delta g^{(k)}$ 为前后迭代点的梯度向量差。

式（2-52）表明了 $[H(X^{(k)})]^{-1}$ 与 $\Delta X^{(k)}$ 及 $\Delta g^{(k)}$ 之间的基本关系。

若用变尺度矩阵 $A^{(k+1)}$ 来逼近 $[H(X^{(k)})]^{-1}$，则必须满足上述条件，即

$$\Delta X^{(k)} = A^{(k+1)} \Delta g^{(k)} \tag{2-53}$$

此变尺度矩阵 $A^{(k+1)}$ 应满足的基本关系式，即式（2-53）称为拟牛顿条件，或称 DFP 条件。由此条件可知，变尺度矩阵 $A^{(k+1)}$ 可用目标函数的梯度信息 $\Delta g^{(k)}$ 和向量信息 $\Delta X^{(k)}$ 来构造。

由上述变尺度法的基本思想可知，变尺度矩阵是随迭代过程的推进而逐次改变的，因而它是一个矩阵序列，即

$$\{A^{(k)}\} \quad (k=0,1,2,\cdots)$$

为了构造这一序列，选取某一初始矩阵 $A^{(0)}$ 是必要的。$A^{(0)}$ 必须是对称正定矩阵，通常取单位矩阵 I 作为 $A^{(0)}$ 是一种最简单而有效的办法。随后，为了产生下一个变尺度矩阵 $A^{(1)}$，可以设想是在 $A^{(0)}$ 的基础上加以校正来得到，即

$$A^{(1)} = A^{(0)} + \Delta A^{(0)}$$

推广到一般的第 $k+1$ 次迭代，则变尺度矩阵为

$$A^{(k+1)} = A^{(k)} + \Delta A^{(k)} \tag{2-54}$$

式（2-54）就是产生变尺度矩阵的递推公式。式中 $A^{(k)}$ 和 $A^{(k+1)}$ 均为对称正定矩阵。$A^{(k)}$ 是前一次迭代的已知矩阵，初取时可取 $A^{(0)} = I$（单位矩阵）；$\Delta A^{(k)}$ 称为第 k 次迭代的校正矩阵。它只依赖于本次迭代的 $X^{(k)}$、$X^{(k+1)}$ 和相应的梯度 $\nabla f(X^{(k+1)})$、$\nabla f(X^{(k)})$。

显然，只要能求出 $\Delta A^{(k)}$ 便可求出 $A^{(1)}$，$A^{(2)}$，$\cdots$，即可得到变尺度矩阵序列 $\{A^{(k)}\}$。由 Davidon 提出并经 Fletcher 和 Powell 修改的校正矩阵 $\Delta A^{(k)}$ 的计算公式，即 DFP 公式为

$$\Delta A^{(k)} = \frac{\Delta X^{(k)} [\Delta X^{(k)}]^{\mathrm{T}}}{[\Delta X^{(k)}]^{\mathrm{T}} \Delta g^{(k)}} - \frac{A^{(k)} \Delta g^{(k)} [\Delta g^{(k)}]^{\mathrm{T}} A^{(k)}}{[\Delta g^{(k)}]^{\mathrm{T}} A^{(k)} \Delta g^{(k)}} \tag{2-55}$$

利用式（2-55）求得的校正矩阵 $\Delta A^{(k)}$ 代入式（2-54），便可得到变尺度矩阵的 DFP 递推公式为

$$A^{(k+1)} = A^{(k)} + \frac{\Delta X^{(k)} [\Delta X^{(k)}]^{\mathrm{T}}}{[\Delta X^{(k)}]^{\mathrm{T}} \Delta g^{(k)}} - \frac{A^{(k)} \Delta g^{(k)} [\Delta g^{(k)}]^{\mathrm{T}} A^{(k)}}{[\Delta g^{(k)}]^{\mathrm{T}} A^{(k)} \Delta g^{(k)}} \tag{2-56}$$

式（2-56）常称 DFP 公式。通过式（2-47）可确定新的搜索方向 $S^{(k)}$，进行第 $k+1$ 次迭代的一维搜索。

由 DFP 公式可以看出，变尺度矩阵 $A^{(k+1)}$ 的确定取决于在第 k 次迭代中的下列信息：上次的变尺度矩阵 $A^{(k)}$、迭代点的向量差 $\Delta X^{(k)}$ 和迭代点的梯度向量差 $\Delta g^{(k)}$。因此，它不必计算海森矩阵 $H(X^{(k)})$ 及其求逆阵的计算。

DFP 变尺度法的迭代步骤如下。

1）给定初始点 $X^{(0)}$ 和收敛精度 ε，维数 n。

2）计算梯度 $\nabla f(X^{(0)})$，取 $A^{(0)} = I$（单位矩阵），置 $k=0$。

3）构造搜索方向

$$S^{(k)} = -A^{(k)} \nabla f(X^{(k)})$$

4）沿 $S^{(k)}$ 方向进行一维搜索，求最优步长 $\alpha^{(k)}$，使

$$f(X^{(k)} + \alpha^{(k)} S^{(k)}) = \min f(X^{(k)} + \alpha S^{(k)})$$

得到新迭代点　　　　　　　　$$X^{(k+1)} = X^{(k)} + \alpha^{(k)} S^{(k)}$$

5）计算 $\nabla f(X^{(k+1)})$，进行收敛判断：

如果 $\| \nabla f(X^{(k+1)}) \| < \varepsilon$，则令 $X^* = X^{(k+1)}$，$f(X^*) = f(X^{(k+1)})$，停止迭代，输出最优解；否则，转步骤 6）。

6) 检查迭代次数，若 $k=n$，则令 $X^{(0)} \Leftarrow X^{(k+1)}$，并转入步骤 2）；若 $k<n$，则转步骤 7）。

7) 计算 $\Delta X^{(k)}$、$\Delta g^{(k)}$、$\Delta A^{(k)}$、$\Delta A^{(k+1)}$；构造新的变尺度矩阵和搜索方向

$$A^{(k+1)} = A^{(k)} + \Delta A^{(k)}$$

$$S^{(k+1)} = -A^{(k+1)} \nabla f(X^{(k+1)})$$

并令 $k \Leftarrow k+1$，转向步骤 3）。

DFP 变尺度法的计算框图如图 2-32 所示。

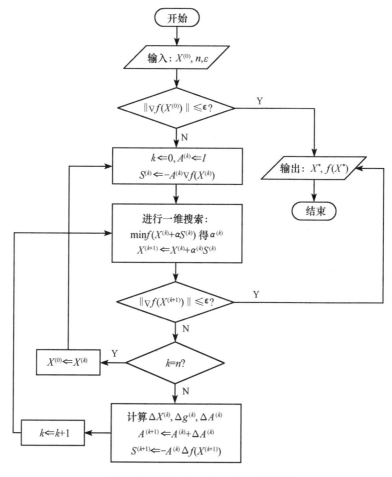

图 2-32　DFP 变尺度法的计算框图

综上可知，DFP 变尺度法在迭代开始时，因令 $A^{(0)} = I$（单位矩阵），此时的变尺度法的迭代公式就是梯度法的迭代公式；而当变尺度矩阵逼近 $[H(X^{(k)})]^{-1}$ 时，变尺度法迭代也逼近牛顿方向，其迭代公式也逼近牛顿法的迭代公式。因而变尺度法在最初的几步迭代，与梯度法类似，函数值的下降是较快的；而在最后的几步迭代，变尺度法与牛顿法相近，可较快地收敛到极小值点。因而变尺度法就克服了梯度法收敛慢的缺点，但保留了梯度法在最初几步，函数值下降快的优点；同时，变尺度法避免了计算海森矩阵及其逆矩阵，从而克服了牛顿法计算量大的缺点，并有较快的收敛速度，因而该法是一种很有效的优化算法。

2. BFGS 变尺度法

计算实践表明，由于 DFP 变尺度法在计算变尺度矩阵的公式中，其分母含有近似矩阵 $A^{(k)}$，使之计算中容易引起数值不稳定，甚至有可能得到奇异矩阵 $A^{(k)}$。为了克服 DFP 变尺度法计算稳定性不够理想的缺点，Broydon 等在 DFP 变尺度法的基础上提出了另一种变尺度法，称为 BFGS 变尺度法。

BFGS 变尺度法与 DFP 变尺度法的迭代步骤相同，不同只是校正矩阵的计算公式不一样。BFGS 变尺度法的变尺度矩阵迭代公式仍为

$$A^{(k+1)} = A^{(k)} + \Delta A^{(k)} \tag{2-57}$$

但其中校正矩阵 $\Delta A^{(k)}$ 的计算公式为

$$\Delta A^{(k)} = \frac{1}{[\Delta X^{(k)}]^{\mathrm{T}} \Delta g^{(k)}} \{\Delta X^{(k)}[\Delta X^{(k)}]^{\mathrm{T}} + \frac{X^{(k)}[\Delta X^{(k)}]^{\mathrm{T}}[\Delta g^{(k)}]^{\mathrm{T}} A^{(k)} \Delta g^{(k)}}{[\Delta X^{(k)}]^{\mathrm{T}} \Delta g^{(k)}}$$
$$- A^{(k)} \Delta g^{(k)}[\Delta X^{(k)}]^{\mathrm{T}} - \Delta X^{(k)}[\Delta g^{(k)}]^{\mathrm{T}} A^{(k)} \} \tag{2-58}$$

式中，所使用的基本变量 $\Delta X^{(k)}$、$\Delta g^{(k)}$、$A^{(k)}$ 与 DFP 变尺度法相同。由该式可见，BFGS 变尺度法的校正矩阵 $\Delta A^{(k)}$ 的分母中不再含有近似矩阵 $A^{(k)}$。

BFGS 变尺度法与 DFP 变尺度法具有相同性质，这两种方法都是使每次迭代中目标函数值减少，并保持 $A^{(k)}$ 的对称正定性，则 $A^{(k)}$ 一定逼近海森矩阵的逆矩阵。BFGS 法的优点在于计算中它的数值稳定性强，所以它是目前变尺度法中最受欢迎的一种算法。

例 2-11　用 DFP 变尺度法求解

$$\min f(X) = 4(x_1 - 5)^2 + (x_2 - 6)^2, \quad \varepsilon = 0.01$$

解：1) 选定初始点 $X^{(0)} = [8, 9]^{\mathrm{T}}$，计算精度 $\varepsilon = 0.01$，则

$$\nabla f(X^{(0)}) = \begin{bmatrix} 8(x_1 - 5) \\ 2(x_2 - 6) \end{bmatrix}_{X^{(0)}} = \begin{bmatrix} 8(8-5) \\ 2(9-6) \end{bmatrix} = \begin{bmatrix} 24 \\ 6 \end{bmatrix}$$

2) 取初始变尺度矩阵：

$$A^{(0)} = I = \begin{bmatrix} 1 & 0 \\ 0 & 1 \end{bmatrix}$$

则拟牛顿方向为　　$S^{(0)} = -A^{(0)} \nabla f(X^{(0)}) = -\begin{bmatrix} 1 & 0 \\ 0 & 1 \end{bmatrix}\begin{bmatrix} 24 \\ 6 \end{bmatrix} = \begin{bmatrix} -24 \\ -6 \end{bmatrix}$

3) 计算迭代点：

$$X^{(1)} = X^{(0)} + \alpha^{(0)} S^{(0)} = \begin{bmatrix} 8 \\ 9 \end{bmatrix} + \alpha \begin{bmatrix} -24 \\ -6 \end{bmatrix} = \begin{bmatrix} 8 - 24\alpha \\ 9 - 6\alpha \end{bmatrix}$$

代入目标函数有 $f(X^{(1)}) = f(\alpha) = 4[(8-24\alpha)-5]^2 + [(9-6\alpha)-6]^2$。由于 $f'(\alpha)=0$，求得函数最优步长

$$\alpha^{(0)} = 0.13077$$

于是

$$X^{(1)} = \begin{bmatrix} 8 - 24\alpha^{(0)} \\ 9 - 6\alpha^{(0)} \end{bmatrix} = \begin{bmatrix} 4.86152 \\ 8.21538 \end{bmatrix}$$

$$\nabla f(X^{(1)}) = \begin{bmatrix} -1.10784 \\ 4.43076 \end{bmatrix}$$

4) 进行收敛判断：

由于 $\|\nabla f(X^{(1)})\| = 4.56716 > \varepsilon = 0.01$，则继续迭代。

5）确定 $X^{(1)}$ 点的拟牛顿方向：

$$\Delta X^{(0)} = X^{(1)} - X^{(0)} = [-3.13843, \quad -0.78462]^T$$

$$\Delta g^{(0)} = \nabla f(X^{(1)}) - \nabla f(X^{(0)}) = [-25.10784, \quad -1.56924]^T$$

按 DFP 法计算变尺度矩阵

$$A^{(1)} = A^{(0)} + \frac{\Delta X^{(0)}[\Delta X^{(0)}]^T}{[\Delta X^{(0)}]^T \Delta g^{(0)}} - \frac{A^{(0)}\Delta g^{(0)}[\Delta g^{(0)}]^T A^{(0)}}{[\Delta g^{(0)}]^T A^{(0)}\Delta g^{(0)}}$$

将 $A^{(0)}$、$\Delta X^{(0)}$、$\Delta g^{(0)}$ 代入上式得

$$A^{(1)} = \begin{bmatrix} 0.12697 & -0.031487 \\ -0.031487 & 1.003810 \end{bmatrix}$$

故 $X^{(1)}$ 点的拟牛顿方向为

$$S^{(1)} = -\Delta A^{(1)} \nabla f(X^{(1)}) = [0.28017, \quad -4.48248]^T$$

6）沿 $S^{(1)}$ 方向进行一维搜索，求新的迭代点 $X^{(2)}$：

$$X^{(2)} = X^{(1)} - \alpha A^{(1)} \nabla f(X^{(1)}) = \begin{bmatrix} 4.86125 + 0.28017\alpha \\ 8.21538 - 4.48284\alpha \end{bmatrix}$$

有 $f(X^{(2)}) = f(\alpha) = 4[(4.86125 + 0.28017\alpha) - 5]^2 + [(8.21538 - 4.48284\alpha) - 6]^2$

由 $f'(\alpha) = 0$

得 $\alpha^{(1)} = 0.4942$

于是 $X^{(2)} = X^{(1)} + \alpha^{(1)} S^{(1)} = [4.9998, \quad 6.00014]^T$

故 $\nabla f(X^{(2)}) = [-0.00016, \quad 0.00028]^T$

7）判别终止迭代条件。

因 $\|\nabla f(X^{(2)})\| = 0.00032 < \varepsilon$，故结束迭代。

因此 $X^* = X^{(2)} = [4.9998, \quad 6.00014]^T$，$f(X^*) = 2.1 \times 10^{-8} \approx 0$

本题的理论最优解为：$X^* = [5, 6]^T$，$f(X^*) = 0$。

2.5 约束优化方法

约束优化方法是用来求解如下非线性约束优化问题的数值迭代算法：

$$\min f(X), \quad X \in R^n$$
$$\text{s.t.} \quad g_u(X) \leqslant 0 \quad (u = 1, 2, \cdots, m) \tag{2-59}$$
$$h_v(X) = 0 \quad (v = 1, 2, \cdots, p; \ p < n)$$

在满足上述约束条件下求得的目标函数最优点 X^*，称为约束最优点。与无约束优化问题不同，约束问题的最优值 $f(X^*)$ 是满足约束条件下的最小值，它不一定是目标函数的自然最小值，但它是在约束条件限定的可行域内的最小值。

依据处理约束条件的不同方式，约束优化方法可分为直接法和间接法两大类。直接法是在迭代过程中逐点考察约束，并使迭代点始终局限于可行域之内的算法，如网格法、可行方向法和复合形法等。把约束条件引入目标函数，将约束优化问题转化为无约束优化问题求解，或者将非线性问题转化为相对简单的二次规划问题或线性规划问题求解的算法，称为间接法，如拉格朗日乘子法、惩罚函数法和广义简约梯度法等。本节介绍复合形法和惩罚函数法。

2.5.1 复合形法

复合形法是求解约束优化问题的一种重要的直接解法。该法由 Box 提出。复合形法的基本思想是：首先在 n 维设计空间的可行域内，选择 k 个（$n+1 \leqslant k < 2n$）可行点构成一个多面体（或多边形），这个多面体（或多边形）称为复合形。复合形的每个顶点都代表一个设计方案。然后，计算复合形各顶点的目标函数值并逐一进行比较，取最大者为坏点，以其余各点（将最坏点舍弃）的中心为映射轴心，在坏点和其余各点的中心的连线上，寻找一个既满足约束条件，又使目标函数值有所改善的坏点映射点，并以该映射点替换坏点而构成新的复合形。按照上述步骤重复下去，不断地去掉坏点，代之以既能使目标函数值有所下降，又满足所有约束条件的新点，逐步调向优化问题的最优点。以其映射点替代坏点，而不断地构成新复合形时，使复合形也不断收缩。当这种寻优计算满足给定的收敛精度时，可输出复合形顶点中目标函数值最小的点作为优化问题的近似最优点。因此，复合形法的迭代过程实际就是通过对复合形各顶点的函数值计算与比较，反复进行点的映射与复合形的收缩，使之逐步逼近约束问题最优解。

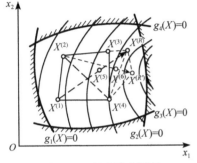

图 2-33 复合形法原理

根据上述复合形法的基本思想，在求解

$$\min f(X) \quad (X \in R^n)$$
$$\text{s. t.} \quad g_u(X) \leqslant 0 \quad (u=1, 2, \cdots, m) \tag{2-60}$$

的优化问题时，采用复合形法来求解，需分两步进行：第一步是在设计空间的可行域 $D=\{X \mid g_u(X) \leqslant 0, u=1, 2, \cdots, m\}$ 内产生 k 个初始顶点构成一个不规则的多面体，即生成初始复合形。一般取复合形顶点数为：$n+1 \leqslant k \leqslant 2n$。例如，对于图 2-33 所示的二维约束优化问题，在 D 域内可构成一个三边形或四边形。第二步进行该复合形的调优迭代计算。通过对各顶点函数值大小的比较，判断下降方向，不断用新的可行好点取代坏点，构成新的复合形，使它逐步向约束最优点移动、收缩和逼近，直到满足一定的收敛精度。如图 2-33 所示，二维问题取四个顶点 $X^{(1)}$、$X^{(2)}$、$X^{(3)}$、$X^{(4)}$ 构成复合形，若各点函数值为 $f(X^{(1)}) > f(X^{(2)}) > f(X^{(3)}) > f(X^{(4)})$，则称 $X^{(1)}$ 是坏点，记为 $X^{(H)}$；$X^{(2)}$ 是次坏点，记作 $X^{(G)}$；$X^{(4)}$ 是好点，记作 $X^{(L)}$。因此，由此大致可以判定，在此复合形的坏点对面，会有新的更好的迭代点。依此用映射原理，寻找新点，去掉坏点，从而构成新的复合形。

1. 初始复合形的生成

生成初始复合形，实际就是要确定 k 个可行点作为初始复合形的顶点。对于维数较低的约束优化问题，其顶点数少，可以由设计者估计试凑出来。但对于高维优化问题，就难于试凑，可采用随机法产生。通常，初始复合形的生成方法主要采用如下两种方法。

1）人为给定 k 个初始顶点。可由设计者预先选择 k 个设计方案，即人工构造一个初始复合形。k 个顶点都必须满足所有的约束条件。

2）给定一个初始顶点，随机产生其他顶点。在高维且多约束条件情况下，一般是人为地确定一个初始可行点 $X^{(1)}$，其余 $k-1$ 个顶点 $X^{(j)}(j=2, 3, \cdots, k)$ 可用随机法产生，即

$$X_i^{(j)} = a_i + r_i^{(j)}(b_i - a_i) \tag{2-61}$$

式中，j 为复合形顶点的标号（$j=2, 3, \cdots, k$）；i 为设计变量的标号（$i=1, 2, \cdots, n$），表示点的坐标分量；a_i、b_i 为设计变量 $X_i(i=1, 2, \cdots, n)$ 的解域或上下界；$r_i^{(j)}$ 为 [0，

1〕区间内服从均匀分布伪随机数。

用这种方法随机产生的 $k-1$ 个顶点,虽然可以满足设计变量的边界约束条件,但不一定是可行点,所以还必须逐个检查其可行性,并使其成为可行点。设已有 $q(1 \leqslant q \leqslant k)$ 个顶点满足全部约束条件,第 $q+1$ 点 $X^{(q+1)}$ 不是可行点,则先求出 q 个顶点的中心点:

$$X^{(c)} = \frac{1}{q} \sum_{j=1}^{q} X^{(j)} \tag{2-62}$$

然后将不满足约束条件的点 $X^{(q+1)}$ 向中心点 $X^{(c)}$ 靠拢,即

$$X^{(q+1)'} = X^{(c)} + 0.5(X^{(q+1)} - X^{(c)}) \tag{2-63}$$

若新得到的 $X^{(q+1)'}$ 仍在可行域外,则重复式(2-63)进行调整,直到 $X^{(q+1)'}$ 点成为可行点。然后,同样处理其余 $X^{(q+2)}$,$X^{(q+3)}$,$\cdots$,$X^{(p)}$ 诸点,使其全部进入可行域内,从而构成一个所有顶点均在可行域内的初始复合形。

2. 复合形法的调优迭代

在构成初始复合形以后,即可按下述步骤和规则进行复合形法的调优迭代计算。

1)计算初始复合形各顶点的函数值,选出好点、坏点、次坏点:

$$X^{(L)}: f(X^{(L)}) = \min\{f(X^{(j)}), \ j=1, 2, \cdots, k\}$$
$$X^{(H)}: f(X^{(H)}) = \max\{f(X^{(j)}), \ j=1, 2, \cdots, k\}$$
$$X^{(G)}: f(X^{(G)}) = \max\{f(X^{(j)}), \ j=1, 2, \cdots, k; \ j \neq H\}$$

2)计算除点 $X^{(H)}$ 外其余 $k-1$ 个顶点的几何中心点:

$$X^{(S)} = \frac{1}{k-1} \sum_{j=1}^{k-1} X^{(j)} \quad (j \neq H)$$

并检验 $X^{(S)}$ 点是否在可行域内。如果 $X^{(S)}$ 是可行点,则执行步骤 3,否则转步骤 4。

3)沿 $X^{(H)}$ 和 $X^{(S)}$ 连线方向求映射点 $X^{(R)}$:

$$X^{(R)} = X^{(S)} + \alpha(X^{(S)} - X^{(H)}) \tag{2-64}$$

式中,α 称为映射系数,通常取 $\alpha=1.3$。然后,检验 $X^{(R)}$ 可行性。若 $X^{(R)}$ 为非可行点,则将 α 减半,重新计算 $X^{(R)}$,直到 $X^{(R)}$ 成为可行点。

4)若 $X^{(S)}$ 在可行域外,此时 D 可能是非凸集,如图 2-34 所示。此时利用 $X^{(S)}$ 和 $X^{(L)}$ 重新确定一个区间,在此区间内重新随机产生 k 个顶点构成复合形。新的区间如图中虚线所示,其边界值若 $X_i^{(L)} < X_i^{(S)}$,$i=1, 2, \cdots, n$,则取

$$\begin{cases} a_i = X_i^{(L)} \\ b_i = X_i^{(S)} \end{cases} \quad (i=1, 2, \cdots, n) \tag{2-65}$$

若 $X_i^{(L)} > X_i^{(S)}$,则取

$$\begin{cases} a_i = X_i^{(S)} \\ b_i = X_i^{(L)} \end{cases} \quad (i=1, 2, \cdots, n) \tag{2-66}$$

重新构成复合形后重复步骤 1)、2),直到 $X^{(S)}$ 成为可行点。

5)计算映射点的目标函数值 $f(X^{(R)})$,若 $f(X^{(R)}) < f(X^{(H)})$,则用映射点替换坏点,构成新的复合形,完成一次调优迭代计算,并转向步骤 1);否则继续下一步。

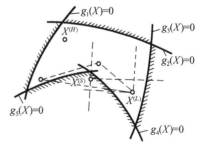

图 2-34 可行域为非凸集

6)若 $f(X^{(R)}) > f(X^{(H)})$,则将映射系数 α 减半,重新计算映射点。如果新的映射点 $X^{(R)}$ 既为可行点,又满足 $f(X^{(R)}) < f(X^{(H)})$,即代替 $X^{(H)}$,完成本次迭代;否则继续将 α 减

半，直到当 α 值减到小于预先给定的一个很小正数 ξ（如 $\xi=10^{-5}$）时，仍不能使映射点优于坏点，则说明该映射方向不利，应改用次坏点 $X^{(G)}$ 替换坏点再行映射。

7）进行收敛判断。当每一个新复合形构成时，就用终止迭代条件来判别是否可结束迭代。再反复执行上述迭代过程，复合形会逐渐变小且向约束最优点逼近，直到满足

$$\left\{\frac{1}{k}\sum_{j=1}^{k}\left[f(X^{(j)})-f(X^{(c)})\right]^2\right\}^{1/2}\leqslant\varepsilon \tag{2-67}$$

时可结束迭代计算。此时，复合形中目标函数值最小的顶点即为该约束优化问题的最优点。式（2-67）中的 $X^{(c)}$ 为复合形所有顶点的点集中心，即

$$X_i^{(c)}=\frac{1}{k}\sum_{j=1}^{k}X_i^{(j)}\quad(i=1,2,\cdots,n) \tag{2-68}$$

复合形法的迭代计算框图如图 2-35 所示。

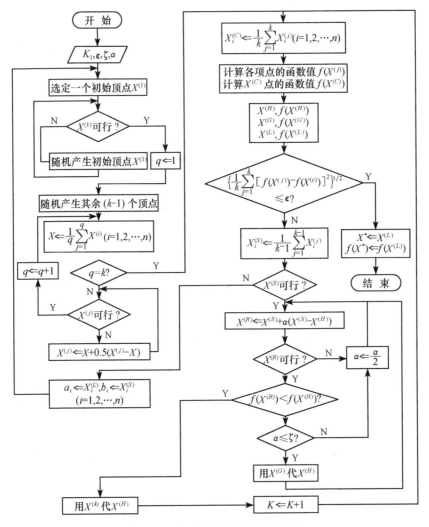

图 2-35　复合形法的迭代计算框图

在复合形的调优迭代计算中，为了使复合形法更有效，除采用映射手段外，还可以运用扩张、压缩、向最好点收缩、绕最好点旋转等技巧，使复合形在迭代中具有更大的灵活性，以达

到较好的收缩精度。在求解不等式的约束优化问题的方法中，复合形法是一种效果较好的方法，也是工程优化设计中较为常用的算法之一。

例 2-12　试用复合形法求解如下约束优化问题：

$$\min f(X) = \frac{25}{x_1 x_2^3} \quad (X \in R^2)$$

$$\text{s. t.} \quad \frac{30}{x_1 x_2^2} - 50 \leqslant 0$$

$$0.0004 x_1 x_2 - 0.001 \leqslant 0$$

$$2 \leqslant x_1 \leqslant 4$$

$$0.5 \leqslant x_2 \leqslant 1$$

解：（1）构造初始复合形

取复合形的顶点数 $k = 2n = 4$，用随机法产生初始复合形的全部顶点：根据式（2-61）有

$$X_i^{(j)} = a_i + r_i^{(j)}(b_i - a_i)$$

取伪随机数

$$r_1^{(1)} = 0.1, \quad r_1^{(2)} = 0.2, \quad r_1^{(3)} = 0.3, \quad r_1^{(4)} = 0.4$$

$$r_2^{(1)} = 0.1, \quad r_2^{(2)} = 0.2, \quad r_2^{(3)} = 0.3, \quad r_2^{(4)} = 0.4$$

$$X_1^{(1)} = 2 + 0.1(4 - 2) = 2.2, \quad X_1^{(2)} = 2 + 0.2(4 - 2) = 2.4$$

$$X_1^{(3)} = 2 + 0.3(4 - 2) = 2.6, \quad X_1^{(4)} = 2 + 0.4(4 - 2) = 2.8$$

4 个顶点的 X_2 坐标分量为

$$X_2^{(1)} = 0.5 + 0.1(1 - 0.5) = 0.55, \quad X_2^{(2)} = 0.5 + 0.2(1 - 0.5) = 0.60$$

$$X_2^{(3)} = 0.5 + 0.3(1 - 0.5) = 0.65, \quad X_2^{(4)} = 0.5 + 0.4(1 - 0.5) = 0.70$$

则初始复合形 4 个顶点的坐标为

$$X^{(1)} = \begin{bmatrix} 2.2 \\ 0.55 \end{bmatrix}, \quad X^{(2)} = \begin{bmatrix} 2.4 \\ 0.6 \end{bmatrix}, \quad X^{(3)} = \begin{bmatrix} 2.6 \\ 0.65 \end{bmatrix}, \quad X^{(4)} = \begin{bmatrix} 2.8 \\ 0.7 \end{bmatrix}$$

将上述各顶点的坐标值代入各约束方程检验，均满足约束要求，所以初始复合形选择成功。

（2）进行调优迭代计算

1）计算各顶点的函数值，依照其大小确定好点和坏点：

$$f(X^{(1)}) = \frac{25}{2.2 \times 0.55^3} = 68.3013, \quad f(X^{(2)}) = \frac{25}{2.4 \times 0.6^3} = 48.2253$$

$$f(X^{(3)}) = \frac{25}{2.6 \times 0.65^3} = 35.0128, \quad f(X^{(4)}) = \frac{25}{2.8 \times 0.7^3} = 26.0308$$

显然，$X^{(L)} = X^{(4)}$，$X^{(H)} = X^{(1)}$。

2）计算除坏点外其余三点的形心 $X^{(S)}$：

$$X^{(S)} = \frac{1}{k-1}(X^{(2)} + X^{(3)} + X^{(4)}) = \frac{1}{4-1}\left(\begin{bmatrix} 2.4 \\ 0.6 \end{bmatrix} + \begin{bmatrix} 2.6 \\ 0.65 \end{bmatrix} + \begin{bmatrix} 2.8 \\ 0.7 \end{bmatrix} \right) = \frac{1}{3}\begin{bmatrix} 7.8 \\ 1.95 \end{bmatrix} = \begin{bmatrix} 2.6 \\ 0.65 \end{bmatrix}$$

代入约束条件经检验该点 $X^{(S)}$ 在可行域内。

3）求坏点的映射点 $X^{(R)}$，取 $\alpha = 1.3$：

$$X^{(R)} = X^{(S)} + \alpha(X^{(S)} - X^{(H)}) = \begin{bmatrix} 2.6 \\ 0.65 \end{bmatrix} + 1.3\left(\begin{bmatrix} 2.6 \\ 0.65 \end{bmatrix} - \begin{bmatrix} 2.2 \\ 0.55 \end{bmatrix} \right) = \begin{bmatrix} 3.12 \\ 0.78 \end{bmatrix}$$

代入约束条件经检验，该点 $X^{(R)}$ 在可行域内。

4）计算 $f(X^{(R)})$ 并与 $f(X^{(H)})$ 比较：

$$f(X^{(R)}) = \frac{25}{3.12 \times 0.78^3} = 16.8850 < f(X^{(H)}) = f(X^{(1)}) = 68.3013$$

故用映射点 $X^{(R)}$ 替换 $X^{(1)}$，构成新的复合形：

$$X_1^{(1)} = X^{(R)} = \begin{bmatrix} 3.12 \\ 0.78 \end{bmatrix}, \quad X_1^{(2)} = X^{(2)} = \begin{bmatrix} 2.4 \\ 0.6 \end{bmatrix}$$

$$X_1^{(3)} = X^{(3)} = \begin{bmatrix} 2.6 \\ 0.65 \end{bmatrix}, \quad X_1^{(4)} = X^{(4)} = \begin{bmatrix} 2.8 \\ 0.7 \end{bmatrix}$$

比较复合形各顶点的函数值大小，可知

$$X_1^{(L)} = X_1^{(1)}, \quad X_1^{(H)} = X_1^{(2)}$$

5）计算新复合形中除坏点 $X_1^{(2)}$ 外其余各顶点的形心 $X_1^{(S)}$：

$$X_1^{(S)} = \frac{1}{4-1} \left[\begin{bmatrix} 3.12 \\ 0.78 \end{bmatrix} + \begin{bmatrix} 2.6 \\ 0.65 \end{bmatrix} + \begin{bmatrix} 2.8 \\ 0.7 \end{bmatrix} \right] = \begin{bmatrix} 2.84 \\ 0.71 \end{bmatrix}$$

经检验，该点在可行域内。

6）计算新复合形中坏点 $X_1^{(H)} = X_1^{(2)}$ 的映射点 $X_1^{(R)}$，取 $\alpha = 1.3$：

$$X_1^{(R)} = X_1^{(S)} + \alpha(X_1^{(S)} - X_1^{(2)}) = \begin{bmatrix} 2.84 \\ 0.71 \end{bmatrix} + 1.3 \left[\begin{bmatrix} 2.84 \\ 0.71 \end{bmatrix} - \begin{bmatrix} 2.4 \\ 0.6 \end{bmatrix} \right] = \begin{bmatrix} 3.412 \\ 0.853 \end{bmatrix}$$

将该点代入约束条件检验，表明不满足第二个约束条件，故将 α 减半，即取 $\alpha = 0.65$，重算映射点 $X_1^{(R)}$：

$$X_1^{(R)} = \begin{bmatrix} 2.84 \\ 0.71 \end{bmatrix} + 0.65 \left[\begin{bmatrix} 2.84 \\ 0.71 \end{bmatrix} - \begin{bmatrix} 2.4 \\ 0.6 \end{bmatrix} \right] = \begin{bmatrix} 3.126 \\ 0.7815 \end{bmatrix}$$

经代入约束条件检验，该点符合约束要求。

7）计算新映射点 $X_1^{(R)}$ 的函数值：

$$f(X_1^{(R)}) = \frac{25}{3.126 \times 0.7815^3} = 16.7558 < f(X_1^{(H)}) = f(X_1^{(2)}) = 48.2253$$

故可用 $X_1^{(R)}$ 替换 $X^{(2)}$ 构成新的复合形，依次重复上述步骤（从略），直到满足收敛精度，取复合形各顶点中函数值最小的一点作为该优化问题的最优点。

2.5.2　惩罚函数法

惩罚函数法是求解约束优化问题的一种间接解法。它的基本思想是将一个约束的优化问题转化为一系列的无约束优化问题来求解。为此，对于式（2-59）所示的约束优化问题，构造如下无约束优化问题：

$$\min \phi(X, r_1^{(k)}, r_2^{(k)}) = f(X) + r_1^{(k)} \sum_{u=1}^{m} G[g_u(X)] + r_2^{(k)} \sum_{v=1}^{p} H[h_v(X)] \tag{2-69}$$

并且要求，当点 X 不满足约束条件时，等号后第二项和第三项的值很大；反之，当点 X 满足约束条件时，这两项的值很小或等于零。这相当于当点 X 在可行域之外时对目标函数的值加以惩罚，因此 $r_1^{(k)} \sum\limits_{u=1}^{m} G[g_u(X)]$ 和 $r_2^{(k)} \sum\limits_{v=1}^{p} H[h_v(X)]$ 两项称为惩罚项，$r_1^{(k)}$ 和 $r_2^{(k)}$ 称为惩罚因子，

$\phi(X,r_1^{(k)},r_2^{(k)})$ 称为惩罚函数。其中，$\displaystyle\sum_{u=1}^{m}G[g_u(X)]$ 和 $\displaystyle\sum_{v=1}^{p}H[h_v(X)]$ 分别是由不等式约束函数和等式约束函数构成的复合函数。

可以证明，若惩罚项和惩罚函数满足以下条件：

$$\lim_{k\to\infty}r_1^{(k)}\sum_{u=1}^{m}G[g_u(X)]=0$$

$$\lim_{k\to\infty}r_2^{(k)}\sum_{v=1}^{p}H[h_v(X)]=0 \qquad (2\text{-}70)$$

$$\lim_{k\to\infty}\left|\phi(X,r_1^{(k)},r_2^{(k)})-f(X^{(k)})\right|=0$$

则无约束优化问题式（2-69）在 r_1、$r_2\to\infty$ 的过程所产生的极小值点 $X^{(k)}$ 序列将逐渐逼近原约束优化问题的最优解，即有

$$\lim_{k\to\infty}X^{(k)}=X^*$$

这就是说，以这样的复合函数和一组按一定规律变化的惩罚因子构造一系列惩罚函数，并对每个惩罚函数依次求极小，最终将得到约束优化问题的最优解。这种将约束优化问题转化为一系列无约束优化问题求解的方法称为惩罚函数法。

按其惩罚项构成形式的不同，惩罚函数法又可分为内点惩罚函数法、外点惩罚函数法和混合惩罚函数法，分别简称为内点法、外点法和混合法。

1. 内点法

内点法只可用来求解不等式约束优化问题。该法的主要特点是将惩罚函数定义在可行域的内部。这样，便要求迭代过程始终限制在可行域进行，使所求得的系列无约束优化问题的优化解总是可行解，从而从可行域内部逐渐逼近原约束优化问题的最优解。

对于不等式约束优化问题，根据罚函数法的基本思想，将罚函数定义在可行域内部，可以构造其内点罚函数的一般形式为

$$\phi(X,r^{(k)})=f(X)-r^{(k)}\sum_{u=1}^{m}\frac{1}{g_u(X)} \qquad (2\text{-}71)$$

或

$$\phi(X,r^{(k)})=f(X)-r^{(k)}\sum_{u=1}^{m}\ln[-g_u(X)] \qquad (2\text{-}72)$$

式中，惩罚因子 $r^{(k)}>0$，是一递减的正数序列，即 $r^{(0)}>r^{(1)}>r^{(2)}>\cdots>r^{(k)}\cdots$，且 $\displaystyle\lim_{k\to\infty}r^{(k)}=0$。

由式（2-71）和式（2-72）可知，对于给定的某一惩罚因子 $r^{(k)}$，当迭代点在可行域内时，两种惩罚项的值均大于零，而且当迭代点向约束边界靠近时，两种惩罚项的值迅速增大并趋于无穷。可见，只要初始点取在可行域内，迭代点就不可能越出可行域边界。其次，两种惩罚项的大小也受惩罚因子的影响。当惩罚因子逐渐减小并趋于零时，对应惩罚项的值也逐渐减小并趋于零，惩罚函数的值和目标函数的值逐渐接近并趋于相等。由式（2-69）可知，当惩罚因子趋于零时，惩罚函数的极小值点就是约束优化问题的最优点。可见，惩罚函数的极小值点是从可行域内向最优点逼近的。

由于构造的内点惩罚函数是定义在可行域内的函数，而等式约束优化问题不存在可行域空间，因此，内点惩罚函数法不适用于等式约束优化问题。

内点惩罚函数法的迭代步骤如下。

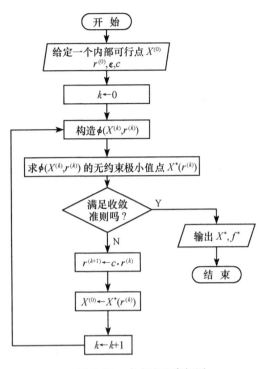

图 2-36　内点法程序框图

1）在可行域内确定一个初始点 $X^{(0)}$，最好不邻近任何约束边界。

2）给定初始罚因子 $r^{(0)}$、惩罚因子递减系数 C 和收敛精度 ε，置 $k=0$。

3）构造惩罚函数

$$\phi(X,\ r^{(k)})=f(X)-r^{(k)}\sum_{u=1}^{m}\frac{1}{g_u(X)}$$

4）求解无约束优化问题 $\min\phi(X,\ r^{(k)})$，得 $X^*(r^{(k)})$。

5）进行收敛判断，若满足

$$\|X^{(k+1)}-X^{(k)}\|\leqslant\varepsilon$$

或

$$\left|\frac{f(X^{(k+1)})-f(X^{(k)})}{f(X^{(k)})}\right|\leqslant\varepsilon$$

则令 $X^*=X^*(r^{(k)})$，$f^*=f(X^*(r^{(k)}))$，停止迭代计算，输出最优解 X^*，f^*；否则转下步。

6）取 $r^{(k+1)}=Cr^{(k)}$，以 $X^{(0)}=X^*(r^{(k)})$ 作为新的初始点，置 $k=k+1$ 转步骤 3）继续迭代。

内点法的程序框图如图 2-36 所示。

在内点法中，初始罚因子 $r^{(0)}$ 的选择很重要。实践经验表明，初始罚因子 $r^{(0)}$ 选得恰当与否，会显著地影响到罚函数法的收敛速度，甚至解题的成败。根据经验，一般可取 $r^{(0)}=1\sim50$，但多数情况是取 $r^{(0)}=1$。也有建议按初始惩罚项作用与初始目标函数作用相近原则来确定 $r^{(0)}$ 值，即

$$r^{(0)}=\left|\frac{f(X^{(0)})}{\sum_{u=1}^{m}\frac{1}{g_u(X)}}\right|$$

内点法惩罚因子递减数列的递减关系为

$$r^{(k+1)}=Cr^{(k)}\quad(k=0,\ 1,\ 2,\ \cdots)$$
$$0<C<1$$

式中，C 称为惩罚因子递减系数。一般认为，C 的选取对迭代计算的收敛或成败影响不大。经验取值：$C=0.1\sim0.5$，常取 0.1。

2. 外点法

外点法既可用来求解不等式约束优化问题，又可用来求解等式约束优化问题。其主要特点是：将惩罚函数定义在可行域的外部，从而在求解系列无约束优化问题的过程中，从可行域的外部逐渐逼近原约束优化问题的最优解。

对于不等式约束　　　$g_u(X)\leqslant0\quad(u=1,\ 2,\ \cdots,\ m)$

取外点罚函数的形式为　　$\phi(X,\ r^{(k)})=f(X)+r^{(k)}\sum_{u=1}^{m}\{\max[0,\ g_u(X)]\}^2$　　　　(2-73)

式中，惩罚项 $\sum_{u=1}^{m}\{\max[0,\ g_u(X)]\}^2$ 含义为：当迭代点 X 在可行域内时，由于 $g_u(X)\leqslant0$，

（$u=1$，2，$\cdots$，m），无论 $f(X)$ 取何值，惩罚项的值取零，函数值不受到惩罚，这时惩罚函数等价于原目标函数 $f(X)$；当迭代点 X 违反某一约束的，在可行域之外，由于 $g_j(X)>0$ 无论 $r^{(k)}$ 取何正值，必定有

$$\sum_{u=1}^m \{\max[0,\ g_u(X)]\}^2 = r^{(k)}[g_j(X)]^2 > 0$$

这表明 X 在可行域外时，惩罚项起着惩罚作用。X 离开约束边界越远，$g_j(X)$ 越大，惩罚作用也越大。

惩罚项与惩罚函数也随惩罚因子的变化而变化，当外点法的惩罚因子 $r^{(k)}$ 按一个递增的正实数序列

$$r^{(0)} < r^{(1)} < r^{(2)} < \cdots < r^{(k)} < \cdots, \qquad \text{即} \lim_{k\to\infty} r^{(k)} = \infty$$

变化时，依次求解各个 $r^{(k)}$ 所对应的惩罚函数的极小化问题，得到的极小值点序列为

$$X^*(r^{(0)}),\quad X^*(r^{(1)}),\quad \cdots,\quad X^*(r^{(k)}),\quad X^*(r^{(k+1)}),\quad \cdots$$

将逐步逼近原约束问题的最优解，而且一般情况下该极小值点序列是由可行域外向可行域边界逼近的。

对于等式约束优化问题，可按同样的形式构造外点惩罚函数

$$\phi(X,\ r^{(k)}) = f(X) + r^{(k)}\sum_{v=1}^p [h_v(X)]^2 \tag{2-74}$$

可见，当迭代点在可行域上，惩罚项为零（因 $h_v(X)=0$），惩罚函数值不受到惩罚；若迭代点在非可行域内，惩罚项就显示其惩罚作用。由于惩罚函数中的惩罚项所赋惩罚因子 $r^{(k)}$ 是一个递增的正数序列，随着迭代次数增加，$r^{(k)}$ 值越来越大，迫使所求迭代点 $X^*(r^{(k)})$ 向原约束优化问题的最优点逼近。

综合上述两种情况，可以得到一般的约束优化问题式（2-59）的外点惩罚函数形式为

$$\phi(X,\ r^{(k)}) = f(X) + r^{(k)}\left\{\sum_{u=1}^m [\max(0,\ g_u(X))]^2 + \sum_{v=1}^p [h_v(X)]^2\right\} \tag{2-75}$$

综上所述，外点法是通过对非可行点上的函数值加以惩罚，促使迭代点向可行域和最优点逼近的算法。因此，初始点可以是可行域的内点，也可以是可行域的外点，这种方法既可以处理不等式约束，又可以处理等式约束，可见外点法是一种适应性较好的惩罚函数法。

上述构造出的外点惩罚函数，是经过转化的新目标函数，对它不再存在约束条件，便成为无约束优化问题的目标函数，然后可选用无约束优化方法对其求解。

外点法的迭代步骤如下：

1）给定初始点 $X^{(0)}$、收敛精度 ε_1，ε_2，初始罚因子 $r^{(0)}$ 和惩罚因子递增系数 C，置 $k=0$。

2）构造惩罚函数

$$\phi(X,\ r^{(k)}) = f(X) + r^{(k)}\left\{\sum_{u=1}^m [\max(0,\ g_u(X))]^2 + \sum_{v=1}^p [h_v(X)]^2\right\}$$

3）求解无约束优化问题 $\min\phi(X,\ r^{(k)})$，得 $X^*(r^{(k)})$。

4）进行收敛判断：若满足

$$\|X^*(r^{(k)}) - X^*(r^{(k-1)})\| \leqslant \varepsilon_1$$

和
$$\left|\frac{\phi(X^*(r^{(k+1)})) - \phi(X^*(r^{(k-1)}))}{\phi(X^*(r^{(k-1)}))}\right| \leqslant \varepsilon_2$$

则停止迭代，输出最优解 X^*，$f(X^*)$；否则，转下步。

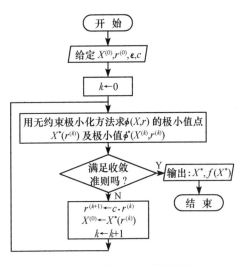

图 2-37　外点法的程序框图

5）取 $r^{(k+1)}=Cr^{(k)}$，$X^{(0)}=X^*(r^{(k)})$，置 $k \Leftarrow k+1$ 转步骤 2）继续迭代。

外点法的程序框图见图 2-37。

外点法的初始罚因子 $r^{(0)}$ 的选取，可利用经验公式

$$r^{(0)}=\frac{0.02}{m \cdot g_u(X^{(0)})f(X^{(0)})} \quad (u=1, 2, \cdots, m)$$

惩罚因子的递增系数 C 的选取，通常取 $C=5 \sim 10$。

例 2-13　如图 2-38 所示为一对称的二杆支架，在支架的顶点有一载荷 $2P=3 \times 10^5 \mathrm{N}$，支座之间的水平距离为 $2B=152 \mathrm{cm}$。若已选定壁厚 $T=0.25 \mathrm{cm}$ 的钢管，其弹性模量 $E=2.16 \times 10^5 \mathrm{MPa}$，比重 $\rho=8.30 \mathrm{t/m^3}$，屈服极限 $\sigma_s=703 \mathrm{MPa}$，现要设计满足强度与稳定性条件下最轻的支架尺寸。

解：（1）建立该优化问题的数学模型

取设计变量

$$X=[X_1, X_2]^\mathrm{T}=[D, H]^\mathrm{T}$$

其目标函数为

$$f(X)=2\rho T\pi D(B^2+H^2)^{1/2}=0.013x_1(5776+x_2^2)^{1/2}$$

约束条件如下。

1）钢管的承压强度必须满足，即圆管杆件中的压应力 σ 应小于等于材料的屈服极限 σ_s，即

$$\sigma=\frac{P(B^2+H^2)^{1/2}}{\pi TDH} \leqslant \sigma_s$$

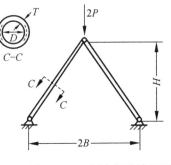

图 2-38　二杆支架设计问题

得

$$g_1(X)=\sigma-\sigma_s=\frac{1909.859(5776+x_2^2)^{1/2}}{x_1x_2}-703 \leqslant 0$$

2）钢管的承压稳定性条件必须满足，即圆管杆件中的压应力 σ 应小于等于压杆稳定的临界应力 σ_k，由材料力学可知

$$\sigma_k=\frac{\pi^2 E(D^2+T^2)}{8(B^2+H^2)}=\frac{2.66 \times 10^5(x_1^2+0.0625)}{5776+x_2^2}$$

于是得

$$g_2(X)=\sigma-\sigma_k=\frac{1909.859(5776+x_2^2)^{1/2}}{x_1x_2}-\frac{2.66 \times 10^5(x_1^2+0.0625)}{5776+x_2^2} \leqslant 0$$

3）支架的使用条件要求必须满足，即 D、$H>0$，得

$$g_3(X)=-X_1<0$$
$$g_4(X)=-X_2<0$$

这是一个二维的非线性约束规划问题。在图 2-39 中描绘了设计空间中目标函数等值线、约束面和设计变量的关系。

（2）选用优化求解方法和计算结果分析

该优化问题选用外点法来求解。根据上述分析，该问题的外点惩罚函数为

$$\min\phi(X,\ r^{(k)})=f(X)+r^{(k)}\sum_{u=1}^{4}\{\max[0,\ g_u(X)]\}^2$$

取初始点 $X^{(0)}=[15.2,\ 76.2]^\mathrm{T}$，$f(X^{(0)})=212.66\mathrm{N}$，$r^{(k)}=10^{-10}$，无约束极小化时采用变尺度法求解。表 2-2 列出了当惩罚因子赋予不同值时的计算数据。

该问题的最优解为

$$X^*=[4.77,\ 51.30]^\mathrm{T},\qquad f(X^*)=56.859\mathrm{N}$$

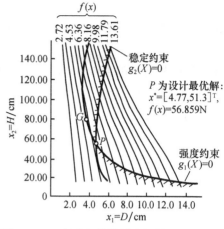

图 2-39 二杆支架的设计空间关系图

表 2-2 用外点法求解二杆支架问题计算数据

$r^{(k)}$		10^{-10}	10^{-9}	10^{-8}	10^{-7}	10^{-6}	10^{-5}	10^{-4}
$X^*(r^{(k)})/\mathrm{cm}$	x_1^*	1.67	3.98	4.72	4.77	4.77	4.77	4.77
	x_2^*	72.64	47.49	47.75	50.8	51.3	51.3	51.3
$\Phi(X,r^{(k)})/\mathrm{N}$		32.3	52.2	56.9	57.9	58.0	58.0	58.0

为了说明外点法的几何概念，本例在图 2-40 中画出了当 $r^{(k)}=10^{-10}$，10^{-9}，10^{-8}，10^{-7} 时惩罚函数 $\Phi(X,\ r^{(k)})$ 的等值线。图中虚线表示两个起作用的不等式约束的约束面。在约束面右边（即可行域内）的等值线就是原目标函数 $f(X)$ 的等值线，左边为惩罚函数的等值线。由图可见，当 $r^{(k)}=10^{-10}$ 时，函数的等值线是相当光滑的连续曲线，其极值点 $X^*(r^{(k)})$ 也处于

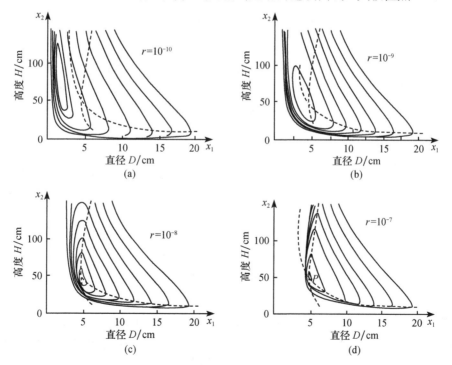

图 2-40 二杆支架问题用外点法求解的等值线形状变化情况

很好的位置（在可行域外），但当 $r^{(k)}$ 值逐渐增大时，随着极值点向约束边界（P 点）移动，函数的等值线形状也显出越来越严重的变形和偏心，使得求该函数的极值点越来越困难。当 $r^{(k)}=10^{-7}$ 时，无约束最优点已比较靠近约束最优点 P。但函数的等值线形状与前几个图形相比，显得相当的扭曲和偏心，等值线在约束面附近已变得非常密集，直至最后（当 $r^{(k)}>10^{-4}$ 时），无论从哪一个初始点出发，实际上都已不可能求得极值点了。这种情况，在高维优化设计中同样会发生。

3. 混合法

混合法是综合内点法和外点法的优点而建立的一种惩罚函数法。对于不等式约束按内点法构造惩罚项，对于等式约束按外点法构造惩罚项，由此得到混合法的惩罚函数，简称混合罚函数，其形式为

$$\phi(X, r_1^{(k)}, r_2^{(k)}) = f(X) - r_1^{(k)} \sum_{u=1}^{m} \frac{1}{g_u(X)} + r_2^{(k)} \sum_{v=1}^{p} [h_v(X)]^2 \tag{2-76}$$

式中，$r_1^{(k)}$ 为递减的正数序列；$r_2^{(k)}$ 为递增的正数序列。

也可将两个惩罚因子加以合并，取 $r_1^{(k)}=r^{(k)}$ 和 $r_2^{(k)}=1/r^{(k)}$，得以下常用的混合罚函数：

$$\phi(X, r^{(k)}) = f(X) - r^{(k)} \sum_{u=1}^{m} \frac{1}{g_u(X)} + \frac{1}{r^{(k)}} \sum_{v=1}^{p} [h_v(X)]^2 \tag{2-77}$$

式中，$r^{(k)}$ 为一递减的正数序列。

可见，混合法与外点法一样，可以用来求解既包含不等式约束又包含等式约束的约束优化问题。其初始点 $X^{(0)}$ 虽然不要求是一个完全的内点，但必须满足所有不等式约束。混合法的惩罚因子递减系数与内点法的取值相同。

混合法的计算步骤和程序框图与外点法相似。

2.6　多目标优化方法

在实际的工程及产品设计问题中，通常有多个设计目标，或者说有多个评判设计方案优劣的准则。虽然这样的问题可以简化为单目标求解，但有时为了是设计更加符合实际，要求同时考虑多个评价标准，建立多个目标函数，这种在设计中同时要求几项设计指标达到最优值的问题，就是多目标优化问题。

实际工程中的多目标优化问题有很多。例如，在进行齿轮减速器的优化设计时，既要求各传动轴间的中心距总和尽可能小，减速器的宽度尽可能小，还要求减速器的重量能达到最轻。又如，在进行港口门座式起重机变幅机构的优化设计中（图 2-41），希望在四杆机构变幅行程中能达到的几项要求有，象鼻梁 E 点落差 Δy 尽可能小（要求 E 点走水平直线），E 点位移速度的波动 Δv 尽可能小（要求 E 点的水平分速度的变化最小，以减小货物的晃动），变幅中驱动臂架的力矩变化量 ΔM 尽可能小（即货物对支点 A 所引起的倾覆力矩差要尽量小）等，都是多目标优化问题。

多目标优化问题的每一个设计目标若能表示成设计

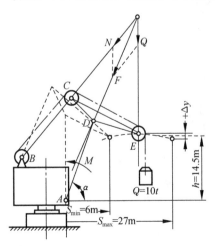

图 2-41　门座式起重机变幅四杆机构

变量的函数，则可以形成多个目标函数。将它们分别记作 $f_1(X)$，$f_2(X)$，…，$f_q(X)$，便可构成多个目标优化数学模型：

$$\min F(X) \quad (X \in R^n)$$
$$\text{s. t.} \quad g_u(X) \leqslant 0 \quad (u = 1, 2, \cdots, m) \tag{2-78}$$
$$\quad h_v(X) = 0 \quad (v = 1, 2, \cdots, p; \ p < n)$$

式中，$F(X) = [f_1(X), f_2(X), \cdots, f_q(X)]^T$ 是 q 维目标向量。

对于上述多目标函数的求解，要使每个目标函数都同时达到最优，一般是不可能的。因为这些目标可能是互相矛盾的，对一个目标来说得到了比较好的方案，对另一个目标则不一定好，甚至完全不适合。因此，在设计中就需要对不同的设计目标进行不同的处理，以求获得对每一个目标都比较满意的折中方案。

多目标问题的最优解在概念上也与单目标不完全相同。若各个目标函数在可行域内的同一点都取得极小值点，则称该点为完全最优解；使至少一个目标函数取得最大值的点称为劣解。除完全最优解和劣解之外的所有解统称有效解。严格地说，有效解之间是不能比较优劣的。多目标优化实际上是根据重要性对各个目标进行量化，将不可比问题转化为可比问题，以求得一个对每个目标来说都相对最优的有效解。

下面介绍几种多目标优化方法。

2.6.1　线性加权组合法

线性加权组合法是将各个分目标函数按式（2-79）组合成一个统一的目标函数：

$$F(X) = \sum_{j=1}^{q} W_j f_j(X) \tag{2-79}$$

和以下约束优化问题：

$$\min F(X) = \sum_{j=1}^{q} W_j f_j(X) \quad (X \in R^n)$$
$$\text{s. t.} \quad g_u(X) \leqslant 0 \quad (u = 1, 2, \cdots, m) \tag{2-80}$$
$$\quad h_v(X) = 0 \quad (v = 1, 2, \cdots, p; \ p < n)$$

并以此问题的最优解作为原多目标优化问题的一个相对最优解。这种求解多目标优化问题的方法就是线性加权组合法。

式（2-80）中的 W_j 是一组反映各个分目标函数重要性的系数，称为加权因子。它是一个大于零的数，其值决定于各项分目标的重要程度及其数量级。如何确定合理的加权因子是该方法的核心。

若取 $W_j = 1 (j = 1, 2, \cdots, q)$，则称均匀计权，表示各项分目标同等重要。否则，可以用规格化加权处理，即取

$$\sum_{j=1}^{q} W_j = 1 \tag{2-81}$$

以表示各分目标在该项优化设计中所占的相对重要程度。

显然，在线性加权组合法中，加权因子选择得合理与否，将直接影响优化设计的结果，期望各项分目函数值的下降率尽量调得相近，且使各变量变化对目标函数值的灵敏度尽量趋向一致。

目前，较为实用可行的加权方法有如下几种。

（1）容限加权法

设已知各分目标函数值的变动范围为

$$\alpha_j \leqslant f_j(X) \leqslant \beta_j \quad (j=1, 2, \cdots, q) \tag{2-82}$$

则称

$$\Delta f_j = \frac{(\alpha_j - \beta_j)}{2} \quad (j=1, 2, \cdots, q) \tag{2-83}$$

为各目标容限。取加权因子为

$$W_j = 1/(\Delta f_j)^2 \quad (j=1, 2, \cdots, q) \tag{2-84}$$

由于在统一目标函数中要求各项分目标在数量级上达到统一平衡，所以当某项目标函数值的变动范围越宽时，其目标的容限越大，加权因子就取较小值；否则，反之。这样选取加权因子也将起到平衡各目标数量级的作用。

（2）分析加权法

为了兼顾各项目标的重要程度及其数量级，可将加权内容包含本征权和校正权两部分，即每项分目标的加权因子 W_j 均由两个因子的乘积组成，即

$$W_j = W_{1j} \cdot W_{2j} \quad (j=1, 2, \cdots, q) \tag{2-85}$$

其中，本征权因子 W_{1j} 反映各项分评价指标的重要性；校正权因子 W_{2j} 用于调整各目标数量级上差别的影响，并在优化设计过程中起逐步加以校正的作用。

由于各项目标的函数值随设计变量变化而不同，且设计变量对各项目标函数值的灵敏度也不同，所以可以用各目标函数的梯度 $\nabla f_j(X)(j=1, 2, \cdots, q)$ 来刻画这种差别，则其校正权因子可取

$$W_{2j} = \frac{1}{\parallel \nabla f_j(X) \parallel^2} \quad (j=1, 2, \cdots, q) \tag{2-86}$$

这就是说，如果有一个目标函数的灵敏度越大，即 $\parallel \nabla f_j(X) \parallel^2$ 值越大，则相应的校正权因子取值越小；否则，校正权因子值要取大一点，使之同变化快的目标函数一起调整好，即在优化过程中，各分目标函数一起变化，同始同终。这种加权因子选取方法，比较适用于具有目标函数导数信息的优化设计方法。

2.6.2　功效系数法

各个分目标函数 $f_j(X)(j=1, 2, \cdots, q)$ 的优劣程度，可以用各个功效系数 $\eta_j(j=1, 2, \cdots, q)$ 加以定量描述并定义于 $0 \leqslant \eta_j \leqslant 1$。规定当 $\eta_j = 1$ 时，表示第 j 个目标函数的效果最好；反之，当 $\eta_j = 0$ 时，则表示它的效果最差，即实际这个方案不可接受。

因此，多个目标优化问题一个设计方案的好坏程度可以用诸功效系数的平均值加以评定，即令

$$\eta = \sqrt[q]{\eta_1 \cdot \eta_2 \cdot \cdots \cdot \eta_q} \tag{2-87}$$

当 $\eta = 1$ 时，表示设计方案最好；当 $\eta = 0$ 时，表明这种设计方案最坏，或者说该种设计方案不可接受。因此，最优设计方案应是

$$\eta = \sqrt[q]{\eta_1 \cdot \eta_2 \cdot \cdots \cdot \eta_q} \to \max$$

图 2-42 给出了几种功效系数函数曲线。其中图（a）表示与 $f_j(X)$ 值成正比的功效系数的函数；图（b）表示与 $f_j(X)$ 值成反比的功效系数的函数；图（c）表示 $f_j(X)$ 值过大和过小都不行的功效系数 η_j 函数。在使用这些函数时，还应进行相应的规定。例如，规定 $\eta_j =$

0 为可接受方案的功效系数下限；$0.3 \leqslant \eta_j \leqslant 0.4$ 为边缘状况；$0.4 \leqslant \eta_j \leqslant 0.7$ 为效果稍差但可接受的情况；$0.7 \leqslant \eta_j \leqslant 1$ 为效果较好的可接受设计方案。

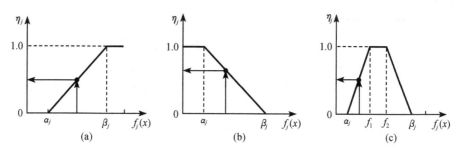

图 2-42　功效系数的函数曲线

用总功效系数 η 作为统一目标函数 $F(X)$，这样建立多目标函数，虽然计算稍繁，但对工程设计来说，还是一种较为有效的方法，它比较直观且调整容易；其次是不论各项目标的量级及量纲如何，最终都转化成 $0 \sim 1$ 的数值，而且一旦有其中一项分目标函数值达不到设计要求时（$\eta_j = 0$），其总功效系数 η 必为零，表明该设计方案不可接受，需要重新调整约束条件或各分目标函数的临界值。

2.6.3　主要目标法

考虑到多目标优化问题中各个目标的重要程度不一样，在所有目标函数中选出一个作为主要设计目标，而把其他目标作为约束函数处理，构成一个新的单目标优化问题，并将该单目标问题的最优解作为所求多目标问题的相对最优解，这一方法就是主要目标法。

对于多目标优化问题式（2-78），主要目标法所构成的单目标优化问题如下：

$$\min f_z(X) \quad (X \in R^n)$$
$$\text{s.t.} \quad g_u(X) \leqslant 0 \quad (u = 1,\ 2,\ \cdots,\ m)$$
$$h_v(X) = 0 \quad (v = 1,\ 2,\ \cdots,\ p)$$
$$f_j(X) \geqslant f_j^{(\alpha)}$$
$$f_j(X) \leqslant f_j^{(\beta)} \quad (j = 1,\ 2,\ \cdots,\ q;\ j \neq z) \tag{2-88}$$

其中，$f_j^{(\alpha)}$ 和 $f_j^{(\beta)}$ 分别是目标函数 $f_j(X)$ 的下限和上限。

采用该法将多目标约束优化问题转化为一个新的单目标约束优化问题后，就可选用 2.5 节所介绍的约束优化方法进行求解。

2.7　智能优化算法

前面几节介绍了工程中常用的传统优化设计方法。自 20 世纪 80 年代以来，随着工业生产过程不断朝着大型、连续、综合化的方向发展，形成了复杂的生产过程，因而发展各类工程问题有效、快捷的优化计算方法越来越成为人们急需解决的问题。基于 20 世纪中后期人工智能科学的快速发展，优化设计领域发展出众多人工智能优化方法。与传统优化方法相比，它们不仅可以解决复杂工程的优化求解问题，而且还能求得优化问题的全局最优解（这是传统优化方法很难实现的），从而成为优化领域一个新的发展方向。

本节主要介绍几种典型的智能优化算法原理及其在工程优化设计中的应用。

2.7.1　遗传算法

1. 遗传算法的基本原理

遗传算法（genetic algorithms，GA）是一种模拟自然选择和遗传机制的寻优计算方法。20 世纪 60 年代，美国著名科学家、美国密歇根（Michigan）大学的 Holand 教授及其学生受到生物模拟技术的启发，创造出了一种基于生物和进化机制的适合于复杂系统优化计算的自适应概率优化技术——遗传算法。随后，由于实践中复杂系统优化计算问题的大量出现以及遗传算法本身的优点，吸引国内外许多学者对遗传算法进行研究。1975 年，Holand 教授在专著 *Adaptation in Natural and Artificial Systems* 中，系统地阐述了遗传算法的基本理论和方法，提出了对遗传算法的理论研究和发展极为重要的模式定理（schema theorem），为遗传算法的研究奠定了理论基础。经过多年来的研究与改进，遗传算法不仅逐步成熟，而且现已成为工程中一种常用的现代智能优化计算方法。

（1）遗传算法常用术语

遗传算法是一种基于自然选择和群体遗传机理的搜索算法，它模拟了自然选择和自然遗传过程中的繁殖、杂交和突变现象。为了更好地理解遗传算法原理，现将该算法的常用术语列述如下。

1）染色体（chromosome）。染色体是携带着基因信息的数据结构，也称基因串，简称个体，一般表示为二进制位串或整数数组。

2）基因（gene）。基因是染色体的一个片段，通常为单个参数的编码值。例如，某个体 S＝10111，则其中的 10111 这五个元素分别称为基因。

3）种群（population）。个体的集合称为种群，个体是种群中的元素。

4）种群大小（population size）。在种群中个体的数量称为种群的大小，也叫群体规模。

5）搜索空间（search space）。如果优化问题的解能用 N 个实值参数集来表示，那么认为搜索工作是在 N 维空间进行的，这个 N 维空间称为优化问题的搜索空间。

6）适应度（fitness）。反映个体性能的一个数量值，表示某一个体对于生存环境的适应程度，对生存环境适应程度较高的个体将获得更多的繁殖机会，而对生存环境适应程度较低的个体，其繁殖机会就会相对减少，甚至逐步灭绝。

7）基因型（genetype）。基因组合的模型称为基因型，它是染色体的内部表现。

8）表现型（phenotype）。由染色体决定性状的外部表现，或者说，根据基因型形成的个体。

9）编码（coding）。从表现型到基因型的映射。

10）解码（decoding）。从基因型到表现型的映射。

引入上述术语，可以更好地描述和理解遗传算法。遗传算法也就是从代表问题的可能潜在解集的一个种群出发，而一个种群则由基因编码的一定数目个体（individual）组成。每个个体其实是染色体带有特征的实体。染色体作为遗传物质的主要载体，即多个基因的集合，其内部表现是某种基因的组合，它决定了个体的外部表现形状。因此，在一开始要实现从表现型到基因型的编码工作。由于仿照基因编码工作很复杂，则在遗传算法中采取了简化形式，即用二进制编码，初始种群产生后，按照适者生存和优胜劣汰的原理，逐代（generation）演化出越来越好的近似解。在每一代，根据问题域中个体的适应度大小选择（selection）个体。并借助自然遗传学的遗传算子（genetic operators）进行组合交叉（crossover）和变异（mutation）产生出代表新的解集的种群。这个过程将导致种群像自然进化一样，后代种群比前代更加适应于环境，末代种群的最优个体经过解码，可以作为优化问题的近似最优解。

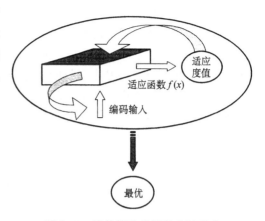

图 2-43 遗传算法的黑箱表示形式

（2）遗传算法基本要素

遗传算法的表示如图 2-43 所示。遗传算法基本要素如下。

1）编码。

由于遗传算法不能直接处理解空间的数据，因此必须通过编码将它们表示成遗传空间的基因型串结构数据。基本遗传算法使用固定长度的二进制符号串来表示群体中的个体，其基因由二值符号集 {0，1} 组成。

2）初始种群的产生。

由于遗传算法的群体操作需要，所以进化开始前必须准备一个由若干初始解组成的初始群体。

3）适应度函数的设定。

适应度函数是用来区分种群中个体好坏的标准，是进行选择的唯一依据。目前主要通过目标函数映射成适应度函数。

4）遗传算子。

基本遗传算法使用以下三种遗传算子。

① 选择运算。以一定概率从种群中选择若干个体的操作。选择运算的目的是从当前群体中选出优良的个体，使它们有机会作为父代繁殖后代子孙。判断个体优劣的准则是个体的适应度值。选择运算模拟了达尔文适者生存、优胜劣汰原则，个体适应度越高，被选择的机会也就越多。

② 交叉运算。两个染色体之间通过交叉而重组形成新的染色体。交叉运算相当于生物进化过程中有性繁殖的基因重组过程。

③ 变异运算。染色体的某一基因发生变化，产生新的染色体，表现出新的性状。变异运算模拟了生物进化过程中的基因突变方法，将某个基因上的基因变异为其等位基因。

选择运算不产生新的个体，交叉运算和变异运算都产生新的个体，因此选择运算完成的是复制操作，而交叉运算和变异运算则完成繁殖操作。

5）终止条件。

终止条件就是遗传进化结果的条件。基本遗传算法的终止条件可移是最大进化代数或最优解所满足的精度。

6）运行参数。

基本遗传算法的运行参数主要有群体规模 n、交叉概率 p_c、变异概率 p_m 等。

（3）遗传算法基本理论

1）模式定理。

遗传算法通过对多个个体的迭代搜索来逐步找出优化问题的最优解。从其迭代过程中可以看出，遗传算法实质上是处理了一些具有相似编码结构的个体。若把个体作为某些相似模板的具体表示，则对个体的搜索过程就是对这些相似模板的搜索过程，即对模式的处理。

定义 2-1　模式（schema）是一个描述字符串集的模板，该字符串集中的某些位置上存在相似性。定义在含有 k 各基本字符的字母表上的长度为 L 的字符串共有 $(k+l)^L$ 种模式。

定义 2-2　模式 H 中取确定值的位置个数称作该模式的阶，记作 $O(H)$。对于二进制编码字符串，模式的阶就是模式中所含有 1 和 0 的数目。

定义 2-3　模式 H 中第一个确定值位置和最后一个确定值位置之间的距离称作该模式的定义距，记作 $\delta(H)$。

在引入模式的概念之后，遗传算法的实质可看作对模式的一种运算。对基本遗传算法而言，也就是某一模式 H 的各个样本经过选择运算、交叉运算、变异运算之后，得到一些新的样本和新的模式。

模式定理：在遗传算子选择、交叉和变异的作用下，具有低阶、短的定义距，且平均适应度高于群体平均适应度的模式将在子代中以指数级增长。

模式定理是遗传算法的基本定理，它阐述了遗传算法的理论基础，提供了一种解释遗传算法机理的数学工具，蕴涵着发展编码策略和遗传操作的一些准则，保证较优模式的样本呈指数级增长，满足了寻找全局最优解的必要条件，从而给出了遗传算法的理论基础，它说明了模式的增加规律，同时给出遗传算法的应用提供了指导作用。

2）积木块假设。

具有低阶、短定义距、平均适应度高于群体平均适应度的模式称为积木块。个体的积木块通过选择、交叉、变异等遗传操作，能够相互拼接在一起，形成适应度更高的个体编码串。

2. 标准遗传算法

（1）标准遗传算法的迭代计算步骤

图 2-44 所示为标准遗传算法的流程图。其算法迭代计算步骤如下。

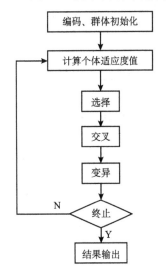

图 2-44　标准遗传算法流程图

1）群体初始化。生成一定规模的初始染色体稽核 P，开始时 P 中每个个体都是随机生成的。

2）计算个体适应度值。群体中的每个个体根据其最优化任务赋予一个称为适应度值的数量值。

3）选择操作。根据每个个体的适应度值和选择原则进行选择复制操作。在此过程中，低适应度值的个体将从群体中去除，高适应度值的个体将被复制，其目的是使得搜索朝着搜索空间的解空间靠近。

4）交叉操作。根据交叉原则和交叉概率进行双亲结合以产生后代。

交叉是把两个父代个体的部分结构加以替换重组而生成新个体的操作，交叉的目的是能够在下一代产生新的个体。通过交叉操作，遗传算法的搜索能力得到飞跃性的提高。交叉是遗传算法获得新优良个体最重要的手段。

交叉操作用以模拟生物进化过程中的繁殖杂交现象。交叉操作对被选中的个体随机两两配对，然后在这两个个体编码串中再随机地选取一个交叉位置，将这两个母体（双亲）位于交叉位置后的符号串互换即实现部分结构交换，形成两个新的下代个体（子代）。例如，对下列两个父代个体（双亲），当随机地选取交叉位置在第 4 位时，彼此交换两者尾部，交叉操作后产生的两个新的个体如下所示：

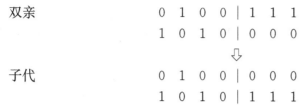

式中，"｜"表示随机选取的交叉位置。

交叉操作是按照一定的交叉概率 P_c 在配对库中随机地选取两个个体进行的。交叉的位置也是随机确定的。交叉概率 P_c 的值一般取得很大，为 $P_c = 0.6 \sim 0.9$。

5）变异操作。根据变异原则和变异概率，对个体编码中的部分信息实施变异，从而产生新的个体。

变异操作用以模拟生物在自然的遗传环境中由各种偶然因素引起的基因突变。变异就是以很小的变异概率 P_m 随机地改变群体中个体某些基因的值。变异操作的基本过程是：产生一个 $[0, 1]$ 区间上的随机数 rand，若 rand $< P_m$，则进行变异操作。

变异操作方法是以一定的概率 P_m 选取种群中若干个染色体（即个体），对已选取的每个染色体，随机地将其染色体中某位基因值进行翻转（即逆变），即将该位的数码由 1 变为 0，或由 0 变为 1。例如，将某染色体的第 2 位进行变异，得到的新的染色体如下所示：

变异前　　　　　　　1 1 0 0 0 1 1 1

变异后　　　　　　　1 0 0 0 0 1 1 1

染色体是否进行变异操作以及在哪一位进行变异操作同样由事先给定的变异率 P_m 决定。一般 $P_m = 0 \sim 0.02$。变异增加了种群基因材料的多样性，增大了自然选择的余地，有利的变异将由自然选择的作用，得以遗传与保留；而有害的变异，则将在逐代遗传中被淘汰。

变异操作本身是一种局部随机搜索，与选择、交叉算子结合在一起，能够避免由选择和交叉算子而引起的某些信息的永久性丢失，保证了遗传算法的有效性，使遗传算法具有局部的随机搜索能力，同时使得遗传算法能够保持群体的多样性，以防止出现未成熟收敛。变异操作是一种防止算法早熟的措施。在变异操作中，变异概率不能取得太大，如果 $P_m > 0.5$，遗传算法就退化为随机搜索，而遗传算法一些重要的数学特性和搜索能力也就不复存在了。

6）进行终止条件判别。若否转至步骤 2），否则执行步骤 7）。

7）输出最优解。最后，将群体中的最好个体或整个演化过程中的最好个体作为遗传算法的解输出。

（2）标准遗传算法有关参数的确定

1）群体规模 n。

群体规模影响遗传优化的最终结果，以及遗传算法的执行效率。当群体规模太小时，遗传算法的优化性能一般不会太好，而采用较大的群体规模可以减少遗传算法陷入局部最优解的机会，但较大规模意味着计算机复杂度提高。一般 $n = 50 \sim 200$ 较好。

2）交叉概率 p_c。

交叉概率 p_c 控制着交叉操作被使用的频度，较大的交叉概率可增强遗传算法开辟新的搜索区域的能力，但高性能的模式遭破坏的可能性较大；若选用交叉概率太低，遗传算法搜索可能陷入迟钝状态，一般选取交叉概率 $p_c=0.4\sim0.9$。

3）变异概率 p_m。

变异操作在遗传算法中属于辅助性搜索操作，其主要目的是增强遗传算法的局部搜索能力。低频度的变异率可防止群体中重要的单一的基因可能丢失，高频度的变异将使遗传算法趋于纯粹的随机搜索，通常取变异概率 $p_c=0.001\sim0.1$。

（3）标准遗传算法的特点

标准遗传算法作为一种快捷、简便、容错性强的算法，是一类可用于复杂系统优化计算的鲁棒搜索算法。与传统的优化技术相比，遗传算法的特点在于以下几个方面。

1）遗传算法的工作对象不是决策变量本身，而是将有关变量进行编码所得的码，即位串。

2）传统的寻优技术都是从一个初始点出发，再逐步迭代以求最优解，遗传算法则不然，它是从点的一个群体出发经过代代相传求得满意解。

3）遗传算法只充分利用适应度函数的信息而完全不依靠其他补充知识。

4）遗传算法的操作规则是概率性的而非确定性的。

上述特点表明遗传算法较为适合于维数很高、总体很大、环境复杂、问题结构不十分清楚的场合。

在应用中，标准遗传算法的不足在于如下方面。

1）早熟收敛问题。由于遗传算法单纯用适应度来决定解的优劣，因此当某个个体的适应度较大时，该个体的基因会在种群内迅速扩散，导致种群过早失去多样性，解的适应度停止提高，陷入局部最优解，从而找不到全局最优解。

2）遗传算法的局部搜索能力问题。遗传算法在全局搜索方面性能优异，但是局部搜索能力不足。这导致遗传算法在进化后期收敛速度变慢，甚至无法收敛到全局最优解。

3）遗传算子的无方向性。遗传算法的操作算子中，选择算子可以保证选出的都是优良个体，但是变异算子和交叉算子仅仅是引入了新个体，其操作本身并不能保证产生的新个体是优良的。如果产生的个体不够优良，引入的新个体就成为干扰因素，反而会减慢遗传算法的进化速度。

标准遗传算法的上述缺陷和不足限制了该法的进一步推广与应用，为此，多年来国内外研究者在标准遗传算法的基础上，又研究和开发出自适应遗传算法、免疫遗传算法、量子遗传算法等众多先进的遗传算法，不仅避免了上述不足，而且使得遗传算法的性能更加优越。

例 2-14　设有某优化问题求适应度函数 $f(X)=x^2$ 的最大值，其中 $X\in(0,31)$。用遗传算法来求解该优化问题。

解：现用遗传算法来求解该优化问题的过程如下：

1）编码和初始化。为了能够应用遗传算法，先要对该问题的决策变量 X 进行二进制编码。现设编码长度为5，十进制数0和31的二进制编码为（0 0 0 0 0）和（1 1 1 1 1）。有了适应度函数和编码方式，就可进行遗传算法的选择、复制、交叉和变异等操作运算。

设迭代中群体规模（即个体的总数）为4，随机选择的一组初始个体列表如表 2-3 中的第 2 列，解码之 x 位及其适应度函数 $f(X)$ 值列表见表 2-3 中的第 3 列及第 4 列。

2）复制及选择。复制（reproduction）即由当代个体产生下一代的临时个体。复制过程是一个根据群体各成员产生的适应度的优选过程。从初始种群中选择成员参与复制，首先要赋予每个成员以被选择的概率

表 2-3 初始值及其选择概率

个体序号	初始个体 （随机生成）	x 值	适应度值 $f(X)=x^2$	选择概率 $f_i/\sum f_i$	期望次数 $f_i/\bar{f}$	实际次数 （转轮法）
1	01101	13	169	0.14	0.58	1
2	11000	24	576	0.49	1.97	2
3	01000	8	64	0.06	0.22	0
4	10011	19	361	0.31	1.23	1
累加值			1170	1.00	4.00	4.0
平均值			293	0.25	1.00	1.0
最大值			576	0.49	1.97	2.0

$$p_i = f_i / \sum f_i \qquad (2\text{-}89)$$

式中，p_i 为第 i 成员被选择概率；f_i 为 i 成员的适应度值。

复制是根据当代个体的适应度值来进行个体复制的运算过程。高的适应度的个体被选择参与复制的机会就多。

复制是建立在选择基础上的。选择方法目前有多种实现方法。实际计算中常采用转轮法（roulette wheel method）、窗口法（windowing method）、两两竞争法等。在用转轮法转动指针四次即可生成下一代 4 个临时个体。4 个个体的选择概率、期望选择次数以及实际选择次数分别见表 2-4 的第 5~7 列。由表 2-4 可见，具有较大适应度值的个体得到较多的复制，具有最小适应度值的个体将从群体中淘汰。

表 2-4 个体复制与基因交叉的运算结果

个体序号	复制后的临时个体 （分割符为交叉位）	个体交叉对 （随机选择）	交叉位置 （随机确定）	新一代个体	x 值	$f(X)=x^2$
1	0110 ¦ 1	2	4	01100	12	144
2	1100 ¦ 0	1	4	11001	25	625
3	11 ¦ 000	4	2	11011	27	729
4	10 ¦ 011	3	2	10000	16	256
累加值						1754
平均值						439
最大值						729

3）交叉。产生出临时个体后，就可分两步进行交叉运算：①在一代临时个体中随机选择需要交叉的一对个体；②随机确定基因交叉位置并进行部分基因交换。交叉运算结果可见表 2-4，其中第 2 个个体与第 1 个个体为交叉对，基因交叉位置为 4；余下一对个体组成交叉对，基因交叉位置为 2。

4）变异。基因变异操作是对个体的每一个位进行的。在本例中变异概率 p_m 设为 0.001，则一代个体所有 20 位基因的变异次数为 0.002。

为检查新一代个体是否优于上一代个体，将新一代个体解码，计算相应的适应度，结果列表 2-4 的第 6 列及第 7 列。由表可见，新一代个体的最大与平均适应度均有较大提高。在完成了本例的一次群体迭代后，平均适应度由 293 增加到 439；最大适应由 576 增加到 729。重复上述选择、复制、交叉和变异操作及计算，最终可得本例优化问题的最优解为 $X^* = 31$，$f^* = f(X^*) = 961$。

2.7.2　粒子群优化算法

粒子群优化算法（particle swarm optimization，PSO）是一种基于群体智能理论的全局优化方法，通过群体中粒子间的合作与竞争产生的群体智能指导优化搜索。20 世纪 90 年代以来，一些科学家研究了蜂群、鸟群和鱼群中各成员协调运动，相互间没有冲撞的隐含规则。通过模拟，发现每个个体在运动过程中始终保持与其相邻个体的距离最优。通常认为群体中个体之间的信息共享能提供进化的优势，这就是粒子群优化算法发展过程中的核心思想。粒子群优化算法最早是由美国 Eberhart 和 Kennedy 两位博士于 1995 年共同提出的。

粒子群优化算法的基本思想是通过群体中个体之间的协作和信息共享来寻找最优解。与遗传算法比较，PSO 优化算法保留了基于种群的全局搜索策略，但是其采用了一种速度-位移的框架模型，具有概念简单、操作方便、搜索速度快、搜索范围大的优点，避免了复杂的遗传操作，它特有的记忆使其可以动态跟踪当前的搜索情况调整其搜索策略。由于粒子群优化算法是一种并行的全局性随机搜索算法，只需很少的代码和参数，因此，在各种优化问题的应用中展现出极大的魅力。

1. 粒子群优化算法基本原理

粒子群优化算法（PSO）是一种基于群体的随机优化技术，它的思想来源于对鸟群捕食行为的研究与模拟。在该算法中，将群体中的每个个体视为搜索空间中的一个"粒子"，每个个体（粒子）没有重量和体积，但都有自己的位置向量、速度向量和适应度值。每个个体都以一定的速度飞行于搜索空间中。而且，每个个体都有一个记忆单元，记下它曾经到达过的最优位置。每个个体的飞行速度是由个体飞行经验和群体的飞行经验动态调整，整个寻优过程就是个体根据自己先前到达过的最优位置和其邻域中其他个体到达过的最优位置来改变自己的位置和速度，通过追踪当前搜索到的最优值来寻找全局最优值。

在 PSO 算法中，每个优化问题的解被看作搜索空间中一个没有体积没有质量的飞行粒子，所有的粒子都有一个被优化的目标函数决定的适应度值（fitness value）每个粒子还有一个速度决定它们飞行的方向和距离。PSO 算法初始化为一群随机粒子，然后粒子门根据对个体和群体的飞行经验的综合分析来动态调整自己的速度，在解空间中进行搜索，通过迭代找到最优解。在每一次迭代中，粒子通过跟踪两个"极值"来更新自己：一个是个体极值 p_{best}，即粒子自身目前所找到的最优解；另一个是全局极值 g_{best}，即整个种群目前找到的最优解。

设群体由 m 个粒子构成，m 也称为群体规模；$z_i = (z_{i1}, z_{i2}, \cdots, z_{iD})$ 为第 i 个粒子（$i=1, 2, \cdots, m$）的 D 维位置矢量，根据事先设定的适应度值函数（与要解决的问题有关）计算 z_i 当前的适应度值，即可衡量粒子位置的优劣；$v_i = (v_{i1}, v_{i2}, \cdots, v_{id}, \cdots, v_{iD})$ 为粒子 i 的飞行速度，即粒子移动的距离；$p_i = (p_{i1}, p_{i2}, \cdots, p_{id}, \cdots, p_{iD})$ 为粒子迄今为止搜索到的最优位置；$p_g = (p_{g1}, p_{g2}, \cdots, p_{gd}, \cdots, p_{gD})$ 为整个粒子群迄今为止搜索到的最优位置。

每次迭代中，在找到上述两个最优解时，粒子根据以下式子来更新自己的速度和位置：

$$v_{id}^{k+1} = wv_{id}^k + c_1 r_1 (p_{id} - z_{id}^k) + c_2 r_2 (p_{gd} - z_{id}^k) \tag{2-90}$$

$$z_{id}^{k+1} = z_{id}^k + v_{id}^{k+1} \tag{2-91}$$

式中，w 为惯性权重（inertia weight）；c_1 和 c_2 为学习因子，也称加速因子；r_1 和 r_2 为两个在 $[0, 1]$ 区间上的随机数，这两个参数用来保持群体的多样性；在式（2-90）和式（2-91）中，$i=1, 2, \cdots, m$，m 是该群体中粒子的总数；$d=1, 2, \cdots, D$，D 是搜索空间的总维数；v_{id}^{k+1} 为第 $k+1$ 次迭代粒子 i 飞行速度矢量的第 d 维分量；z_{id}^{k} 为第 k 次迭代粒子 i 位置矢量的第 d 维分量；p_{id} 为粒子 i 个体最好位置 p_{best} 的第 d 维分量；p_{gd} 为群体最好位置 g_{best} 的第 d 维分量；k 为迭代次数。

　　粒子的速度更新公式（2-90）包含三部分：第一部分为粒子先前的速度；第二部分为"认知"部分（cognition part），表示粒子本身的思考，可以理解为粒子 i 当前位置与自己最好位置之间的距离，代表了粒子对自身的学习；第三部分为"社会"部分（social part），表示粒子间的信息共享与相互合作，可以理解为当前位置与群体最好位置之间的距离，代表粒子间的协作。式（2-90）正是粒子根据它上一次迭代的速度、它当前位置和自身最好经验与群体最好经验之间的距离来更新速度。然后粒子根据式（2-91）飞向新的位置。

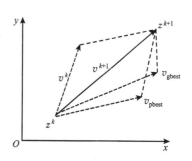

图 2-45　粒子调整位置示意图

z^{k} 为当前的搜索点；z^{k+1} 为调整后的搜索点；v^{k} 为当前的速度；v^{k+1} 为调整后的速度；v_{pbest} 为基于 p_{best} 的速度；v_{gbest} 为基于 g_{best} 的速度

　　粒子 i 通过式（2-90）和式（2-91）决定下一步的运动位置。以二维空间为例描述粒子根据式（2-90）和式（2-91）从位置 z^{k} 到 z^{k+1} 移动的原理如图 2-45 所示。

　　综上所述，可以得到粒子群优化算法主要遵循了五个基本原则。

　　1）邻近原则（proximity）：粒子群必须能够执行简单的空间和时间计算。

　　2）品质原则（quality）：粒子群必须能够对周围环境的品质因素有所反应（变量 p_{best} 和 g_{best} 隐含着这一原则）。

　　3）多样性反应原则（diverse response）：粒子群不应该在过于狭窄的范围内活动。

　　4）定性原则（stability）：粒子群不应该在每次环境改变的时候都改变自身的行为。

　　5）适应性原则（adaptability）：在能够接受的计算量下，粒子群需能够在适当的时候改变它们的行为。

2. 粒子群优化算法流程

标准粒子群优化算法的步骤如下。

　　1）设定阈值 ε 和最大迭代次数 N_{max}。

　　2）初始化粒子群体（群体规模为 m），包括初始粒子的位置 $z_i^{(0)}=(z_{i1}, z_{i2}, \cdots, z_{iD})$，$i=1, 2, \cdots, m$；初始每个粒子的速度 $v_i^{(0)}=(v_{i1}, v_{i2}, \cdots, v_{iD})$。

　　3）评价每个粒子的适应度。

　　4）对于每个粒子，将其当前适应度值与其个体历史最佳位置（p_{best}）对应的适应度值进行比较，如果当前的适应度值更高，则将用当前位置更新历史最佳位置 p_{best}。

　　5）对于每个粒子，将其当前适应度值与全局最佳位置（g_{best}）对应的适应度值作比较，如果当前的适应度值更高，则将用当前粒子的位置更新全局最佳位置 g_{best}。

　　6）根据式（2-90）和式（2-91）更新粒子的速度和位置。

　　7）如未满足结束条件，则返回 3）。

　　通常，算法达到最大迭代次数 N_{max} 或者最佳适应度的增量小于某个给定的阈值时，则寻优计算停止。

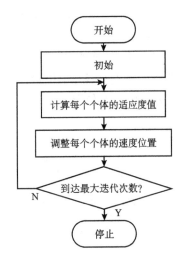

图 2-46　标准粒子群优化算法
简化流程图

上述算法步骤可简化为如图 2-46 所示的算法流程图。

3. 粒子群优化算法参数及设置

粒子群优化算法的参数包括：群体规模 m，最大速度 V_{max}，权重因子（包括惯性权重 w，加速因子 c_1、c_2，最大迭代次数 N_{max}）等。

（1）群体规模 m

群体规模 m 的大小粗略地正比于问题的维数。一般情况下，待求解问题维数越高，所需的群体规模也就越大。通常群体规模取为问题维数的 1.5 倍左右。

（2）最大速度 V_{max}

最大速度 V_{max} 决定当前位置与最优位置之间区域的分辨率（或精度）。如果 V_{max} 太高，粒子可能会飞过好解；如果 V_{max} 太小，粒子不能对局部最优区间之外进行足够的探索，导致算法陷入局部优值。

设定最大速度 V_{max} 的限制有如下三个目的：①防止计算溢出；②实现人工学习和态度转变；③决定问题空间搜索的粒度。

（3）权重因子

粒子群优化算法中的三个权重因子为：惯性权重 w、加速因子 c_1 和 c_2。

惯性权重 w 可使粒子保持运动惯性，使其有扩展搜索空间的趋势，有能力探索新的区域。若粒子群速度公式（式（2-90））中没有第一部分（称为惯性项），即 $w=0$，则速度只取决于粒子当前位置和历史最佳位置（p_{best} 和 g_{best}），速度本身没有记忆性。假设一个粒子位于全局最优解的位置，它将保持静止，而其他粒子则飞向它本身最佳位置 p_{best} 和全局最优解位置 g_{best} 的加权中心。在这种情况下，粒子仅能探测有限的区域，更像一个局部算法。惯性项的作用在于赋予各粒子扩展搜索全空间的能力，即全局搜索能力。这种功能使得调整 w 大小可以起到调整算法全局和局部搜索能力权重的作用。

加速因子 c_1 和 c_2 代表将每个粒子推向 p_{best} 和 g_{best} 位置的统计加速项的权重。较低的加速因子允许粒子在拉回之前可以在目标区域外徘徊，而高的加速因子则导致粒子突然冲向或越过目标区域，形成较大的适应度值波动。

如果取 $c_1=0$，即粒子群速度公式中没有第二部分（称为个体认知项），则粒子没有个体认知能力，就成为"只有社会"的模型。在粒子的相互作用下，虽然可能探索新的解空间，但对稍微复杂的问题很容易陷入局部极值点。

如果粒子群速度公式中没有第三部分（称为社会认知项），即 $c_2=0$，则粒子之间没有社会信息共享，也就是"只有个体认知"的模型。因为个体间没有交互，一个规模为 m 的群体等价于执行了 m 个粒子的单独搜索，因而得到最优解的概率大幅度减小。对于一般函数的测试结果也验证了这一点。

粒子群优化算法解决优化问题的过程中有两个重要的步骤：问题解的编码和适应度函数。粒子群优化算法不像遗传算法那样一般采用二进制编码，而是采用实数编码。例如，对于问题 $f(x)=x_1^2+x_2^2+x_3^2$ 求解，粒子可以直接编码为 (x_1, x_2, x_3)，适应度函数就是 $f(x)$。

粒子群优化算法中一些参数的经验设置如下。

1）粒子数（或称群体规模）m：PSO 算法对种群大小不十分敏感，种群数目下降时性能下降不是很大。一般取 $m=30\sim50$，但对于多模态函数优化问题，粒子数可以取 $m=100\sim300$。

2）粒子的长度：这是由优化问题决定的，就是问题解的长度。

3）粒子的范围：这是由优化问题决定的，每一维可设定不同的范围。

4）参数 c_1 和 c_2：对 PSO 算法的收敛性影响不大。然而，合适的取值可以加快算法的收敛速度，减少陷入局部极小值的可能性，默认取 $c_1=c_2=2.0$，一般取值不超过 4。

5）参数 r_1 和 r_2：用于保证群体的多样性，是 ［0，1］ 区间均匀分布的随机数。

6）迭代终止条件：最大循环次数或最小误差阈值。可以由具体情况而定。

4. 粒子群优化算法特点与应用

综上所述，总结粒子群优化算法的主要特点如下。

1）该算法搜索过程是从一组解迭代到另一组解，采用同时处理群体中多个个体的方法，具有本质的并行性。

2）算法采用实数进行编码，直接在问题域上进行处理，无须转换，因此算法简单，易于实现。

3）算法的各粒子的移动具有随机性，可搜索不确定的复杂区域。

4）该算法具备有效的全局/局部搜索的平衡能力，避免早熟。

5）该算法在优化过程中，每个粒子通过自身经验与群体经验进行更新，具有学习的功能。

6）该算法解的质量不依赖初始点的选取，保证收敛性。

一般而言，粒子群优化算法与其他演化算法一样，能用于求解大多数优化问题。在这些领域中，最具潜力的有系统设计、多目标优化、模式识别、信号处理、机器人活动规划、决策制定等。具体包括如模糊控制器设计、工作调度、实时机器人路径设计和图像分割等。

2.7.3 免疫算法

免疫系统是人体生命系统的一个重要组成部分，它是一种识别并消除异己（病原体、细菌等）物质的生物系统，具有许多信息处理机制和功能特点，如抗原识别、记忆、抗体的抑制和促进等，免疫算法正是模拟人体免疫系统的这些功能而提出来的。免疫算法将实际问题的目标函数和约束条件比作抗原，将问题的可能解比作抗体，可行解得目标函数值就代表了抗体与抗原之间的亲和度，免疫算法总是选择那些与抗原亲和性好而且浓度小的个体进入下一代，以实现对适应度好的抗体的促进和对浓度较大的抗体的抑制，从而使免疫算法可以在进化过程中很好地保持个体多样性，避免陷入局部最优解；同时可以利用记忆单元的作用提高局部搜索能力，加快进化速度。

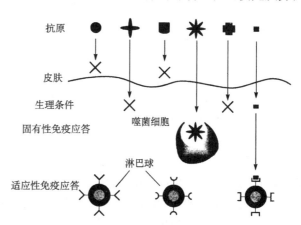

图 2-47 人类免疫系统的多层次的防御结构

1. 生物免疫系统简介

免疫算法所借鉴的生物免疫系统原型一般是人类等高等脊椎动物的免疫系统，这种类型的免疫系统具有分层的体系结构，能够组成人体的多道生物防线，阻挡各种类型的病原体浸入人体，避免对人体造成伤害。人类免疫系统的多层次的防御结构示意图如图 2-47 所示。

其中，第一道防线是由皮肤和黏膜构成的，它们不仅能够阻挡病原体浸入人体，而且它们的分泌物（如乳酸、脂肪酸、胃酸和酶等）还有杀菌的作用。第二道防线则包含液体中的杀菌物质和巨噬细胞。这两道防线是人类在进化过程中逐渐建立起来的天然防御功能，特点是人人生来就有，不针对某一种特定的病原体，对多种病原体都有防御作用，因此称作非特异性免疫（又称为先天性免疫）。而第三道防线则主要由各种免疫器官（胸腺、淋巴结、骨髓和脾脏等）和免疫细胞（淋巴细胞）所组成。第三道防线是人体在出生以后逐渐建立起来的后天防御功能，其特点是只有出生后才会产生，并且只针对某一特定的病原体或异物起作用，因而又被称为特异性免疫（或者后天性免疫）。

免疫系统分为固有免疫和适应免疫，其中适应免疫又分为体液免疫和细胞免疫。免疫系统是机体防卫病原体入侵最有效的武器，但其功能的亢进会对自身器官或组织产生伤害。

2. 免疫算法与体液免疫的关系

体液免疫反映了免疫系统中抗体与抗原、抗体与抗体之间的相互作用关系，刻画了抗体学习抗原的行为特性。应答过程主要包含克隆选择、细胞克隆、记忆细胞获取、亲和突变、克隆抑制及动态平衡维持等机制，结合对体液免疫分析。这些机制的作用关系可用图 2-48 来描述。图中各免疫机制相互作用的目的是抗体群从识别抗原的结构模式到进化自身的模式，直到匹配抗原，以至最终中立抗原，这一过程属于抗体群的学习过程；受到这种进化方式的启发，免疫算法由此而生。图 2-48 所示的整个运行机制充分体现了抗体学习抗原的进化过程。通过构建与该图中各机理相对应的算子模块，并将这些模块按照此图中各机理的作用方式进行组合，进而获得免疫算法。

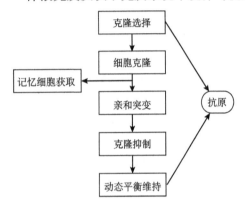

图 2-48　体液免疫机理的作用关系

在算法设计中，免疫学的有关概念与免疫算法的关系见表 2-5。

表 2-5　免疫学概念与免疫算法的关系

免疫系体	免疫算法	免疫系体	免疫算法
抗原	优化问题或进化群体中最优的解	记忆细胞	进化群体中较好的解
抗体	优化问题的可行解	自我抗体	优化问题的可行解

另外，免疫系统中动态平衡维持机制涉及抗体之间的抑制与促进，以及自我抗体的产生，为了便于免疫算法的描述，可将动态平衡维持机理划分为免疫选择和募集新成员两种机制。依据图 2-48，免疫算法与免疫系统机理的关系如表 2-6 所示。

3. 免疫算法的运行机制

免疫算法是模拟生物免疫系统对病菌的多样性识别能力而设计出来的多峰值随机搜索算法，被认为是对自然免疫系统中体液免疫的简单模拟，这种应答过程通过抗体学习抗原来完成，克隆选择使亲和力较高的抗体依据其亲和力繁殖克隆，其中，部分克隆作为记忆细胞更新记忆池，即记忆细胞演化，其余克隆参与进化；亲和突变使克隆依据其母体的亲和力按可变概

表 2-6　免疫系统机理与免疫算法的对应关系

免疫系统		免疫算法	
免疫学原理	体液免疫	免疫算子	免疫算子的含义
克隆选择原理	克隆选择 细胞分化繁殖 记忆细胞获取 选择＋亲和突变	克隆选择 细胞克隆 记忆细胞演化 亲和突变	亲和力较高的抗体被确定性选择 被选中的抗体各繁殖一定数目的克隆 分化的部分细胞更新记忆池 对克隆的各基因进行突变
免疫网络	克隆抑制	克隆抑制	浓度高及亲和力较低的克隆被清除
调节原理	动态平衡维持	免疫选择 募集新成员	依据抗体浓度及亲和力按概率选择 随机产生自我抗体插入抗体群

率进行变异；克隆抑制消除相同、相似及亲和力低的克隆；免疫选择使母体群参与克隆群竞争并按概率选择存活的母体或克隆；募集新成员则随机产生自我抗体插入抗体群维持群体自身平衡。这种由进化链：抗体群→克隆选择→细胞克隆及记忆细胞演化→亲和突变→免疫选择→募集新成员→新抗体群构成的随机搜索链为进化过程，反映在数学上即为遗传算法。

免疫算法的流程图如图 2-49 所示。图中每一操作对应免疫系统中一种进化机制。这些操作相互作用便构成免疫算法，反映在免疫学上，则为体液免疫应答过程，即抗体学习抗原并最终清除抗原的过程。将此进化过程中，抗原对应于待求解的问题，而抗体则对应优化问题的一个候选解，进而获得寻求最优解的免疫算法。

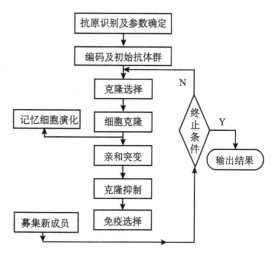

图 2-49　免疫算法的流程图

由图 2-49 可知，免疫算法作用于抗体群，而抗体群以抗体为对象进行进化。算法包含 5 个基本要素：即抗体编码、亲和力、浓度、参数选择和免疫算子。算法的参数有群体规模、克隆选择率、细胞克隆规模、克隆抑制半径、自我抗体插入群体的比率。

免疫算子由图 2-49 中各操作构成，在此记忆细胞演化指将抗体细化的部分细胞作为记忆细胞加入记忆池，并清除相同、相似及亲和力低的记忆细胞。引入抗原识别及记忆细胞演化的目的在于对已处理过的抗原再次出现或相似抗原出现时，提高算法寻优的快速性，若取消这两个操作，对算法的收敛性无影响。

在这些算子中，克隆选择将进化群体中较好的候选解确定性地选择参与进化，提供勘测更好候选解的机会。细胞克隆及记忆细胞演化不仅为同类问题的解提供高效解决的机会，而且为算法的局部搜索提供必要的准备，这一操作与亲和突变共同作用，增强算法局部搜索能力，使算法有更多机会探测更好的候选解。克隆抑制促使突变的克隆群中相同或相似的克隆被确定性地清除，其作用不仅在于保存好、中、差的克隆，而且为免疫选择算子选择存活抗体减轻选择压力。

　　免疫算法的作用在于不仅给亲和力高的抗体提供更多的选择机会，而且给亲和力及高浓度的抗体提供生存机会，使得存活的抗体群具有多样性，这一机制主要反映了抗体的促进和抑制机理。募集新成员的作用在于微调群体多样性，促成算法具有开放式特点，即随时有自我抗体被引入，这有助于提高算法的全局搜索能力。这些算子相互作用，共同合作以完成优化问题的求解任务。

　　4. 免疫算法在旅行商问题的求解应用

　　工程优化问题可以分为两大类：一类是连续变量的优化问题；一类是离散变量的优化问题，即所谓组合优化问题。旅行商问题（traveling salesman problem，TSP）可以抽象为数学上的组合优化问题。TSP 是图论中具有代表性的组合优化问题，已被证明具有 NPC 计算复杂性，并且许多实际优化问题都可以转化为 TSP。它是一个具有广泛实用背景与重要理论价值的组合优化问题，求解该类优化问题的高效的全局优化算法研究，一直为科技界和工程界所高度重视。

　　求解旅行商问题的人工免疫算法步骤，可以描述如下。

　　1）随机生成 pop_size 个新抗体，作为初始抗体群，其中 pop_size 为抗体群的大小。

　　2）计算每个抗体的亲和度。根据群体中各个抗体亲和度大小，按照比例选择 m 个抗体，把这 m 个抗体复制到复制子群体中。

　　3）对复制子群体中的每个抗体，选择一种变异技术进行变异操作。

　　4）选择复制子群体中亲和度最高的 t 个抗体，用它们替代父代群体中亲和度最低的 t 个抗体。

　　5）如果群体中的最优解在连续 G 代没有改变，则用免疫记忆算子恢复群体中的 n 个抗体；否则，用群体中最优的 n 个抗体更新记忆单元。

　　6）若找到最优解或达到了最大迭代次数，则结束寻优搜索计算；否则，转步骤 2）。

　　鉴于旅行商问题的重要性和代表性，研究者设计了若干典型问题（benchmarks），用以测试和比较不同方法的性能。这些标准测试问题可从标准测试库中（旅行商问题标准测试库：http：//www.iwr.uni-heidelberg.de/groups/comopt/software/TSPLIB95）下载。这里选取了部分测试问题以检验所提出算法的性能。数值模拟试验是在奔腾 IV2.8GHz 处理器和 2GB 内存的计算机上用 MATLAB 实现的。数值模拟结果列于表 2-7 中，其中，BKS 列所示为问题已知的最优解，AIS 列所示为采用人工免疫算法得到的最优解。误差百分比的计算公式为

表 2-7　标准测试问题的测试结果

问题	规模	BKS	AIS	误差/%	时间/s
gr17	17	2085	2085	0.00	5.28
gr21	21	2707	2707	0.00	9.65
gr24	24	1272	1272	0.00	7.32
bayg29	29	1610	1610	0.00	15.88
bayg29	29	2020	2020	0.00	23.51
att48	48	10628	10628	0.00	79.28
gr48	48	5046	5156	2.18	101.25
hk48	48	11461	11461	0.00	150.76
kroa100	100	21282	22329	4.92	254.96

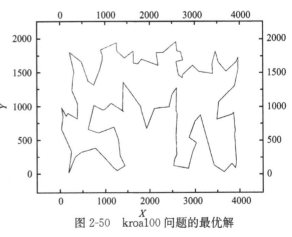

图 2-50　kroa100 问题的最优解

$$E_{rr} = \frac{AIS - BKS}{BKS} \times 100\%$$ (2-92)

为了更直观地描述试验结果，图 2-50 给出了用人工免疫算法得到的 kroa100 问题的最优解的访问顺序。

2.8 工程优化设计应用

前面几节介绍了优化设计的有关理论及方法，本节介绍优化设计的工程应用。

2.8.1 工程优化设计的一般步骤

进行实际工程问题的优化设计，一般步骤概述如下。

（1）建立优化问题的数学模型

优化问题的数学模型是对实际问题的数学描述和概括，也是进行优化设计的基础。因此，根据设计问题的具体要求和条件建立完备的数学模型是关系优化设计成败的关键。工程设计问题通常是相当复杂的，欲建立便于求解的数学模型，必须对实际问题加以适当的抽象和简化。建立优化问题数学模型的要求是：一是要求正确，即建立一个尽可能完善的数学模型，以求精确地表达实际问题，能得到满意的结果；二是要求所建立的数学模型尽可能简单，以便于计算求解。

（2）选择合适的优化方法及计算程序

为了求解优化问题的数学模型，应根据数学模型的函数性质和计算精度需要，注意优先选择可靠性好、收敛速度快、算法稳定性好以及对参数敏感性小的优化方法和计算程序。同时，要考虑实际问题的特点，如问题的规模、复杂程度，是连续变量优化问题还是离散变量优化问题等。

（3）编写主程序和函数子程序，上机寻优计算，求得最优解

一个完整的优化运行程序由如下三部分组成，即

优化运行程序＝主程序＋优化数学模型函数子程序＋优化方法子程序

因此，优化设计者在使用优化程序库求解自己的实际问题时，应按要求编写主程序和优化问题数学模型的函数子程序，再将自己的工程优化数学模型与优化程序库连接成一个完整的应用软件系统。然后上机调试和计算，以求得优化问题的最优结果。

（4）对优化结果进行分析

求得优化结果后，应对其进行分析、比较，看其结果是否符合实际，是否满足设计要求，是否合理，再决定是否采用。经过对所求得的"优化方案"分析后，若发现它不符合实际或不满足设计要求，应考虑修改数学模型，或再选择不同的算法求解。

为了给工程设计人员提供一个求解优化数学模型的有力工具，目前国内外许多 CAD 软件中均开发有优化软件包或优化算法库，如 Pro/Engineer、MATLAB 以及我国"六五"期间开发的"常用优化方法程序库 OPB-1"和"七五"期间开发的"优化方法及计算方法软件库 OPB-2"等。这样，工程技术人员在掌握工程问题优化设计的基础知识和熟悉工程优化软件有关功能的基础上，调用优化工具箱的函数，可简捷方便地处理工程优化设计问题。

2.8.2 工程优化设计实例

实例 1 单级直齿圆柱齿轮传动减速器的优化设计

已知单级直齿圆柱齿轮减速器的输入扭矩 $T_1=2674\mathrm{N\cdot m}$，传动比 $i=5$，现要求确定该减速器的结构参数，在保证承载能力的条件下，使减速器的重量最轻。小齿轮拟选用实心轮结构，大齿轮为四孔辐板式结构，其结构尺寸如图 2-51 所示，图中 $\Delta_1=280\mathrm{mm}$，$\Delta_2=320\mathrm{mm}$。

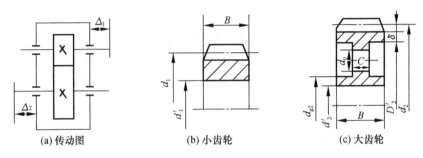

(a) 传动图　　　　　　　(b) 小齿轮　　　　　　(c) 大齿轮

图 2-51　单级直齿圆柱齿轮减速器结构图

解： （1）建立数学模型

1）齿轮几何计算公式。

$$d_1=mz_1,\qquad d_2=mz_2,\qquad \delta=5m,\qquad D_2'=mz_1i-10m$$
$$d_{g2}=1.6d_2',\qquad d_0=0.25(mz_1i-10m-1.6d_2'),\qquad c=0.2B$$
$$V_1=\pi(d_1^2-d_1'^2)B/4,\qquad V_2=\pi(d_2^2-d_2'^2)B/4$$
$$V_3=\pi(D_2'^2-d_{g2}^2)(B-c)/4+\pi(4d_0^2c)/4$$
$$V_4=\pi l(d_1'^2-d_2'^2)/4+280\pi d_1'^2/4+320\pi d_2'^2/4$$

于是，该减速器的齿轮与轴的体积之和为

$$V=V_1+V_2-V_3+V_4$$

2）确定设计变量。

从上述计算齿轮减速器体积（简化为齿轮和轴的体积）的基本公式中可知，体积 V 取决于齿轮宽度 B、小齿轮齿数 z_1、模数 m、轴的支承跨距 l、主动轴直径 d_1'、从动轴直径 d_2' 和传动比 i 等 7 个参数。其中传动比 i 为常量，由已知条件给定。因此，该优化设计问题可取设计变量为

$$X=[x_1,\ x_2,\ x_3,\ x_4,\ x_5,\ x_6]^{\mathrm{T}}=[B,\ z_1,\ m,\ l,\ d_1',\ d_2']^{\mathrm{T}}$$

3）建立目标函数。

以齿轮减速器的重量最轻为目标函数，而此减速器的重量可以一对齿轮和两根轴的重量之和近似求出。由此，减速器的重量 $W=(V_1+V_2-V_3+V_4)\rho$，因钢的密度 ρ 为常数，所以可取减速器的体积为目标函数。将设计变量代入减速器的体积公式，经整理后得目标函数为

$$
\begin{aligned}
f(X)=V&=V_1+V_2-V_3+V_4\\
&=0.785398(4.75x_1x_2^2x_3^2+85x_1x_2x_3^2-85x_1x_3^2+0.92x_1x_6^2-x_1x_5^2\\
&\quad +0.8x_1x_2x_3x_6-1.6x_1x_3x_6+x_4x_5^2+x_4x_6^2+280x_5^2+320x_6^2)
\end{aligned}
$$

4）确定约束条件。

本问题的约束条件，由强度条件、刚度条件、结构工艺条件和参数限制条件等组成。

① 为避免发生根切，小齿轮的齿数 z_1 不应小于最小齿数 $z_{\min}$，即 $z_1\geqslant z_{\min}=17$，于是得约束条件

$$g_1(X)=17-x_2\leqslant 0$$

② 传递动力的齿轮,要求齿轮模数一般应大于 2mm,故

$$g_2(X) = 2 - x_3 \leqslant 0$$

③ 根据设计经验,主、从动轴的直径范围取 $150\text{mm} \geqslant d_1' \geqslant 100\text{mm}$,$200\text{mm} \geqslant d_2' \geqslant 130\text{mm}$,则轴直径约束为

$$g_3(X) = 100 - x_5 \leqslant 0$$
$$g_4(X) = x_5 - 150 \leqslant 0$$
$$g_5(X) = 130 - x_6 \leqslant 0$$
$$g_6(X) = x_6 - 200 \leqslant 0$$

④ 为了保证齿轮承载能力,且避免载荷沿齿宽分布严重不均,要求 $16 \leqslant \dfrac{B}{m} \leqslant 35$,由此可得

$$g_7(X) = \frac{x_1}{35x_3} - 1 \leqslant 0$$

$$g_8(X) = 1 - \frac{x_1}{16x_3} \leqslant 0$$

⑤ 根据工艺装备条件,要求大齿轮直径不得超过 1500mm,若 $i=5$,则小齿轮直径不能超过 300mm,即 $d_1 - 300 \leqslant 0$,写成约束条件为

$$g_9(X) = \frac{x_2 x_3}{300} - 1 \leqslant 0$$

⑥ 按齿轮的齿面接触强度条件,有

$$\sigma_H = 670\sqrt{\frac{(i+1)KT_1}{Bd_1^2 i}} \leqslant [\sigma_H]$$

式中,T_1 取 $2674000\text{N} \cdot \text{mm}$,$K=1.3$,$[\sigma_H]=855.5\text{N/mm}^2$。将各参数代入上式,整理后可得接触应力约束条件

$$g_{10}(X) = \frac{670}{855.5}\sqrt{\frac{(i+1)KT_1}{x_1(x_2 x_3)^2 i}} - 1 \leqslant 0$$

⑦ 按齿轮的齿根弯曲疲劳强度条件,有

$$\sigma_F = \frac{2KT_1}{Bd_1 mY} \leqslant [\sigma_F]$$

若取 $T_1 = 2674000\text{N} \cdot \text{mm}$,$K=1.3$,$[\sigma_{F1}]=261.7\text{N/mm}^2$,$[\sigma_{F2}]=213.3\text{N/mm}^2$;若大、小齿轮齿形系数 Y_2、Y_1 分别按下面二式计算,即

$$Y_2 = 0.2824 + 0.0003539(ix_2) - 0.000001576(ix_2)^2$$
$$Y_1 = 0.169 + 0.006666x_2 - 0.0000854x_2^2$$

则得小齿轮的弯曲疲劳强度条件为 $\quad g_{11}(X) = \dfrac{2KT_1}{261.7x_1 x_2 x_3^2 y_1} - 1 \leqslant 0$

大齿轮的弯曲疲劳强度条件为 $\quad g_{12}(X) = \dfrac{2KT_1}{213.3x_1 x_2 x_3^2 y_2} - 1 \leqslant 0$

⑧ 根据轴的刚度计算公式 $\quad \dfrac{F_n l^3}{48EJ} \leqslant 0.003l$

式中,$F_n = \dfrac{F_{t1}}{\cos\alpha} = \dfrac{2T_1}{mZ_1 \cos\alpha} = \dfrac{2T_1}{x_2 x_3 \cos\alpha}$;$E = 2 \times 10^5 \text{N/mm}^2$;$\alpha = 20°$;$J = \pi d_1'^4/64 = \pi x_5^4/64$。

得主动轴的刚度约束条件为 $g_{13}(X)=\dfrac{F_n x_4^2}{48\times0.003EJ}-1\leqslant0$

⑨ 主、从动轴的弯曲强度条件 $\sigma_w=\dfrac{\sqrt{M^2+(\alpha_1 T)^2}}{W}\leqslant[\sigma_{-1}]$

对于主动轴,轴所受弯矩 $M=F_n\cdot\dfrac{l}{2}=\dfrac{T_1 l}{mZ_1\cos\alpha}=\dfrac{T_1 x_4}{x_2 x_3\cos\alpha}$。若取 $T_1=2674000\text{N}\cdot\text{mm},\alpha=20°$,扭矩校正系数 $\alpha_1=0.58$;对于实心轴,$W_1=0.1d_1'^3=0.1x_5^3$,$[\sigma_{-1}]=55\text{N/mm}^2$,可得主动轴弯曲强度约束为

$$g_{14}(X)=\dfrac{\sqrt{M^2+(\alpha_1 T)^2}}{55W_1}-1\leqslant0$$

对于从动轴,$W_2=0.1d_2'^3=0.1x_6^3$;$[\sigma_{-1}]=55\text{N/mm}^2$,可得从动轴弯曲强度约束为

$$g_{15}(X)=\dfrac{\sqrt{M^2+(\alpha_1 T_i)^2}}{55W_2}-1\leqslant0$$

⑩ 轴的支承跨距按结构关系和设计经验取

$$l\geqslant B+2\Delta_{\min}+0.25d_2'$$

式中,$\Delta_{\min}$ 为箱体内壁到轴承中心线的距离,现取 $\Delta_{\min}=20\text{mm}$,则有 $B-1+0.25d_2'+40\leqslant0$,写成约束条件为

$$g_{16}(X)=\dfrac{(x_1-x_4+0.25x_6)}{40}+1\leqslant0$$

5)写出优化数学模型。

综上所述,可得该优化问题的数学模型为

$$\min f(X)\quad(X\in R^6)$$
$$\text{s. t.}\quad g_u(X)\leqslant0\quad(u=1,2,\cdots,16)$$

即本优化问题是一个具有 16 个不等式约束条件的 6 维约束优化问题。

(2)选择优化方法及优化结果

对于本优化问题,现选用内点罚函数法求解。可构造惩罚函数为

$$\phi(X,r^{(k)})=f(X)+r^{(k)}\sum_{u=1}^{16}\dfrac{1}{g_u(X)}$$

参考同类齿轮减速器的设计参数,现取原设计方案为初始点 $X^{(0)}$,即

$$X^{(0)}=[x_1^{(0)},x_2^{(0)},x_3^{(0)},x_4^{(0)},x_5^{(0)},x_6^{(0)}]^T=[230,210,8,420,120,160]^T$$

则该点的目标函数值为

$$f(X^{(0)})=87139235.1\text{mm}^3$$

采用鲍威尔法求解惩罚函数 $\phi(X,r^{(k)})$ 的极小值点,取惩罚因子递减系数 $C=0.5$,其中一维搜索选用二次插值法,收敛精度 $\varepsilon_1=10^{-7}$;鲍威尔法及罚函数法的收敛精度都取 $\varepsilon_2=10^{-7}$;得最优化解

$$X^*=[x_1^*,x_2^*,x_3^*,x_4^*,x_5^*,x_6^*]$$
$$=[130.93,18.74,8.18,235.93,100.01,130.00]^T$$
$$f(X^*)=35334358.3\text{mm}^3$$

该方案比原方案的体积(按目标函数简化计算的部分)下降了 59.4%。

上述最优解并不能直接作为减速器的设计方案,根据几何参数的标准化,要进行圆整,最

后得

$$B^* = 130 \text{mm}, \quad z_1 = 19, \quad m^* = 8 \text{mm}$$
$$l^* = 236 \text{mm}, \quad d_1'^* = 100 \text{mm}, \quad d_2'^* = 130 \text{mm}$$

可以验证，圆整后的设计方案 X^* 满足所有约束条件，其最优方案较原设计方案的减速器体积下降了 53.9%。

实例 2 平面连杆机构的优化设计

平面连杆机构的优化设计，最常见的是实现给定运动规律的优化设计和再现已知运动轨迹的优化设计。本例为一个要求再现预期的传递函数运动轨迹时，误差最小的平面四杆机构的优化设计实例。

现设计一曲柄连杆机构，如图 2-52 所示。要求当曲柄由 φ_0 回转至 $\varphi_0 + 90°$ 期间，摇杆的输出角 ψ_i 实现如下给定的函数关系

$$\psi_i = \psi_0 + \frac{2}{3\pi}(\varphi_i - \varphi_0)$$

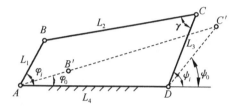

图 2-52 曲柄连杆机构简图

变化。式中，φ_0 和 ψ_0 分别为对应于摇杆在右极限位置时曲柄和摇杆的位置角，它们是以机架 AD 为始线逆时针度量的角度；并且要求在该区间的运动过程中的最小传动角 $\gamma_{\min} \geqslant [\gamma] = 45°$。试进行该问题的优化设计。

解：（1）建立优化数学模型

1）确立设计变量。

由机械原理知识可知，铰链四杆机构按主、从动杆给定的角度对应关系进行设计时，独立参数有五个：三根杆长 L_2、L_3、L_4 和主、从杆的输入和输出起始位置角 φ_0 和 ψ_0。因曲柄连杆机构的运动规律只与各杆的相对长度有关，将曲柄的长度 L_1 取为 1（长度单位），则其他三杆长度 L_2、L_3、L_4 可表示为曲柄杆长 L_1 的倍数。由图 2-52 所示的几何关系可知

$$\varphi_0 = \arccos\left[\frac{(L_1 + L_2)^2 - L_3^2 + L_4^2}{2(L_1 + L_2)L_4}\right], \quad \psi_0 = \arccos\left[\frac{(L_1 + L_2)^2 - L_3^2 - L_4^2}{2L_3 L_4}\right]$$

则 φ_0 和 ψ_0 也不再是独立的参数，而是杆长的函数。另外，根据机构在机器中的许可空间，可以适当预选机架的长度，现取 $L_4 = 5$（长度单位），经以上分析，只剩下 L_2、L_3 两个独立变量，所以该优化问题的设计变量为

$$X = [x_1, x_2]^T = [L_2, L_3]^T$$

故本题是一个二维优化问题。

2）建立目标函数。

由上述设计变量的分析可知，对于平面连杆机构可供自由选择的独立参数是有限的。对于实现给定运动规律的铰链四杆机构，独立参数最多为 5 个，而对本题的情况只有 2 个。因此，利用平面四杆机构只能近似地实现给定的运动规律。因此，对于这类问题的目标函数，不便直接利用机构本身的数学表达式来构造，需要利用函数再现精度的概念建立目标函数。

对于本机构设计问题，可以机构输出角的平方偏差最小原则来建立目标函数。为此，把曲柄在从 φ_0 到 $\varphi_0 + 90°$ 的区间分成 S 等分，从动杆输出角 ψ 也有相应的分点与之对应。若将各分点标号记作 i，以各分点输出角的偏差平方总和作为优化目标函数，则有

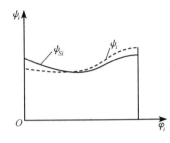

图 2-53 运动规律误差

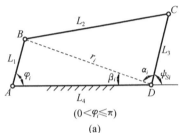

(0 < φ_i ≤ π)

(a)

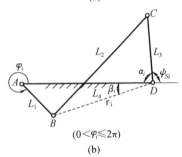

(0 < φ_i ≤ 2π)

(b)

图 2-54 曲柄连杆机构的
运动学关系

$$f(X) = \sum_{i=0}^{S}(\psi_i - \psi_{Si})^2 \rightarrow \min$$

如图 2-53 所示，这一优化目标就是为使实际的运动规律 ψ_{Si} 与预期的运动规律 ψ_i 之间的误差最小。式中，ψ_i 为期望输出角，按给定的运动规律计算：

$$\psi_i = \psi_0 + \frac{2}{3\pi}(\varphi_i - \varphi_0)$$

$$\varphi_i = \varphi_0 + \frac{\pi}{2} \cdot \frac{1}{S} \cdot i \quad (i = 0, 1, 2, \cdots, S)$$

式中，S 为运动区间的分段数；ψ_{Si} 为机构的实际输出角，计算式为

$$\psi_{Si} = \begin{cases} \pi - \alpha_i - \beta_i & (0 < \varphi_i \leqslant \pi) \\ \pi - \alpha_i + \beta_i & (\pi < \varphi_i \leqslant 2\pi) \end{cases}$$

式中，α_i、β_i 由图 2-54 中的三角函数关系求得

$$\alpha_i = \arccos\left(\frac{r_i^2 + L_3^2 - L_2^2}{2r_i L_3}\right)$$

$$\beta_i = \arccos\left(\frac{r_i^2 + L_4^2 - L_1^2}{2r_i L_4}\right)$$

$$r_i = \sqrt{L_1^2 + L_4^2 - 2L_1 L_4 \mid \cos\varphi_i \mid}$$

于是由上述各式构成了一个目标函数的数学表达式，对应于每一个机构设计方案（即给定 x_1，x_2），即可计算出输出角的平方偏差值 $f(X)$。

3）确定约束条件。

根据已知条件，该机构的约束条件有两个方面：一是传递运动过程中的最小传动角 γ 应大于 45°；二是保证四杆机构满足曲柄存在的条件。因此，本例应以此为基础来建立该优化问题的约束条件。

① 保证传动角 $\gamma > 45°$。

按传动角条件，根据图 2-44 可能发生传动角最小值的位置图，由余弦定理

$$\gamma = \arccos\frac{(L_1 + L_4)^2 - L_2^2 - L_3^2}{2L_2 L_3} \geqslant \arccos\frac{\sqrt{2}}{2} \quad (图 2\text{-}55(a))$$

所以

$$(L_1 + L_4)^2 - L_2^2 - L_3^2 \geqslant \sqrt{2}L_2 L_3 \tag{a}$$

$$\gamma = \arccos\frac{L_2^2 + L_3^2 - (L_4 - L_1)^2}{2L_2 L_3^2} \geqslant \arccos\frac{\sqrt{2}}{2} \quad (图 2\text{-}55(b))$$

所以

$$L_2^2 + L_3^2 - (L_4 - L_1)^2 \geqslant \sqrt{2}L_2 L_3 \tag{b}$$

式（a）、式（b）为两个约束条件，将 $L_2 = x_1$，$L_3 = x_2$，$L_1 = 1$，$L_4 = 5$ 代入式（a）、式（b），得

$$g_1(X) = -x_1^2 - x_2^2 - 1.414x_1 x_2 + 36 \leqslant 0$$

$$g_2(X) = x_1^2 + x_2^2 - 1.414x_1x_2 - 16 \leqslant 0$$

② 曲柄存在条件。

按曲柄存在条件，由机械原理可知：

$$L_2 \geqslant L_1, \quad L_3 \geqslant L_1, \quad L_1 + L_4 \leqslant L_2 + L_3$$
$$L_1 + L_2 \leqslant L_3 + L_4, \quad L_1 + L_3 \leqslant L_2 + L_4$$

把它们写成不等式约束条件（将 $L_2 = x_1$，$L_3 = x_2$，$L_1 = 1$，$L_4 = 5$ 代入上式），得

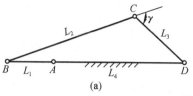

$$g_3(X) = 1 - x_1 \leqslant 0$$
$$g_4(X) = 1 - x_2 \leqslant 0$$
$$g_5(X) = 6 - x_1 - x_2 \leqslant 0$$
$$g_6(X) = x_1 - x_2 - 4 \leqslant 0$$
$$g_7(X) = x_2 - x_1 - 4 \leqslant 0$$

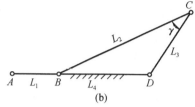

图 2-55 最小传动角位置

经分析，上述诸约束条件式中，$g_1(X)$ 和 $g_2(X)$ 为紧约束条件，$g_3(X) \sim g_7(X)$ 为松约束条件，所以本题实际起作用的只有 $g_1(X)$ 和 $g_2(X)$ 两个不等式约束条件。

4）写出优化数学模型。

综上所述，可得本优化问题的数学模型为

$$\min f(X) = \sum_{i=0}^{S} (\psi_i - \psi_{Si})^2$$
$$X = [x_1, \ x_2]^{\mathrm{T}} = [L_2, \ L_3]^{\mathrm{T}}$$
$$\text{s. t.} \quad g_1(X) = -x_1^2 - x_2^2 - 1.414x_1x_2 + 36 \leqslant 0$$
$$g_2(X) = x_1^2 + x_2^2 - 1.414x_1x_2 - 16 \leqslant 0$$

即本优化问题是一个具有两个不等式约束的二维约束优化问题。

（2）选择优化方法及优化结果

因为本优化问题仅为两个设计变量，故用约束坐标轮换法求解，取初始点 $X^{(0)} = [4.5, \ 4.0]^{\mathrm{T}}$，优化结果为

$$X^* = [x_1^*, \ x_2^*]^{\mathrm{T}} = [4.14, \ 2.31]^{\mathrm{T}}$$

即　　　　　$L_2 = 4.14$（长度单位），　　$L_3 = 2.31$（长度单位）

$$f^* = f(X^*) = 0.00763; \quad \varphi_0 = 26°24'20''; \quad \psi_0 = 99°50'04''$$

实例 3　基于粒子群算法的车辆路径规划问题（VRP）求解

在物流配送供应领域中，一个常见问题是：有一批客户，各客户点的位置坐标和货物需求已知，供应商具有若干可供派送的车辆，运载能力给定，每辆车都从起点出发，完成若干客户点的运送任务后再回到起点。现要求以最少的车辆数、最小的车辆总行程来完成货物的派送任务。该问题称为车辆路径规划问题（vehicle routing problem，VRP），是当今热门的物流配送中的关键问题，有时亦称为"车辆规划"、"货车派遣"等优化问题。VRP 至今仍是一个求解较为困难的组合优化问题，理论上，仅能保证一些相对小规模的 VRP 可求得最优解。

一般意义上的 VRP 规划问题可描述为：在约束条件下，设计从一个或多个初始点出发，到多个不同位置的城市或客户点的最优送货巡回路径问题。

通常，设计一个总耗费最小的路线集，一般应满足如下条件。

1）每个城市或客户只被一辆车访问一次。

2）所有车辆从起点出发再回到起点。

3）某些约束被满足。

最常用的约束包括容量限制，时间窗限制等。所谓容量限制，即任何一辆车在行驶路径上所提供的货物总量不能超出车辆的装载能力。这里假设所有车辆都相同且容量相等。时间窗限制，是在 VRP 问题上加了客户要求访问的时间窗口。现实生活中许多问题都可以归结为时间窗限制问题来处理（如邮政投递、火车及公共汽车的调度等），其处理的好坏程度将直接影响企业的服务质量，所以对它的研究越来越受到科技界和工程界的重视。

VRP 规划问题自提出后，多年来人们对其进行了大量的研究，设计了各种类型的求解算法，种类已十分丰富。本例选用现代智能优化算法——粒子群算法来求解 VRP 规划问题。

1. 车辆路径问题的数学模型

VRP 一般描述为：有一个中心仓库，拥有 K 辆车，容量分别为 q_k（$k=1$，2，…，K）；现有 L 个发货点运输任务需要完成，以 1，2，…，L 表示，第 i 个发货点的货运量为 g_i（$i=$ 1，2，…，L），且 $\max g_i \leqslant \max q_k$，求满足货运需求的最短车辆行驶路径。

描述求这一最短车辆行驶路径规划问题的数学模型，可将中心仓库编号为 0，若将发货点编号为 1，2，…，L，任务及中心仓库均以点 i（$i=1$，2，…，L）来表示。定义变量如下：

$$y_{ki} = \begin{cases} 1 & (\text{发货点 } i \text{ 的任务由车 } k \text{ 完成}) \\ 0 & (\text{其他情况}) \end{cases} \tag{2-93}$$

$$x_{ijk} = \begin{cases} 1 & (\text{车 } k \text{ 从点 } i \text{ 行使到点 } j) \\ 0 & (\text{其他情况}) \end{cases} \tag{2-94}$$

C_{ij} 表示从点 i 到 j 的运输成本，它的含义可以是距离、费用、时间等，本例中代表距离。可得到车辆优化调度问题的数学模型为

$$\min Z = \sum_i \sum_j \sum_k C_{ij} x_{ijk}$$

$$\text{s.t.} \quad \sum_i g_i y_{ki} \leqslant q_k, \ \forall k$$

$$\sum_k y_{ki} = 1 \quad (i=1, 2, \cdots, L)$$

$$\sum_i x_{ijk} = y_{kj} \quad (j=0, 1, \cdots, L); \ \forall k$$

$$\sum_j x_{ijk} = y_{ki} \quad (i=0, 1, \cdots, L); \ \forall k \quad \left.\right\} \tag{2-95}$$

$$X = (x_{ijk}) \in S$$

$$x_{ijk} = 0 \text{ 或 } 1 \quad (i, j=0, 1, \cdots, L); \ \forall k$$

$$y_{ki} = 0 \text{ 或 } 1 \quad (i=0, 1, \cdots, L); \ \forall k$$

该模型要求每个发货点都得到车辆的配送服务，并限制每个发货点的需求仅能由某一车辆来完成；同时保证每条路径上的各发货点的总需求量不超过此路径配送车的容量。优化问题也就是在满足以上条件的情况下，使所有车辆路径之和 Z 最小。

2. 基于 PSO 算法的车辆路径问题

如何找到一个合适的表达方法，使粒子与解对应，是实现算法的关键问题之一。为此，现构造一个 $2L$ 维的空间对应有 L 个发货点任务的 VRP 问题，每个发货点任务对应两维：完成

该任务车辆的编号 k，该任务在车 k 行使路径中的次序 r。为表达和计算方便，将每个粒子对应的 $2L$ 维向量 X 分成两个 L 维向量：X_v（表示各任务对应的车辆）和 X_r（表示各任务在对应的车辆路径中的执行次序）。

例如，设 VRP 问题中发货点任务数为 7，车辆数为 3，若某粒子的位置向量 X 为

发货点任务号：1 2 3 4 5 6 7
X_v：1 2 2 2 2 3 3
X_r：1 4 3 1 2 2 1

则该粒子对应解路径为

车 1：0→1→0
车 2：0→4→5→3→2→0
车 3：0→7→6→0

粒子速度向量 V 与之对应表示为 V_v 和 V_r。

该表示方法的最大优点是使每个发货点都得到车辆的配送任务，并限制每个发货点的需求仅能由某一车辆来完成，使解的可行化过程计算大大减少。虽然该表示方法的维数较高，但由于 PSO 算法对多维寻优问题有着非常好的特性，则维数的增加并未增加计算的复杂性。

3. 算法实现过程

PSO 算法为连续空间算法，而 VRP 问题为整数规划问题，因此在算法实现过程中要进行相应修改。具体实现步骤如下：

步骤 1：初始化粒子群

1）将粒子群划分成若干个两两相互重叠的子群；

2）每个粒子位置向量 X_v 的每一维随机取 $1\sim K$（车辆数）之间的整数，X_r 的每一维随机取 $1\sim L$（发货点任务数）之间的实数。

3）每个速度向量 V_v 的每一维随机取 $-(K-1)\sim(K-1)$（车辆数）的整数，V_r 的每一维随机取 $-(L-1)\sim(L-1)$ 的实数。

4）用评价函数 Eval 评价所有粒子。

5）将初始评价值作为个体历史最优解 P_i，并寻找各子群内的最优解 P_l 和总群体内最优解 P_g。

步骤 2：重复执行以下步骤，直到满足终止条件或达到最大迭代次数节数寻优搜索

1）对每一个粒子，按 PSO 距离、速度更新公式进行更新，超过其范围时按边界取值。

2）用评价函数 Eval 评价所有粒子。

3）若某个粒子的当前评价值优于其历史最优评价值，则记当前评价值为该历史最优评价值，同时记当前位置为该粒子历史最优位置。

4）寻找当前各子群内最优解和总群体内最优解，若优于历史最优解，则更新 P_l、P_g。对于子群内所有个体均为不可行解，或子群内有多个个体同为最优值的情况，随机取其中一个为子群内当前最优解。

其中，评价函数 Eval 完成以下任务。

1）将迭代计算所得 X_r 按从小到大顺序进行重新整数序规范化，以利于行驶距离的计算和后续迭代计算。例如，某粒子迭代一次后结果如下。

发货点：1 2 3 4 5 6 7
X_v：1 2 2 2 2 3 3

X_r: 5　3.2　6.2　1.2　2.5　0.5　4.2

其中，第 2、3、4、5 号任务由车 2 完成，这些任务点所对应的 X_r 值为（3.2　6.2　1.2　2.5），用其值从小到大的顺序号重新设置 X_r。任务点 4 所对应 X_r 值 1.2 最小，将其更新为 1；任务点 5 对应 X_r 值 2.5 次小，将其更新为 2；其他以此类推。按此方法，经重新整数序规范化后得到的 X_r 为（1　3　4　1　2　1　2）。

2）计算该粒子所代表方案的距离之和 Z。对于有某条路径上的各发货任务的总需求量超过此条路径配送车容量的不可行解，则将该方案的评价值置为一个可行解不可达到的最大值 T_{max}。

4. 试验结果及分析

对于上述 VRP 规划问题，现分别采用遗传算法和粒子群算法对其优化数学模型进行求解。求解时，所采用试验平台为 Windows 2000，MATLAB 6.1，CUP 为 P4 1.0GHz，内存为 256MB。求解时，设置的遗传算法、粒子群算法的有关参数如下。

GA 参数：群体规模 $n=40$；交叉概率 $P_c=0.6$；变异概率 $P_m=0.2$；轮盘赌法选择子代，取最大迭代次数 $N_{max}=200$。

PSO 参数：粒子数 $n=40$；邻居群采用环形（ring）拓扑结构，邻居子群规模为 3；取惯性权重 $w=0.729$；取加速度常数 $c_1=c_2=1.49445$；最大迭代次数 $G_{max}=200$。

试验问题为一个有 7 个发货点任务的车辆路径规划问题，各任务的坐标及货运量见表 2-8。

表 2-8　各发货点坐标及货运量

序号	0	1	2	3	4	5	6	7
坐标	(18, 54)	(22, 60)	(58, 69)	(71, 71)	(83, 46)	(91, 38)	(24, 42)	(18, 40)
货运量	0	0.89	0.14	0.28	0.33	0.21	0.41	0.57

注：序号为 0 表示中心仓库，设车辆容量皆为 1.0，由 3 辆车完成所有任务（最优路径距离为 217.81）。

采用 GA 算法和 PSO 算法对上述 VRP 规划问题优化模型分别运行 50 次，统计结果如表 2-9 所示。

表 2-9　GA、PSO 优化结果与对比

算法	达到最优路径次数	未达到最优路径次数	达到最优路径平均代数/%	达到最优路径平均时间/s
GA	32	18	53.9	32.3
PSO	50	0	28.36	3.04

PSO 算法每次达到最优路径的代数为

7	28	2	17	7	17	13	7	41	19
28	11	33	14	21	23	11	71	82	24
13	58	36	20	10	3	8	5	65	35
9	2	15	76	25	67	30	55	9	29
21	6	38	9	43	148	1	29	3	79

试验结果表明，PSO 算法对该问题的搜索成功率为 100%，远远高于 GA 算法的 64%，而且达到最远路径的速度比 GA 方法提高了 10 倍左右，说明在该问题上 PSO 算法的效果远远优于 GA 方法。

习　题

2-1　试将如下优化问题

$$\min f(X) = x_1^2 + x_2^2 - 4x_1 + 4 \quad (X \in R^2)$$

$$\text{s. t.} \quad g_1(X) = -x_1 + x_2^2 + 1 \leqslant 0$$

$$g_2(X) = x_1 - 3 \leqslant 0$$

$$g_3(X) = -x_2 \leqslant 0$$

的目标函数等值线和约束边界线勾画出来，并回答如下两点是否为可行点：1）$X^{(1)} = [1, 1]^T$；
2）$X^{(2)} = [2.5, 0.5]^T$。

2-2　某工厂生产一批金属工具箱，要求工具箱的体积为 $0.5 \mathrm{m}^3$，高度不低于 $0.8 \mathrm{m}$，试写出耗费金属板面积为最小的优化设计数学模型。

2-3　一薄铁板宽 20cm。现欲将其两边折起制成一具有梯形断面的槽板，试写出如何确定梯形侧边长度及底角角度可获槽板的梯形断面积最大的优化设计数学模型。

2-4　已知函数 $f(X) = x_1^2 + 2x_1x_2 + x_2^2$，试用矩阵形式表达该函数 $f(X)$，并说明该函数 $f(X)$ 是否为凸函数。

2-5　试求函数 $f(X) = x_1^2 + x_1x_2 + x_2^2 - 60x_1 - 3x_2$ 的极值点，并判断该点是极大值点还是极小值点。

2-6　试用进退法确定函数 $f(X) = 3x^2 - 8x + 9$ 的初始单峰区间，设给定的初始点 $X^{(0)} = 0$，初始步长 $h = 0.1$。

2-7　试用 0.618 法和二次插值法分别求出目标函数 $f(X) = 8x^3 - 2x^2 - 7x + 3$ 的最优解。已知初始单峰区间为 $[0, 2]$，迭代精度 $\varepsilon = 0.01$。

2-8　试证明梯度法先后迭代过程的搜索方向：$S^{(k)} = -\nabla f(X^{(k)})$ 和 $S^{(k+1)} = -\nabla f(X^{(k+1)})$ 是互相正交的。

2-9　试用梯度法求解目标函数 $f(X) = 2x_1^2 + 2x_2^2 + 2x_3^2$ 最优解。取初始点为 $X^{(0)} = [1, 1, 1]^T$，迭代精度 $\varepsilon = 0.01$。

2-10　对于二次函数，试证明牛顿算法只需沿着牛顿方向迭代一步，即可搜索到极值点。

2-11　试用修正牛顿法求目标函数 $f(X) = 10x_1^2 + x_2^2 - 20x_1 - 4x_2 + 24$ 最优解；取初始点 $X^{(0)} = [2, -1]^T$，迭代精度 $\varepsilon = 0.1$。

2-12　试用鲍威尔法从 $X^{(0)} = [2, 2]^T$ 开始求目标函数 $f(X) = 2x_1^2 + x_2^2 - x_1x_2$ 的最优解，并用表格列出各次搜索方向。

2-13　试用 DFP 变尺度法求目标函数 $f(X) = x_1^2 + 2x_2^2 - 2x_1x_2 - 4x_1$ 的最优解。设初始点为 $X^{(0)} = [1, 1]^T$，初始构造矩阵 $A^{(0)} = I$，迭代精度 $\varepsilon = 0.01$。

2-14　试用复合形法求解下列约束优化问题

$$\min f(X) = 4(x_1 - 5)^2 + (x_2 - 6)^2 \quad (X \in R^2)$$

$$\text{s. t.} \quad g_1(X) = -x_1^2 - x_2^2 + 64 \leqslant 0$$

$$g_2(X) = -x_1 - x_2 + 10 \leqslant 0$$

$$g_3(X) = x_1 - 10 \leqslant 0$$

设初始复合形四个顶点为 $X_1^{(0)} = [1, 5.5]^T$，$X_2^{(0)} = [1, 4]^T$，$X_3^{(0)} = [2, 6.4]^T$，$X_4^{(0)} = [3, 3.5]^T$，迭代步长为 $\alpha = 1.3$。

2-15　分别用内点罚函数法和外点罚函数法求解下列约束优化问题：

$$\min f(X) = x_1^2 + x_2^2 - 2x_1 + 1 \quad (X \in R^2)$$

$$\text{s. t.} \quad g(X) = -x_2 + 3 \leqslant 0$$

第 3 章 可靠性设计

3.1 概 述

3.1.1 可靠性科学的发展

可靠性是产品的重要质量指标。产品质量包括：性能、可靠性、经济性和安全性四个方面。性能是产品的技术指标，是产品出厂时（$t=0$）应具有的质量特性；可靠性是产品出厂后（$t>0$）所表现出来的一种质量特性，是产品性能的延伸和扩展；经济性是在确定的性能和可靠性水平下的总成本，包括购置成本和使用成本两部分；安全性则是产品在流通和使用过程中保证安全的程度。上述四个特性中，可靠性占主导地位。

可靠性设计（reliability design，RD）是一种很重要的现代设计方法。目前，这一设计方法已在现代机电产品的设计中得到广泛应用，它对提高产品的设计水平和质量，降低产品的成本，保证产品的可靠性、安全性起着极其重要的作用。

可靠性设计是可靠性学科的一个重要分支，而对可靠性学科的系统研究是从 1952 年开始的。在第二次世界大战期间，美国的通信设备、航空设备、水声设备都有相当数量发生失效而不能使用。因此，美国便开始研究电子元件和系统的可靠性问题。为此，美国国防部研究与发展局于 1952 年成立了一个所谓的"电子设备可靠性顾问团咨询组"（Advisory Group on Reliability of Electronic Equipment，AGREE），对战争中使用的电子产品从设计、试制、生产到试验、保存、运输、使用等方面的可靠性进行了全面的调查和研究，并于 1957 年提出了"电子设备可靠性报告"，即 AGREE 报告。该报告全面地总结了电子设备失效的原因与情况，提出了一套比较完整的评价产品可靠性的理论与方法。AGREE 报告为可靠性科学的发展奠定了理论基础。德国在第二次世界大战中，由于研究 V-火箭的需要，也开始进行可靠性工程的研究。

随后，在 20 世纪 60、70 年代，随着航空航天事业的发展，可靠性问题的研究取得了长足的进展，引起了国际社会的普遍重视。许多国家相继成立了可靠性研究机构，对可靠性理论进行广泛的研究。

我国对可靠性科学的研究与应用工作予以高度重视。1990 年，我国机械电子工业部印发的《加强机电产品设计工作的规定》中明确指出：可靠性、适应性、经济性三性统筹作为我国机电产品设计的原则；并规定在新产品鉴定定型时，必须有可靠性设计资料和试验报告，否则不能通过鉴定。如今，可靠性的观点和方法已成为质量保证、安全性保证、产品责任预防等不可缺少的依据和手段，也是我国工程技术人员掌握现代设计方法所必须掌握的重要内容之一。

3.1.2 可靠性的概念及特点

可靠性是产品质量的重要指标，它标志着产品不会丧失工作能力的可靠程度。

可靠性的定义为产品在规定的条件下和规定的时间内，完成规定功能的能力。它包含四个要素。

1）研究对象。产品即为可靠性的研究对象，它可以是系统、整机、部件，也可以是组件、元件或零件等。

2）规定的条件。它包括使用时的环境条件（如温度、湿度、气压等）、工作条件（如振动、冲击、噪声等）、动力、负荷条件（如载荷、供电电压、输出功率等）、储存条件、使用和维护条件等。规定的条件不同，产品的可靠性也不同。例如，同一机械使用时载荷不同，其可靠性是不同的；同一设备在实验室、野外（寒带或热带、干燥地区或潮湿地区）、海上、空中等不同环境条件下的可靠性也各不相同；同一产品在不同的储存环境下储存，其可靠性也各不相同。

3）规定的时间。时间是表达产品可靠性的基本因素，也是可靠性的重要特征。一般情况下，产品"寿命"的重要量值"时间"是常用的可靠性尺度。一般来说，机械零部件经过筛选、整机调试和跑合后，产品的可靠水平经过一个较长的稳定使用和储存阶段后，便随着使用时间的延长而降低。时间越长，故障（失效）越多。对于一批产品，若无限制地使用下去，必将全部失效，也就是说它们的失效概率是 100%。

"规定的时间"可代表广义的计时时间，也可因研究对象的不同而采用诸如次数、周期或距离等相当于寿命的量。

4）规定的功能。它是指表征产品的各项技术指标，如仪器仪表的精度、分辨率、线性度、重复性、量程等。不同的产品其功能是不同的，即使同一产品，在不同的条件下其规定功能往往也是不同的。产品的可靠性与规定的功能有密切关系，一个产品往往具有若干项功能。完成规定的功能是指完成若干项功能的全体，而不是指其中的一部分。

评价产品的质量，除具有优良的功能外，还应具有很高的可靠性，即要求产品能在规定条件下和规定的时间内，正确而可靠地工作。把产品运行时的可靠性称为工作可靠性，它包含产品在设计制造和使用两方面的因素，分别用固有可靠性和使用可靠性来反映。

固有可靠性是指产品在设计、生产中已确立的可靠性，它是产品内在的可靠性，是生产厂家模拟实际工作条件进行检测并给予保证的可靠性。固有可靠性与产品的材料、设计与制造技术有关。使用可靠性是产品在使用中的可靠性，它与产品的运输、储藏保管以及使用过程中的操作水平、维修状况和环境等因素有关，所有这些与使用相关的可靠性称为使用可靠性。一般来说，固有可靠性大于使用可靠性。通常，固有可靠性高、使用条件好的产品可靠性就高。一般可以将产品的可靠性近似看作固有可靠性和使用可靠性的乘积。国外统计资料表明，电子设备故障原因中属于产品固有可靠性部分占了 80%，其中设计技术占 40%，器件和原材料占 30%，制造技术占 10%；属于产品使用可靠性部分占 20%，其中现场使用占 15%。因此，为提高产品可靠性，除设法提高产品的固有可靠性外，还应改善使用条件，加强使用中的保养和维修，使产品的固有可靠性在使用中得到充分发挥。

可靠性科学是研究产品失效规律的学科。由于影响失效的因素非常复杂，有时甚至是不可捉摸的，因而产品的寿命（即产品的失效时间）只能是随机的。对此，只有用大量的试验和统计办法来摸索它的统计规律，然后根据这个规律来研究可靠性工作的各个方面。因此，应用概率论与数理统计理论，对产品的可靠性进行定量计算，是可靠性理论的基础。

3.1.3　可靠性设计的基本内容

可靠性学科是一门综合运用多种学科知识的工程技术学科，该领域主要包括以下三方面的内容。

1）可靠性设计。它包括设计方案的分析、对比与评价，必要时也包括可靠性试验、生产制造中的质量控制设计及使用维护规程的设计等。

2）可靠性分析。它主要是指失效分析，也包括必要的可靠性试验和故障分析。这方面的工作为可靠性设计提供依据，也为重大事故提供科学的责任分析报告。

3）可靠性数学。这是数理统计方法在开展可靠性工作中发展起来的一个数学分支。

目前，进行可靠性设计的基本内容大致有以下几个方面。

1）根据产品的设计要求，确定所采用的可靠性指标及其量值。

2）进行可靠性预测。可靠性预测是指在设计开始时，运用以往的可靠性数据资料计算机械系统可靠性的特征量，并进行详细设计。在不同的阶段，系统的可靠性预测要反复进行多次。

3）对可靠性指标进行合理的分配。首先，将系统可靠性指标分配到各子系统，并与各子系统能达到的指标相比较，判断是否需要改进设计。然后把改进设计后的可靠性指标分配到各子系统。按照同样的方法，进而把各子系统分配到的可靠性指标分配到各个零件。

4）把规定的可靠度直接设计到零件中去。

可靠性设计具有以下特点。

1）传统设计方法是将安全系数作为衡量安全与否的指标，但安全系数的大小并没有同可靠度直接挂钩，这就有很大的盲目性。可靠性设计与之不同，它强调在设计阶段就把可靠度直接引进零件中，即由设计直接确定固有的可靠度。

2）传统设计方法是把设计变量视为确定性的单值变量并通过确定性的函数进行运算，而可靠性设计则把设计变量视为随机变量并运用随机方法对设计变量进行描述和运算。

3）在可靠性设计中，由于应力 s 和强度 c 都是随机变量，所以判断一个零件是否安全可靠，就以强度 c 大于应力 s 的概率大小来表示，这就是可靠度指标。

4）传统设计与可靠性设计都是以零件的安全或失效作为研究内容，因此两者间又有密切的联系。可靠性设计是在传统设计的延伸与发展。在某种意义上，也可以认为可靠性设计只是在传统设计的方法上把设计变量视为随机变量，并通过随机变量运算法则进行运算。

3.2　可靠性设计常用指标

上述可靠性定义只是一个一般的定性定义，并没有给出任何数量表示，而在产品可靠性的设计、制造、试验和管理等多个阶段中都需要"量"的概念。因此，对可靠性进行量化是非常必要的，这就提出了可靠性设计的常用指标，或称可靠性特征量。

1. 可靠度 $R(t)$

可靠度是指产品在规定的条件下和规定的时间内，完成规定功能的概率。可靠度通常用字母 R 表示。考虑到它是时间 t 的函数，故也记为 $R(t)$，称为可靠度函数。

设有 N 个相同的产品在相同的条件下工作，到任一给定的工作时间 t 时，累积有 $n(t)$ 个产品失效，其余 $N-n(t)$ 个产品仍能正常工作，那么该产品到时间 t 的可靠度的估计值为

$$\overline{R}(t) = \frac{N - n(t)}{N} \tag{3-1}$$

其中，$\overline{R}(t)$ 也称存活率。当 $N \rightarrow \infty$ 时，$\lim_{N \rightarrow \infty} \overline{R}(t) = R(t)$，即为该产品的可靠度。

由于可靠度表示的是一个概率，所以 $R(t)$ 的取值范围为

$$0 \leqslant R(t) \leqslant 1 \tag{3-2}$$

可靠度是评价产品可靠性的最重要的定量指标之一。

例 3-1 某批电子器件有 1000 个，开始工作至 500h 内有 100 个失效，工作至 1000h 共有 500 个失效，试求该批电子器件工作到 500h 和 1000h 的可靠度。

解： 由已知条件可知：$N = 1000$，$n(500) = 100$，$n(1000) = 500$。

由式（3-1）可得

$$R(t) = \frac{N - n(t)}{N}, \quad R(500) = \frac{1000 - 100}{1000} = 0.9, \quad R(1000) = \frac{1000 - 500}{1000} = 0.5$$

2. 不可靠度或失效概率 $F(t)$

产品在规定的条件下和规定的时间内丧失规定功能的概率，称为不可靠度或称累积失效概率（简称失效概率），常用字母 F 表示，是时间 t 的函数，记为 $F(t)$，称为失效概率函数。不可靠度的估计值为

$$\overline{F}(t) = \frac{n(t)}{N} \tag{3-3}$$

其中，$\overline{F}(t)$ 也称为不存活率。当 $N \to \infty$ 时，$\lim\limits_{N \to \infty} \overline{F}(t) = F(t)$，即为该产品的不可靠度。

由于失效和不失效是相互对立事件，根据概率互补定理，两对立事件的概率和恒等于 1，因此 $R(t)$ 与 $F(t)$ 之间有如下关系：

$$R(t) + F(t) = 1 \tag{3-4}$$

综上可知，产品开始使用（$t = 0$）时，认为所有产品都是好的，因此 $n(0) = 0$，故有 $R(0) = 1$，$F(0) = 0$。随着使用时间的延长，产品的失效数也不断增加。当产品的使用时间 $t \to \infty$ 时，所有产品不管其寿命有多长，在使用中最后总是要失效的，因此 $n(\infty) = N$，则 $R(\infty) = 0$，$F(\infty) = 1$。由此，可知可靠度函数 $R(t)$ 在 $[0, \infty)$ 区间内为递减函数，而 $F(t)$ 为递增函数。$R(t)$ 与 $F(t)$ 的变化曲线如图 3-1 所示。

3. 失效概率密度函数 $f(t)$

对不可靠度函数 $F(t)$ 的微分，则得失效概率密度函数 $f(t)$ 为

$$f(t) = \frac{\mathrm{d}F(t)}{\mathrm{d}t} \tag{3-5}$$

或

$$F(t) = \int_0^t f(t)\mathrm{d}t \tag{3-6}$$

则由式（3-4），可得

$$f(t) = \frac{\mathrm{d}[1 - R(t)]}{\mathrm{d}t} = -\frac{\mathrm{d}R(t)}{\mathrm{d}t} = -R'(t) \tag{3-7}$$

式（3-4）和式（3-7）给出了产品的可靠度 $R(t)$、失效概率密度函数 $f(t)$ 和不可靠度 $F(t)$ 三者之间的关系。这是可靠性分析中的重要关系式。

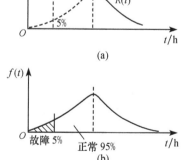

图 3-1 $R(t)$、$F(t)$、$f(t)$ 的关系

4. 失效率 $\lambda(t)$

失效率又称为故障率，其定义为：产品工作 t 时刻时尚未失效（或故障）的产品，在该时

刻 t 以后的下一个单位时间内发生失效（或故障）的概率。由于它是时间 t 的函数，又称为失效率函数，用 $\lambda(t)$ 表示。

$$\lambda(t) = \lim_{\substack{N \to \infty \\ \Delta t \to 0}} \frac{n(t + \Delta t) - n(t)}{[N - n(t)]\Delta t} \tag{3-8}$$

式中，N 为开始时投入试验产品的总数；$n(t)$ 为 t 时刻产品的失效数；$n(t + \Delta t)$ 为 $t + \Delta t$ 时刻产品的失效数；Δt 为时间间隔。

失效率是标志产品可靠性常用的特征量之一，失效率越低，则可靠性越高。

根据失效率 $\lambda(t)$ 的定义，将式（3-8）可改写为

$$\lambda(t) = \frac{n(t + \Delta t) - n(t)}{[N - n(t)]\Delta t} = \frac{1}{N - n(t)} \cdot \frac{n(t + \Delta t) - n(t)}{\Delta t} = \frac{1}{N - n(t)} \cdot \frac{\mathrm{d}n(t)}{\mathrm{d}t}$$

对上式分子、分母各乘以 N，得

$$\lambda(t) = \frac{1}{\dfrac{N - n(t)}{N}} \cdot \frac{\mathrm{d}\dfrac{n(t)}{N}}{\mathrm{d}t} = \frac{1}{R(t)} \cdot \frac{\mathrm{d}F(t)}{\mathrm{d}t} = \frac{f(t)}{R(t)} \tag{3-9}$$

或

$$\lambda(t) = \frac{f(t)}{R(t)} = -\frac{1}{R(t)} \cdot \frac{\mathrm{d}R(t)}{\mathrm{d}t} \tag{3-10}$$

将式（3-10）从 0 到 t 进行积分，则得 $\quad \int_0^t \lambda(t)\mathrm{d}t = -\ln R(t)$

于是得
$$R(t) = \mathrm{e}^{-\int_0^t \lambda(t)\mathrm{d}t} \tag{3-11}$$

式（3-11）称为可靠度函数 $R(t)$ 的一般方程，当 $\lambda(t)$ 为常数时，就是常用到的指数分布可靠度函数表达式。

综上所述，产品的可靠性指标：$R(t)$、$F(t)$、$f(t)$、$\lambda(t)$ 都是相互联系的，已知其中一个，便可推算出其余 3 个指标。

最后指出，$R(t)$ 和 $F(t)$ 均为无量纲值，以小数或百分数 % 表示；而 $f(t)$ 和 $\lambda(t)$ 均为有量纲值（h^{-1}），常用的失效率 $\lambda(t)$ 单位还有 $1/(10^3 h)$，$1/(10^6 h)$。例如某型号滚动轴承的失效率 $\lambda(t) = 0.05/(10^3 h) = 5 \times 10^{-5} h^{-1}$，表示 10^5 个轴承中每小时有 5 个轴承失效，它反映了轴承失效的变化速度。

例 3-2 有 100 个零件已工作了 6 年，工作满 5 年时共有 3 个零件失效，工作满 6 年时共有 6 个零件失效。试计算这批零件工作满 5 年时的失效率。

解： 时间以年为单位，则 $\Delta t = 1a$。

有 $\quad \lambda(5) = \dfrac{n(t + \Delta t) - n(t)}{[N - n(t)]\Delta t} = \dfrac{n(6) - n(5)}{[N - n(5)] \times 1} = \dfrac{6 - 3}{(100 - 3) \times 1} = 0.0309(a^{-1})$

当时间以 $10^3 h$ 为单位，则 $\Delta t = 1a = 8.67 \times 10^3 h$，因此

$$\lambda(5) = \frac{n(6) - n(5)}{[N - n(5)] \times 8.67 \times 10^3} = \frac{6 - 3}{(100 - 3) \times 8.67 \times 10^3} = 3.5/10^6 (h^{-1})$$

产品的失效率 $\lambda(t)$ 与时间 t 的关系曲线如图 3-2 所示。因其形状似浴盆，故称浴盆曲线，它可分为三个特征区。

(1) 早期失效期

早期失效期一般出现在产品开始工作后的较早时期，一般为产品试车跑合阶段。在这一阶段中，失效率由开始很高的数值急剧地下降到某一稳定的数值。这一阶段失效率特别高主要由材料不良、制造工艺缺陷、检验差错以及设计缺点等因素引起。因此，为了提高可靠性，产品在出厂前应进行严格的测试，查找失效原因，并采取各种措施发现隐患和纠正缺陷，使失效率下降且逐渐趋于稳定。

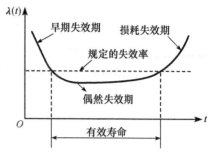

图 3-2　产品典型失效率曲线

（2）正常运行期

正常运行期又称有效寿命期。在该阶段内如果产品发生失效，一般都是由偶然因素引起的，因而该阶段也称为偶然失效期。其失效的特点是随机的，例如，个别产品由使用过程中工作条件发生不可预测的突然变化而导致失效。这个时期的失效率低且稳定，近似为常数，是产品的最佳状态时期，产品、系统的可靠度通常以这一时期为代表。通过提高可靠性设计质量，改进设备使用管理，加强产品的工况故障诊断和维护保养等工作，可使产品的失效率降到最低水平，延长产品的使用寿命。

（3）耗损失效期

耗损失效期出现在产品使用的后期。其特点是失效率随工作时间的延长而上升。耗损失效主要是产品经长期使用后，由于某些零件的疲劳、老化、过度磨损等，已渐近衰竭，从而处于频发失效状态，使失效率随时间推移而上升，最终会导致产品的功能终止。改善耗损失效的方法是不断提高产品零部件的工作寿命，对寿命短的零部件，在整机设计时就要制订一套预防性检修和更新措施，在它们到达耗损失效期前就及时予以检修或更换，这样就可以把上升的失效率拉下来，也就是说，采取某些措施可延长产品的实际寿命。

为了提高产品的可靠性，应该研究和掌握产品的这些失效规律。可靠性研究虽然涉及上述三种失效期，但着重研究的是偶然失效，因为它发生在产品的正常使用期间。

5．平均寿命

平均寿命是常用的一种可靠性指标。所谓平均寿命（mean life），是指产品寿命的平均值，而产品的寿命则是它的无故障的工作时间。

平均寿命在可靠性特征量中有两种：MTTF（mean time to failure）和 MTBF（mean time between failure）。

MTTF 是指不可修复产品从开始使用到失效的平均工作时间，或称平均无故障工作时间。

$$\text{MTTF} = \frac{1}{N}\sum_{i=1}^{N} t_i \tag{3-12}$$

式中，t_i 为第 i 个产品失效前的工作时间，h；N 为测试产品的总数。

当 N 值较大时，可用下式计算：

$$\text{MTTF} = \int_0^\infty t f(t)\,\mathrm{d}t \tag{3-13}$$

当产品失效属于恒定型失效时，即可靠度 $R(t) = \mathrm{e}^{-\lambda t}$ 时，有

$$\text{MTTF} = \frac{1}{\lambda} \tag{3-14}$$

这说明失效规律服从指数分布的产品，其平均寿命是失效率的倒数。

MTBF 是指可修复产品两次相邻故障间工作时间（寿命）的平均值，或称为平均故障间隔时间，即

$$\text{MTBF} = \frac{1}{\sum\limits_{i=1}^{N} n_i} \sum_{i=1}^{N} \sum_{j=1}^{n_i} t_{ij} \tag{3-15}$$

式中，t_{ij} 为第 i 个产品从第 $j-1$ 次故障到第 j 次故障的工作时间，h；n_i 为第 i 个测试产品的故障数；N 为测试产品的总数。

MTTF 和 MTBF 的理论意义和数学表达式都是具有同样性质的内容，故可通称为平均寿命，记作 T。

$$T = \frac{\text{所有产品总的工作时间}}{\text{总的失效或故障次数}} \tag{3-16}$$

若已知产品的失效密度函数 $f(t)$，则均值（数学期望）也就是平均寿命 T 为

$$T = \int_0^\infty t f(t) \mathrm{d}t \quad (0 \leqslant t < \infty) \tag{3-17}$$

即 T 为 $f(t)$ 与时间 t 乘积的积分，由于

$$f(t) = \frac{\mathrm{d}F(t)}{\mathrm{d}t} = -\frac{\mathrm{d}R(t)}{\mathrm{d}t}$$

则有

$$T = \int_0^\infty t\left(-\frac{\mathrm{d}R(t)}{\mathrm{d}t}\right)\mathrm{d}t = \int_0^\infty -t R'(t)\mathrm{d}t$$

上式用分部积分法积分，得　　$T = -[tR(t)]_0^\infty + \int_0^\infty R(t)\mathrm{d}t$

可以证明，上式右边的第一项为零，故

$$T = \int_0^\infty R(t)\mathrm{d}t \tag{3-18}$$

这说明，一般情况下，在从 $0 \sim \infty$ 的时间区间上，对可靠度函数 $R(t)$ 积分，可以求出产品的平均寿命。

6. 可靠寿命、中位寿命、特征寿命

用产品的寿命指标来描述其可靠性时，除采用平均寿命外，还有可靠寿命、中位寿命和特征寿命。

使可靠度等于给定值 r 时的产品寿命称为可靠寿命，记为 t_r，其中 r 称为可靠度水平。这时只要利用可靠度函数 $R(t_r) = r$，反解出 t_r，就可得

$$t_r = R^{-1}(r)$$

式中，R^{-1} 是 R 的反函数；t_r 即称为可靠度 $R = r$ 时的可靠寿命。

$R = 0.5$ 时的可靠寿命 $t_{0.5}$ 又称为中位寿命，当产品工作到中位寿命时，可靠度与积累失效概率都等于 50%，即产品为中位寿命时，正好有一半失效，中位寿命也是一个常用的寿命特征。

$R = \mathrm{e}^{-1}$ 时的可靠寿命 $t_{\mathrm{e}-1}$ 称为特征寿命。

7. 维修度

产品的可靠度随工作时间的延长而降低，故障率则随产品的老化而增大，因而可以通过维修来防止老化，降低产品的故障率。维修活动以维修性来描述。维修性是可修复产品所具备的维修难易程度。维修性的衡量尺度是维修度。所谓维修度是指可以维修的产品，在规定的条件下和规定时间内完成维修的概率，记为 $M(t)$。

维修度是维修时间 t 的函数，可以理解为一批产品由故障状态（$t=0$）恢复到正常状态时，在维修时间 t 以前经过维修后有百分之几的产品恢复到正常工作状态，可表示为

$$M(t) = p(t \leqslant T) = \frac{n(t)}{n} \tag{3-19}$$

式中，t 为修复时间；T 为规定时间；n 为需要维修的产品总数；$n(t)$ 为到维修时间 t 时已修复的产品。

产品每次故障后修复时间的平均值，称为平均修复时间，通常用 MTTR 表示。一般可近似估计为

$$\mathrm{MTTR} = \frac{\text{总的维修时间（h）}}{\text{维修次数}} = \frac{\sum\limits_{i=1}^{n} \Delta t_i}{n} \tag{3-20}$$

式中，n 为修复的次数；Δt_i 为第 i 次故障的维修时间。

8. 有效度

由前述内容可知，可靠性和维修性都是产品的重要属性。提高可靠性的作用是延长产品能正常工作的时间，提高维修性的作用是缩短修复时间，缩短不可能正常工作的时间。若将两者综合起来评价产品的利用程度，可以用有效度来表示。

有效度是反映产品维修性与可靠性的综合指标。它是指可以维修的产品在某时刻维持其功能的概率，记作 A，其计算公式为

$$A = \frac{\mathrm{MTBF}}{\mathrm{MTBF} + \mathrm{MTTR}} \tag{3-21}$$

式中，MTBF 为平均无故障工作时间；MTTR 为平均修复时间。

从式（3-21）可以看出，要提高产品的有效度，要增大 MTBF 值或者减小 MTTR 值。

3.3　可靠性设计中常用分布函数

可靠性设计中的设计变量（如应力、材料强度、疲劳寿命、几何尺寸、载荷等）都属于随机变量，要想准确地表示这些参数，必须找出其变化规律，确定它们的分布函数。

在可靠性设计中，常用的分布函数如下。

1. 二项分布

在相同的条件下，某一随机事件独立地重复 n 次试验，而每次试验只有两种不同的结果（如失效和不失效，合格和不合格等），且试验中事件发生的概率不变，这种重复的系列试验称为贝努利试验。

在 n 次贝努利试验中，随机事件出现的次数为随机变量 X，它每次发生的概率为 p，而不出现的概率为 $q = 1 - p$。设在 n 次试验中出现的次数为 r，则这样的组合数将有 C_n^r，而每

个组合的概率是 $p^r q^{n-r}$，所以事件发生 r 次的概率为

$$P(X=r) = C_n^r p^r q^{n-r}$$
$$C_n^r = \frac{n!}{(n-r)! \ r!}$$

(3-22)

式中，C_n^r 正好是二项式系数，故称该随机事件发生的概率服从二项分布。其事件发生次数不超过 k 的累积概率为

$$F(r \leqslant k) = \sum_{r=0}^{k} C_n^r p^r q^{n-r}$$

(3-23)

二项分布是离散型随机变量的一种分布。其均值和标准差分别为

$$\mu = np, \quad \sigma = (npq)^{1/2}$$

由于工程问题中的随机事件常包含有两种可能性情况（可靠和不可靠，合格和不合格等），因此二项分布不仅用于产品的可靠性抽样检验，还可用于可靠性试验和可靠性设计等方面。

2. 泊松分布

与二项分布一样，泊松分布也是一种离散型随机变量的分布。它描述了在给定时间内发生的平均次数为常数时，事件发生次数的概率分布。

在可靠性工程中，应用二项分布时，常常会遇到当试验次数 n 较大（$n \geqslant 50$）而每次事件发生的概率 p 较小（$p \leqslant 0.05$）的情况，式（3-22）计算比较麻烦。这时，可以使用泊松分布来近似求解。

泊松分布的表达式（n 次试验中发生 r 次事件的概率）为

$$P(X=r) = \frac{\mu^r e^{-\mu}}{r!}$$

(3-24)

式中，r 为事件发生次数；μ 为该事件发生次数的均值，$\mu = np$。

不难证明，泊松分布的均值和方差都是 μ，其累计分布函数为

$$F(r \leqslant k) = \sum_{r=0}^{k} \frac{\mu^r e^{-\mu}}{r!}$$

(3-25)

例 3-3 现有 25 个零件进行可靠性试验，已知在给定的试验时间内每个零件的失效概率为 0.02，试分别用二项分布和泊松分布求 25 次试验中恰有两个零件失效的概率。

解： 由题意可知 $n=25$，$r=2$，$\mu=np=25 \times 0.02=0.5$，$p=0.02$，$q=0.98$。

由二项分布 $P(X=r) = C_n^r p^r q^{n-r} = C_{25}^2 \times 0.02^2 \times 0.98^{23} = 0.0754$

由泊松分布 $P(X=r) = \frac{\mu^r e^{-\mu}}{r!} = \frac{0.5^2 e^{-0.5}}{2!} = 0.0758$

可见两种分布计算的结果非常近似，而二项分布计算较烦琐，泊松分布计算则简单些。

3. 指数分布

指数分布是当失效率 $\lambda(t)$ 为常数时，即 $\lambda(t)=\lambda$，可靠度函数 $R(t)$、失效分布函数 $F(t)$ 和失效密度函数 $f(t)$ 都呈指数分布函数形式。即

$$R(t) = e^{-\lambda t}$$

(3-26)

$$F(t) = 1 - e^{-\lambda t}$$

(3-27)

$$f(t) = \frac{\mathrm{d}F(t)}{\mathrm{d}t} = \lambda \mathrm{e}^{-\lambda t} \qquad (3\text{-}28)$$

式中，λ 为失效率，是指数分布的主要参数。

$$\lambda = \frac{1}{\mathrm{MTBF}} = 常数$$

指数分布的 $f(t)$、$F(t)$ 和 $R(t)$ 的图形如图 3-3 所示。

例 3-4 已知某设备的失效率 $\lambda = 5 \times 10^{-4}\,\mathrm{h}^{-1}$，求使用 100h、1000h 后的可靠度。

解： 由式（3-26）可知，$R(t) = \mathrm{e}^{-\lambda t}$，则

工作 100h 后的可靠度为

$$R(100) = \mathrm{e}^{-5\times10^{-4}\times100} = \mathrm{e}^{-0.05} = 0.95$$

工作 1000h 后的可靠度为

$$R(1000) = \mathrm{e}^{-5\times10^{-4}\times1000} = \mathrm{e}^{-0.5} = 0.61$$

4. 正态分布

正态分布是应用最广的一种重要分布，很多自然现象可用正态分布来描述。例如，工艺误差、测量误差、射击误差、材料特性、应力分布等十分近似于正态分布。它在误差分析中占有极重要的位置。同样，它在零、部件的强度和寿命分析中也起着重要作用。

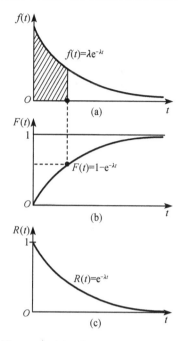

图 3-3 $f(t)$、$F(t)$、$R(t)$ 指数分布曲线

正态分布的概率密度函数 $f(x)$ 和累计分布函数 $F(x)$ 分别为

$$f(x) = \frac{1}{\sqrt{2\pi}\,\sigma} \mathrm{e}^{-\frac{(x-\mu)^2}{2\sigma^2}} \qquad (-\infty < x < +\infty) \qquad (3\text{-}29)$$

$$F(x) = \frac{1}{\sqrt{2\pi}\,\sigma} \int_{-\infty}^{x} \mathrm{e}^{-\frac{(x-\mu)^2}{2\sigma^2}} \mathrm{d}x \qquad (-\infty < x < +\infty) \qquad (3\text{-}30)$$

式中，μ 称为位置参数，μ 的大小决定了曲线的位置，代表分布的中心倾向；σ 称为形状参数，σ 的大小决定着正态分布的形状，表征分布的离散程度。μ 和 σ 是正态分布的两个重要分布参数。由于正态分布的主要参数为均值 μ 和标准差 σ（或方差 σ^2），故正态分布记为 $N(\mu,\ \sigma^2)$，其图形如图 3-4 所示。

在式（3-30）中，若 $\mu = 0$，$\sigma = 1$，则对应的正态分布称为标准正态分布，即 $N(0,\ 1^2)$，见图 3-5。其概率密度函数和累计分布函数分别用 $f(z)$、$F(z)$ 表示，即

$$f(z) = \frac{1}{\sqrt{2\pi}} \mathrm{e}^{-\frac{z^2}{2}} \qquad (-\infty < z < +\infty) \qquad (3\text{-}31)$$

$$F(z) = \frac{1}{\sqrt{2\pi}} \int_{-\infty}^{z} \mathrm{e}^{-\frac{z^2}{2}} \mathrm{d}z \qquad (-\infty < z < +\infty) \qquad (3\text{-}32)$$

$F(z)$ 值可查标准正态分布积分表（表 3-1）获得。

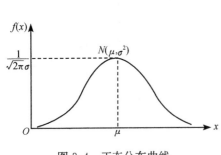

图 3-4　正态分布曲线

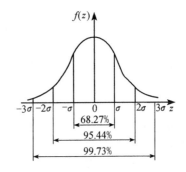

图 3-5　标准正态分布密度 $f(z)$ 曲线

表 3-1　标准正态分布表

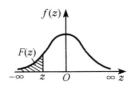

z	0.00	0.01	0.02	0.03	0.04	0.05	0.06	0.07	0.08	0.09
−3.0	0.0013	0.0010	0.0007	0.0005	0.0003	0.0002	0.0002	0.0001	0.0001	0.0000
−2.9	0.0019	0.0018	0.0017	0.0017	0.0016	0.0016	0.0015	0.0015	0.0014	0.0014
−2.8	0.0026	0.0025	0.0024	0.0023	0.0023	0.0022	0.0021	0.0021	0.0020	0.0019
−2.7	0.0035	0.0034	0.0033	0.0032	0.0031	0.0030	0.0029	0.0028	0.0027	0.0026
−2.6	0.0047	0.0045	0.0044	0.0043	0.0041	0.0040	0.0039	0.0038	0.0037	0.0036
−2.5	0.0062	0.0060	0.0059	0.0057	0.0055	0.0054	0.0052	0.0051	0.0049	0.0048
−2.4	0.0082	0.0080	0.0078	0.0075	0.0073	0.0071	0.0069	0.0068	0.0066	0.0064
−2.3	0.0107	0.0104	0.0102	0.0099	0.0096	0.0094	0.0091	0.0083	0.0087	0.0084
−2.2	0.0139	0.0136	0.0132	0.0129	0.0126	0.0122	0.0119	0.0116	0.0113	0.0110
−2.1	0.0179	0.0174	0.0170	0.0166	0.0162	0.0158	0.0154	0.0150	0.0146	0.0143
−2.0	0.0228	0.0222	0.0217	0.0212	0.0207	0.0202	0.0197	0.0192	0.0188	0.0183
−1.9	0.0287	0.0281	0.0274	0.0268	0.0262	0.0256	0.0250	0.0244	0.0238	0.0233
−1.8	0.0359	0.0352	0.0344	0.0336	0.0329	0.0322	0.0314	0.0307	0.0300	0.0294
−1.7	0.0446	0.0436	0.0427	0.0418	0.0409	0.0401	0.0392	0.0384	0.0375	0.0367
−1.6	0.0548	0.0537	0.0526	0.0516	0.0505	0.0495	0.0485	0.0475	0.0465	0.0455
−1.5	0.0668	0.0655	0.0643	0.0630	0.0618	0.0606	0.0594	0.0582	0.0570	0.0559
−1.4	0.0808	0.0793	0.0778	0.0764	0.0749	0.0735	0.0722	0.0708	0.0694	0.0681
−1.3	0.0968	0.0951	0.0934	0.0918	0.0901	0.0885	0.0869	0.0853	0.0838	0.0823
−1.2	0.1151	0.1131	0.1112	0.1093	0.1075	0.1056	0.1038	0.1020	0.1003	0.0985
−1.1	0.1357	0.1335	0.1314	0.1292	0.1271	0.1251	0.1230	0.1210	0.1190	0.1170
−1.0	0.1587	0.1562	0.1539	0.1515	0.1492	0.1469	0.1446	0.1423	0.1401	0.1379
−0.9	0.1841	0.1814	0.1788	0.1762	0.1736	0.1711	0.1685	0.1660	0.1635	0.1611
−0.8	0.2119	0.2090	0.2061	0.2033	0.2005	0.1977	0.1949	0.1922	0.1894	0.1867
−0.7	0.2420	0.2389	0.2358	0.2327	0.2297	0.2266	0.2236	0.2206	0.2177	0.2148
−0.6	0.2743	0.2709	0.2676	0.2643	0.2611	0.2578	0.2546	0.2514	0.2483	0.2451
−0.5	0.3085	0.3050	0.3015	0.2981	0.2946	0.2912	0.2877	0.2843	0.2810	0.2776
−0.4	0.3446	0.3409	0.3372	0.3336	0.3300	0.3264	0.3228	0.3192	0.3156	0.3121
−0.3	0.3821	0.3783	0.3745	0.3707	0.3669	0.3632	0.3594	0.3557	0.3520	0.3483

续表

z	0.00	0.01	0.02	0.03	0.04	0.05	0.06	0.07	0.08	0.09
−0.2	0.4207	0.4168	0.4129	0.4090	0.4052	0.4013	0.3974	0.3936	0.3897	0.3859
−0.1	0.4602	0.4562	0.4522	0.4483	0.4443	0.4404	0.4364	0.4325	0.4286	0.4247
−0.0	0.5000	0.4960	0.4920	0.4880	0.4840	0.4801	0.4761	0.4721	0.4681	0.4641
0.0	0.5000	0.5040	0.5080	0.5120	0.5160	0.5190	0.5239	0.5279	0.5319	0.5359
0.1	0.5398	0.5438	0.5478	0.5517	0.5557	0.5598	0.5636	0.5675	0.5714	0.5753
0.2	0.5793	0.5832	0.5871	0.5910	0.5948	0.5987	0.6026	0.6064	0.6103	0.6141
0.3	0.6179	0.6217	0.6255	0.6293	0.6331	0.6368	0.6406	0.6643	0.6480	0.6517
0.4	0.6554	0.6591	0.6628	0.6664	0.6700	0.6736	0.6772	0.6808	0.6844	0.6879
0.5	0.6915	0.6950	0.6985	0.7019	0.7054	0.7088	0.7123	0.7157	0.7190	0.7224
0.6	0.7257	0.7291	0.7324	0.7357	0.7389	0.7422	0.7454	0.7486	0.7517	0.7549
0.7	0.7580	0.7611	0.7642	0.7673	0.7703	0.7734	0.7764	0.7794	0.7823	0.7852
0.8	0.7881	0.7910	0.7939	0.7967	0.7995	0.8023	0.8051	0.8078	0.8106	0.8133
0.9	0.8159	0.8186	0.8212	0.8238	0.8264	0.8289	0.8315	0.8340	0.8365	0.8389
1.0	0.8413	0.8438	0.8461	0.8485	0.8508	0.8531	0.8554	0.8577	0.8599	0.8621
1.1	0.8643	0.8665	0.8686	0.8708	0.8729	0.8749	0.8770	0.8790	0.8810	0.8830
1.2	0.8849	0.8869	0.8888	0.8907	0.8925	0.9014	0.8962	0.8980	0.8997	0.9015
1.3	0.9032	0.9049	0.9066	0.9082	0.9099	0.9115	0.9131	0.9147	0.9162	0.9177
1.4	0.9192	0.9207	0.9222	0.9236	0.9251	0.9265	0.9278	0.9292	0.9306	0.9319
1.5	0.9332	0.9345	0.9357	0.9370	0.9382	0.9394	0.9406	0.9418	0.9430	0.9441
1.6	0.9452	0.9463	0.9474	0.9484	0.9495	0.9505	0.9515	0.9525	0.9535	0.9545
1.7	0.9554	0.9564	0.9573	0.9582	0.9591	0.9599	0.9608	0.9616	0.9625	0.9633
1.8	0.9641	0.9648	0.9656	0.9664	0.9671	0.9678	0.9686	0.9693	0.9700	0.9706
1.9	0.9713	0.9719	0.9726	0.9732	0.9738	0.9744	0.9750	0.9756	0.9762	0.9767
2.0	0.9772	0.9778	0.9783	0.9788	0.9793	0.9798	0.9803	0.9808	0.9812	0.9817
2.1	0.9821	0.9826	0.9830	0.9834	0.9838	0.9842	0.9846	0.9850	0.9854	0.9857
2.2	0.9861	0.9864	0.9868	0.9871	0.9874	0.9878	0.9881	0.9884	0.9887	0.9890
2.3	0.9893	0.9896	0.9898	0.9901	0.9904	0.9906	0.9909	0.9911	0.9913	0.9916
2.4	0.9918	0.9920	0.9922	0.9925	0.9927	0.9929	0.9931	0.9932	0.9934	0.9936
2.5	0.9938	0.9940	0.9941	0.9943	0.9945	0.9948	0.9948	0.9949	0.9951	0.9952
2.6	0.9953	0.9955	0.9956	0.9957	0.9959	0.9960	0.9961	0.9962	0.9963	0.9964
2.7	0.9965	0.9966	0.9967	0.9968	0.9969	0.9970	0.9971	0.9972	0.9973	0.9974
2.8	0.9974	0.9975	0.9976	0.9977	0.9977	0.9978	0.9978	0.9979	0.9980	0.9981
2.9	0.9981	0.9982	0.9982	0.9983	0.9984	0.9984	0.9985	0.9985	0.9986	0.9986
3.0	0.9987	0.9990	0.9993	0.9995	0.9997	0.9998	0.9993	0.9999	0.9999	1.0000

当遇到非标准的正态分布 $N(\mu, \sigma^2)$ 时，可将随机变量 x 进行变换，令 $z = \dfrac{x-\mu}{\sigma}$，代入式（3-30）得

$$F(x) = \frac{1}{\sqrt{2\pi}} \int_{-\infty}^{\frac{x-\mu}{\sigma}} e^{-\frac{z^2}{2}} dz = \Phi\left(\frac{x-\mu}{\sigma}\right) = \Phi(z) \tag{3-33}$$

正态分布有如下特性。

1）正态分布具有对称性，曲线对称于 $x = \mu$ 的纵轴，并在 $x = \mu$ 处达到极大值，等于 $\dfrac{1}{\sqrt{2\pi}\sigma}$。

2) 正态分布曲线与 x 轴围成的面积为 1。以 μ 为中心 $\pm\sigma$ 区间的概率为 68.27%；$\pm2\sigma$ 区间的概率为 95.45%；$\pm3\sigma$ 区间的概率为 99.73%，如图 3-5 所示。这个概率值是很大的，这就是常说的 3σ 原则，对于可靠性性设计只需考虑 $\pm3\sigma$ 范围的情况就可以了。

3) 若 $\mu=0$，$\sigma=1$ 时，称为标准正态分布，记为 $N(0，1^2)$，标准正态分布对称于纵坐标轴。

例 3-5 有 100 个某种材料的试件进行抗拉强度试验，今测得试件材料的强度均值 $\mu=600\mathrm{MPa}$，标准差 $\sigma=50\mathrm{MPa}$。求：1) 试件材料的强度均值等于 600MPa 时的存活率、失效概率和失效试件数；2) 强度落在 550~450MPa 区间内的失效概率和失效试件数；3) 失效概率为 0.05（存活率为 0.95）时材料的强度。

解： 1) 令
$$z=\frac{x-\mu}{\sigma}=\frac{600-600}{50}=0$$

失效概率由正态分布积分表 3-1，查得 $F(z)=0.5$。

存活率　　　　　　　　$R(x=600)=1-F(z)=1-0.5=0.5$

试件失效数　　　　　　$n=100\times0.5=50(件)$

2) 失效概率
$$P(450<x<550)=\Phi\left(\frac{550-600}{50}\right)-\Phi\left(\frac{450-600}{50}\right)$$
$$=\Phi(-1)-\Phi(-3)=0.1587-0.0013=0.1574$$

试件失效数　　　　　　$n=100\times0.1574\approx16(件)$

3) 失效概率 $F(z)=0.05$，由正态分布积分表 3-1 查得 $z=-1.64$

由式 $z=\frac{x-\mu}{\sigma}$，可得 $-1.64=\frac{x-600}{50}$。因此，材料的强度值为 $x=518\mathrm{MPa}$

5. 对数正态分布

如果随机变量 x 的自然对数 $y=\ln x$ 服从正态分布，则称 x 服从对数正态分布。由于随机变量 x 的取值总是大于零，以及概率密度函数 $f(x)$ 的向右倾斜不对称，因此对数正态分布是描述不对称随机变量的一种常用的分布，如图3-6所示。

对数正态分布的密度函数和累计分布函数分别为

$$f(x)=\frac{1}{x\sigma_y\sqrt{2\pi}}\mathrm{e}^{-\frac{1}{2}\left(\frac{y-\mu_y}{\sigma_y}\right)^2} \tag{3-34}$$

$$F(x)=\int_0^x\frac{1}{x\sigma_y\sqrt{2\pi}}\mathrm{e}^{-\frac{1}{2}\left(\frac{y-\mu_y}{\sigma_y}\right)^2}\mathrm{d}x \quad (x>0) \tag{3-35}$$

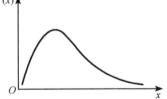

图 3-6　对数正态分布曲线

式中，μ_y 和 σ_y 为随机变量 $y=\ln x$ 的均值和标准差。

对数正态分布的均值和标准差分别为

$$\mu_x=\mathrm{e}^{(\mu_y+\sigma_y^2/2)} \tag{3-36}$$

$$\sigma_x=\mu_x(\mathrm{e}^{\sigma_y^2}-1)^{1/2} \tag{3-37}$$

由于 $y=\ln x$ 呈正态分布，所以有关正态分布的性质和计算方法都可在此使用。只要令 $z=\frac{\ln x-\mu_y}{\sigma_y}$，便可应用标准正态分布积分表，查出累积概率 $F(z)$；反之由 $F(z)$ 亦可查出 z

$$=\frac{\ln x-\mu_y}{\sigma_y}。$$

在机械零部件的疲劳寿命、疲劳强度、耐磨寿命以及描述维修时间的分布等研究中，大量应用了对数正态分布。这是因为对数正态分布是一种偏态分布，能较好地符合一般零、部件失效过程的时间分布。

6. 韦布尔分布

韦布尔分布一种含有三参数，一种含有两参数，由于适应性强而得到广泛应用。三参数韦布尔分布的密度函数和累计分布函数分别为

$$f(x)=\frac{\beta}{\eta}\left(\frac{x-\gamma}{\eta}\right)^{\beta-1}e^{-\left(\frac{x-\gamma}{\eta}\right)^{\beta}} \tag{3-38}$$

$$F(x)=1-e^{-\left(\frac{x-\gamma}{\eta}\right)^{\beta}} \tag{3-39}$$

式中，β 为韦布尔分布的形状参数；η 为韦布尔分布的尺度参数；γ 为韦布尔分布的位置参数。

下面说明这三个参数对韦布尔分布的影响。

韦布尔分布的形状参数 β，它影响分布曲线的形状，图 3-7 给出了 β 对概率密度函数 $f(x)$ 的影响情况。由图可以看出，当形状参数 β 不同时，其 $f(x)$ 曲线的形状不同。当 $\beta\approx3.5$ 时，曲线近于正态分布；$\beta=1$ 时曲线为指数分布。

韦布尔分布的尺度参数 η，起缩小或放大 x 标尺的作用，但不影响分布的形状。图 3-8 给出了 β、γ 不变而 η 取不同值时的韦布尔分布曲线。由图可见，分布曲线起始位置相同（γ 不变），分布曲线形状相似（β 不变），曲线只是在横坐标轴方向上离散程度不同。

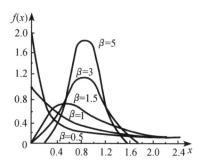

图 3-7　当 $\gamma=0$，$\eta=1$，β 不同时对韦布尔分布曲线形状的影响

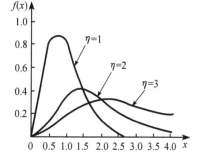

图 3-8　当 $\gamma=0$，$\beta=2$，η 不同时的韦布尔分布曲线

韦布尔分布的位置参数 γ 只决定分布曲线的起始位置，因此又称起始参数。γ 的取值可正可负，可为零。当 $\gamma=0$ 时，曲线由坐标原点起始。图 3-9 给出了 η、β 不变而 γ 取不同值时的韦布尔分布曲线，可见当 γ 改变时，仅曲线起点的位置改变，而曲线的形状不变。

当 $\gamma=0$ 时，称为两参数韦布尔分布。其密度函数和累计分布函数分别为

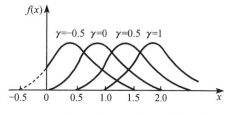

图 3-9　当 $\eta=1$，$\beta=2$，γ 不同时的韦布尔分布曲线

$$f(x) = \frac{\beta}{\eta} \left(\frac{x}{\eta} \right)^{\beta-1} e^{-\left(\frac{x}{\eta} \right)^{\beta}} \tag{3-40}$$

$$F(x) = 1 - e^{-\left(\frac{x}{\eta} \right)^{\beta}} \tag{3-41}$$

由图 3-7 可见，当 $\beta < 1$ 时，产品的失效曲线随时间的延长而减小，即反映了早期失效的特征；$\beta = 1$ 时，曲线表示失效率为常数的情况，即描述了偶然失效期；$\beta > 1$ 时，曲线表示失效随时间的增加而递增的情况，即反映了耗损寿命期和老化衰竭现象。根据试验求得的 β 值可以判定产品失效所处的过程，从而加以控制。所以韦布尔分布对产品的三个失效期都适用，而指数分布仅适用于偶然失效期。

当 $2.7 < \beta < 3.7$ 时，韦布尔分布与正态分布非常近似，若 $\beta = 3.313$，则为正态分布。

综上所述，许多分布都可以看作韦布尔分布的特例，由于它具有广泛的适应性，因而许多随机现象，如寿命、强度、磨损等，都可以用韦布尔分布来拟合。

3.4　机械强度可靠性设计

在常规的机械设计中，经常用安全系数 n 来判断零部件的安全性，即

$$n = \frac{c}{s} \geqslant [n] \tag{3-42}$$

式中，c 为材料的强度；s 为零件薄弱处的应力；$[n]$ 为许用安全系数。这种安全系数设计法虽然简单、方便，并具有一定的工程实践依据等特点，但没有考虑材料强度 c 和应力 s 各自的分散性，且许用安全系数 $[n]$ 的确定具有较大的经验性和盲目性，这就使得即使在安全系数 n 大于 1 的情况下，机械零部件仍有可能失效，或者因安全系数 n 取得过大，造成产品的笨重和浪费。

机械可靠性设计和机械常规设计方法的主要区别在于，它把一切设计参数都视为随机变量，其主要表现在如下两方面。

1）零部件上的设计应力 s 是一个随机变量，其遵循某一分布规律，设应力的概率密度函数为 $g(s)$。在此与应力有关的参数如载荷、零件的尺寸以及各种影响因素等都是属于随机变量，它们都服从各自特定的分布规律，并经分布间的运算可以求得相应的应力分布。

2）零件的强度参量 c 也是一个随机变量，设其概率密度函数为 $f(c)$。零件的强度包括材料本身的强度，如抗拉强度、屈服强度、疲劳强度等力学性能，还包括考虑零部件尺寸、表面加工情况、结构形状和工作环境等在内的影响强度的各种因素，它们都不是一个定值，有各自的概率分布。同样，对于零件的强度分布也可以由各随机变量分布间的运算获得。

如果已知应力和强度分布，就可以应用概率统计的理论，将这两个分布联结起来，进行机械强度可靠性设计。设计时，应根据应力-强度的干涉理论，严格控制失效概率，以满足设计要求。整个设计过程可用图 3-10 表示。

机械零部件的可靠性设计，是以应力-强度分布的干涉理论为基础的。因为应力超过强度就会发生失效，但在此所说的应力和强度对于机、电产品设计来说，是具有广泛含义的。应力是指导致失效的任何因素，而强度是指阻止失效发生的任何因素。例如，应力可以是机械零件承受的应力，也可以是加在一电器元件上的电压或温度等；相应的强度则是指机械零件的材料强度和该电器元件上的击穿电压或熔点等。

下面就应用机械强度计算的统计方法，讨论机械零件强度的可靠性设计理论及方法，以便

较精确和更接近实际地解决有关机械的强度计算问题。

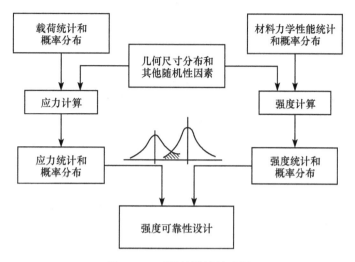

图 3-10 可靠性设计的过程

3.4.1 应力-强度分布干涉理论

在可靠性设计中，由于强度 c 和应力 s 都是随机变量，因此一个零件是否安全可靠，就以强度 c 大于应力 s 的概率大小来判定。这一设计准则可表示为

$$R(t)=P(c>s)\geqslant[R] \tag{3-43}$$

式中，$[R]$ 为设计要求的可靠度。

现设应力 s 和强度 c 各服从某种分布，并以 $g(s)$ 和 $f(c)$ 分别表示应力和强度的概率密度函数。对于按强度条件式（3-42）设计出的属于安全的零件或构件，具有如图 3-11 所示的几种强度-应力关系。

图 3-11（a）所示为应力 s 和强度 c 两个随机变量的概率密度函数不相重叠的情况，即最大可能的工作应力都要小于零件可能的极限强度，因此，工作应力大于零件强度是不可能事件，即工作应力大于零件强度的概率等于零，即

$$P(s>c)=0$$

此时的可靠度，即强度大于应力（$c>s$）的概率为 $R=P(c>s)=1$。具有这样应力-强度关系的机械零部件是安全的，不会发生强度方面的破坏。

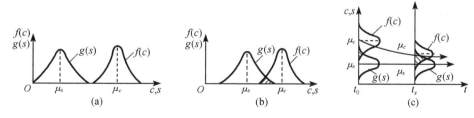

图 3-11 强度-应力关系

图 3-11（b）所示为应力和强度两概率密度曲线有相互重叠的情况，这时虽然工作应力的均值 μ_s 仍远小于零件强度的均值 μ_c，但不能绝对保证工作应力在任何情况下都不大于强度，

这就是零件的工作应力和强度发生了干涉。

此外，第三种情况就是在任何情况下零件的最大强度总是小于最小工作应力，而应力大于强度的失效概率（不可靠度）F 就为

$$F = P(c < s) = 1$$

即可靠度 $R = P(c > s) = 0$，这意味着产品一经使用就会失效。

由图 3-11（b）看出，对于发生干涉的应力-强度情况，可靠度 R 介于 0 与 1 之间，即 $0 \leqslant R \leqslant 1$，$R$ 的大小完全取决于两个分布曲线的干涉情况。

由材料力学可知，对于机械零件的疲劳强度，其零件的强度 c 将随时间的推移而衰减；而加在零件上的应力 s 对时间而言是稳定的，其概率密度函数 $g(s)$ 不随时间推移而变化，因而其强度-应力关系如图 3-11（c）所示。在 t_0 时，$f(c)$ 与 $g(s)$ 曲线不重叠或重叠区不大，随着工作时间的推移，零件的承载能力降低，两曲线的重叠区逐渐增大，零件的强度失效概率增大，最终导致疲劳破坏。

在上述三种情况中，图 3-11（a）所示的情况虽然安全可靠，但设计的机械产品必然十分庞大和笨重，价格也会很高，一般只是对于特别重要的零部件才会采用。对于上述的第三种情况，显然是不可取的，因为产品一经使用就会失效，这是产品设计必须避免的。对于图 3-11（b）所示的情况，使其在使用中的失效概率限制在某一合理的、相当小的数值，这样既保证了产品价格的低廉，也能满足一定的可靠性要求。

综上所述，可靠性设计使应力、强度和可靠度三者建立了联系，而应力和强度分布之间的干涉程度决定了零部件的可靠度。

为了确定零件的实际安全程度，应先根据试验及相应的理论分析，找出 $f(c)$ 及 $g(s)$。然后应用概率论及数理统计理论来计算零件失效的概率，从而可以求得零件不失效的概率，即零件强度的可靠度。

对于图 3-11（b）所示的应力-强度关系，当 $f(c)$ 及 $g(s)$ 已知时，可用下列两种方法来计算零件的失效概率。

1. 概率密度函数联合积分法

零件失效的概率为 $P(c < s)$，即当零件的强度 c 小于零件工作应力 s 时，零件发生强度失效。

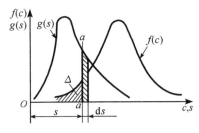

图 3-12　强度失效概率计算原理图

现将应力概率密度函数 $g(s)$ 和强度概率密度函数 $f(c)$ 重叠的部分放大，如图 3-12 所示。从距原点为 s 的 a-a 直线看起，曲线 $f(c)$ 以下、a-a 线以左（即变量 c 小于 s 时）的面积 Δ，表示零件的强度值小于 s 的概率，它按式（3-44）计算：

$$\Delta = P(c < s) = \int_0^s f(c) \mathrm{d}c = F(s) \quad (3\text{-}44)$$

曲线 $g(s)$ 下、位于 s 到 $s + \mathrm{d}s$ 之间的面积，它代表了工作应力 s 处于 $s \sim s + \mathrm{d}s$ 的概率，它的大小为 $g(s)\mathrm{d}s$。

零件的强度和工作应力两个随机变量，一般是看作互相独立的随机变量。根据概率乘法定理：两独立事件同时发生的概率是两事件单独发生的概率的乘积，即

$$P(AB) = P(A) \cdot P(B)$$

所以，乘积 $F(s)g(s)\mathrm{d}s$ 即为对于确定的 s 值时，零件中的工作应力刚大于强度值的概率。

若把应力 s 值在它一切可能值的范围内进行积分，即得零件的失效概率 $P(c<s)$ 的值为

$$P(c<s)=\int_0^\infty F(s)g(s)\mathrm{d}s=\int_0^\infty\left[\int_0^s f(c)\mathrm{d}c\right]g(s)\mathrm{d}s \tag{3-45}$$

式（3-45）即为在已知零件强度和应力的概率密度函数 $f(c)$ 及 $g(s)$ 后，计算零件失效概率的一般方程。

2. 强度差概率密度函数积分法

令强度差 $$Z'=c-s \tag{3-46}$$

由于 c 和 s 均为随机变量，所以强度差 Z' 也为一随机变量。零件的失效概率很显然等于随机变量 Z' 小于零的概率，即 $P(Z'<0)$。

从已求得的 $f(c)$ 及 $g(s)$ 可找到 Z' 的概率密度函数 $P(Z')$，从而可按式（3-47）求得零件的失效概率为

$$P(Z'<0)=\int_{-\infty}^0 P(Z')\mathrm{d}Z' \tag{3-47}$$

由概率论可知，当 c 和 s 均为正态分布的随机变量时，其差 $Z'=c-s$ 也为一正态分布的随机变量，其数学期望 $\mu_{z'}$ 及均方差 $\sigma_{z'}$ 分别为

$$\begin{cases}\mu_{z'}=\mu_c-\mu_s\\ \sigma_{z'}=\sqrt{\sigma_c^2+\sigma_s^2}\end{cases} \tag{3-48}$$

Z' 的概率密度函数 $P(Z')$ 为 $$P(Z')=\frac{1}{\sigma_{z'}\sqrt{2\pi}}\mathrm{e}^{-\frac{1}{2}\left(\frac{z'-\mu_{z'}}{\sigma_{z'}}\right)^2} \tag{3-49}$$

将式（3-49）代入式（3-47），即可求得零件的失效概率为

$$P(Z'<0)=\int_{-\infty}^0\frac{1}{\sigma_{z'}\sqrt{2\pi}}\mathrm{e}^{-\frac{1}{2}\left(\frac{z'-\mu_{z'}}{\sigma_{z'}}\right)^2}\mathrm{d}Z' \tag{3-50}$$

为了方便计算，现进行变量代换，令

$$t=\frac{Z'-\mu_{z'}}{\sigma_{z'}}$$

则式（3-50）变为 $$P(Z'<0)=P\left(t<-\frac{\mu_{z'}}{\sigma_{z'}}\right)=\frac{1}{\sqrt{2\pi}}\int_{-\infty}^{\frac{\mu_{z'}}{\sigma_{z'}}}\mathrm{e}^{-\frac{t^2}{2}}\mathrm{d}t \tag{3-51}$$

若令 $\mu_{z'}/\sigma_{z'}=Z_R$，则式（3-51）为

$$P(Z'<0)=P(t<-Z_R)=\frac{1}{\sqrt{2\pi}}\int_{-\infty}^{-z_R}\mathrm{e}^{-\frac{t^2}{2}}\mathrm{d}t \tag{3-52}$$

为了方便实际应用，将式（3-52）的积分值制成正态分布积分表，在计算时可直接查用。

3.4.2 零件强度可靠度的计算

在求得了零件强度的失效概率后，零件的强度可靠性以可靠度 R 来量度。在正态分布条件下，R 按下式计算

$$R=1-P(Z'<0)=1-\int_{-\infty}^{-z_R}\frac{1}{\sqrt{2\pi}}\mathrm{e}^{-\frac{t^2}{2}}\mathrm{d}t=\int_{-z_R}^\infty\frac{1}{\sqrt{2\pi}}\mathrm{e}^{-\frac{t^2}{2}}\mathrm{d}t \tag{3-53}$$

例 3-6 某螺栓中所受的应力为一正态分布的随机变量，其数学期望 $\mu_s=350\mathrm{MPa}$，均方差 $\sigma_s=28\mathrm{MPa}$。螺栓材料的疲劳极限亦为一正态分布的随机变量，其数学期望 $\mu_c=420\mathrm{MPa}$，

均方差 $\sigma_c = 28\text{MPa}$。试求该零件的失效概率及强度可靠度。

解： 应用强度差概率密度函数积分法，按式（3-48）计算，得

$$\mu_{z'} = \mu_c - \mu_s = 420 - 350 = 70(\text{MPa})$$

$$\sigma_{z'} = \sqrt{\sigma_c^2 + \sigma_s^2} = \sqrt{(28)^2 + (28)^2} = 39.6(\text{MPa})$$

$$Z_R = \frac{\mu_{z'}}{\sigma_{z'}} = \frac{70}{39.6} = 1.77$$

查表 3-1，对应于 $Z_R = 1.77$ 的表值为 0.0384，即

$$P(Z' < 0) = P(t < -Z_R) = \int_{-\infty}^{-Z_R} \frac{1}{\sqrt{2\pi}} \mathrm{e}^{-\frac{t^2}{2}} \mathrm{d}t = 0.0384 = 3.84\%$$

则 $\qquad\qquad R = 1 - P(Z' < 0) = 1 - 0.0384 = 0.9616 = 96.16\%$

即该螺栓的失效概率为 3.84%，其可靠度为 96.16%。

3.4.3 零件强度分布规律及分布参数的确定

零件强度 c 的分布律一般服从正态分布律 $N(\mu_c, \sigma_c)$。其概率密度函数为

$$f(c) = \frac{1}{\sqrt{2\pi}\sigma_c} \exp\left[-\frac{1}{2}\left(\frac{c - \mu_c}{\sigma_c}\right)^2\right] \tag{3-54}$$

强度 c 的分布参数（数学期望 μ_c 与均方差 σ_c）较精确的确定方法是，根据大量零件样本试验数据，应用数理统计方法，按下列公式计算：

$$\begin{cases} \mu_c = \dfrac{1}{n}\sum\limits_{i=1}^{n} c_i \\ \sigma_c = \sqrt{\dfrac{1}{n-1}\sum\limits_{i=1}^{n}(c_i - \mu_c)^2} \end{cases} \tag{3-55}$$

但在大多数情况下，由于成本和试验过程困难等原因，这样的数据是难于取得的。因此，实用起见，可通过材料的力学特性资料，并考虑零件的载荷特性及制造方法对零件强度的影响，来近似确定分布参数，一般可采用方法如下。

1. 对静强度计算

$$\begin{cases} \mu_c = k_1 \mu_{c0} \\ \sigma_c = k_1 \sigma_{c0} \end{cases} \tag{3-56}$$

式中，μ_{c0} 及 σ_{c0} 分别为材料样本试件拉伸力学特性的数学期望及均方差；材料的强度极限 σ_b 及屈服极限 σ_s 大都是服从正态分布的，通常从有关设计手册中可查得的数值，一般是强度的数学期望，强度的均方差经统计约为数学期望的 10%；k_1 为计及载荷特性和制造方法的修正系数，即

$$k_1 = \frac{\varepsilon_1}{\varepsilon_2} \tag{3-57}$$

式中，ε_1 为按拉伸获得的力学特性转为弯曲或扭转特性的转化系数。对于承受弯曲载荷且截面为圆形和矩形的碳钢，$\varepsilon_1 = 1.2$，其他截面的碳钢和各种截面的合金钢，$\varepsilon_1 = 1.0$；对于承受扭转载荷的圆截面的碳钢和合金钢，$\varepsilon_1 = 0.6$。ε_2 为考虑零件锻（轧）或铸的制造质量影响系数，它是考虑材料的不均匀性、内部可能的缺陷以及实际尺寸与名义尺寸的误差等因素。对锻件和轧制件可取 $\varepsilon_2 = 1.1$，对铸件可取 $\varepsilon_2 = 1.3$。

由此得出对静强度计算时零件强度分布参数的近似计算公式：

对塑性材料

$$\begin{cases} \mu_c = \dfrac{\varepsilon_1}{\varepsilon_2}\sigma_s \\[2mm] \sigma_c = 0.1\mu_c = 0.1\left(\dfrac{\varepsilon_1}{\varepsilon_2}\right)\sigma_s \end{cases} \tag{3-58}$$

对脆性材料

$$\begin{cases} \mu_c = \dfrac{\varepsilon_1}{\varepsilon_2}\sigma_b \\[2mm] \sigma_c = 0.1\mu_c = 0.1\left(\dfrac{\varepsilon_1}{\varepsilon_2}\right)\sigma_b \end{cases} \tag{3-59}$$

2. 对疲劳强度计算

$$\begin{cases} \mu_c = k_2\mu_{(\sigma-1)} \\ \sigma_c = k_2\sigma_{(\sigma-1)} \end{cases} \tag{3-60}$$

式中，$\mu_{(\sigma-1)}$、$\sigma_{(\sigma-1)}$ 为材料样本试件对称循环疲劳极限的数学期望及均方差；材料的疲劳极限也可以认为是服从正态分布规律的，通常从手册中查到的 σ_{-1} 值，一般是对称循环疲劳极限值的数学期望，按现有资料统计，对称循环疲劳极限的均方差约为数学期望的 $4\%\sim10\%$，对于一般计算可以近似地取为 8%；k_2 为疲劳极限修正系数，按表 3-2 所列公式计算。表中，r 为应力循环不对称系数，$r=\sigma_{\min}/\sigma_{\max}$；$K$ 为有效应力集中系数，具体值可参阅有关资料；η 为材料对应力循环不对称性的敏感系数，对于碳钢、低合金钢，$\eta=0.2$；对于合金钢，$\eta=0.3$。

表 3-2 疲劳极限修正系数 k_2 的计算公式

$r\leqslant 1$	$k_2=\dfrac{2}{(1-r)K+\eta(1+r)}$	
	对称循环（$r=-1$）	脉动循环（$r=0$）
	$k_2=\dfrac{1}{K}$	$k_2=\dfrac{2}{K+\eta}$
$r=-\infty$ $r>1$	$k_2=\dfrac{2r}{(1-r)K+\eta(1+r)}$	

3.4.4 零件工作应力分布规律及分布参数的确定

零件危险截面上的工作应力 s 是载荷 $P=\sum\limits_{i=1}^{n}P_i$ 及截面尺寸 A 的函数，即

$$s=f\left(\sum_{i=1}^{n}P_i,\ A\right)$$

如前所述，由于强度、载荷及其各组成项都是随机变量且服从一定的分布规律，所以零件截面上的工作应力也是随机变量，也服从于一定的分布规律。

在强度问题中，很多实际问题均可用正态分布来进行。因此，一般将应力的分布视为服从正态分布规律 $N(\mu_s,\sigma_s)$，则概率密度函数为

$$g(s)=\frac{1}{\sigma_s\sqrt{2\pi}}\exp\left[-\frac{1}{2}\left(\frac{s-\mu_s}{\sigma_s}\right)^2\right] \tag{3-61}$$

工作应力的分布参数 (μ_s,σ_s) 应按各类机械的大量载荷或应力实测资料，应用数理统计方法，按式（3-62）计算：

$$\begin{cases} \mu_s = \dfrac{1}{n} \sum_{i=1}^{n} s_i \\ \sigma_s = \sqrt{\dfrac{1}{n-1} \sum_{i=1}^{n} (s_i - \mu_s)^2} \end{cases} \tag{3-62}$$

目前我国在这方面的实测资料较少，因而难以提出确切数据，为实用起见，建议按下列近似计算法来确定：

1）对静强度计算

$$\begin{cases} \mu_s = \sigma_{\text{II}} \\ \sigma_s = k\mu_s \end{cases} \tag{3-63}$$

2）对疲劳强度计算

$$\begin{cases} \mu_s = \sigma_{\text{I}} \\ \sigma_s = k\mu_s \end{cases} \tag{3-64}$$

式中，μ_s、σ_s 分别为零件危险截面上工作应力（对静强度计算为最大工作应力，对疲劳强度计算为等效工作应力）的数学期望和均方差；σ_{I}、σ_{II} 分别为根据工作状态的正常载荷（或称第 I 类载荷）及根据工作状态的最大载荷（或称第 II 类载荷），按常规应力计算方法求得的零件危险截面上的等效工作应力和最大工作应力；k 为工作应力的变差系数。

工作应力的变差系数 k 值，应按实测应力试验数据统计得出，也可通过分析各项计算载荷的统计资料按式（3-65）进行近似计算

$$k = \frac{\sqrt{\sum (k_i p_i)^2}}{\sum p_i} \tag{3-65}$$

式中，P_i 为第 i 项载荷，对静强度计算按最大载荷取值，对疲劳强度计算按等效载荷取值，各项载荷的具体计算方法应针对各类机械，参照有关专业书刊进行；k_i 为第 i 项载荷的变差系数，可按计算零件的实际载荷分布情况，应用数理统计方法来确定。

在确定工作应力的变差系数 k 值时，若缺乏足够的统计资料难以计算时，也可按各类专业机械提供的经验数据近似取值。

通过上述计算可以求出零件危险截面上工作应力的分布参数 μ_s 及 σ_s。在求得 μ_s 及 σ_s 后，代入式（3-61），即可求出应力的概率密度函数 $g(s)$。

3.4.5　强度可靠性计算条件式与许用可靠度

根据上述的分析与计算，在求得零件强度和零件工作应力的概率密度函数 $f(c)$ 与 $g(s)$ 及其分布参数 (μ_c, σ_c)、(μ_s, σ_s) 后，从而可以计算零件的可靠度系数（指数）

$$Z_R = \frac{\mu_c - \mu_s}{\sqrt{\sigma_c^2 + \sigma_s^2}} \tag{3-66}$$

再由式（3-53）可求出零件不发生失效的强度可靠性数量指标，即强度可靠度 R 值。

由于考虑到决定载荷和应力等现行计算方法具有一定的误差，并考虑到计算零件的重要性，使之具有一定的强度储备，可把零件工作应力的数学期望 μ_s 扩大 n 倍作为零件实际载荷的极限状态，这时

$$Z_R = \frac{\mu_c - n\mu_s}{\sqrt{\sigma_c^2 + \sigma_s^2}} \tag{3-67}$$

式中，n 为强度储备系数，具体数值按各类专业机械的要求选取，一般可取 $n=1.1\sim1.25$。

将式（3-67）求得出值 Z_R 代入式（3-53），可求出零件已考虑了强度储备后的强度可靠度 R 值。所求得的 R 值不能小于计算零件的许用可靠度 $[R]$，即应满足如下强度可靠性计算条件：

$$R \geqslant [R] \tag{3-68}$$

许用可靠度 $[R]$ 值的确定是一项直接影响产品质量和技术经济指标的重要工作，目前可供参考的资料甚少。选择时应根据所计算零件的重要性，计算载荷的类别，并考虑决定载荷和应力等计算的精确程度，以及产品的经济性等方面综合评定。

确定许用可靠度 $[R]$ 值的原则，主要有如下几点。

1）零件的重要性。对于失效后将引起严重事故的重要零件，如失效后会引起物品坠落、机械倾覆、重要生产过程中断等，应选较高的 $[R]$ 值；对于破坏后仅使机械停止工作，不引起严重事故且易于更换修复的一般零件，$[R]$ 值可以相对取低些。

2）计算载荷的类别。对按工作状态正常载荷（第Ⅰ类载荷）进行疲劳强度计算，或按工作状态最大载荷（第Ⅱ类载荷）进行静强度计算时，应选较高的 $[R]$ 值；而对按验算载荷（第Ⅲ类载荷），即按非工作状态最大载荷（如强风载荷等）或特殊载荷（如安装载荷、运输载荷、事故冲击载荷等）进行静强度验算时，$[R]$ 值可以相对取低些。这是因为第Ⅲ类载荷出现的概率远比第Ⅰ、Ⅱ类载荷小，且即使发生失效，此时机械处于非工作状态，所造成的事故及经济损失也比工作状态时发生破坏小，所以 $[R]$ 值可相对取得低些。

3）各项费用的经济分析。零件强度可靠度的提高，需在材料、工艺、设备等方面采取相应措施，导致生产费用增加，但维修费用却又随着可靠性的提高而降低；反之，如果可靠性降低，就必然导致维修费用大幅增加，甚至造成事故，影响安全和正常生产，在经济上造成更大损失。

因此，在确定许用可靠度 $[R]$ 时，应重视综合经济分析，所取的 $[R]$ 应以总费用最小为原则。

3.4.6　机械零部件强度可靠性设计的应用

上面介绍的零件强度可靠性计算理论，可用来进行机械零件的设计计算，也可用来对已有机械零件进行其强度可靠性验算。

下面以某专业机械中的传动齿轮轴的强度计算为例，来说明应用机械强度可靠性计算理论及方法解决实际设计问题的步骤。

例 3-7　某专业机械中的传动齿轮轴，材料为 40Cr 钢，锻制，调质热处理。经载荷计算已求得危险截面上的最大弯矩 $M_{弯(Ⅱ)}=1500\text{kN}\cdot\text{cm}$，最大扭矩 $M_{扭(Ⅱ)}=1350\text{kN}\cdot\text{cm}$，等效弯矩 $M_{弯(Ⅰ)}=800\text{kN}\cdot\text{cm}$，等效扭矩 $M_{扭(Ⅰ)}=700\text{kN}\cdot\text{cm}$。试按强度可靠性设计理论确定该轴的直径。

解：（1）按静强度设计

1）选定许用可靠度 $[R]$ 及强度储备系数 n。

按该专业机械的要求，选 $[R]=0.99$，$n=1.25$。

2）计算零件发生强度失效的概率 F：

$$F=1-R=1-0.99=0.01$$

3）由 R 值查表 3-1，求 Z_R 值。

当 $R=0.99$ 时，由表 3-1 可查得 $Z_R=2.32$

4）计算材料承载能力的分布参数 μ_c、σ_c。

$$\mu_c=\frac{\varepsilon_1}{\varepsilon_2}\sigma_s,\qquad \sigma_c=0.1\mu_c$$

轴材料为 40Cr 钢，调质热处理，由材料手册查得相应尺寸的拉伸屈服极限 $\sigma_s=539.5\mathrm{MPa}$，合金钢零件的 $\varepsilon_1=1.0$，轴是锻件，所以 $\varepsilon_2=1.1$。因此得

$$\mu_c=\frac{1.0}{1.1}\times539.5=490(\mathrm{MPa}),\qquad \sigma_c=0.1\times490=49(\mathrm{MPa})$$

5）按已求得的 Z_R 值，计算 μ_s。

$$Z_R=\frac{\mu_c-n\mu_s}{\sqrt{\sigma_c^2+\sigma_s^2}}=\frac{\mu_c-n\mu_s}{\sqrt{\sigma_c^2+(k\mu_s)^2}}=2.32$$

解上式得 $\qquad\qquad\qquad \mu_s=291.3\mathrm{MPa}$

6）按已求得的 μ_s 值，计算轴的尺寸。

由 $\qquad \mu_s=\sigma_{\mathrm{II}}=\sqrt{\left(\frac{M_{弯(\mathrm{II})}}{W}\right)^2+4\left(\alpha\frac{M_{扭(\mathrm{II})}}{W_p}\right)^2}=\sqrt{\frac{M_{弯(\mathrm{II})}^2+(\alpha M_{扭(\mathrm{II})})^2}{W}}$

可得 $\qquad\qquad d^3=\frac{\sqrt{M_{弯(\mathrm{II})}^2+(\alpha M_{扭(\mathrm{II})})^2}}{0.1\mu_s}$

式中，α 是轴计算应力换算系数，用于考虑弯曲与扭转极限应力的差别，以及变曲与扭转应力循环特性的不同，α 值可查《机械设计手册》或直接取值。对静强度计算，材料为合金钢，$\alpha=0.83$，则

$$d^3=\frac{\sqrt{(15000)^2+(0.83\times13500)^2}}{0.1\times291.3\times10^6}=6.43\times10^{-4}(\mathrm{m}^3)$$

$$d=0.0863\mathrm{m}$$

（2）按疲劳强度计算

步骤 1）、2）、3）的计算同静强度设计。

4）计算零件强度的分布参数 μ_c、σ_c：

$$\mu_c=k_2\sigma_{-1(弯)},\qquad \sigma_c=0.08\mu_c$$

钢质零件可按如下近似关系来计算对循环的弯曲疲劳极限：

$$\sigma_{-1(弯)}=0.43\sigma_{b(拉)}=0.43\times735.7=316.4(\mathrm{MPa})$$

式中，$\sigma_{b(拉)}$ 为拉伸强度极限，由《工程材料手册》查得 40Cr 钢，调质热处理，相应尺寸的 $\sigma_{b(拉)}=735\mathrm{MPa}$。疲劳极限修正系数 k_2 值按表 3-2 所列公式计算。现已知该轴所受的载荷特性为：弯曲是对称循环（$r=-1$）；扭转是脉动循环（$r=0$）。现按第三强度理论，将载荷换算成相当弯矩进行合成应力计算，所以 k_2 值按 $r=-1$ 计算，得 $k_2=1/K$，K 为有效应力集中系数，现已知轴与齿轮采用紧密配合，查《机械设计手册》得 $K=2$。

所以 $\qquad\qquad\qquad k_2=1/K=0.5$

从而可求得零件疲劳强度的分布参数为

$$\mu_c=0.5\times316.4=158.2(\mathrm{MPa})$$

$$\sigma_c=0.08\times158.2=12.7(\mathrm{MPa})$$

5）按已求得的 Z_R 值，计算 μ_s 值。

$$Z_R = \frac{\mu_c - n\mu_s}{\sqrt{\sigma_c^2 + \sigma_s^2}} = \frac{158.2 - 1.25\mu_s}{\sqrt{(12.7)^2 + (0.08\mu_s)^2}} = 2.32$$

解得 $\mu_s = 98.8$MPa。

6）按已求得 μ_s 的值，计算轴的尺寸。

$$\mu_s = \sigma_{\text{I}} = \frac{\sqrt{M_{\text{弯(I)}}^2 + (\alpha M_{\text{扭(I)}})^2}}{W}$$

所以

$$d^3 = \frac{\sqrt{M_{\text{弯(I)}}^2 + (\alpha M_{\text{扭(I)}})^2}}{0.1\mu_s} = \frac{\sqrt{(8000)^2 + (0.75 \times 7000)^2}}{0.1 \times 98.8 \times 10^6} = 96.9 \times 10^{-4}(\text{m}^3)$$

式中，取 $\alpha = 0.75$。

所以

$$d = \sqrt[3]{9.69 \times 10^{-4}} = 0.099(\text{m})$$

通过上述计算可以看出，该轴应按疲劳强度设计，轴的危险截面的直径 $d = 10$cm。

3.5　疲劳强度可靠性分析

在实际工作中，绝大多数机械零部件承受的载荷是随时间变化的，对此类零部件要进行疲劳强度的可靠性设计。

3.5.1　疲劳曲线

1. S-N 曲线

为测试某零件的平均寿命，可将许多试样在不同应力水平的循环载荷作用下进行试验直至失效。其结果可画在双对数坐标纸上，以应力 S（或 σ）为纵坐标，以相应的应力循环次数 N（寿命）为横坐标，所得的疲劳曲线简称为 S-N 曲线，如图 3-13 所示。

常规的机械疲劳设计，是以由试样试验得到的 S-N 疲劳曲线为依据的。图 3-13（b）中的 S-N 曲线给出了有限疲劳寿命与无限疲劳寿命的划分范围。对于一般钢材，循环次数自 N_0 起 S-N 曲线呈水平线段，N_0 称为疲劳循环基数或寿命基数，其相应的应力水平称为疲劳极限 S_r（或 σ_r），它是试件受无限次应力循环而不发生疲劳破坏的最大应力。

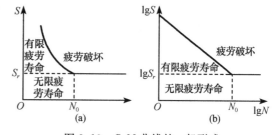

图 3-13　S-N 曲线的一般形式

常规的疲劳试验，一般是在对称循环变应力条件下进行的，但实际上有很多零件是在非对称循环的变应力条件下工作的，这时必须考虑其应力循环特性 $r = \dfrac{S_{\min}}{S_{\max}}\left(\text{或}\dfrac{\sigma_{\min}}{\sigma_{\max}}\right)$ 对疲劳失效的影响。

图 3-14 给出了不同 r 值下的 S-N 曲线。工程上常用 σ_{-1} 为对称循环疲劳极限。

按照强度理论，疲劳曲线在其有限寿命范围内（即 S-N 曲线有斜率部分）的曲线方程通常为幂函数，即

$$S^m N = C \tag{3-69}$$

式中，幂指数 m 应根据应力的性质及材料的不同，一般为 $3 \leqslant m \leqslant 16$；$C$ 为由已知条件确定的

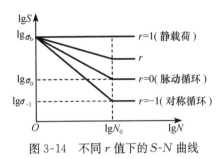

图 3-14　不同 r 值下的 S-N 曲线

常数。

对式（3-69）取对数后则得直线方程，如图 3-13（b）所示。随着 m 值的改变，S-N 曲线可以画成一系列不同的斜率为 m 值的直线，并分别与其相当于疲劳极限的水平线相连接。

对于斜线部分的不同应力水平，由式（3-69）可建立如下关系式：

$$N_i = N_j \left(\frac{S_j}{S_i}\right)^m \tag{3-70}$$

式中，S_j、N_j 表示 S-N 曲线上某已知点的坐标值；N_i 为与已知应力水平 S_i 相对应待求的应力循环次数。

如果 S-N 曲线上有两点为已知，则由式（3-70）得斜率 m 的值为

$$m = \frac{\lg N_i - \lg N_j}{\lg S_j - \lg S_i} \tag{3-71}$$

2. 疲劳极限线图

对于非对称循环应力，则应考虑不对称系数 r 对疲劳失效的影响。为了得到不同 r 值下的疲劳极限，需绘制疲劳极限线图，即极限应力图。

由材料力学可知，常用的疲劳极限线图有两种：第一种以平均应力 σ_m 为横坐标，最大应力 σ_{max} 及最小应力 σ_{min} 为纵坐标，画出疲劳极限线图；第二种以平均应力 σ_m 为横坐标，应力幅 σ_a 为纵坐标，画出疲劳极限线图。图 3-15 所示为 σ_m-σ_a 疲劳极限线图。

用方程式来描述材料的疲劳极限线，不同的观点有不同的假设及表达式。在疲劳强度设计中，常用的有如下两种：

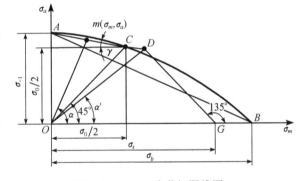

图 3-15　σ_m-σ_a 疲劳极限线图

1）假设疲劳极限线是经过 A 点和 B 点的直线（见图 3-15 中的 AB 直线），或称古德曼（Goodman）图线。其疲劳极限线 AB 的方程为

$$\sigma_a = \sigma_{-1}\left(1 - \frac{\sigma_m}{\sigma_b}\right) \tag{3-72}$$

2）假设疲劳极限线是用经过对称循环变应力的疲劳极限 A 点，脉动循环变应力的疲劳极限 C 点及静强度极限 B 点的折线。其直线 AC 的方程为

$$\sigma_a = \sigma_{-1} - \left(\frac{2\sigma_{-1} - \sigma_0}{\sigma_0}\right)\sigma_m \tag{3-73}$$

3. P-S-N 曲线

在研究机械零件疲劳寿命时，常常需要确定零件的疲劳破坏概率及其分布类型，这就需用 P-S-N 曲线。

实践表明，S-N 曲线的试验数据，由于受作用载荷的性质、试件几何形状及表面精度、材料特性等多种因素的影响，存在相当大的离散性。同一组试件，在一个固定的应力水平 S 下，即使其他条件都基本相同，它们的疲劳寿命值 N 也并不相等，但具有一定的分布规律性，可以根据一定的概率，通常称为存活率 P（相当于可靠度 R）来确定 N 值。

图 3-16 表示多种不同应力水平下 N 的分布情况。由图可以看出，随着应力水平的降低，N 值的离散度越来越大。由此可知，疲劳寿命 N 不仅与存活率 P 有关，而且与应力水平 S 有关，即 N 为 S、P 的二元函数关系，即 $N=\varphi(S, P)$，这一函数关系形成三维空间中的一个曲面。

实际工程中方便起见，将 P、S 与 N 的函数关系画在 S-N 的二维平面上，当 P 的取值一定时，则以 S 为自变量形成一条 S-N 曲线；当 P 的取值变化时，则每一 P 值对应一条 S-N 曲线而形成 S-N 曲线簇，如图 3-17 所示。这种以 P 为参数的 S-N 曲线簇，称为 P-S-N 曲线（在双对数坐标系中为直线）。通常在工程中使用的或文献资料中提供的 S-N 曲线，若无特别说明，则为 P-S-N 曲线中的一条 P 或 R 为 50％ 的 S-N 曲线，它表示了疲劳极限的中值，且意味着该疲劳极限的可靠度仅为 50％，显然用它来估计疲劳寿命可靠度太低。因此，设计时应按照不同的可靠度要求，来选择不同的 P-S-N 曲线。利用 P-S-N 曲线不仅能估计出零件在一定应力水平下的疲劳寿命，而且能给出在该应力值下的破坏概率或可靠度。

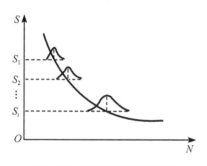

图 3-16　S-N 曲线的离散性

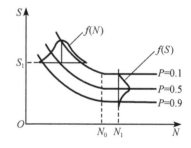

图 3-17　P-S-N 曲线

3.5.2　等幅变应力作用下零件的疲劳寿命及可靠度

机械零件中，如轴类及其他传动零件，它们多半承受对称或不对称循环的等幅变应力的作用。根据对这些零件或试件所得到的试验数据进行统计分析，其分布函数为对数正态分布或韦布尔分布。现分别讨论它们的疲劳寿命及可靠度。

1. 疲劳寿命服从对数正态分布

对于在对称循环等幅变应力作用下的试件或零件，其疲劳寿命，即达到破坏的循环次数一般符合对数正态分布。其概率密度函数为

$$f(N)=\frac{1}{N\sigma_{N'}\sqrt{2\pi}}\exp\left[-\frac{1}{2}\left(\frac{\ln N-\mu_{N'}}{\sigma_{N'}}\right)^2\right] \tag{3-74}$$

式中，$N'=\ln N$。

因此，零件在使用寿命即工作循环次数达 N_1 时的失效概率为

$$P(N\leqslant N_1)=P(N'\leqslant N_1')=\int_{-\infty}^{N_1'}\frac{1}{\sigma_{N'}\sqrt{2\pi}}\exp\left[-\frac{1}{2}\left(\frac{N'-\mu_{N'}}{\sigma_{N'}}\right)^2\right]dN'$$

$$= \int_{-\infty}^{Z_1} f(Z) \mathrm{d}Z = \Phi(Z_1) \tag{3-75}$$

式中，Z 为标准正态变量。

$$Z_1 = \frac{N'_1 - \mu_{N'}}{\sigma_{N'}} = \frac{\ln N_1 - \mu_{\ln N}}{\sigma_{\ln N}}$$

由此可得可靠度为

$$R(N_1) = 1 - \Phi(N_1) \tag{3-76}$$

例 3-8 某零件在对称循环等幅变应力 $S_a = 600\mathrm{MPa}$ 条件下工作。根据零件的疲劳试验数据，知其达到破坏的循环次数服从对数正态分布，其对数均值和对数标准差分别为：$\mu_{N'} = 10.647$，$\sigma_{N'} = 0.292$。试求该零件工作到 15800 次循环时的可靠度。

解： 按题意，$N_1 = 15800$ 次，故 $N' = \ln N_1 = \ln 15800 = 9.668$。

已知 $\mu_{N'} = 10.647$，$\sigma_{N'} = 0.292$。故标准正态变量为

$$Z_1 = \frac{N'_1 - \mu_{N'}}{\sigma_{N'}} = \frac{9.688 - 10.648}{0.292} = -3.35$$

由此得可靠度为 $\quad R(N_1 = 15800) = 1 - \Phi(-3.35) = 1 - 0.0004 = 0.9996$

2. 疲劳寿命服从韦布尔分布

零件的疲劳寿命用韦布尔分布来拟合，将更符合实际的失效规律，特别对于受高应力的接触疲劳尤为适用。常用的是三参数韦布尔分布，其概率密度函数由式（3-38）可得另一种形式为

$$f(N) = \frac{b}{N_T - N_0} \left(\frac{N - N_0}{N_T - N_0} \right)^{b-1} \cdot \mathrm{e}^{-\left(\frac{N - N_0}{N_T - N_0} \right)} \tag{3-77}$$

式中，N_0 为最小寿命（位置参数）；N_T 为特征寿命（$R = \mathrm{e}^{-1} = 36.8\%$ 时的寿命）；b 为形状参数。

疲劳寿命分布函数为

$$F(N) = \begin{cases} 1 - \mathrm{e}^{-\left(\frac{N - N_0}{N_T - N_0} \right)^b} & (N \geqslant N_0) \\ 0 & (N \leqslant N_0) \end{cases} \tag{3-78}$$

上式就是零件的使用寿命，即工作循环次数达 N 时的失效概率。

因此，韦布尔分布的可靠度函数为

$$R(N) = \begin{cases} \mathrm{e}^{-\left(\frac{N - N_0}{N_T - N_0} \right)^b} & (N \geqslant N_0) \\ 1 & (N \leqslant N_0) \end{cases} \tag{3-79}$$

由式（3-79）可以求得零件在使用寿命（即工作循环次数达 N）时的可靠度 $R(N)$。

根据上述公式，可推导出求韦布尔分布的平均寿命 μ_N、寿命均方差 σ_N 和可靠寿命 N_R 的计算式如下：

$$\mu_N = N_0 + (N_T - N_0) \Gamma \left(1 + \frac{1}{b} \right)$$

$$\sigma_N = (N_T - N_0) \left[\Gamma \left(1 + \frac{2}{b} \right) - \Gamma^2 \left(1 + \frac{1}{b} \right) \right]^{1/2}$$

$$N_R = N_0 + (N_T - N_0) \left[\ln \frac{1}{R} \right]^{1/b}$$

应用式（3-78）、式（3-79）进行计算时，必须首先求出韦布尔分布三个分布参数 N_0、

N_T 和 b 的估计值。在工程上一般应用韦布尔概率纸用图解法来估计，并可达到一定精度，满足工程计算的要求；也可以用分析法来估计，该法虽能达到较高的精确性，但其计算较复杂。

3.5.3　不稳定应力作用下零件的疲劳寿命

分析不稳定应力作用下零件的疲劳寿命有多种方法，这里介绍常用的迈纳（Miner）法。

当零件承受不稳定变应力时，在设计中常采用迈纳的疲劳损伤累积理论来估计零件的疲劳寿命（图 3-18 所示为损伤累积理论示意图）。这是一种线性损伤累积理论，其要点是：每一载荷量都损耗试件一定的有效寿命分量；疲劳损伤与试件吸收的功成正比；这个功与应力的作用循环次数和在该应力值下达到破坏的循环次数之比成比例；试件达到破坏时的总损伤量（总功）是一个常数；低于疲劳极限 S_e 的应力，认为不再造成损伤；损伤与载荷的作用次序无关；各循环应力产生的所有损伤分量之和等于 1 时，试件就发生破坏。因此，归纳起来可得出如下的基本关系式：

$$d_1 + d_2 + \cdots + d_k = \sum_{i=1}^{k} d_i = D$$

$$\frac{d_i}{D} = \frac{n_i}{N_i} \quad \text{或} \quad d_i = \frac{n_i}{N_i} D$$

$$\frac{n_1}{N_1} D + \frac{n_2}{N_2} D + \cdots + \frac{n_k}{N_k} D = D$$

所以

$$\sum_{i=1}^{k} \frac{n_i}{N_i} = 1 \tag{3-80}$$

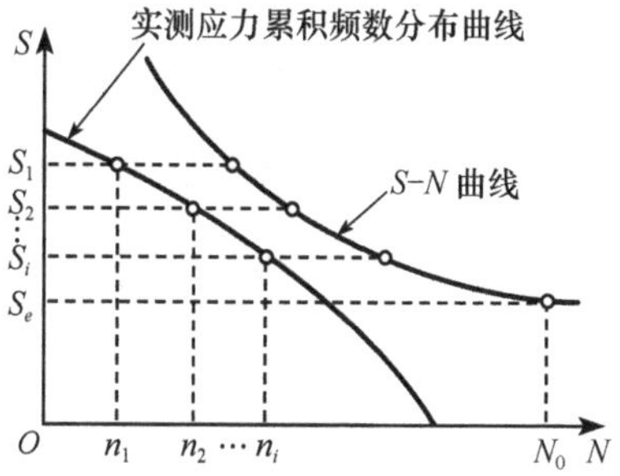

图 3-18　损伤累积理论示意图

式中，D 为总损伤量；d_i 为损伤分量或损耗的疲劳寿命分量；n_i 为在应力级 S_i 作用下的工作循环次数；N_i 为对应于应力级 S_i 的破坏循环次数。

式（3-80）称为迈纳定理，由于上述的迈纳理论没有考虑应力级间的相互影响和低于疲劳极限 S_e 应力的损伤分量，因而有一定的局限性。但由于公式简单，已广泛应用于有限寿命设计中。

令 N_L 为所要估计的零件在不稳定变应力作用下的疲劳寿命，a_i 为第 i 个应力级 S_i 作用下的工作循次数 n_i 与各级应力总循次数之比，则

$$a_i = \frac{n_i}{\sum_{i=1}^{k} n_i} = \frac{n_i}{N_L}$$

即 $n_i = a_i N_L$。代入式（3-80）得

$$N_L = \sum_{i=1}^{k} \frac{a_i}{N_i} = 1 \tag{3-81}$$

又设 N_1 代表最大应力级 S_1 作用下的破坏循环次数，则根据材料疲劳曲线 $S\text{-}N$ 函数关系有

$$\frac{N_1}{N_i} = \left(\frac{S_i}{S_1} \right)^m \tag{3-82}$$

代入式（3-81），得估计疲劳寿命的计算式为

$$N_L = \frac{1}{\sum_{i=1}^{k} \dfrac{a_i}{N_i}} = \frac{N_1}{\sum_{i=1}^{k} a_i \left(\dfrac{S_i}{S_1} \right)^m} \tag{3-83}$$

通过式（3-83），便可求出在一定应力作用下零件的疲劳寿命。

3.5.4　承受多级变应力作用的零件在给定寿命时的可靠度

设某零件承受如图 3-19 所示的三级等幅变应力（S_a 为应力幅，S_m 为平均应力）的作用。

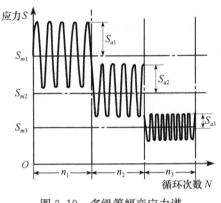

其相应的工作循环次数为 n_1、n_2、n_3。若疲劳寿命的分布形式为对数正态分布，以 $\mu_{N_1'}$、$\mu_{N_2'}$、$\mu_{N_3'}$ 分别表示三种应力水平（S_{a1}，S_{m1}）、（S_{a2}，S_{m2}）、（S_{a3}，S_{m3}）时的对数寿命均值；$\sigma_{N_1'}$、$\sigma_{N_2'}$、$\sigma_{N_3'}$ 表示其对应的对数寿命标准差，就可逐级通过标准正态变量 Z_1、Z_2、Z_3 的换算，得出 $n = n_1 + n_2 + n_3$ 工作循环时的零件可靠度。其具体分析及计算步骤如下。

图 3-19　多级等幅变应力谱

1）计算 Z_1：

$$Z_1 = \frac{\ln n_1 - \mu_{N_1'}}{\sigma_{N_1'}}$$

2）计算第 1 级折合到第 2 级的当量工作循环次数 n_{1e}：

$$n_{1e} = \ln^{-1}(Z_1 \sigma_{N_2'} + \mu_{N_2'})$$

3）计算 Z_2：

$$Z_2 = \frac{\ln(n_{1e} + n_2) - \mu_{N_2'}}{\sigma_{N_2'}}$$

4）计算第 1、2 级折合到第 3 级的当量工作循环次数 $n_{1,2e}$：

$$n_{1,2e} = \ln^{-1}(Z_2 \sigma_{N_3'} + \mu_{N_3'})$$

5）计算 Z_3：

$$Z_3 = \frac{\ln(n_{1,2e} + n_3) - \mu_{N_3'}}{\sigma_{N_3'}}$$

6）计算可靠度 R：

$$R = \int_{Z_3}^{\infty} f(Z)\mathrm{d}Z = 1 - \int_{\infty}^{Z_3} f(Z)\mathrm{d}Z = 1 - \Phi(Z_3)$$

按所求得的 Z_3 值，查正态分布函数表，可得 $\Phi(Z_3)$ 值，进而可求得零件的可靠度 R 值。

上述方法还可推广到应用于求任意多级等幅变应力或不稳定变应力作用时零件的可靠度。

例 3-9　某转轴受三级等幅变应力：$S_{a1} = 690\mathrm{MPa}$，$S_{a2} = 550\mathrm{MPa}$，$S_{a3} = 480\mathrm{MPa}$ 的作用（S_{m1}、S_{m2}、S_{m3} 均为零），其工作循环次数分别为：$n_1 = 3500$ 次；$n_2 = 6000$ 次；$n_3 = 10000$ 次，已知该轴的疲劳试验数据如表 3-3 所列，试求该轴在这三级变应力作用下总工作循环次数达 $n = 3500 + 6000 + 10000 = 19500$ 时的可靠度。

表 3-3　转轴疲劳破坏循环次数的分布参数

级别 i	应力水平 S_i/MPa	疲劳破坏循环次数按对数正态分布的特性值	
		对数寿命均值 $\mu_{N_i'}$	对数寿命标准差 $\sigma_{N_i'}$
1	690	9.390	0.200
2	550	10.640	0.205
3	480	11.390	0.210

解：根据表 3-3 所列数据，按下列步骤计算。

1) $Z_1 = \dfrac{\ln n_1 - \mu_{N'_1}}{\sigma_{N'_1}} = \dfrac{\ln(3500) - 9.390}{0.200} = -6.1474$

2) $n_{1e} = \ln^{-1}(Z_1 \sigma_{N'_2} + \mu_{N'_2}) = \ln^{-1}[(-6.1474) \times 0.205 + 10.640] = 11846(次循环)$

3) $Z_2 = \dfrac{\ln(n_{1e} + n_2) - \mu_{N'_2}}{\sigma_{N'_2}} = \dfrac{\ln(11846 + 6000) - 10.640}{0.205} = -4.1486$

4) $n_{1,2e} = \ln^{-1}(Z_2 \sigma_{N'_3} + \mu_{N'_3}) = \ln^{-1}[(-4.1486) \times 0.210 + 11.390] = 37000(次循环)$

5) $Z_3 = \dfrac{\ln(n_{1,2e} + n_3) - \mu_{N'_3}}{\sigma_{N'_3}} = \dfrac{\ln(37000 + 10000) - 11.390}{0.210} = -3.010$

6) $R = \int_{-3.010}^{\infty} f(Z)dZ = 1 - \Phi(-3.010) = 1 - 0.0013 = 0.9987 = 99.87\%$

3.6　系统可靠性设计

在可靠性设计中，系统视为由元件（零件）、部件、子系统等组成。系统的可靠性不仅与组成该系统各元件的可靠性有关，而且与组成该系统各元件间的组合方式和相互匹配有关。

系统可靠性设计的目的，就是要使系统在满足规定可靠性指标、完成预定功能的前提下，使该系统的技术性能、重量指标、制造成本及使用寿命等各方面取得协调，并求得最佳的设计方案；或是在性能、重量、成本、寿命和其他要求的约束下，设计出最佳的可靠性系统。

系统的可靠性设计主要有以下两方面的内容。

1) 按照已知零部件或各元件的可靠性数据，计算系统的可靠性指标，这一工作称为系统可靠性预测。

2) 按照已规定的系统可靠性指标，对各组成系统的元件进行可靠性分配。

3.6.1　元件可靠性预测

可靠性预测是一种预报方法，它是从所得的失效率数据预报一个元件、部件、子系统或系统实际可能达到的可靠度，即预报这些元件或系统等在特定的应用中完成规定功能的概率。

可靠性预测的目的是：①协调设计参数及指标，提高产品的可靠性；②对比设计方案，以选择最佳系统；③预示薄弱环节，以采取改进措施。

可靠性预测是可靠性设计的重要内容之一，它包括元件可靠性预测和系统可靠性预测。

元件（零件）的可靠性预测是进行系统可靠性预测的基础。一旦确定出系统中的所有元件（零件）或组件的可靠度后，把这些元件（零件）或组件的可靠度进行适当的组合就可以预测系统的可靠度。因此，在系统可靠性设计中，首先要进行的工作之一就是预测元件的可靠性。

进行元件可靠性的预测，其主要工作步骤如下。

1) 确定元件（零件）的基本失效率 λ_0。元件（零件）的基本失效率 λ_0 是在一定的使用（或试验）条件和环境条件下取得的。通常，设计时一般可从《可靠性工程手册》上查得，目前各国均有专门的组织进行收集、整理、提供和管理各类可靠性数据；当有条件时，也可通过有关产品的可靠性试验来求得。表 3-4 给出了部分常用机械零部件的基本失效率 λ_0 值。

2) 确定元件（零件）的应用失效率 λ，即元件（零件）在现场使用中的失效率。它可以从两方面得到：①根据不同的应用环境，对基本失效率 λ_0 乘以适当的修正系数得到；②直接从实际现场的应用中得到产品的元件（零件）失效率数据。表 3-5 给出了一些环境条件下的失

效率修正系数 k_f 值，供设计时参考。当采用上述第一种方法来确定元件（零件）的应用失效率 λ 时，则计算式为

$$\lambda = k_f \lambda_0 \tag{3-84}$$

这里需要指出的是，表 3-4 和表 3-5 中所列的数据仅供参考，并不是一般通用数据，具体条件下的数据，应查专门资料。

表 3-4　部分常用机械零部件的基本失效率 λ_0 值

零部件		$\lambda_0 \times 10^6 h$	零部件		$\lambda_0 \times 10^6 h$
向心球轴承	低速轻载	0.03~1.7	螺栓螺钉		0.005~0.12
	高速轻载	0.5~3.5	凸轮	轻载	0.1~1
	高速中载	2~20		有载推动的	10~20
	高速重载	10~80	离合器	普通式	2~30
滚子轴承		2~25		摩擦式	15~25
齿轮	轻载	0.002~0.1		电磁式	1~30
	普通载荷	0.1~3	联轴器	挠性	1~10
	重载	1~5		刚性	100~600
齿轮箱体	仪表用	5~40	拉簧与压簧		5~70
	普通用	25~200	密封	O 形环式	0.02~0.06
	普通轴	0.1~0.5		酚醛塑料	0.05~2.5
轮毂销钉或键		0.005~0.5		橡皮	0.02~1

表 3-5　失效率修正系数 k_f 值

环境条件					
实验室设备	固定地面设备	活动地面设备	船载设备	飞机设备	导弹设备
1~2	5~20	10~30	15~40	25~100	200~1000

3）预测元件（零件）的可靠度。基于大多数产品的可靠性预测都是采用指数分布，则元件（零件）的可靠度预测值为

$$R(t) = \mathrm{e}^{-\lambda t} = \mathrm{e}^{-k_f \lambda_0 t} \tag{3-85}$$

在完成系统组成元件（零部件）的可靠性预测工作后，就可以进行系统可靠性预测。

3.6.2　系统可靠性预测

系统（或称设备）的可靠性是与组成系统的零部件数量、零部件的可靠度以及零部件之间的相互关系和组合方式有关。下面讨论各零部件在系统中的相互关系，以便对系统的可靠性进行预测。

在可靠性工程中，常用结构图表示系统中各元件（零件）的结构装配关系，用逻辑图表示系统中各元件（零件）间的功能关系。系统逻辑图包含一系列方框，每个方框代表系统的一个元件，方框之间用短线连接起来，表示系统各元件功能之间的关系，系统逻辑图也称可靠性方框图。

下面分别讨论系统可靠性的预测方法。

1. 串联系统的可靠性

组成系统的所有元件中任何一个元件失效就会
导致系统失效,这种系统称为串联系统。串联系统
的逻辑图如图 3-20 所示。

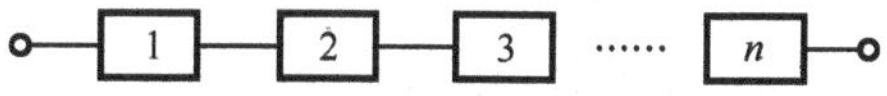

图 3-20　串联系统逻辑图

设各元件的可靠度分别为 R_1,R_2,$\cdots$,R_n,如果各元件的失效互相独立,则由 n 个单元
组成的串联系统的可靠度,可根据概率乘法定理按下式计算:

$$R_s = R_1 R_2 \cdots R_n = \prod_{i=1}^{n} R_i \tag{3-86a}$$

或写成

$$R_s(t) = R_1(t) R_2(t) \cdots R_n(t) = \prod_{i=1}^{n} R_i(t) \tag{3-86b}$$

由于 $0 \leqslant R_i(t) \leqslant 1$,所以 $R_s(t)$ 随单元数量的增加和单元可靠度的减小而降低,串联系统
的可靠度总是小于系统中任一单元的可靠度。因此,简化设计和尽可能减少系统的零件数,将
有助于提高串联系统的可靠性。

在机械系统可靠性分析中,例如,可将齿轮减速器视为一个串联系统,因为齿轮减速器是
由齿轮、轴、键、轴承、箱体、螺栓、螺母等零件组成,从功能关系来看,它们中的任何一个
零件失效,都会使减速器不能正常工作,因此,它们的逻辑图是串
联的,即在齿轮减速器分析时,可将它视作一个串联系统。

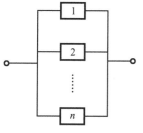

图 3-21　并联系统逻辑图

2. 并联系统的可靠性

如果组成系统的所有元件中只要一个元件不失效,整个系统就
不会失效,则称这一系统为并联系统。其逻辑图见图 3-21。

设各元件的可靠度分别为 R_1,R_2,$\cdots$,R_n,则各元件的失效
概率分别为 $(1-R_1)$,$(1-R_2)$,$\cdots$,$(1-R_n)$。如果各个元件的失
效互相独立,根据概率乘法定理,则由 n 个单元组成的并联系统的
失效概率 F_s 可按下式计算:

$$F_s = (1-R_1)(1-R_2) \cdots (1-R_n) = \prod_{i=1}^{n} (1-R_i) \tag{3-87}$$

所以并联系统的可靠度为

$$R_s = 1 - F_s = 1 - \prod_{i=1}^{n} (1-R_i) \tag{3-88}$$

当 $R_1 = R_2 = \cdots = R_n = R$ 时,则有

$$R_s = 1 - (1-R)^n \tag{3-89}$$

由此可知,并联系统的可靠度 R_s 随单元数量的增加和元件可靠度的增加而增加。在提高
元件的可靠度受到限制的情况下,采用并联系统可以提高系统的可靠度。

3. 储备系统的可靠性

如果组成系统的元件中只有一个元件工作,其他元件不工作而作为储备,当工作元件发生
故障后,原来未参加工作的储备元件立即工作,而将失效的元件换下进行修理或更换,从而维
持系统的正常运行。则该系统称为储备系统,也称后备系统。其逻辑图见图 3-22。

由 n 个元件组成的储备系统,在给定的时间 t 内,只要失效元件数不多于 $n-1$ 个,系统均
处于可靠状态。设各元件的失效率相等,即 $\lambda_1(t) = \lambda_2(t) \cdots = \lambda_n(t) = \lambda$,则系统的可靠度按泊松

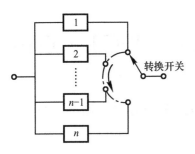

图 3-22 储备系统逻辑图

分布的部分求和公式得

$$R_s(t) = e^{-\lambda t}\left(1 + \lambda t + \frac{(\lambda t)^2}{2!} + \frac{(\lambda t)^3}{3!} + \cdots + \frac{(\lambda t)^{n-1}}{(n-1)!}\right)$$

(3-90)

当 $n=2$ 时,有 $R_s = e^{-\lambda t}(1 + \lambda t)$

当开关非常可靠时,储备系统的可靠度要比并联系统高。

4. 表决系统的可靠性

如果组成系统的 n 个元件中,只要有 k 个 $(1 \leqslant k \leqslant n)$ 元件不失效,系统就不会失效,则称该系统称为 n 中取 k 表决系统,或称 k/n 系统。

在机械系统中,通常只用 3 中取 2 表决系统,即 2/3 系统,其逻辑图见图 3-23。

2/3 系统要求失效的元件不多于 1 个,因此有 4 种成功的工作情况,即没有元件失效、只有元件 1 失效(支路③通)、只有元件 2 失效(支路②通)和只有元件 3 失效(支路①通)。

若各单元的可靠度分别为 R_1、R_2、R_3,则根据概率乘法定理和加法定理,2/3 系统的可靠度为

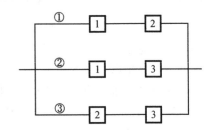

图 3-23 2/3 表决系统逻辑图

$$R_s = R_1 R_2 R_3 + (1-R_1)R_2 R_3 + R_1(1-R_2)R_3 + R_1 R_2(1-R_3)$$

(3-91)

当各元件的可靠度相同,即 $R_1 = R_2 = R_3$ 时,则有

$$R_s = R^3 + 3(1-R)R^2 = 3R^2 - 2R^3$$

(3-92)

由此,也可以看出表决系统的可靠度要比并联系统低。

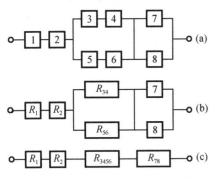

图 3-24 一串并联系统及其简化

5. 串并联系统的可靠性

串并联系统是一种串联系统和并联系统组合起来的系统。如图 3-24(a)所示为一串并联系统,共由 8 个元件串、并联组成,若设各元件的可靠度分别为 R_1,R_2,…,R_8,则对于这种系统的可靠度计算,其处理办法如下:

1)先求出串联元件 3、4 和 5、6 两个子系统 S_{34}、S_{56} 的可靠度分别为

$$R_{34} = R_3 R_4, \qquad R_{56} = R_5 R_6$$

2)求出 S_{34} 和 S_{56} 以及并联元件 7、8 子系统 S_{78}(图 3-24(b))的可靠度分别为

$$R_{3456} = [1-(1-R_{34})(1-R_{56})], \quad R_{78} = [1-(1-R_7)(1-R_8)]$$

3)最后得到一个等效串联系统 S_{1-8},如图 3-24(c)所示,该系统的可靠度 R_s 为

$$R_s = R_1 \cdot R_2 \cdot R_{3456} \cdot R_{78} = R_1 R_2[1-(1-R_{34})(1-R_{56})][1-(1-R_7)(1-R_8)]$$

6. 复杂系统的可靠度

在实际问题中,有很多复杂的系统不能简化为串联、并联或串并联等简单的系统模型而加以计算,只能用分析其成功和失效的各种状态,然后采用一种布尔真值表法来计算其可靠度。

如图 3-25 所表示的一复杂系统，元件 A 可以通到 C_1 和 C_2，但由 B_1 到 C_2 或由 B_2 到 C_1 是没有通路的。这一复杂系统的可靠度计算虽有几种方法，但最可靠的方法还是运用布尔真值表的方法。

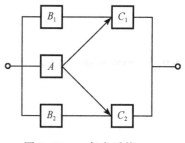

图 3-25　一复杂系统

如图 3-25 所示，该系统有 A、B_1、B_2、C_1、C_2 五个元件，每个元件都有"正常"和"故障"两种状态，因此该系统的状态共有 $2^5 = 32$ 种。经过对这 32 种状态进行全面调查，可将该系统正常的概率全部加起来，即可求得该系统的可靠度 R_s，这就要利用表 3-6，即布尔真值表进行计算。

表 3-6　布尔真值表（2^5 时）

系统状态序号	元件及其工作状态					系统状态正常或故障	R_{si}	系统状态序号	元件及其工作状态					系统状态正常或故障	R_{si}
	B_1	B_2	C_1	C_2	A				B_1	B_2	C_1	C_2	A		
1	0	0	0	0	0	F	—	17	1	0	0	0	0	F	—
2	0	0	0	0	1	F	—	18	1	0	0	0	1	F	—
3	0	0	0	1	0	F	—	19	1	0	0	1	0	F	—
4	0	0	0	1	1	S	0.00324	20	1	0	0	1	1	S	0.01836
5	0	0	1	0	0	F	—	21	1	0	1	0	0	S	0.00204
6	0	0	1	0	1	S	0.00324	22	1	0	1	0	1	S	0.01836
7	0	0	1	1	0	F	—	23	1	0	1	1	0	S	0.00816
8	0	0	1	1	1	S	0.01296	24	1	0	1	1	1	S	0.07344
9	0	1	0	0	0	F	—	25	1	1	0	0	0	F	—
10	0	1	0	0	1	F	—	26	1	1	0	0	1	F	—
11	0	1	0	1	0	S	0.00204	27	1	1	0	1	0	S	0.01156
12	0	1	0	1	1	S	0.01836	28	1	1	0	1	1	S	0.10404
13	0	1	1	0	0	F	—	29	1	1	1	0	0	S	0.01156
14	0	1	1	0	1	S	0.01836	30	1	1	1	0	1	S	0.10404
15	0	1	1	1	0	S	0.00816	31	1	1	1	1	0	S	0.04624
16	0	1	1	1	1	S	0.07344	32	1	1	1	1	1	S	0.41816

注：$\sum R_{si} = 0.95376$。

由表 3-6 可见，系统的状态号码是从 1 到 32。五个元件下面的数字 0 和 1 分别对应此元件的"故障"和"正常"状态（即 0 为故障，1 为正常）。在状态号码为 1 时，若各元件为 0，则全系统属于故障状态，故在正常或故障项下记入 F（即为故障）。在状态号码为 2、3 时，只有一个元件是 1，其他元件都不正常，因而记入 F。在状态号码 4 时，C_2 和 A 元件是 1，参见图 3-25 可知，该状态系统是正常的，故记入 S（即正常）。这样，在 32 行（代表 32 种状态）中都有 F 或 S 的记载，因而只需计算有 S（即正常）的行就可以了。例如，在第 4 行中，为 $B_1 = 0$，$B_2 = 0$，$C_1 = 0$，$C_2 = 1$，$A = 1$，使对应予 0 的状态为 $(1 - R_i)$，对应于 1 的状态为 R_i，故该状态的可靠度 $R_{s4} = (1 - R_{B1})(1 - R_{B2})(1 - R_{C1})R_{C2}R_A$，将其计算结果记入 R_{si} 栏内，表中所得的数据是以 $R_A = 0.9$，$R_{B1} = R_{B2} = 0.85$，$R_{C_1} = R_{C_2} = 0.8$ 来计算的。最后计算各 R_{si} 的总和，即得该系统的可靠度

$$R_s = \sum_{i=1}^{32} R_{si} = 0.95376$$

3.6.3　系统可靠性分配

可靠性分配就是将设计任务书上规定的系统可靠性指标，合理地分配给系统各个组成单元的一种设计方法。其目的是合理地确定每个单元的可靠性指标，以使整个系统的可靠度能获得确切的保证。

在做可靠性分配时，其计算方法与可靠性预测时所用的方法相同，只是可靠性分配是已知系统的可靠度指标而来求各组成单元应有的可靠度。基于系统的可靠性分配原则不同，就有不同的分配方法。

1. 平均分配法

平均分配法又称等分配法，该方法就是对系统中的全部单元分配以相等的可靠度。

（1）串联系统

如果系统中 n 个单元的复杂程度与重要性以及制造成本都比较接近，当把它们串联起来工作时，系统的可靠度为 R_s，各单元应分配的可靠度为 R_i。由式（3-86）得

$$R_s = \prod_{i=1}^{n} R_i = R_i^n$$

所以，单元分配的可靠度为

$$R_i = (R_s)^{1/n} \qquad (i=1, 2, \cdots, n) \tag{3-93}$$

（2）并联系统

当系统的可靠性指标要求很高（如 $R_s > 0.99$），而选用现有的元件又不能满足要求时，往往选用 n 个相同元件并联的系统，这时元件可靠度可大幅低于系统的可靠度 R_s，即

$$R_s = 1 - (1-R_i)^n$$

故单元的可靠度 R_i 应分配为

$$R_i = 1 - (1-R_s)^{1/n} \qquad (i=1, 2, \cdots, n) \tag{3-94}$$

2. 按相对失效概率分配可靠度

按相对失效概率进行可靠度分配的方法基于使系统中各单元的容许失效概率正比于该单元的预计失效概率的原则来分配系统中各单元的可靠度。对于串联系统，其可靠度分配的具体方法和步骤如下。

1）根据统计数据或现场使用经验，定出各单元的预计失效率 $\lambda_i (i=1, 2, \cdots, n)$。

2）计算各单元在系统中实际工作时间 t_i 的预计可靠度

$$R_i' = e^{-\lambda_i t_i}$$

及预计失效概率

$$F_i' = 1 - R_i'$$

3）计算各单元的相对失效概率：

$$w_i = \frac{F_i'}{\sum_{i=1}^{n} F_i'} \qquad (i=1, 2, \cdots, n) \tag{3-95}$$

4）按给定的系统可靠度 R_s 计算系统容许的失效概率 $F_s = 1 - R_s$。

5）计算各单元的容许失效概率：

$$F_i = w_i F_s = \frac{F_i'}{\sum\limits_{i=1}^{n} F_i'} F_s \tag{3-96}$$

6）计算各单元分配到的可靠度：

$$R_i = 1 - F_i$$

3. 按复杂度分配可靠度

现以串联系统为例，来说明这一分配方法的思想和步骤。

设串联系统的可靠度为 R_{sa}，失效概率为 F_{sa}，各元件应分配到的可靠度分别为 R_{1a}，R_{2a}，$\cdots$，R_{na}，失效概率分别为 F_{1a}，F_{2a}，$\cdots$，F_{na}。

设各元件的复杂度为 $C_i (i = 1, 2, \cdots, n)$。因为各元件的失效概率 F_{ia} 正比于其复杂度 C_i，即 $F_{ia} = kC_i$，则对串联系统有式（3-97）成立：

$$R_{sa} = \prod_{i=1}^{n} (1 - F_{ia}) = \prod_{i=1}^{n} (1 - kC_i) \tag{3-97}$$

由于 R_{sa} 是已知的，而 C_i 可由元件的结构复杂程度以及零部件的数目定出，也是已知的，因此，由式（3-97）可以求出 k，将 k 代入式（3-98）就可以求出各元件所分配到的可靠度：

$$R_{ia} = 1 - F_{ia} = 1 - kC_i \tag{3-98}$$

不难看出，式（3-97）是 k 的 n 次方程，如果 n 较大，则很难手算求解，这时需用迭代方法求近似解。但目前在工程上，一般用相对复杂度来求近似解，具体步骤如下。

1）计算各元件的相对复杂度：
$$v_i = C_i \Big/ \sum_{i=1}^{n} C_i \tag{3-99}$$

2）计算系统预计可靠度为
$$R_{sp} = \prod_{i=1}^{n} (1 - F_{ia}) = \prod_{i=1}^{n} (1 - v_i F_{sa}) \tag{3-100}$$
式中，F_{sa} 为系统的失效概率，计算式为 $F_{sa} = 1 - R_{sa}$，其中 R_{sa} 为给定的系统可靠度。

3）确定可靠度修正系数，若系统给定的可靠度 R_{sa} 与计算得出的系统预计可靠度 R_{sp} 值不相吻合，则需确定可靠度修正系数，其值为 $(R_{sa}/R_{sp})^{1/n}$。

4）计算各元件分配到的可靠度：
$$R_{ia} = (1 - v_i F_{sa})(R_{sa}/R_{sp})^{1/n} \tag{3-101}$$

5）验算系统可靠度：
$$R_{sa} = \prod_{i=1}^{n} R_{ia}$$

若验算结果大于给定的可靠度，则分配结束；若结果小于给定的可靠度，则应将各元件中可靠度较低的略微调大一些，直至满足规定的指标。

例 3-10　一个由 4 个零件组成的串联系统，其可靠度为 $R_{sa} = 0.80$。由于零件 1 采用的是现成产品，故取其复杂度为 $C_1 = 10$，而零件 2、3、4 按类比法确定其复杂度分别为 $C_2 = 25$，$C_3 = 5$，$C_4 = 40$。试按复杂度来分配零件可靠度。

解：1）计算各元件的相对复杂度 v_i

由式（3-98）得

$$v_1 = C_1 \Big/ \sum_{i=1}^{4} C_i = \frac{10}{10 + 25 + 5 + 40} = 0.1250, \quad v_2 = C_2 \Big/ \sum_{i=1}^{4} C_i = \frac{25}{80} = 0.3125$$

$$v_3 = C_3 \Big/ \sum_{i=1}^{4} C_i = \frac{5}{80} = 0.0625, \quad v_4 = C_4 \Big/ \sum_{i=1}^{4} C_i = \frac{40}{80} = 0.5000$$

2) 计算系统预计可靠度 R_{sp}

系统的失效概率指标为 $F_{sp} = 1 - R_{sp} = 1 - 0.8 = 0.2$

由式（3-100）得

$$R_{sp} = \prod_{i=1}^{n}(1 - F_{ia}) = \prod_{i=1}^{n}(1 - v_i F_{sa}) = (1 - v_1 F_{sa})(1 - v_2 F_{sa})(1 - v_3 F_{sa})(1 - v_4 F_{sa})$$

$$= (1 - 0.125 \times 0.2)(1 - 0.3125 \times 0.2)(1 - 0.0625 \times 0.2)(1 - 0.5 \times 0.2)$$

$$= 0.81237$$

3) 计算可靠度修正系数

$$(R_{sa}/R_{sp})^{1/n} = \left(\frac{0.80}{0.81237}\right)^{1/4} = 0.99617$$

4) 计算各元件分配到的可靠度 R_{ia}

由式（3-101）$R_{ia} = (1 - v_i F_{sa})(R_{sa}/R_{sp})^{1/n}$，得

$$R_{1a} = (1 - 0.125 \times 0.2) \times 0.99617 = 0.97127$$

$$R_{2a} = (1 - 0.3125 \times 0.2) \times 0.99617 = 0.93391$$

$$R_{3a} = (1 - 0.0625 \times 0.2) \times 0.99617 = 0.98372$$

$$R_{4a} = (1 - 0.5 \times 0.2) \times 0.99617 = 0.89655$$

5) 验算系统可靠度

$$R_{sa} = \prod_{i=1}^{4} R_{ia} = R_{1a}R_{2a}R_{3a}R_{4a} = 0.97127 \times 0.93391 \times 0.98372 \times 0.89655 = 0.800002 > 0.80$$

验算结果满足要求，结束分配工作。

4. 按复杂度与重要度分配可靠度

元件的重要度 E_i 是指元件的故障会引起系统失效的概率。对于串联系统，其具体分配步骤如下。

1) 确定各元件的复杂度 C_i 和重要度 E_i。

2) 计算各元件的相对复杂度： $v_i = C_i \Big/ \sum_{i=1}^{n} C_i$

3) 由已知的系统可靠度 R_{sa}，计算分配给各元件的可靠度：

$$R_{ia} = 1 - \frac{1 - R_{sa}^{v_i}}{E_i} \tag{3-102}$$

对分配结果进行必要的修正，即可满足要求。

习 题

3-1 何为产品的可靠性，何为可靠度？如何计算可靠度？

3-2 何为失效率，如何计算？失效率与可靠度有何关系？

3-3 零件失效在不同失效期具有哪些特点？可靠性分布有哪几种常用分布函数，试写出它们的表达式。

3-4 可靠性设计与常规静强度设计有何不同？可靠性设计的出发点是什么？

3-5 强度概率设计计算的基本假设有哪几点？

3-6 为什么按静强度设计法为安全的零件，按可靠性分析后会出现不安全的情况？

3-7 已知零件所受应力 $g(s)$ 和零件强度 $f(c)$，如何计算该零件的强度安全可靠度。

3-8 零件的应力和强度均服从正态分布时，试用强度差推导该零件的可靠度表达式。

3-9 零件的强度与材料的强度有什么区别？为什么计算零件的可靠度时要用材料的强度进行修正？

3-10　当强度为正态分布，应力为指数分布时，零件的可靠度应如何计算？

3-11　强度和应力均为任意分布时，如何通过编程方法来计算可靠度，试编写程序。

3-12　零件的疲劳极限线图有何意义？

3-13　迈纳疲劳损伤累积理论是怎样进行疲劳寿命计算的？这种方法有何优缺点？

3-14　机械系统的可靠性与哪些因素有关，机械系统可靠性设计的目的是什么？

3-15　机械系统的逻辑图与结构图有什么区别，零件之间的逻辑关系有哪几种？

3-16　试写出串联系统、并联系统、串并联系统、后备系统及表决系统的可靠度计算式。

3-17　简述布尔真值表法计算系统可靠度的思想。

3-18　试说明平均分配法的思想和按相对失效概率分配可靠度的计算过程。

3-19　某机械零件服从对数正态分布，其对数均值及对数标准差为 $\mu = 15$，$\sigma = 0.3$，求当循环次数 $N = 2 \times 10^6$ 次时的失效概率。

3-20　现对 40 台机械设备进行现场考察，其结果如下：

寿命(t/h)：	$0 \sim 2000$	$> 2000 \sim 4000$	$> 4000 \sim 6000$	$> 6000 \sim 8000$
失效数：	1	1	2	2
尚存数：	39	38	36	34

　　　试求 $t = 4000\text{h}$ 时该设备的可靠度及不可靠度。

3-21　某产品共 150 个，现做其寿命试验，当工作到 $t = 20\text{h}$ 时有其中 50 个失效，再工作 1h，又有 2 个失效，试求某产品工作到 $t = 20$ 小时时的失效率。

3-22　已知某零件的工作应力和强度的分布参数为：$\mu_s = 500\text{MPa}$，$\sigma_s = 50\text{MPa}$，$\mu_c = 600\text{MPa}$，$\sigma_c = 60\text{MPa}$，若应力和强度都是正态分布，试计算该零件的可靠度；当为对数正态分布时，试计算其可靠度。

3-23　已知某轴承受当量动载荷 $P = 107430\text{N}$，额定动载荷 $C = 300000\text{N}$，要求寿命 $L_n = 1000\text{h}$，$n = 145\text{r/min}$，试计算该轴承的可靠度。若要求 $R = 0.99$ 时，该滚动轴承的寿命是多少？

3-24　某系统由三个子系统组成，元件 1、2、3 为 2/3 表决系统，元件 4、5 相互串联，元件 6、7 相互并联，上述三个子系统串联构成该系统。设备元件的可靠度为 $R_1 = R_2 = R_3 = 0.92$，$R_4 = 0.97$，$R_5 = 0.99$，$R_6 = 0.95$，$R_7 = 0.94$，试求该系统的可靠度 R_s。

3-25　某汽车的行星齿轮轮边减速器，半轴与太阳轮（可靠度为 0.995）相连，车轮与行星架相连，齿圈（可靠度为 0.999）与桥壳相连，4 个行星齿轮的可靠度均为 0.999，试求该轮边减速器齿轮系统的可靠度。

3-26　某系统由 4 个串联子系统组成，子系统的预计可靠度分别为 $R_1' = 0.984$，$R_2' = 0.941$，$R_3' = 0.996$，$R_4' = 0.979$，试求当系统要求的可靠度为 $R_s = 0.87$、$R_s = 0.95$，分别给 4 个子系统分配可靠度。

3-27　一系统有功能上串联的 10 个部件，各部件相互独立且可靠度相同，如果指定此系统的可靠度为 0.9，问所需各部件的最小可靠度为多少？

3-28　一串联系统由 3 个单元组成，各单元的预计失效率分别为 $\lambda_1 = 0.005\text{h}^{-1}$，$\lambda_2 = 0.003\text{h}^{-1}$，$\lambda_3 = 0.002\text{h}^{-1}$，要求工作 20h 时系统可靠度 $R_s = 0.98$，试分配各单元的可靠度值。

第4章　计算机辅助设计

4.1　概　　述

计算机辅助设计（computer aided design，CAD）是一种运用计算机软、硬件系统辅助人们进行设计的新方法与新技术，包括使用计算机系统支持的几何造型、绘图、工程分析、参数计算与文档制作等设计活动，是一门多学科综合应用的新技术。

与传统设计方法不同，CAD 是人和计算机相结合的新型设计方法。它采用计算机为工具可以帮助设计人员完成设计过程中的大部分活动，例如，利用计算机的图形处理功能帮助设计者进行产品几何形状修改、确定以及输出图纸；利用数据库来查阅已有的设计资料和数据；利用计算机强大的计算能力进行性能预测、强度分析和优化设计；利用专家系统等人工智能手段来帮助建立设计方案。在上述活动中，CAD 的目的是追求设计的信息化、智能化和自动化，但并不排除人的主观能动作用，而是将设计者的创新能力、想象力、经验和计算机高速运算的能力、存储能力、图纸显示与处理能力有机结合起来，综合运用多学科的相关知识和技术，进行产品描述及设计，极大地提高设计工作的效率和质量，缩短设计周期，降低设计成本，为新产品开发和无图纸化生产提供前提。

CAD 是一门多学科综合应用的新技术。它涉及以下一些技术基础。

1）图形处理技术。如自动绘图、几何建模、图形仿真及其他图形输入、输出技术。

2）工程分析技术。如有限元分析、优化设计及面向各种专业的工程分析等。

3）数据管理与数据交换技术。如数据库管理、产品数据管理、产品数据交换规范及接口技术等。

4）文档处理技术。如文档制作、编辑及文字处理等。

5）软件设计技术。如窗口界面设计、软件工具及软件工程规范等。

CAD 技术诞生于 20 世纪 50 年代后期。进入 20 世纪 60 年代，随着计算机软硬件技术的发展，在计算机屏幕上绘图变得可行，CAD 开始迅速发展。人们希望借助该项技术来摆脱烦琐、费时、精度低的传统手工绘图。此时，CAD 技术的出发点是用传统的三视图方法来表达零件，以图纸为媒介进行技术交流，这就是二维计算机绘图技术。在 CAD 软件发展初期，CAD 的含义仅仅是计算机辅助绘图或计算机辅助制图（computer aided drawing）而非现在经常讨论的 CAD 所包含的全部内容。从广义上说，CAD 技术包括二维工程绘图、三维几何设计、有限元分析、数控加工、仿真模拟、产品数据管理、网络数据库以及上述技术（CAD/CAE/CAM）的集成技术等。CAD 技术以二维绘图为主要目标的算法一直持续到 20 世纪 70 年代末期，以后作为 CAD 技术的一个分支而相对独立、平稳地发展。进入 20 世纪 80 年代，工业界认识到 CAD/CAM 新技术对生产的巨大促进作用，于是在设计与制造方面对 CAD/CAM 销售商提出了各种各样的要求，导致新理论、新算法的大量涌现。在软件方面做到了将设计与制造的各种单个软件集成起来，使之不仅能绘制工程图形，而且能进行三维造型、自由曲面设计、有限元分析、机构及机器人分析与仿真、注塑模设计等各种工程应用。与此同时，计算机硬件及输入输出设备也有了很大发展，32 位字长的工程工作站及微机达到了过去小型机性能，计算机网络也获得了广泛的应用。

经过 50 多年的发展，现代 CAD 设计软件已经不再仅仅是代替手工绘图的一种工具，而是传统设计与手段的变革。随着计算机软硬件技术的日益完善，CAD 技术得到迅猛发展。CAD 技术由传统的简单二维绘图发展到今天基于特征的三维参数化造型和变量化造型设计技术，它深刻影响社会各个领域的设计技术。

CAD 技术作为 20 世纪杰出的工程技术成就之一，现已受到世界各工业发达国家普遍的高度重视，已广泛地应用于航空、航天、汽车、航海、机械、电子、建筑、纺织以及艺术等各个工程和产品设计领域，并产生了巨大的社会效益和经济效益。目前，CAD 技术的应用水平已经成为衡量一个国家工业生产技术现代化水平的重要标志，也是衡量一个企业技术水平的重要标志。

当前，CAD 技术在机械工业中的主要应用有以下几个方面。

1）二维绘图。这是最普遍最广泛的一种应用，用来代替传统的手工绘图。

2）图形及符号库。将复杂图形分解成许多简单图形及符号，先存入库中，需要时调出，经编辑修改后插入另一图形中去，从而使图形设计工作更加方便。

3）参数化设计。标准化或系列化的零部件具有相似结构，但尺寸经常改变，采用参数化设计的方法建立图形程序库，调出后赋予一组新的尺寸参数就能生成一个新的图形。

4）三维造型。采用实体造型设计零部件结构，经消隐及着色等处理后显示物体的真实形状，还可进行装配及运动仿真，以便观察有无干涉。

5）工程分析。常见的有有限元分析、优化设计、运动学及动力学分析等。此外，针对某个具体设计对象还有其各自的工程分析问题，如注塑模设计中要进行塑流分析、冷却分析、变形分析等。

6）设计文档或生成报表。许多设计属性需要制成文档说明或输出报表，有些设计参数需要用直方图、饼图或曲线图等来表达。上述这些工作常由一些专门的软件来完成，如文档制作软件及数据库软件等。

从以上所述的应用情况来看，采用 CAD 技术会带来以下好处。

1）缩短手工绘图时间，提高绘图效率。

2）提高分析计算速度，解决复杂计算问题。

3）便于修改设计。

4）促进设计工作的规范化、系列化和标准化。

总之，采用 CAD 技术可以显著地提高产品的设计质量、缩短设计周期、降低设计成本，从而加快了产品更新换代的速度，可使企业保持良好的竞争能力。

当然，CAD 技术还在发展中，该技术在软件方面的进一步发展趋势如下。

1）集成化。为适应设计与制造自动化的要求，特别是近些年来出现的计算机集成制造系统（computer integrated manufacturing system，CIMS）的要求，进一步提高集成水平是 CAD/CAM 系统发展的一个重要方向。

2）智能化。目前，现有的 CAD 技术在机械设计中只能处理数值型的工作，包括计算、分析与绘图。然而，在设计活动中存在另一类符号推理型工作，包括方案构思与拟订、最佳方案选择、结构设计、评价、决策以及参数选择等。这些工作依赖于一定的知识模型，采用符号推理方法才能获得圆满解决。因此，将人工智能技术，特别是专家系统的技术，与传统 CAD

技术结合起来，形成智能化 CAD 系统是机械 CAD 发展的必然趋势。

3）标准化。随着 CAD 技术的发展，工业标准化问题越来越显出它的重要性。迄今已制定了不少标准，例如，面向图形设备的标准 CGI，面向用户的图形标准 GKS、PHIGS，面向不同 CAD 系统的数据交换标准 IGES 和 STEP，此外还有窗口标准等。随着技术的进步，新标准还会出现，基于这些标准推出的有关软件是一批宝贵的资源，用户的应用开发常常离不开它们。

4）可视化。可视化是指运用计算机图形学和图像处理技术，将设计过程中产生的数据及计算结果转换为图形或图像在屏幕上显示出来，并进行交互处理，使冗繁、枯燥的数据变成生动、直观的图形或图像，激发设计人员的创造力。

5）网络化。计算机网络技术的运用，将各自独立的、分布于各处的多台计算机相互连接起来，这些计算机彼此可以通信，从而能有效地共享资源并协同工作。在 CAD 应用中，网络技术的发展，显著地增强了 CAD 系统的能力。

4.2　CAD 系统

一个完整的 CAD 系统是由计算机硬件和软件两大部分所组成的。CAD 系统功能的实现，是硬件和软件协调作用的结果，硬件是实现 CAD 系统功能的物质基础，然而如果没有软件的支持，硬件也是无法发挥作用的，二者缺一不可。

4.2.1　CAD 系统的硬件

CAD 系统的硬件是指计算机系统中的全部可以感触到的物理装置，包括各种规模和结构的计算机、存储设备以及输入、输出设备等几个部分。

计算机系统的核心是中央处理机（central processing unit，CPU）、主存储器和总线结构，它们也称为计算机系统的主机。CPU 由控制器和运算器两部分构成，控制器负责解释指令的含义、控制指令的执行顺序、访问存储器等；运算器负责执行指令所规定的算术和逻辑运算。

主存储器简称主存或内存，是存放指令和数据的部件，与 CPU 关系密切，其优点是能够实现信息快速直接存取。为了能保存程序和数据信息，大多数计算机都配置了外部存储器，作为主存储器的后援。在主存储器中只存放当前需要执行的指令和需要处理的数据信息，而将暂时不需要执行的程序和数据信息存储到外部存储器中，在需要时再成批地与主存储器交换信息。外部存储器的存储容量可以很大，价格相对于主存储器也比较便宜，可以反复使用，但其缺点是存取速度较慢。目前常用的外部存储器包括磁带机、磁盘机以及近年来发展非常迅速的光盘存储器。

计算机及外部存储器通过输入、输出设备与外界沟通信息，输入、输出设备一般称为计算机的外围设备。所谓输入，就是把外界的信息变成计算机能够识别的电子脉冲，即由外围设备将数据送到计算机内存中。所谓输出，就是将输入过程反过来，将计算机内部编码的电子脉冲翻译成人们能够识别的字符或图形，即从计算机的内部将数据传送到外围设备。能够实现输入操作的装置就称为是输入设备，CAD 系统所使用的输入设备主要包括键盘、光笔、图形输入板、数字化仪、鼠标器、扫描仪以及声音输入装置等；能够实现输出操作的装置便是输出设备，CAD 系统所使用的输出设备主要包括字符显示器、图形显示器、打印机、绘图仪等。

图 4-1 所示为 CAD 系统硬件的基本配置，包括计算机主机和图形输入、输出设备。

在 CAD 作业中，目前常用的图形输入设备包括键盘、鼠标、光笔、图形扫描仪、数字化仪等。

键盘是最常见、最基本的输入设备，具有输入字符和数据等功能。

鼠标作为指点设备，应用十分广泛，绘图系统一般推荐中键是滚轮的三键鼠标，因为中键往往被系统赋予特殊的控制功能。

图 4-1　CAD 系统硬件的基本配置

光笔的外壳像支笔，它是一种检测光的装置，是实现人与计算机、图形显示器之间联系的一种有效工具。光笔的主要功能是指点与跟踪。指点就是在屏幕上有图形时，选取图形上的某一点作为参考点，对图形进行处理。跟踪就是用光笔拖动光标在显示屏幕上任意移动，从而在屏幕上直接输入图形。

图形扫描仪可以把图形或图像以像素点为单位输入计算机中。通常把扫描得到的像素图用专门的软件处理得到矢量图，这个过程称为矢量化处理。这种输入方法可将原有纸质图样数字化，而且效率比较高。对于用计算机做的全新设计，这种方法就没用了。

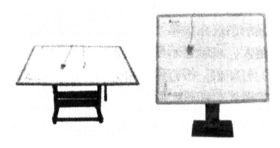

图 4-2　数字化仪

数字化仪是一种图形数据采集装置，如图 4-2 所示。它由固定图纸的平板、检测器和电子处理器三部分组成。工作时，将十字游标对准图纸上的某一点，按下按钮，则可输入该点的坐标。连续移动游标，可将游标移动轨迹上的一连串点的坐标输入。因此，它可以把图形转换成坐标数据的形式存储，也可以重新在图形显示器或绘图仪上复制成图。

在 CAD 作业中，常用的图形输出设备一般可以分为两大类。一类是用于交互式作用的图形显示设备，另一类是在纸上或其他介质上输出可以永久保存图形的绘图设备。常用的图形输出设备有以下几种。

1）图形显示器。显示器是人机交互的重要设备之一，它能让设计者观察到设计结果，以便在必要时对设计进行相应的调整、修改等。显示器常用有阴极射线管（cathode ray tube，CRT）显示器和液晶显示器（liquid crystal display，LCD）显示器。

2）打印机。打印机是一种常用的图形硬拷贝设备，它的种类繁多，一般分为撞击式与非撞击式两种。撞击式如针式打印机；非撞击式如喷墨打印机、激光打印机等，可以实现高速度、高质量低噪声的打印输出。

3）绘图仪。绘图仪按工作原理可分为笔式绘图仪和非笔式绘图仪，按结构可分为平板（台）式绘图仪和滚筒式绘图仪。

笔式绘图仪是以墨水笔作为绘图工具，计算机通过程序指令控制笔和纸的相对运动；同时，对图形的颜色、图形中的线型以及绘图过程中抬笔、落笔动作加以控制，由此输出屏幕显示的图形或存储器中的图形。非笔式绘图仪的作图工具不是笔，有静电绘图仪、喷墨绘图仪、热敏绘图仪等几种类型。

笔式平板绘图仪见图 4-3 (a)，喷墨滚筒绘图仪见图 4-3 (b)。

(a) 笔式平板绘图仪

4.2.2 CAD 系统的软件

软件亦称软设备，是指管理及运用计算机的全部技术，一般用程序或指令来表示。从软件配置的角度来说，CAD 系统的软件分为系统软件和应用软件两大类。系统软件一般是由系统软件开发公司的软件，由专业人员负责研制开发，对于一般用户，主要关心应用软件的选用和开发。

(b) 喷墨滚筒绘图仪

图 4-3 绘图仪

1. 系统软件

与计算机硬件直接联系并且供用户使用的软件。系统软件起着扩充计算机功能和合理调度计算机资源的作用，具有两个重要特点：一是公用性，无论哪个应用领域和计算机用户，都要使用；二是基础性，应用软件要用系统软件来编写、实现，且在系统软件的支持下运行，因此，系统软件是应用软件赖以工作的基础。在系统软件中，最重要的有两类：一是操作系统，负责组织计算机系统的活动以完成人交给的任务，并指挥计算机系统有条不紊地应付千变万化的局面；二是各种程序设计语言、语言编译系统、数据库管理系统和数据通信软件等，负责人与计算机之间的通信。系统软件的目标在于扩大系统的功能、方便用户使用，为应用软件的开发和运行创造良好的环境，合理调度计算机的各种资源，以提高计算机的使用效率。

2. 应用软件

在系统软件的支持下，为实现某个应用领域内的特定任务而编写的软件。CAD 应用软件的范围非常广泛，为了表示清楚，将应用软件又细分为支撑软件和用户自己开发的应用软件两种，图 4-4 表示这些软件间的层次关系。支撑软件是支持 CAD 应用软件的通用程序库和软件开发的工具，近二三十年来，由于计算机应用领域的迅速扩大，支撑软件的研究也随之有了很大的发展，出现了种类繁多的商品化支撑软件，其中比较常用的有以下几类：基本图形资源软件，二、三维图形处理软件，几何造型软件，设计计算及工程分析软件，专家系统。

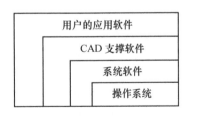

图 4-4 软件间的层次关系

3. 常用的绘图软件

目前，在 CAD 作业中，常用的几种主要绘图软件及其功能如下。

（1）AutoCAD

AutoCAD 是美国 AutoDesk 公司为微机开发的二维、三维工程绘图软件。AutoCAD 作为当今最流行的二维绘图软件，具有强大的二维绘图功能，如绘图、编辑、剖面线、图形绘制、尺寸标注以及二次开发等功能，同时还有部分三维功能。AutoCAD 还提供有 AutoLISP、ARX、VBA 等作为二次开发的工具。详细的 AutoCAD 的有关绘图功能及其使用方法，详见有关教材。

（2）SolidWorks

SolidWorks 是美国 SolidWorks 公司于 1995 年研制开发的一套基于 Windows 平台的全参数化特征造型软件，它可以十分方便地实现复杂的三维零件实体造型、复杂装配和生成工程图。图形界面友好，用户上手快。该软件采用自顶向下基于特征的实体建模设计方法，可动态模拟装配过程，自动生成装配明细表、装配爆炸图、动态装配仿真、干涉检查、装配形态控制，其先进的特征树结构使操作更加简便和直观。该软件提供了完整的、免费的开发工具（API），用户可以用微软的 VisualBasic、VisualC++或其他支持 OLE 的编程语言建立自己的应用方案。通过数据转换接口，SolidWorks 可以很容易地将不同的机械 CAD 软件集成到同一个设计环境中。

（3）Pro/Engineer

Pro/Engineer 系统是美国参数技术公司（PTC）的产品。Pro/Engineer 采用技术指标化设计、基于特征的实体模型化系统，工程设计人员采用具有智能特性的基于特征的功能去生成模型，如腔、壳、倒角及圆角，可以随意勾画草图，轻易改变模型。Pro/Engineer 系统用户界面简洁，概念清晰，符合工程技术人员的设计思想与习惯。整个系统建立在统一的数据库上，具有完整而统一的模型。

（4）Unigraphics

Unigraphics（UG）是 Unigraphics Solutions 公司开发的一个功能强大的 CAD/CAM 软件，针对整个产品开发的全过程，从产品的概念设计直到产品建模、分析和制造过程，它提供给用户一个灵活的复合建模模块，具有独特的知识驱动自动化（KDA）的功能，使产品和过程的知识能够集成在一个系统里。

（5）I-DEAS

I-DEAS 是美国 SDRC 公司开发的 CAD/CAM 软件。I-DEAS 可以进行核心实体造型及设计、数字化验证（CAE）、数字化制造（CAM）、二维绘图及三维产品标注。I-DEASCAMAND 可以方便地仿真刀具及机床的运动，可以从简单的 2 轴、2.5 轴加工到以 7 轴 5 联动方式来加工极为复杂的工件表面，并可以对数控加工过程进行自动控制和优化。

（6）CATIA

CATIA 是由法国著名飞机制造公司 Dassault 开发并由 IBM 公司负责销售的 CAD/CAM/CAE/PDM 应用系统。该系统采用了先进的混合建模技术，在整个产品生命周期内具有方便修改的能力，所有模块具有全相关性，具有并行工程的设计环境，支持从概念设计到产品实行的全过程。它也是世界上第一个实现产品数字化样机开发（DMU）的软件。

（7）SolidEdge

SolidEdge 是 EDS 公司开发的中档 CAD 系统。SolidEdge 为机械设计量身定制，它利用相邻零件的几何信息，使新零件的设计可在装配造型内完成；模塑加强模块直接支持复杂塑料零件的造型设计；钣金模块使用户可以快速简捷地完成各种钣金零件的设计；利用二维几何图形作为实体造型的特征草图，实现三维实体造型，为从 CAD 绘图升至三维实体造型的设计提供简单、快速的方法。

（8）MDT

MDT 是 AutoDesk 公司在 PC 平台上开发的三维机械 CAD 系统。它以三维设计为基础，集设计、分析、制造以及文档管理等多种功能为一体。MDT 基于特征的参数化实体造型，基于 NURBSde1 曲面造型，可以比较方便地完成几百甚至上千个零件的大型装配，提供相关联的绘图和草图功能，提供完整的模型和绘图的双向连接。该软件与 AutoCAD 完全融为一体，用户可以方便地实现三维向二维的转换。MDT 为 AutoCAD 用户向三维升级提供了一个较好的选择。

(9) CAXA

CAXA 是我国北京航空航天大学海尔软件有限公司面向我国工业界自主开发出的中文界面、三维复杂型面 CAD/CAM 软件，是我国制造业信息化 CAD/CAM/PLM 领域自主知识产权软件的优秀代表。CAXA 包括 CAXA 电子图版 V52D、CAXA 三维电子图版 V53D 等设计绘图软件。CAXAC 实体设计是国家"十五"重点支持的"三维 CAD 系统"项目的重要成果。CAXA 实体设计专注于产品创新工程，为用户提供三维创新设计的 CAD 平台，支持概念设计、总体设计、详细设计、工程设计、分析仿真、数控加工的应用需求，已成为企业加快产品上市与更新速度、赢取国际化市场先机的核心工具。

(10) PICAD

PICAD 是北京凯思博宏计算机应用工程有限公司开发的具有自主版权的 CAD 软件。该软件具有智能化、参数化和较强的开放性，对特征点和特征坐标可自动捕捉及动态导航，系统提供局部图形参数化、参数化图素拼装及可扩充的参数图符库；提供交互环境下的开放的二次开发工具，智能标注系统可自动选择标注方式；该软件首先推出了全新的"所绘即所得"自动参数化技术，并具有可回溯的、安全的历史记录管理器，是真正面向对象和面向特征的 CAD 系统。

4.2.3　CAD 系统的形式

从国内外 CAD 硬件技术的发展过程来看，可以将 CAD 系统归纳为以下四种形式。

1. 主机分时 CAD 系统

该系统的特点是由小型机以上的高性能通用计算机作为主机，以分时方式连接几十个甚至上百个图形终端以及更多的字符终端进行工作的一种集中分时的 CAD 系统。该系统的计算机来自大型计算机公司，因而可以从计算机公司得到较多的服务项目，包括较多的高级系统软件，同时较好地解决了通信、保密和数据库管理问题。但该系统的软硬件投资规模相当巨大，并且对工作环境的要求也非常严格，使得一般的中小型企业均不敢问津。

2. 小型机成套 CAD 系统

该系统有时也称为交钥匙系统，意为只要转动"钥匙"，系统就能启动，其安装、使用、维护极为方便。该系统是由 CAD 软件开发公司采用软硬件成套供应的办法为用户提供的专用 CAD 系统，当系统安装调试完成之后，用户不需要做任何开发工作，即可投入使用，但只能解决既定的产品设计问题。该系统的主机一般采用小型机或超级小型机，其中使用最多的是 VAX 系列计算机。

3. 工程工作站 CAD 系统

工作站是介于小型机和微机之间的一种机型，具有处理速度快、分布式计算能力强、网络性能灵活、图形处理能力强大以及 CAD 应用软件丰富等优越性。由于激烈的市场竞争，目前工作站的硬件价格正在逐渐降低，而其性能每隔一年甚至半年就提高一倍，较便宜的工作站已接近高档微机的价格，而性能却比微机翻了几番，因而工作站的应用范围迅速扩大，成为 CAD 系统的主要硬件。

4. 微机 CAD 系统

与工程工作站 CAD 系统相比，该系统的运算能力和图形处理能力较低，但其价格便宜，因此该系统已被许多中小型企业所广泛采用，而且随着微机硬件性能的迅速提高，该系统与工程工作站 CAD 系统的差别将会逐渐消失。

自 20 世纪 80 年代末以来，工程工作站和微型计算机在 CAD 领域的迅速崛起，使得前两种 CAD 系统受到严重冲击，许多制造厂家纷纷下马、转产或被吞并，市场逐渐萎缩；而工程工作站和微机在 CAD 应用领域的发展却日新月异。目前，具有高性能、低价格的工程工作站和微机已经成为 CAD 系统的主流机型，成为应用最为广泛的 CAD 硬件系统。CAD 硬件系统发展的一个方向就是将工程工作站、微机及其他 I/O 设备采用网络连接在一起，组成一个高性能的分布式 CAD 网络系统，在这样一个高性能的分布式 CAD 网络系统中可以实现二维和三维图形功能，可以实现硬件资源共享，以及软件、图形、数据等资源共享。

4.2.4　CAD 系统的功能

一个比较完善的 CAD 系统，是由产品设计制造的数值计算和数据处理程序包、图形信息交换（图形的输入和输出）和处理的交互式图形显示程序包、存储和管理设计制造信息的工程数据库等三大部分构成，该系统的功能主要包括：快速生成二维图形的功能，人机交互的功能，三维几何形体造型的功能，二、三维图形转换的功能，三维几何模型显示处理的功能，工程图绘制的功能，三维运动机构的分析和仿真的功能，物体质量特性计算的功能，有限元法网格自动生成的功能，优化设计的功能以及信息处理和信息管理的功能。

4.3　工程数据的处理方法及 CAD 程序编制

在进行机械设计过程中，需要查阅大量手册、文献资料以及检索有关曲线、表格，以获得设计或校核计算时所需要的各种系数、参数等。这项工作既费时费力，又容易出错。若将此项工作交给计算机来完成，则可以大幅度地减轻设计人员烦琐的事务性劳动，使其能投入更多的精力去从事创造性的设计工作。

计算机具有大量存储与迅速检索的功能，将设计过程中所需要的表格、线图以程序或文件的方式预先存入计算机中，供设计时灵活方便地调用，必要时还可以建立或利用公共数据库，将表格和线图转化为相互关联的数据结构，以利于更方便地完成资料信息的交换。对工程数据进行处理的方法包括下列三种。

1) 将工程数据转化为程序存入计算机内存。

2) 将工程数据转化为数据文件存入计算机外存。

3) 将工程数据转化为结构存入数据库。

4.3.1　数表的分类及存取

1. 数表的分类

机械设计过程中所使用的工程技术数表种类很多，在对这些数表进行程序化处理时，应根据数表各自所具有的特点分别加以处理。通常，可以按数表中的数据之间有无函数关系而将数表分为列表函数表和简单数表两类；或按数表的维数将数表分为一维数表和二维数表两类。

（1）列表函数表

数表中所记载的一组数据彼此之间存在一定的函数关系。根据数表中数据来源的不同，列表函数表又可细分为两类。

1) 有计算公式的列表函数表。

当初制定数表时，有精确的理论计算公式或经验公式，只是由于公式复杂，为了方便手工计算，才把这些公式以数表的形式给出，如齿轮的齿形系数、特定条件下单根 V 带所能传递的功率、轴的应力集中系数等数表。在编制 CAD 计算程序时，对于这一类数表可以直接利用编制数表的理论计算公式或经验公式来计算有关的数据。

2）无计算公式的列表函数表。

这类数表中的数据是通过试验进行观测并根据实践经验加以修正而得到的一些离散数据，以列表函数的形式形成参数间的函数关系。对于这一类数表可以利用程序设计语言所提供的数组进行存储，在检索时还需要利用插值的方法来检取数据。

（2）简单数表

数表中所记载的一组数据彼此之间不存在函数关系，只是记载了一些不同对象间的各个常数关系，其数据都是离散量，如各种材料的机械性能、齿轮标准模数系列、V 带轮计算直径系列、各种材料的密度等数表。对于这类数表，也是利用程序设计语言所提供的数组进行存储，由于不存在函数关系，所以在检索时不存在插值问题。

（3）一维数表

所要检取的数据只与一个变量有关的数表（表 4-1）。

表 4-1　包角系数 K_α

包角 $\alpha/(°)$	70	80	90	100	110	120	130	140	150	160	170	180	190	200	210	220
K_α	0.56	0.62	0.68	0.73	0.78	0.82	0.86	0.89	0.92	0.95	0.98	1.0	1.05	1.1	1.15	1.2

（4）二维数表

所要检取的数据同时与两个变量有关的数表（表 4-2）。

表 4-2　V 带长度系数 K_L

序号 I	J	0	1	2	3	4	5	6
截面型号 内周长度/mm		O	A	B	C	D	E	F
0	450	0.89						
1	500	0.91						
2	560	0.94	0.80					
⋮	⋮			⋮				
29	1150							1.12
30	1400							1.15
31	1600							1.18

2. 数表的存取

数据存入计算机的形式应考虑到检索的方便，通常将数据按一定规则进行排列，然后存入数组，一维数表采用一维数组进行存储、二维数表采用二维数组进行存储。查取数据时用逻辑判断语句进行比较，选择出所需要的数据。

（1）一维数表的存取举例

例 4-1　平键连接中的平键基本尺寸数据如表 4-3 所示，试编写程序根据轴径 d 查取相应的键宽 b 和键高 h。

表 4-3　平键尺寸与轴径关系（摘自 GB1095—2003）

规格/i	轴径 d/mm	b/mm	h/mm	规格/i	轴径 d/mm	b/mm	h/mm
0	自 6～8	2	2	5	>22～30	8	7
1	>8～10	3	3	6	>30～38	10	8
2	>10～12	4	4	7	>38～44	12	8
3	>12～17	5	5	8	>44～50	14	9
4	>17～22	6	6	9	>50～58	16	10

解：在表中根据轴径 d 检索键宽 b 和键高 h 时，首先需要判断轴径 d 所在的范围。根据数表的这一特点，在程序中存储该数表时可由两个一维数组 $b[10]$ 和 $h[10]$ 分别存储键宽和键高的值，而用另一个一维数组 $d[11]$ 存储轴径的范围界限值。当需要检索键宽和键高时，首先用条件语句判断轴径 d 所在的范围，在此范围内便可检索到键宽和键高的数据值。程序编写如下：

```
/*      chp4_01.c      */
#include<stdio.h>
main()
{   static float d[11] = {6.0,8.0,10.0,12.0,17.0,22.0,30.0,38.0,44.0,50.0,
                      58.0},
              b[10] = {2.0,3.0,4.0,5.0,6.0,8.0,10.0,12.0,14.0,16.0},
              h[10] = {2.0,3.0,4.0,5.0,6.0,7.0,8.0,8.0,9.0,10.0};
    float dd,bb,hh;
    int i;
    puts("Please input d = ? \n");
    scanf("%f",&dd);
    if(dd<d[0]||dd>d[10])
    {   puts("The data is out of the range! \n");
        exit(1);}
    for(i = 0;i<10;i++)
        if(dd<= d[i+1])
        {   bb = b[i];
            hh = h[i];
            printf("b = %f,h = %f\n",bb,hh);
            exit(2);}}
```

（2）二维数表的存取举例

例 4-2　表 4-2 所示为 V 带长度系数 K_L，如果 V 带的截面型号为 A 型，内周长度为 560mm，请编写程序在该表中查取相应的长度系数 K_L。

解：对于二维数表，首先应给资料名称加注序号。如表 4-2 所示，在竖直方向（内周长度）加注序号 $i=0～31$；在水平方向（截面型号）加注序号 $j=0～6$。然后就可以定义一个二维数组将数表中的数据存入计算机。如果需要查取数表中的某个数据，只需给出其位置序号

$(i，j)$ 即可。A 型截面所对应的位置序号为：$i=2$，内周长度为 560mm 所对应的位置序号为 $j=1$，查取长度系数 K_L 的程序如下：

```
/*      chp4_02.c      */
#include<stdio.h>
main()
{   static float kl[32][7] = {{0.89,100.0,100.0,100.0,100.0,100.0,100.0},
                              {0.91,100.0,100.0,100.0,100.0,100.0,100.0},
                              {0.94,0.80,100.0,100.0,100.0,100.0,100.0},
                                    ......
                                    ......
                                    ......}};

int i,j;
float kl1;
i = 2;j = 1;
kl1 = kl[i][j];
if(fabs(kl1 - 100.0)<1.0e - 6)
    printf("THE DATA OUT OF THE TABLE!");
else
    printf("kl = %f",kl1);}
```

对于数表中出现的空格，应在存入计算机时用一个适当的有别于数表中其他数据的数字来代替，并在程序中使用判断语句进行检查。例如，本程序中使用数字"100.0"来代替空格，使用判断语句"if(fabs(kl1 - 100.0)<1.0e - 6)......"来检查是否出现空格。

当二维数表中出现的空格较多时，如果仍按上述方法进行存储，就浪费了存储空间，为了节省存储空间，可把数表中的空格排除在外，而把其余数据按行或列的方式排列组成一维数组，还要编制一张索引表用于存储数表中每一行或列的数据是从第几号元素开始到第几号元素结束。

4.3.2　线图的分类及处理

在机械设计资料中，除数据表格以外，还经常出现线图，由线图可以直观地表现出参数间的函数关系及函数的变化趋势。这些线图在对数坐标系中常常表现为直线或折线，在普通直角坐标系中一般都是曲线。在传统手工设计过程中，可从线图直接查取所需的参数；而在 CAD 计算程序中，程序不能直接查取线图，必须将线图处理成程序能够检索的形式。对于不同类型的线图，其处理方法各不相同。根据线图中数据的来源，线图可以分为两类。

1. 有计算公式的线图

线图所表示的各参数之间本来就有计算公式，只是由于计算公式复杂，为了便于手工计算才将公式绘制成为线图供设计时查用。对于这样的线图，在用计算机进行处理时，由于计算机具有高速运算的能力，所以应该直接使用原来的计算公式。例如，齿轮传动接触强度计算中的螺旋角参数 Z_β 是以线图形式给出的，如图 4-5 所示，实际上该线图是根据计算公式 $Z_\beta = \sqrt{\cos\beta}$ 绘制的，公式中的 β 是齿轮分度圆螺旋角。因此，在 CAD 计算程序中可直接使用公式

$Z_\beta = \sqrt{\cos\beta}$ 进行计算。

2. 无计算公式的线图

线图中所表示的各个参数之间没有或找不到计算公式，对于这样的线图常用的处理方法有两种。

（1）数表化处理

首先将线图转化成数表形式，即从曲线上取一些节点，将这些节点的坐标值列成数表，然后按前述处理数表的方法进行处理。由于线图反映的是参数间的函数关系，所以转化后所获得的数表属于列表函数表，当所要查取的数据不在数表所列的节点上时，需要使用列表函数的插值方法进行插值运算。

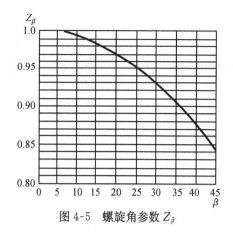

图 4-5　螺旋角参数 Z_β

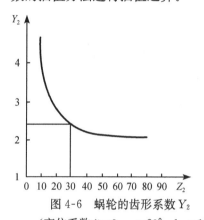

图 4-6　蜗轮的齿形系数 Y_2

（变位系数 $\zeta=0$，$\alpha=20°$，$h_a=1$）

如图 4-6 所示为蜗轮的齿形系数 Y_2 与齿数 Z_2 之间的函数关系。在线图上取一系列不同的齿数 Z_2，找出与其对应的齿形系数 Y_2，即可将这些（Y_2，Z_2）列成一个一维数表（表 4-4）。

将线图转化成数表时，节点的选取应随曲线形状变化而异，选取的基本原则是使各相邻两个节点之间的函数值差值均匀。例如，在图 4-6 中，当蜗轮齿数 Z_2 值较小时，齿数对齿形系数的影响较大，表现为曲线较为陡峭，所以节点的区间应取得小些；而当蜗轮齿数 Z_2 值较多时，齿数对齿形系数的影响较小，表现为曲线较为平滑，所以节点的区间应取得大些，这样既保证了列表函数的精度，又可减少数据存储时所占用的内存空间。

表 4-4　蜗轮的齿形系数 Y_2（变位系数 $\zeta=0$，$\alpha=20°$，$h_a=1$）

Z_2	10	11	12	13	14	15	16	17	18	19	20	22	24	26
Y_2	4.55	4.14	3.70	3.55	3.34	3.22	3.07	2.96	2.89	2.82	2.76	2.66	2.57	2.51
Z_2	28	30	35	40	45	50	60	70	80	90	100	150	200	300
Y_2	2.48	2.44	2.36	2.32	2.27	2.24	2.20	2.17	2.14	2.12	2.10	2.07	2.04	2.04

（2）公式化处理

对于直线或折线图，可将其转化为线性方程，用以表示参数间的函数关系。直线图通常有直角坐标系的、对数坐标系的和由折线组成的区域图三种类型，可分别进行处理。

1）直角坐标系直线图。

如图 4-7 所示为齿轮强度计算时所用到的动载荷系数 K_V 的线图，包括直齿轮和斜齿轮，图中共有 16 条直线分别代表在各种精度等级下的函数关系。若采用数表化处理方法，则要转化为 16 个一维数表或 2 个二维数表，其数据量很大，所要占用的计算机内存较多。因此，可将该线图转化为线性方程以减少对计算机内存的占用。

若已知直线上两个点的坐标（x_1，y_1）、（x_2，y_2），则其方程可写为

$$y(x) = y_1 + \frac{y_2 - y_1}{x_2 - x_1}(x - x_1) \tag{4-1}$$

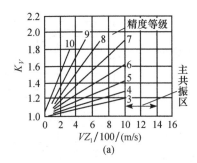 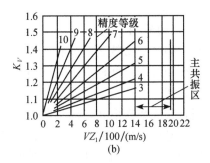

图 4-7　动载荷系数 K_V

在图 4-7 中的每条直线上任意选取两点，由此两点的坐标可以构成一个直线方程，利用该方程即可计算出任意的 $VZ_1/100$ 所对应的动载荷系数 K_V。

2）对数坐标系直线图。

在机械设计资料中，除直角坐标系直线图外，还有对数坐标系直线图，如图 4-8 所示。若

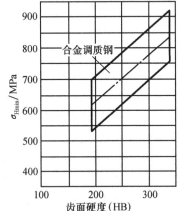

图 4-8　弯曲强度的寿命系数 Y_N

已知对数坐标系下直线上的两个点的坐标（$\lg x_1$，$\lg y_1$）、（$\lg x_2$，$\lg y_2$），则其方程可以表示为

$$\lg y = \lg y_1 + \frac{\lg y_2 - \lg y_1}{\lg x_2 - \lg x_1}(\lg x - \lg x_1) \qquad (4\text{-}2)$$

方法一，令

$$c = \lg y = \lg y_1 + \frac{\lg y_2 - \lg y_1}{\lg x_2 - \lg x_1}(\lg x - \lg x_1)$$

则

$$y = 10^c$$

方法二，令

$$a = (\lg y_2 - \lg y_1)/(\lg x_2 - \lg x_1)，\quad b = \lg y_1 - a \lg x_1$$

则

$$\lg y = b + a \lg x$$

即

$$\lg y - a \lg x = b$$

$$y/x^a = 10^b$$

$$y = 10^b \cdot x^a$$

在图 4-8 中的每条直线上任意选取两点，将此两点的坐标代入上式即可构成一个直线方程，利用该方程即可计算出任意的应力循环次数 N 所对应的寿命系数 Y_N。

3）由折线组成的区域图。

工程技术中遇到的许多物理量，往往是离散的、随机的变量。如图 4-9 所示齿轮材料的接触疲劳强度极限应力 σ_{Hmin}，其影响因素很多，如材料成分、热处理方式及硬化层深度、构件尺寸等。因此，在设计资料中用区域图表示，供设计者根据材料的质量水平、热处理工艺条件等来选用。对于这样的区域图，可由下列两种方法进行处理。

方法一：按区域图的中线取值

首先找出区域图的中线位置，在此中线上任意选取两个

图 4-9　齿轮材料的接触疲劳
强度极限应力 σ_{Hmin}

点（HB_1，SH_1）、（HB_2，SH_2），由此两点可以构成一个直线方程

$$SH = SH_1 + \frac{SH_2 - SH_1}{HB_2 - HB_1}(HB - HB_1) \tag{4-3}$$

利用该方程即可计算出任意的齿面硬度 HB 所对应的接触疲劳强度极限应力 SH（即σ_{Hmin}）。

方法二：按区域图的位置取值

方法一在确定接触疲劳强度极限应力 σ_{Hmin} 时只限于取中值，不尽合理。为了能够根据材料性能的不同，按实际情况在区域图中取不同的值，可在方法一的基础上加以改进。为此设置两个参数：一个是极限应力的幅值参数 SH_3，另一个是极限应力在区域图中的位置参数 ST。当 ST＝1 时，表示取极限应力的上限值；当 ST＝0 时，表示取极限应力的中值；当 ST＝－1 时，表示取极限应力的下限值。如此一来，可将极限应力的计算公式改变为

$$SH = SH_1 + \frac{SH_2 - SH_1}{HB_2 - HB_1}(HB - HB_1) + ST \cdot SH_3 \tag{4-4}$$

当 ST 在＋1～－1 取值时，就可以获得区域图中任意位置上的极限应力。

如图 4-10 所示 V 带选型图属于另一种类型的区域图，这种区域图以直线作为选择不同型号的 V 带的边界线。对于这种区域图也可以利用直线方程来确定边界线的坐标，在每条边界线上任意选取两点（P_1，N_1）、（P_2，N_2），由此两点可以构成一个对数坐标系下直线方程：

$$\lg N = \lg N_1 + \frac{\lg N_2 - \lg N_1}{\lg P_2 - \lg P_1}(\lg P - \lg P_1) \tag{4-5}$$

将其变换成指数形式的方程 $\qquad N = 10^b \cdot P^a$

式中，$a = (\lg N_2 - \lg N_1)/(\lg P_2 - \lg P_1)$；$b = \lg N_1 - a \lg P$。

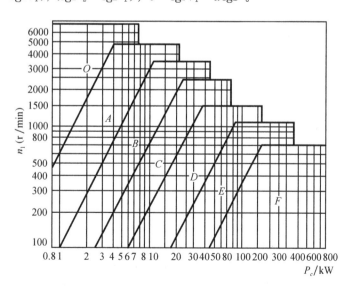

图 4-10　V 带选型图

利用这种方法，可将图 4-10 中的 6 条边界线转化为下列 6 个计算公式：

$O\text{-}A$：$N = 677P^{1.454}$，　　　　　　$A\text{-}B$：$N = 100P^{1.486}$

$B\text{-}C$：$N = 24P^{1.470}$，　　　　　　$C\text{-}D$：$N = 7P^{1.488}$

$$D\text{-}E: N = 1.16P^{1.545}, \qquad E\text{-}F: N = 0.329P^{1.5}$$

式中，P 为计算功率，kW；N 为边界线上相对于计算功率 P 的转速，r/min。

有关 V 带的带型选择问题可编写如下"V 带带型选择函数"：

```
char v_belt_type(float p,float n)/* Select the type of v_belt */
{   if(n> = 4900.0)
        return('O');
    else if(n>677.0 * pow(p,1.454))
        return('O');
    else if(n> = 3400.0)
        return('A');
    else if(n>100.0 * pow(p,1.486))
        return('A');
    else if(n> = 2400.0)
        return('B');
    else if(n>24.0 * pow(p,1.47))
        return('B');
    else if(n> = 1500.0)
        return('C');
    else if(n>7.0 * pow(p,1.488))
        return('C');
    else if(n> = 1200.0)
        return('D');
    else if(n>1.16 * pow(p,1.545))
        return('D');
    else if(n> = 700.0)
        return('E');
    else if(n>0.329 * pow(p,1.5))
        return('E');
    else
        return('F');}
```

4.3.3　列表函数表的插值算法

在列表函数表中不可能列出函数关系所代表的所有对应值，而只能是每隔一定的间隔给出对应的函数值。在实际检索数表时，所要检索的数据一般不会凑巧地是数表中现有的数据，而往往处在数表中所列出的两个数据之间。这时，就需要用插值的方法来求取函数值。插值的基本思想是在插值点附近选取几个合适的节点，利用这些节点构造一个简单的函数 $g(x)$，使 $g(x)$ 经过所选取的节点，在此小段上用 $g(x)$ 来近似代替列表函数 $f(x)$，即在节点之间的函数值就用 $g(x)$ 的值来代替。因此，插值的实质问题就是如何构造一个既简单又具有足够精度的函数 $g(x)$。

1. 一维列表函数表的插值

一维列表函数表通常由两组相对应的数据组成，一组为自变量 x_i，另一组为函数值 y_i，它们之间的关系可用如下函数式来表示：

$$y_i = f(x_i)　(i = 0, 1, 2, \cdots, n)$$

在表 4-1 中，包角 α 是自变量，包角系数 K_α 是相应的函数值，当需要检索数据 K_α 时，如果给出的包角 α 不是数表中所列的节点值，当 $\alpha = 125°$ 时，包角系数 K_α 就需用插值方法求出。通常可以采用下列两种插值算法，其插值精度不同。

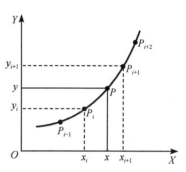

图 4-11　线性插值算法示意图

（1）线性插值算法

如图 4-11 所示，一维列表函数 $y = f(x)$ 可由一元函数曲线来表示。当欲求与自变量 x 相应的函数值 y 时，首先要在曲线上找到与此插值点 P 相邻的两个节点 P_i 和 P_{i+1}，并近似地认为在此区间上的函数关系呈线性变化，即用直线 $g(x)$ 代替曲线 $f(x)$，于是得到线性插值公式

$$y = y_i + \frac{y_{i+1} - y_i}{x_{i+1} - x_i}(x - x_i) \tag{4-6}$$

线性插值算法是一种既简单又常用的插值方法，在机械设计计算分析程序中需经常用到，为便于多次重复调用，将此算法编写成如下一维线性插值函数：

```
float lip(float x[],float y[],int n,float t)
{     int i;
      for(i = 0;i< = n-3;i++)
          if(t< = x[i+1]) goto a;
      i = n-2;
a：   return(y[i]+(y[i+1]-y[i])*(t-x[i])/(x[i+1]-x[i]));
}
```

程序说明：该函数中用一维数组 $x[]$、$y[]$ 分别存储数表中的自变量数据和函数值数据；n 为数组元素的个数，数组元素的下标从 0 变化到 $n-1$；t 为插值点的自变量数值。算法的关键是要寻找插值点所在的区间，设自变量按递增顺序排列，当 $x[i] < t \leqslant x[i+1]$ 时，取中间两个节点进行插值；当 $t > x[n-2]$ 时，取最后两个节点进行插值；当 $t \leqslant x[1]$ 时，取最初的两个节点进行插值。

例 4-3　已知 V 带传动小带轮包角 $\alpha_1 = 125.4°$，由表 4-1 采用线性插值算法查取所对应的包角系数 K_α。

解：将此数据的检索过程编写成计算机程序如下：

```
/*    chp4_03.c    */
#include<stdio.h>
main()
{    float lip(float x[],float y[],int n,float t);
     static float rf[16] = {70.0,80.0,90.0,100.0,110.0,120.0,130.0,140.0,
                 150.0, 160.0, 170.0, 180.0, 190.0, 200.0, 210.0,
```

$$220.0\},$$
$$krf[16] = \{0.56, 0.62, 0.68, 0.73, 0.78, 0.82, 0.86, 0.89, 0.92,$$
$$0.95, 0.98, 1.0, 1.05, 1.1, 1.15, 1.2\};$$

```
        float krf1;
        krf1 = lip(rf,krf,16,125.4);
        printf("krf1 = %f",krf1);
    }
```

在此程序中调用上述一维线性插值函数 lip() 执行一维线性插值运算。程序运行结果如下：
$$krf1 = 0.84160000$$

（2）抛物线插值算法

线性插值算法只利用了与插值点邻近的两个节点上的信息，当给定的节点比较密，而曲线的变化又比较接近直线时，这种算法才能获得比较精确的插值结果。为了提高计算精度，在插值算法中应尽可能多地利用节点信息。工程上常用的是三点抛物线插值算法，也称为拉格朗日（Lagrange）三点插值算法。

一维列表函数 $y = f(x)$ 的抛物线插值算法是用经过与插值点邻近的三个节点的抛物线来近似代替该区间的列表函数关系。如图 4-12 所示，已知三个节点 $P_i(x_i, y_i)$，$P_{i+1}(x_{i+1}, y_{i+1})$，$P_{i+2}(x_{i+2}, y_{i+2})$，则经过这三个节点的抛物线方程为

$$y = y_i \frac{(x-x_{i+1})(x-x_{i+2})}{(x_i-x_{i+1})(x_i-x_{i+2})} + y_{i+1} \frac{(x-x_i)(x-x_{i+2})}{(x_{i+1}-x_i)(x_{i+1}-x_{i+2})}$$
$$+ y_{i+2} \frac{(x-x_i)(x-x_{i+1})}{(x_{i+2}-x_i)(x_{i+2}-x_{i+1})} \tag{4-7}$$

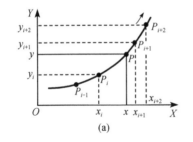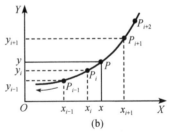

图 4-12　抛物线插值算法示意图

若一维列表函数的自变量 $x_0, x_1, x_2, \cdots, x_{n-1}$ 按递增顺序排列，即 $x_0 < x_1 < x_2 < \cdots < x_{n-1}$，其对应的函数值分别为 $y_0, y_1, y_2, \cdots, y_{n-1}$。在进行插值运算时，首先需要寻找插值点 x 所在的插值区间，即寻找抛物线所经过的三个节点 $P_i(x_i, y_i)$、$P_{i+1}(x_{i+1}, y_{i+1})$、$P_{i+2}(x_{i+2}, y_{i+2})$，或 $P_{i-1}(x_{i-1}, y_{i-1})$、$P_i(x_i, y_i)$、$P_{i+1}(x_{i+1}, y_{i+1})$，然后按式（4-7）进行插值运算。插值点 x 所在的插值区间可以按下列方法进行寻找。

1）当 $x \leqslant x_1$ 时，取 $i=0$，即抛物线经过最初的三个节点 P_0、P_1、P_2。

2）当 $x > x_{n-3}$ 时，取 $i=n-3$，即抛物线经过最后的三个节点 P_{n-3}、P_{n-2}、P_{n-1}。

3）当 $x_i < x \leqslant x_{i+1}$ 时，再分两种情况。

① 当 $x-x_i \geqslant x_{i+1}-x$ 时，如图 4-12（a）所示，取 P_i、P_{i+1}、P_{i+2} 三个节点，即第三个节点取在插值点 P 所在区间之后（称为后插）。

② 当 $x-x_i < x_{i+1}-x$ 时，如图 4-12（b）所示，取 P_{i-1}，P_i，P_{i+1} 三个节点，即第三个节点取在插值点 P 所在区间之前（称为前插）。

将上述一维列表函数的三点抛物线插值算法编写成如下一维抛物线插值函数：

```
float qip(float x[],float y[],int n,float t)
{    int i;
     float u,v,w;
     for(i=0;i<=n-4;i++)
          if(t<=x[i+1])  goto  a;
     i=n-3;
a:   if(i>0&&(t-x[i])<(x[i+1]-t))  i=i-1;
     u=(t-x[i+1])*(t-x[i+2])/(x[i]-x[i+1])/(x[i]-x[i+2]);
     v=(t-x[i])*(t-x[i+2])/(x[i+1]-x[i])/(x[i+1]-x[i+2]);
     w=(t-x[i])*(t-x[i+1])/(x[i+2]-x[i])/(x[i+2]-x[i+1]);
     return(u*y[i]+v*y[i+1]+w*y[i+2]);
}
```

2. 二维列表函数表的插值

二维列表函数通常采用如下函数关系式来表示：

$$z_{i,j}=f(x_i,\ y_j) \qquad (i=0,\ 1,\ 2,\ \cdots,\ m;\quad j=0,\ 1,\ 2,\ \cdots,\ n)$$

当需要在二维列表函数表中查取数据时，同样可以采用线性插值和抛物线插值两种算法。

(1) 线性插值算法

二维列表函数表的线性插值算法：首先从二维数表中给定的 $M\times N$ 个节点中选取最接近插值点 $T(x,\ y)$ 的相邻四个节点，然后分别调用三次一维线性插值算法就可以计算出与插值点 $T(x,\ y)$ 相对应的函数值 $Z(x,\ y)$。如图 4-13 所示，与插值点 $T(x,\ y)$ 相邻的四个节点分别为 A、B、C、D，其函数值均已知。首先，由 A、B 两点用一维线性插值算法计算出 $E(x_i,\ y)$ 点的插值函数值 Z_E；再用同样方法由 C、D 两点计算出 $F(x_{i+1},\ y)$ 点的插值函数值 Z_F；最后用同样方法由 E、F 两点计算出插值点 $T(x,\ y)$ 的插值函数值 $Z(x,\ y)$。

由上述算法的执行过程得到二维列表函数表的线性插值算法公式：

$$\begin{aligned}z(x,\ y)=&(1-a)(1-b)z_{i,\,j}+b(1-a)z_{i,\,j+1}\\&+a(1-b)z_{i+1,\,j}+abz_{i+1,\,j+1}\end{aligned}$$

$$(4\text{-}8)$$

式中，$a=\dfrac{x-x_i}{x_{i+1}-x_i}$，$b=\dfrac{y-y_i}{y_{i+1}-y_i}$。

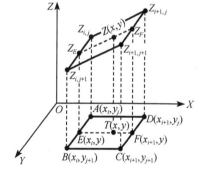

图 4-13　二维列表函数表的
线性插值

将二维列表函数表的线性插值算法编写成如下二维线性插值函数：

```
float tlip(float x[],float y[],float z[][8],int m,int n,float tx,float ty)
{    int i,j;
     float a,b,f;
```

```
        for(i = 0;i< = m - 3;i ++ )
            if(tx< = x[i + 1])  goto  c;
        i = m - 2;
  c：    for(j = 0;j< = n - 3;j ++ )
            if(ty< = y[j + 1])  goto  d;
        j = n - 2;
  d：    a = (tx - x[i])/(x[i + 1] - x[i]);
        b = (ty - y[j])/(y[j + 1] - y[j]);
        f = (1 - a) * (1 - b) * z[i][j] + b * (1 - a) * z[i][j + 1]
          + a * (1-b) * z[i + 1][j] + a * b * z[i + 1][j + 1];
        return(f);}
```

（2）抛物线插值算法

与一维列表函数表的插值运算相似，对于二维列表函数表的插值运算采用抛物线插值算法可以提高插值运算的精度。与二维列表函数表的线性插值算法的思路基本一致，在二维列表函数表的抛物线插值算法中四次调用一维抛物线插值算法来代替一维线性插值算法。此种算法的执行过程如下：首先，从二维数表给定的 $M \times N$ 个节点中选取最接近插值点 $T(x, y)$ 的相邻九个节点，如图 4-14 所示；其次，由 $Z_{i,j}$、$Z_{i,j+1}$、$Z_{i,j+2}$ 三个节点按插值点 $T(x, y)$ 在 Y 方向的位置用一维抛物线插值算法计算出 A 点的插值函数值 Z_A，再用同样的方法计算出 B、C 两点的插值函数值 Z_B、Z_C；最后，由 A、B、C 三点的插值函数按插值点 $T(x, y)$ 在 X 方向的位置用一维抛物线插值算法计算出插值点 $T(x, y)$ 的插值函数值 $Z(x, y)$。

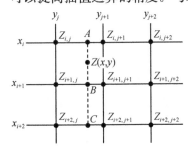

图 4-14 二维列表函数表
的抛物线插值

由上述算法的执行过程得到二维列表函数表的抛物线插值算法公式：

$$z(x, y) = \sum_{r=i}^{i+2} \sum_{s=j}^{j+2} \left(\prod_{k=i, k \neq r}^{i+2} \frac{x - x_k}{x_r - x_k} \right) \left(\prod_{l=j, l \neq s}^{j+2} \frac{y - y_l}{y_s - y_l} \right) z_{r,s} \tag{4-9}$$

式中，符号 $\prod$ 表示累乘，$\prod\limits_{k=i, k \neq r}^{i+2}$ 表示乘积遍取 k 从 i 到 $i+2$ （$k = r$ 除外）的全部数值。

将二维列表函数表的抛物线插值算法编写成如下二维抛物线插值函数：

```
float tqip(float x[],float y[],float z[][24],int m,int n,float tx,float ty)
  {    int i,j,k,l;
       float u[3],v[3],f;
       for(i = 0;i< = m - 4;i ++ )
           if(tx< = x[i + 1])  goto  c;
       i = m - 3;
  c：   for(j = 0;j< = n - 4;j ++ )
           if(ty< = y[j + 1])  goto  d;
       j = n - 3;
  d：   if(i>0&&tx - x[i]<x[i + 1] - tx)
```

```
    i = i - 1;
if(j>0&&ty - y[j]<y[j + 1] - ty)
    j = j - 1;
u[0] = (tx - x[i + 1]) * (tx - x[i + 2])/(x[i] - x[i + 1])
    /(x[i] - x[i + 2]);
u[1] = (tx - x[i]) * (tx - x[i + 2])/(x[i + 1] - x[i])
    /(x[i + 1] - x[i + 2]);
u[2] = (tx - x[i]) * (tx - x[i + 1])/(x[i + 2] - x[i])
    /(x[i + 2] - x[i + 1]);
v[0] = (ty  y[j + 1]) * (ty - y[j + 2])/(y[j] - y[j + 1])
    /(y[j] - y[j + 2]);
v[1] = (ty - y[j]) * (ty - y[j + 2])/(y[j + 1] - y[j])
    /(y[j + 1] - y[j + 2]);
v[2] = (ty - y[j]) * (ty - y[j + 1])/(y[j + 2] - y[j])
    /(y[j + 2] - y[j + 1]);
f = 0.0;
for(k = 0;k< = 2;k + + )
{    for(l = 0;l< = 2;l + + )
    {    f + = u[k] * v[l] * z[i + k][j + 1];}
}
return(f);}
```

4.3.4　数据的公式拟合方法

在实际的工程设计问题中，往往由于问题的复杂性而得不到一个既表达了各参数之间的关系，又便于计算的理论公式，只有在特定条件下进行试验，将通过试验所得到的实测数据绘制成线图或数表作为设计时的依据。在 CAD 计算程序中，对于线图或数表可以数组形式存入计算机内存供设计时查取，但这种处理方法与直接用公式进行计算的方法相比不仅编程复杂，而且需要占用较大的内存。因此，最理想的方法是设法找出计算公式。数据公式拟合的方法就是在一系列实测数据的基础上，建立起相应的供设计时使用的经验公式，这一过程也称为数据的曲线拟合。

进行数据公式拟合的过程：首先是要决定函数的形式；然后再决定函数各项的系数。函数的形式通常采用初等函数，如对数函数、指数函数、多项式函数等。初等函数的曲线形状已知，因此可以把已知数据绘制成曲线，然后与已知初等函数的曲线进行比较以决定采用哪一种初等函数。当函数形式确定以后，接下来的工作就是要确定函数各项的系数，通常采用最小二乘法。

1. 多项式的最小二乘法拟合

已知 m 组数据 (x_i, y_i) $(i=1, 2, \cdots, m)$。若用一个 n 次多项式

$$y(x) = a_0 + a_1 x + a_2 x^2 + \cdots + a_n x^n \tag{4-10}$$

作为上述 m 组数据的未知函数近似表达式（拟合曲线），要求数据组数 m 远大于方程次

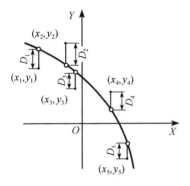

图 4-15　多项式的
最小二乘法拟合

数 n。把多项式的函数值与相应数据点之间的偏差记为 D_i，如图4-15 所示，则

$$D_i = y(x_i) - y_i$$

为获得最佳拟合曲线，采用最小二乘法原理，即要求各个节点的偏差 D_i 平方的总和为最小。偏差的平方和为

$$\sum_{i=1}^{m} D_i^2 = \sum_{i=1}^{m} \left[y(x_i) - y_i \right]^2$$

$$= \sum_{i=1}^{m} \left[(a_0 + a_1 x_i + a_2 x_i^2 + \cdots + a_n x_i^n) - y_i \right]^2$$

$$= F(a_0, a_1, a_2, \cdots, a_n) \tag{4-11}$$

求出 $F(a_0, a_1, a_2, \cdots, a_n)$ 为极小时的 a_0, a_1, a_2, $\cdots$, a_n，将这些系数代入 n 次多项式，就得到偏差平方和最小时的多项式拟合公式。

将式（4-11）分别对 a_0, a_1, a_2, $\cdots$, a_n 求偏导数，并令各偏导数分别为零，可以得到 $n+1$ 个方程式，其通式为

$$\frac{\partial F}{\partial a_j} = \sum_{i=1}^{m} 2 \left[(a_0 + a_1 x_i + a_2 x_i^2 + \cdots + a_n x_i^n) - y_i \right] x_i^j = 0 \quad (j = 0, 1, 2, \cdots, n)$$

即

$$a_0 \sum_{i=1}^{m} x_i^j + a_1 \sum_{i=1}^{m} x_i^{j+1} + a_2 \sum_{i=1}^{m} x_i^{j+2} + \cdots + a_n \sum_{i=1}^{m} x_i^{j+n} = \sum_{i=1}^{m} x_i^j y_i \tag{4-12}$$

令

$$\sum_{i=1}^{m} x_i^k = s_k, \qquad \sum_{i=1}^{m} x_i^k y_i = t_k$$

式（4-12）可写成

$$\sum_{i=0}^{m} a_i s_{i+j} = t_j \quad (j = 0, 1, 2, \cdots, n)$$

即

$$\begin{cases} s_0 a_0 + s_1 a_1 + s_2 a_2 + \cdots + s_n a_n = t_0 \\ s_1 a_0 + s_2 a_1 + s_3 a_2 + \cdots + s_{n+1} a_n = t_1 \\ s_2 a_0 + s_3 a_1 + s_4 a_2 + \cdots + s_{n+2} a_n = t_2 \\ \qquad\qquad\qquad \cdots \\ s_n a_0 + s_{n+1} a_1 + s_{n+2} a_2 + \cdots + s_{2n} a_n = t_n \end{cases} \tag{4-13}$$

式（4-13）为具有 $n+1$ 个未知量 a_0, a_1, a_2, $\cdots$, a_n 及 $n+1$ 个方程式的线性方程组，由“计算方法”中求解线性方程组的各种求解方法计算出 n 次多项式的各项系数 a_0, a_1, a_2, $\cdots$, a_n。

2. 指数曲线的拟合

把实测数据绘制在对数坐标纸上，如图 4-16 所示，如果其分布呈现线性分布趋势，则可以指数曲线 $y = ax^b$ 作为拟合曲线。

（1）用作图法确定指数 b 及系数 a

在图 4-16 中，按数据分布趋势作一直线，则该直线在 y 轴上的截距即为常数 $\lg a$，该直线的斜率即为指数 b。

（2）用最小二乘法确定指数 b 及系数 a

作图法不够精确，可用最小二乘法确定指数 b 及系数 a。其求解过程如下：

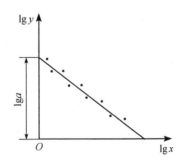

图 4-16　指数曲线的拟合

已知 m 组数据 (x_i, y_i) $(i=1, 2, \cdots, m)$，所拟合的指数曲线形式为

$$y = ax^b \tag{4-14}$$

对此式两边取对数，得

$$\lg y = \lg a + b\lg x \tag{4-15}$$

令

$$u = \lg y, \quad v = \lg a, \quad w = \lg x \tag{4-16}$$

代入式（4-16），得

$$u = v + bw \tag{4-17}$$

将已知数据 (x_i, y_i) 代入式（4-16），求得相应的 (u_i, w_i) 值，再代入式（4-17）得到在对数坐标系中的一个线性方程。与多项式曲线拟合相似，采用最小二乘法就可得到式（4-17）中的系数 v 和 b，再由 $\lg a = v$ 求得系数 a。

4.3.5　数据文件及其应用

前面介绍的数表和线图的存取方法是将数据以数组的形式存入计算机内存中，这种方法虽然解决了数表和线图在 CAD 计算程序中的存储和检索问题，但存在下列不足。

1) 采用数组形式存储数表或线图中的数据需要占用大量内存。当 CAD 计算程序需要用到大量的数表和线图，或数表和线图中的数据量很大时，若仍然采用前述数据的存取方法则会过多地占用计算机内存，对于内存容量较小的微机，将会由于内存容量的限制而使程序无法运行。

2) 前述数据的存取方法，包括公式化处理，其处理后的数表和线图与特定的 CAD 计算程序相连，使得这些数表和线图只能在该程序中使用，不能被其他程序共享。

因此，前述数据的处理方法一般只适用于使用数表和线图较少的简单程序。为了克服这种方法的不足，较为完善的方法是将数据与计算程序分开，单独建立数据文件。

文件是信息（数据与字符）的集合。将数表和线图中的数据按指定的文件名存放在计算机外存储装置（磁盘、磁带等）上，就可建立用户的数据文件，当 CAD 计算程序需要使用某一个数表或线图中的数据时，只需用适当的程序语句（文件操作语句）将它们从外存中调入计算机内存。

建立数据文件的方法不仅解决了前述方法存储数据时需要占用大量内存的问题，而且由于数据文件独立于计算程序，一个数据文件可供不同的计算程序调用，较好地解决了数据的共享问题。

4.4　机械工程数据库的创建与应用

在从事产品设计的过程中，经常需要查阅有关产品设计手册中大量的数表，如何对这些大量的数据资源进行有效的组织和管理已经成为 CAD 系统中不可缺少的研究内容。数据库系统的诞生，为大量数据的组织和管理问题提供了有效的解决途径。随着 CAD 技术的进一步深入和发展，对数据库系统的研究越来越成为重点。

4.4.1　数据库与数据库管理系统

数据库系统是对数据进行有效存储和维护的技术，它包括数据库（DB）和数据库管理系统（DBMS）两部分。数据库就是一个存储关联数据的数据集合。数据库管理系统是建立、管理和维护数据库的软件，其主要功能是：保证数据库系统的正常活动，维护数据库中的内容，即提供对数据的定义、建立、检索、修改和增删等操作，并对数据的安全性、完整性和保密性

进行统一控制。数据库管理系统起着应用程序与数据库之间的接口作用，用户通过数据库管理系统对数据库中的数据进行处理，而不必了解数据库的物理结构。

虽然数据库系统是由文件系统发展而来的，但与文件系统相比具有许多优点。

1）应用程序与数据相互独立。数据的物理存储独立于应用程序，应用程序的改变不会影响数据结构，数据的扩充修改也不会影响应用程序。

2）应用程序的编制者可以不必考虑数据的存储管理和访问效率问题。

3）数据便于共享，减少了数据的冗余度。由于同一数据可以组织在不同的文件中，因此每个数据在理论上只需要存储一次，因而减少了数据的重复存储，实现数据共享，大幅减少了数据的冗余。

4）数据可以在记录或数据项的级别上确定地址，使用时可以按地址取得有关记录或数据项，不必把整个文件调入内存，从而减少解题过程中对内存的需求量。

5）数据库系统实现了对数据的统一控制，保证了数据的正确性和保密性。

数据库中的信息不是数据的简单堆积，它要对数据进行最优组织，以便于收集、加工、检查、增删、修改等处理，因此数据库是相互有关的数据，通过文件组织，使之具有最小冗余性、最好的共享性和统一管理、统一控制等特点的集合。

CAD 中有图形和非图形数据，因此有的系统分别建立两种数据库，有的则合二为一。数据库中有关图形方面的内容包括基本几何图形实体——点、线、弧、二次曲线（椭圆、双曲线、抛物线）、零部件、子图、组件、曲面实体（直纹曲面、旋转曲面、薄板柱面）等。数据库中的非图形信息可以包括统计数据、零件号、价格、材料性能等任何解释性的用于图纸和设计的文本说明。

目前，实际应用中的数据库管理系统软件包括很多，从小型数据库系统（FoxPro，Access等）到大型数据库系统（Oracle，Sybase，MS SQL Server 等），它们都拥有自己的用户群体，但这些数据库管理系统都是属于事务管理型关系数据库，其数据形式简单，往往是数字、文字符号或布尔量，其数据实体通常用几个记录就可以描述。这一类数据库管理系统更适用于管理科学的应用领域，对 CAD 系统来说并不是理想的数据库管理系统，但目前在软件市场上还没有真正成熟的、应用较为成功的、面向 CAD 系统的商品化工程数据库管理系统（EDBMS），所以在实际的 CAD 应用中事务管理型关系数据库仍然应用广泛。

众多的数据库产品给用户以充分的选择自由，如果各个数据库产品之间难以互通，将给应用程序的移植带来诸多不便。开放数据互联（open database connectivity，ODBC）正是为了满足人们的这种需要而产生的。ODBC 的主要特性是互操作性，基于 ODBC 的应用程序可不必针对特定的数据库，为应用程序的开发带来便利。

4.4.2　关系数据库管理系统应用实例简介

1. 电子表格处理软件 Excel

Excel 是 Microsoft Office 中的一个组件，是目前广泛使用的 Windows 下的一个电子表格处理软件，也是迄今为止市场上功能最强的电子表格处理软件，用户可以在计算机提供的海量表格上填写表格内容，同时进行大量的数据处理和数据分析。在 Excel 中为用户提供了大量的内置函数用于诸如求和、求平均值、计算三角函数等操作。

利用 Excel 可以建立数据库。一个 Excel 数据库是按行和列组织起来的信息集合，其中每行称为一个记录，每列称为一个字段。创建了数据库后，可以利用 Excel 所提供的数据库工具对数据库的记录进行查询、排序、汇总等操作。

利用 Excel 可以进行数据分析。Excel 具有强大的数据分析功能，Excel 提供了一组数据分析工具，称为"分析工具库"，可以用来在建立复杂的统计或工程分析时节省时间。只需为每一个分析工具提供必要的数据和参数，该工具就会使用适宜的统计或工程函数，在输出表格中显示相应的结果。其中的一些工具在生成输出表格时还能同时产生图表。

单击"工具"菜单中的"数据分析"命令可浏览已有的分析工具。如果"数据分析"命令没有出现在"工具"菜单上，则运行"安装"程序来加载"分析工具库"。安装完毕之后，必须通过"工具"菜单中的"加载宏"命令，在"加载宏"对话框中选择并启动它。

Excel 有三个有用的工具用来分析单变量数据：描述统计、直方图、排位与百分比排位。这些工具适用于不带时间维的数据。

在 Excel 中可从其他的数据库（Access、FoxPro、SQL Server 等）引入数据。

2. 数据库管理系统 Access

Access 是 Microsoft Office 中的一个组件，是 Windows 下的一个功能强大的桌面数据库管理系统。其主要特点包括以下内容。

1）无须编写代码，只要通过直观的可视化操作，就能完成大部分数据管理工作。

2）能够与 Word、Excel 等办公软件进行数据交换。

3）在"向导"的引导下，操作者能够快速完成基本数据库系统的设计。

4）支持开放数据库接口 OBDC，这就意味着 Access 能同其他数据库系统进行数据交换。通过文本类型数据的导入，可以实现数据库与高级程序设计语言之间的连接。

在 Access 中，创建数据库有两种方法：第一种，使用"数据库向导"，先选择一种数据库类型，在向导的引导下完成数据库的基本建设；第二种，建立空数据库，然后向其中添加表、窗口、报表等对象。无论采用哪种方法，在建立数据库之后，都需要对数据库进行修、改、增、删等操作。进行数据库设计的主要内容是根据需求确定数据库中的表、定义表之间的关系，并在此基础上完成各种查询和报表的设计。

限于篇幅，有关 Excel 与 Access 软件的具体操作和使用，本书不再赘述，请读者查阅相应的书籍。

4.4.3 工程数据库

从工程应用的角度来讲，将事务管理型关系数据库用于 CAD 过程中会存在多方面的不足，主要表现在以下方面。

1）以传统模型为基础的数据库管理系统不能完全满足工程环境的需要，表达复杂的实体和联系非常困难，缺乏动态模式修改能力，存取效率很低等。

2）传统模型的数据库管理系统不适于支持整个工程应用，对不同阶段要求不同方面信息这一特点缺乏支持。例如，对图形信息和非几何信息的有机结合表达能力不足。

尽管人们曾试图用对传统数据库进行一些扩充的方法来满足需要，但由于仍受传统数据模型内在能力的限制，不能真正适应工程方面的需要。目前，国际上对新型的面向对象的数据库管理系统（OODBMS）的研究方兴未艾，并且已经有一些面向对象的数据库管理系统问世。人们普遍认为，面向对象的数据库管理系统代表了工程数据库的发展方向，是适应于各种工程应用领域的新一代工程数据库。

针对工程应用领域自身的特点，在工程数据库中必须满足下列主要要求。

1）方便地描述和处理具有内部层次结构的数据。

2）支持用户定义新的数据类型和相应的操作。

3）有灵活地定义和修改系统数据模式的能力。

4）有版本管理的能力。

5）支持特殊的工程事务管理。

6）提供良好的用户接口。

4.5　计算机图形处理与三维造型

CAD 工作中的人机交换信息，主要通过图形功能来实现。一方面，设计对象的几何形状必须采用图形进行描述；另一方面，图形又是表达和传递信息的有效形式。

目前，CAD 技术在我国的应用大体上包括以下三种基本方式。

1）直接采用二维 CAD 软件绘制工程图。这种应用方式达到了"甩图板"的目的，产品设计的效率得到了一定程度的提高。

2）软件二次开发。在二维 CAD 软件的基础上，采用编程的方法，为特定的产品专门开发具有参数化设计功能的软件，虽然编程的工作量较大，但应用起来十分方便，加快了特定产品的开发速度。

3）三维参数化设计。随着微机版三维 CAD 软件的相继推出，以三维 CAD 软件作为工作平台，运用三维软件的各种基本绘图方式和三维建模功能生成所需的几何模型，再直接利用参数化尺寸驱动和约束功能，建立产品及零部件的标准参数化模块，较快地完成了 CAD 系统软件的开发工作。

4.5.1　计算机绘制工程图的常用方法

在 CAD 工作中，当产品的技术参数及设计方案确定后，下来就需要绘制产品的零件工作图和产品装配图，即进行计算机绘图。目前，计算机绘图的方法主要有两种。

1）参数化绘图。这一方法通过编制绘图程序来构成产品的图形。该方法的优点是，可以根据系列化产品的参数来编写绘图程序，容易实现系列化产品的参数化设计，对同一系列不同参数值的图形不必重新编写程序，只需改变参数即可生成新的图形，因此图形生成效率较高；但缺点是，它要求用户必须掌握程序设计语言和编程方法，且编程较繁杂，显然不是每一个用户都能够胜任的。

2）交互式绘图。该方法是采用有关的交互式绘图软件来绘制产品的图形，即通过交互式绘图软件所提供的各种绘图命令、菜单以及其他的绘图工具等，可以方便、迅速地在计算机屏幕上构成图形，当生成一幅图形后，可以将图形信息存储于计算机内供以后再用，还可以继续对图形进行编辑和修改。该方法的优点是，无须编程即可生成图形，因此该法现被用户广泛使用；此法的缺点是，所生成的图形目前还不易实现参数化，对同一系列不同参数值的图形只能重新绘图。

目前，为了给 CAD 广大用户提供良好的绘图环境，国内外已开发出了许多优秀的绘图及 CAD 软件，如二维绘图软件 AutoCAD、PICAD 等，三维实体造型软件如 Pro/Engineer、UG、CATIA、SolidEdge 等。这样，便为广大用户开展 CAD 及计算机绘图工作，提供了良好的 CAD 及绘图工具。

计算机绘图的主要任务是研究如何利用计算机来处理和绘制工程图纸，其具体包括以下内容：

1）图形输入。即研究如何将需要处理的图形输入计算机内，以便由计算机进行各种处理。

2）图形的生成、显示和输出。研究图形在计算机内的表示方法，研究如何在计算机屏幕上生成、显示和在打印机、绘图机等输出设备上输出图形。

3）图形处理所需要的数学处理方法及算法。研究图形几何变换、透视变换、开窗变换，图形的组合、分解和运算（包括由简单图形组成复杂图形，由复杂图形分解为简单图形，以及图形间的交、并、差运算）以及轮廓识别等。

4）解决工程实际应用中的图形处理问题。研究符合国家标准以及符合工程、生产实际需要的零件图、装配图、建筑施工图、电子电路图等图形的绘制及尺寸、汉字、技术要求的标注与处理。

5）应用软件工程的方法设计绘图软件和管理系统。一个好的绘图软件应具有良好的用户接口和界面以及可靠的图形文件档案管理系统。

4.5.2　坐标系

图形的描述和输入输出都是在一定的坐标系中进行的，应根据不同的需要，建立不同的坐标系以及它们之间的转换关系，最终使图形显示于屏幕上。一般情况下，常用到的坐标系包括下列三种。

1）用户坐标系。它是指由用户定义的应用坐标系，是一个二维或三维的直角坐标系，也称世界坐标系，如图 4-17 所示。该坐标系的取值范围是无限的，与任何物理设备无关。用户的图形定义均在这个坐标系中完成。

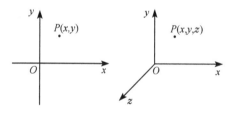

图 4-17　用户坐标系

2）设备坐标系。它是图形显示器或绘图机等设备自身所具有的坐标系，也称物理坐标系，通常是二维的，如图4-18（c）所示。图形显示器的坐标系又称为屏幕坐标系，图形的输出均是在该坐标系下进行的。一般以屏幕的左下角为坐标原点，以水平向右方向为 X 轴的正方向、以垂直向上为 y 轴的正方向，坐标的刻度值为屏幕的分辨率刻度值。由于实际设备尺寸大小或分辨率不同，其有效工作范围的最大值是不同的。

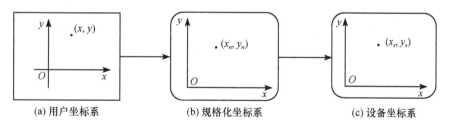

(a) 用户坐标系　　　　　(b) 规格化坐标系　　　　　(c) 设备坐标系

图 4-18　三种坐标系的关系

3）规格化坐标系。由于用户的图形是定义在用户坐标系里，而图形的输出定义在设备坐标系里，它依赖于具体的图形设备。由于不同的图形设备具有不同的设备坐标系，且不同设备之间坐标范围也不尽相同，例如，分辨率为 640×480 的显示器其屏幕坐标范围为：x 方向 $0 \sim 639$，y 方向 $0 \sim 479$；而分辨率为 1024×768 的显示器其屏幕坐标范围则为：x 方向 $0 \sim$

1023，y 方向为 0～767，显然这使得应用程序与具体的图形输出设备有关，给图形处理及应用程序的移植带来不便。为了方便图形处理，则应定义一个与设备无关的坐标系，即规格化坐标系。该坐标系其坐标方向及坐标原点与设备坐标系相同，但其最大工作范围的坐标值规范化为 1。对于既定的图形输出设备，其规范化坐标与实际坐标相差一个固定倍数，即该设备的分辨率。当开发应用于不同分辨率设备的图形软件时，首先将输出图形统一转换到规格化坐标系，以控制图形在设备显示范围内的相对位置；然后乘以相应的设备分辨率就可转换到具体的输出设备上了，这一转换关系如图 4-18 所示。

规格化坐标转化为屏幕坐标的关系为

$$\begin{cases} x_s = x_n \times s_l \\ y_s = y_n \times s_w \end{cases} \tag{4-18}$$

式中，s_l、s_w 为屏幕长和宽方向的像素数，即 x 和 y 方向屏幕坐标的最大值；x_n、y_n 为规格化坐标；x_s、y_s 为屏幕坐标。

4.5.3　二维图形的几何变换

在计算机绘图和图形显示中，常常需对二维或三维图形进行各种几何变换（平移、旋转、缩放等）。利用图形变换可以用一种简单的图形组合成比较复杂的图形。图形变换也是计算机图形学中应用极为普遍的基本内容之一。

众所周知，体由若干面构成，而面则由线组成，点的运动轨迹便是线。因此，构成图形最基本的要素是点。

在解析几何中，点可以用向量表示。在二维空间中可用 (x, y) 表示平面上的一个点，在三维空间里则可用 (x, y, z) 表示空间一点。既然构成图形的基本要素是点，则可用点的集合（简称点集）来表示一个平面图形或三维立体，写成矩阵的形式为

$$\begin{bmatrix} x_1 & y_1 \\ x_2 & y_2 \\ \vdots & \vdots \\ x_n & y_n \end{bmatrix}_{n \times 2}, \quad \begin{bmatrix} x_1 & y_1 & z_1 \\ x_2 & y_2 & z_2 \\ \vdots & \vdots & \vdots \\ x_n & y_n & z_n \end{bmatrix}_{n \times 3}$$

这样，便建立了平面图形和空间立体的数学模型。

1. 齐次坐标与变换矩阵

用一个 $n+1$ 维矢量来表示一个 n 维矢量的方法，称为齐次坐标法。例如，平面中的一点 $P(x, y)$ 在齐次坐标系中表示为一个三维矢量 $P(kx, ky, k)$，其中 k 是任意不为零的实数。由此可见，一个 n 维矢量的齐次坐标表示不是唯一的。在对二维图形进行几何变换的运算过程中，齐次坐标常取为 $(x, y, 1)$。

平面内一点 $P(x, y)$，在经过若干几何变换以后到达了新的位置 $P^*(x^*, y^*)$，这一变换过程可以通过一个三元坐标行阵与一个 3×3 变换矩阵相乘的矩阵运算来完成，即

$$[x^* \quad y^* \quad 1] = [x \quad y \quad 1] \begin{bmatrix} a & d & 0 \\ b & e & 0 \\ c & f & 1 \end{bmatrix} = [ax+by+c \quad dx+ey+f \quad 1] \tag{4-19}$$

写成显式方程，得 $\qquad x^* = ax + by + c, \quad y^* = dx + ey + f$

在 3×3 变换矩阵中，a、b、d、e 用以产生比例、旋转、反射和剪切等变换，c、f 用以产生平移变换。

2. 基本几何变换

(1) 平移变换

将二维图形从平面的一个位置移动到另一个位置，可用平移变换。平移变换后，图形只发生位置改变，形状大小及姿态均不变化。在图 4-19 中，点从原位置 $P(x, y)$ 移动到新位置 $P^*(x^*, y^*)$，在 X 方向上移动了 T_x 距离，在 Y 方向上移动了 T_y 距离，其平移变换矩阵为

$\begin{bmatrix} 1 & 0 & 0 \\ 0 & 1 & 0 \\ T_x & T_y & 1 \end{bmatrix}$，其中 (T_x, T_y) 称为平移（或位移）矢量。

(2) 比例变换

该变换使图形的尺寸在变换前后成比例变化。比例变换矩阵为 $\begin{bmatrix} S_x & 0 & 0 \\ 0 & S_y & 0 \\ 0 & 0 & 1 \end{bmatrix}$，其中，$S_x$ 和 S_y 分别为在 X 和 Y 方向上的比例因子，S_x、S_y 可以为大于 0 的任何数：当 S_x，$S_y < 1$ 时，图形缩小；当 S_x，$S_y > 1$ 时，图形放大；当 S_x，$S_y = 1$ 时，图形不产生变化。如图 4-20 所示的比例变换中，$S_x = S_y = 2$。

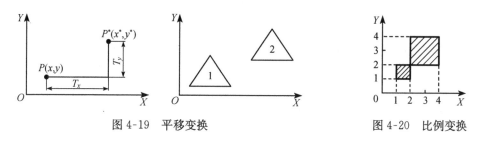

图 4-19　平移变换　　　　　　　　　　图 4-20　比例变换

(3) 旋转变换

坐标轴不动，点或平面图形绕坐标原点旋转一定角度 θ 之后成为变换后的点或图形，如图 4-21 所示。旋转变换矩阵为 $\begin{bmatrix} \cos\theta & \sin\theta & 0 \\ -\sin\theta & \cos\theta & 0 \\ 0 & 0 & 1 \end{bmatrix}$。逆时针方向旋转，$\theta$ 取正值；顺时针方向旋转，θ 取负值。

(4) 对称变换

用于计算轴对称图形，常用的对称变换如下。

1) 相对于 X 轴的对称变换，其变换矩阵为 $\begin{bmatrix} 1 & 0 & 0 \\ 0 & -1 & 0 \\ 0 & 0 & 1 \end{bmatrix}$，其特点是变换前后 X 坐标值保持不变，而 Y 坐标值符号相反，如图 4-22（a）所示。

2) 相对于 Y 轴的对称变换，其变换矩阵为 $\begin{bmatrix} -1 & 0 & 0 \\ 0 & 1 & 0 \\ 0 & 0 & 1 \end{bmatrix}$，其特点是变换前后 Y 坐标值保持不变，而 X 坐标值符号相反，如图 4-22（b）所示。

3）相对于坐标原点的对称变换，其变换矩阵为 $\begin{bmatrix} -1 & 0 & 0 \\ 0 & -1 & 0 \\ 0 & 0 & 1 \end{bmatrix}$，其特点是变换前后 X、Y 坐标值符号都相反，如图 4-22（c）所示。

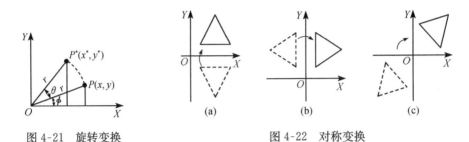

图 4-21　旋转变换　　　　　　　　图 4-22　对称变换

（5）错切变换

用于描述几何形体的扭曲和错切变形，常用的错切变换如下：

1）沿 X 方向的错切变换，其变换矩阵为 $\begin{bmatrix} 1 & 0 & 0 \\ SH_x & 1 & 0 \\ 0 & 0 & 1 \end{bmatrix}$。如图 4-23（a）所示，该变换使图形在 X 方向发生错切变形，错切变换参数 SH_x 可以为任意实数，且只在 X 方向起作用，而 Y 坐标值保持不变，图形上的每一个点在 X 方向的位移量与 Y 坐标成比例。

2）沿 Y 方向的错切变换，其变换矩阵为：$\begin{bmatrix} 1 & SH_y & 0 \\ 0 & 1 & 0 \\ 0 & 0 & 1 \end{bmatrix}$。如图 4-23（b）所示，该变换使图形在 Y 方向发生错切变形，错切变换参数 SH_y 可以为任意实数，且只在 Y 方向起作用，而 X 坐标值保持不变，图形上的每一个点在 Y 方向的位移量与 X 坐标成比例。

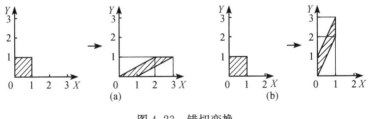

图 4-23　错切变换

3. 组合变换

上述基本变换是以原点为中心的简单变换。在实际应用中，一个复杂的变换往往是施行多个基本变换的结果。这种由多个基本变换组合而成的变换，称为组合变换，相应的变换矩阵称为组合变换矩阵。

（1）平移组合变换

连续两次平移变换的组合矩阵 T 为

$$
T=\begin{bmatrix} 1 & 0 & 0 \\ 0 & 1 & 0 \\ T_{x1} & T_{y1} & 1 \end{bmatrix}\begin{bmatrix} 1 & 0 & 0 \\ 0 & 1 & 0 \\ T_{x2} & T_{y2} & 1 \end{bmatrix}=\begin{bmatrix} 1 & 0 & 0 \\ 0 & 1 & 0 \\ T_{x1}+T_{x2} & T_{y1}+T_{y2} & 1 \end{bmatrix} \tag{4-20}
$$

上式表明，连续两次的平移变换，其平移矢量实质上是两次平移矢量的和。

（2）比例组合变换

连续两次比例变换的组合矩阵 T 为

$$
T=\begin{bmatrix} S_{x1} & 0 & 0 \\ 0 & S_{y1} & 0 \\ 0 & 0 & 1 \end{bmatrix}\begin{bmatrix} S_{x2} & 0 & 0 \\ 0 & S_{y2} & 0 \\ 0 & 0 & 1 \end{bmatrix}=\begin{bmatrix} S_{x1}\cdot S_{x2} & 0 & 0 \\ 0 & S_{y1}\cdot S_{y2} & 0 \\ 0 & 0 & 1 \end{bmatrix} \tag{4-21}
$$

上式表明，连续两次的比例变换，其结果是两次比例因子的乘积。

（3）旋转组合变换

连续两次旋转变换的组合矩阵 T 为

$$
T=\begin{bmatrix} \cos\theta_1 & \sin\theta_1 & 0 \\ -\sin\theta_1 & \cos\theta_1 & 0 \\ 0 & 0 & 1 \end{bmatrix}\begin{bmatrix} \cos\theta_2 & \sin\theta_2 & 0 \\ -\sin\theta_2 & \cos\theta_2 & 0 \\ 0 & 0 & 1 \end{bmatrix}=\begin{bmatrix} \cos(\theta_1+\theta_2) & \sin(\theta_1+\theta_2) & 0 \\ -\sin(\theta_1+\theta_2) & \cos(\theta_1+\theta_2) & 0 \\ 0 & 0 & 1 \end{bmatrix}
$$
$$\tag{4-22}$$

上式表明，连续两次的旋转变换，其结果是两次旋转角度的叠加。

（4）相对于任意点的比例变换

如图 4-24 所示，平面图形对任意点 (x_F, y_F) 进行比例变换，该变换需通过以下几个步骤实现：①将图形向坐标原点方向平移，平移矢量为 $(-x_F, -y_F)$，使任意点 (x_F, y_F) 与坐标原点重合；②对图形施行比例变换；③将图形平移回原始位置，平移矢量为 (x_F, y_F)。因此，相对于任意点的比例变换组合矩阵 T 为

$$
T=\begin{bmatrix} 1 & 0 & 0 \\ 0 & 1 & 0 \\ -x_F & -y_F & 1 \end{bmatrix}\begin{bmatrix} S_x & 0 & 0 \\ 0 & S_y & 0 \\ 0 & 0 & 1 \end{bmatrix}\begin{bmatrix} 1 & 0 & 0 \\ 0 & 1 & 0 \\ x_F & y_F & 1 \end{bmatrix}=\begin{bmatrix} S_x & 0 & 0 \\ 0 & S_y & 0 \\ (1-S_x)x_F & (1-S_y)y_F & 1 \end{bmatrix}
$$
$$\tag{4-23}$$

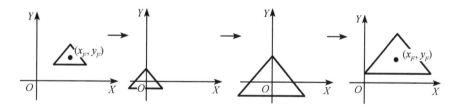

图 4-24　相对于任意点的比例变换

（5）绕任意点的旋转变换

如图 4-25 所示，平面图形绕任意点 (x_R, y_R) 旋转 θ 角，该变换需通过以下几个步骤实现：①将旋转中心平移到原点，使任意点 (x_R, y_R) 与坐标原点重合；②将图形绕坐标原点旋转 θ 角；③将旋转中心平移回原来位置。因此，绕任意点 (x_R, y_R) 的旋转变换组合矩阵 T 为

$$
\begin{aligned}
T &= \begin{bmatrix} 1 & 0 & 0 \\ 0 & 1 & 0 \\ -x_R & -y_R & 1 \end{bmatrix}
\begin{bmatrix} \cos\theta & \sin\theta & 0 \\ -\sin\theta & \cos\theta & 0 \\ 0 & 0 & 1 \end{bmatrix}
\begin{bmatrix} 1 & 0 & 0 \\ 0 & 1 & 0 \\ x_R & y_R & 1 \end{bmatrix} \\
&= \begin{bmatrix} \cos\theta & \sin\theta & 0 \\ -\sin\theta & \cos\theta & 0 \\ (1-\cos\theta)x_R+y_R\sin\theta & (1-\cos\theta)y_R-x_R\sin\theta & 1 \end{bmatrix}
\end{aligned}
$$

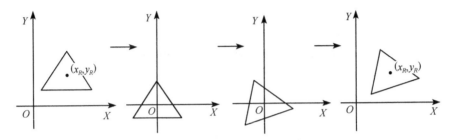

图 4-25 绕任意点的旋转变换

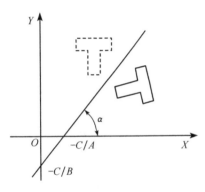

图 4-26 对任意直线的对称变换

（6）对任意直线的对称变换

如图 4-26 所示，假设图中所示任意直线用直线方程 $Ax+By+C=0$ 表示，该直线在 X 轴和 Y 轴上的截距分别为 $-C/A$ 和 $-C/B$，直线与 X 轴的夹角为 α，$\alpha=\arctan(-A/B)$。

该变换可通过如下几步来实现：①沿 X 轴方向平移直线，平移距离为 C/A，使直线通过原点；②绕原点旋转 $-\alpha$ 角，使直线与 x 轴重合；③对 X 轴进行对称变换；④绕原点旋转 α 角，使直线回到原来与 X 轴成 α 角的位置；⑤沿 X 轴方向平移直线，平移距离为 $-C/A$，使直线回到原来的位置。通过以上五个步骤，即可实现图形对任意直线的对称变换。故该变换的变换矩阵 T 为

$$
\begin{aligned}
T &= \begin{bmatrix} 1 & 0 & 0 \\ 0 & 1 & 0 \\ C/A & 0 & 1 \end{bmatrix}
\begin{bmatrix} \cos\alpha & -\sin\alpha & 0 \\ \sin\alpha & \cos\alpha & 0 \\ 0 & 0 & 1 \end{bmatrix}
\begin{bmatrix} 1 & 0 & 0 \\ 0 & -1 & 0 \\ 0 & 0 & 1 \end{bmatrix}
\begin{bmatrix} \cos\alpha & \sin\alpha & 0 \\ -\sin\alpha & \cos\alpha & 0 \\ 0 & 0 & 1 \end{bmatrix}
\begin{bmatrix} 1 & 0 & 0 \\ 0 & 1 & 0 \\ -C/A & 0 & 1 \end{bmatrix} \\
&= \begin{bmatrix} \cos2\alpha & \sin2\alpha & 0 \\ \sin2\alpha & -\cos2\alpha & 0 \\ \dfrac{C}{A}(\cos2\alpha-1) & \dfrac{C}{A}\sin2\alpha & 1 \end{bmatrix}
\end{aligned}
$$

综上所述，组合变换是通过基本变换的组合而成的。由于矩阵的乘法不适用于交换律，即：$[A][B]\neq[B][A]$，因此，组合的顺序一般是不能颠倒的，顺序不同，则变换的结果亦不同。这一点应一定注意。

4.5.4　三维造型

20 世纪 60 年代末，CAD 研究界提出了用计算机表示机械零件三维形体的构想，以便在一个完整的几何模型上实现零件的质量计算、有限元分析、数控加工和消隐立体图的生成。经过多年来的努力探索和多种技术途径的实践验证，这一思想终于成熟起来，形成了功能强大、使用方便的实用软件，并且代表了当代 CAD 技术的发展主流。

在进行 CAD 作业过程中，必须建立产品的模型，它是由与产品对象有关的各种信息有机联系构成的，其中几何形体的数据信息是最为基本的。只有几何信息组成的模型称为几何模型。在 CAD 系统中，几何模型按其描述和存储内容的特征，可分为线框造型、表面造型以及实体造型等。

1. 线框造型

依据物体各外表面之间的交线组成物体外轮廓的框架，简称线框模型。线框造型只在计算机内存储这些框架线段信息，即利用物体的棱边和顶点来表示其几何形状的一种造型。线框造型的特点是结构简单、存储的信息少、运算简单迅速、响应速度快，它是进行曲面建模和实体建模的基础。但线框造型所建立起来的不是实体，只能表达基本的几何信息，不能有效地表达几何数据间的拓扑关系。

2. 表面造型

与线框造型相比，表面造型除存储线框线段外，还存储各个外表面的几何信息。这种造型除具有点、线信息外，还具有面的信息。可以进行面与面求交、消隐、明暗处理、渲染等操作，实现数控刀具轨迹生成、有限元网格划分等，还可以构造复杂的曲面物体。但该造型仍然缺少面、体间的拓扑关系，无法区别面的哪一侧是体内还是体外，无法进行剖切，因而它对物体仍没有构建起完整的三维几何关系。

3. 实体造型

实体造型存储物体完整的三维几何信息，除具有点、线、面、体的全部几何信息外，还具有全部点、线、面、体的拓扑信息。它可以区分物体的内部和外部，可以提取各部几何位置和相互关系的信息。实体造型有以下几种表示方法：

(1) CSG 法

CSG 法的全称是 constructive solid geometry，意译为体素构造法。它是一种由简单的几何形体（通常称为体素，如立方体、圆柱、球、圆锥、棱柱体等）通过布尔运算（交、并、差）构造复杂三维物体的表示方法，如图 4-27 所示。它是用二叉树的形式记录一个零件所有组成体素进行拼合运算的过程，常简称为体素拼合树。这样，一个复杂物体便可以描述为一棵树，树的叶节点为基本体素，根节点和中间节点为集合运算，并以根节点作为查询和操作的基本单元，它对应于一个物体名。CSG 法所要存储的几何模型信息是：所用的基本形体的类型、参数和所采用的拼合运算过程。该法表示的物体具有唯一性和明确性，其缺点是不具备物体的面、环、边、点的拓扑关系。

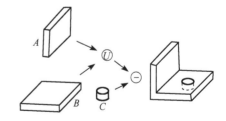

图 4-27　由基本形体拼合成复杂形体

(2) B-rep 法

B-rep 法的全称是 boundary representation model，意译为边界表面表示法。它是以物体边界为基础来描述三维物体的方法，如图 4-28 所示。B-rep 法能给出完整的界面描述，它将实体外表面几何形状信息数据分为两类：几何信息数据和拓扑信息数据。数据结构一般用体表、面表、边表及顶点表 4 层描述，联系关系是物体拓扑信息的基本内容。该法优点是含有较多关于面、边、点及其相互关系的信息；缺点为数据结构复杂、存储量大，对几何形体的整体描述能力差。

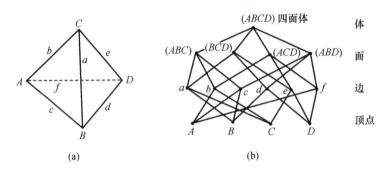

图 4-28　B-rep 法的四面体数据结构

（3）扫描法

该法的基本思想是，将一个平面图形在空间中按一定的规则运动，该图形的运动轨迹所形成的空间即为一实体。用扫描法形成实体可用两种方法：①平移法，如图 4-29（a）所示；②旋转法，如图 4-29（b）所示，这一物体可看作由平面图形绕回转轴回转而形成。

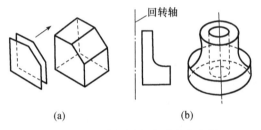

图 4-29　两种扫描方法形成的实体

4. 特征造型

上述以几何学为基础的三维几何造型，其数据结构主要适应了图形显示的要求，而没有考虑生产过程中其余环节的要求，因此几何造型很难满足 CAD/CAM 集成的需要。为此，特征造型技术应运而生。建立基于特征的产品定义造型，使用特征集来定义零件，能很好地反映设计意图并提供完整的产品信息，使 CAPP 系统能够直接获取所需的信息，实现 CAD/CAM 的集成。

特征通常可划分为如下几类。

1）形状特征：描述一定工程意义的功能几何形状信息。

2）精度特征：用于描述零件的形状位置、尺寸和粗糙度等。

3）管理特征：用于描述零件的管理信息，如标题栏内的信息。

4）技术特征：用于描述零件的性能、功能等。

5）材料特征：用于描述零件材料的成分和条件。

6）装配特征：用于描述零件在装配过程中需使用的信息。

因此，特征造型就是从 CAD/CAM 集成的角度出发，从整个生命周期各个阶段的不同需求来描述产品，能够较为完整地、系统地描述产品信息，使各应用系统可直接从该零件模型中抽取所需信息。它不仅能够提供制造所用的几何数据，而且把设计和生产过程紧密地联系在一起。

4.6　专用机械 CAD 系统的开发及应用

国际知名的 CAD/CAM 软件如 Pro/Engineer、UGⅡ、I-DEAS、CATIA、SolidEdge 和 AutoCAD 等，都是商品化的通用平台，目前已基本上覆盖了整个制造行业。但由于专业针对性差，因而还不能满足各种各样具体产品的设计需要，所以 CAD 软件的二次开发就成为 CAD 技术应用中所必须解决的课题之一。所谓二次开发就是把商品化、通用化的 CAD 系统进行用户化、本地化的过程，即以优秀的 CAD 系统为基础平台，开发出符合国家标准、适合企业实际需要的用户化、专业化、集成化软件。

4.6.1　二维 CAD 软件的二次开发技术

二维 CAD 软件中应用最为广泛的是 AutoDesk 公司的 AutoCAD 系列软件。AutoCAD 是一种具有高度开放结构的 CAD 软件开发平台，它提供给编程者一个强有力的二次开发环境。在 R10 版本以前，可供使用的开发工具主要是 AutoLISP；R11 版本推出 ADS，是其最显著的特点；随着 R13 版本推出 ARX，AutoCAD 进入全新的面向对象的开发环境；自 R14 版本以后，AutoCAD 引入了面向对象的 ActiveX Automation Interface（即 ActiveX 自动化界面）技术，可方便地使用各种面向对象的高级开发语言，为开发人员提供了多种可供选择的开发工具。

1. AutoLISP 技术

Autolisp 是一种嵌入 AutoCAD 内部的 Lisp 语言，它继承了 Lisp 语言的语法、传统约定和基本函数与数据类型，并扩充了强大的图形处理功能，语法简洁、表达能力强、函数种类多、程序控制结构灵活，既能完成常用的科学计算和数据分析，又能调用几乎全部 AutoCAD 命令，具有强大的图形处理能力，是 AutoCAD 早期版本的主要开发工具。AutoLISP 的一般程序结构为：全局变量赋初值；子函数定义（局部变量赋初值，函数体）；主函数定义（变量赋初值，函数体）。在加载函数后，可在任何需要的时候调用该函数。

AutoLISP 是嵌入 AutoCAD 的解释型过程语言，尽管具有较强的开发能力，但其运行速度较慢，程序规模小，保密性不强，不宜用于高强度的数据处理，缺乏低层和系统支持。

2. ADS 技术

ADS（AutoCAD Development System）是 AutoCAD R11 版本开始支持的一种基于 C 语言的灵活的开发环境。ADS 可直接利用用户熟悉的 C 编译器，将应用程序编译成可执行文件后在 AutoCAD 环境下运行，从而既利用了 AutoCAD 环境的强大功能，又利用了 C 语言的结构化编程、运行效率高的优势。

与 Autolisp 相比，ADS 优越之处在于以下方面。

1）具备错综复杂的大规模处理能力。

2）编译成机器代码后执行速度快。

3）编译时可以检查出程序设计语言的逻辑错误。

4）程序源代码的可读性好于 AutoLISP。

而其不便之处在于以下方面。

1）C 语言比 Lisp 语言难于掌握和熟练应用。

2）ADS 程序的隐藏错误往往导致 AutoCAD，乃至操作系统崩溃。

3）需要编译才能运行，不易见到代码的效果。

4）同样功能，ADS 程序源代码比 Autolisp 代码长很多。

3. ARX（C++）技术

ARX（AutoCAD Runtime Extension）是 AutoCAD R13 版本之后推出的一个以 C++语言为基础的面向对象的开发环境相应用程序接口。ARX 程序本质上为 Windows 动态链接库（DLL）程序与 AutoCAD 共享地址空间，直接调用 AutoCAD 的核心函数，可直接访问 AutoCAD数据库的核心数据结构和代码，以便在运行期间扩展 AutoCAD 固有的类及其功能，创建能够全面享受 AutoCAD 固有命令特权的新命令。ARX 程序与 AutoCAD、Windows 之间均采用 Windows 消息传递机制直接通信。

Object ARX 应用程序以 C++为基本开发语言，具有面向对象编程方式的数据可封装性、可继承性及多态性的特点，用其开发的 CAD 软件具有模块性好、独立性强、连接简单、使用方便、内部功能高效实现以及代码可重用性强等特点，并且支持 MFC 基本类库，能简洁高效地实现许多复杂功能。

4. VBA 技术

VBA（Visual Basic for Application）最早是内嵌在 Office 97 中的一种编程语言，由于易学易用，功能强大，AutoDesk 公司开始在 AutoCAD R14 版本中内置了 VBA 开发工具，同时提供了适用的对象模型和开发环境，到 AutoCAD 2000，相应的功能得到了加强。

从语言结构上讲，VBA 是 VB（Visual Basic）的一个子集，它们的语法结构是相同的，VBA 依附于主应用程序 AutoCAD，它与主程序的通信简单而高效，由于共享内存空间，使它具有更快的执行速度，且其语法结构简洁，便于用户快速有效的开发出适用的应用软件，近期获得了广泛应用。

5. 其他开发工具

Delphi 是 Inprise 公司推出的基于 Object Pascal 语言的可视化编程工具。作为编程语言，它是完整的面向对象语言，具有严格意义上的对象、封装、继承和重载的概念，并具有异常处理的功能。

Java 是 SUN Microsystems 公司研制的一种崭新的程序设计语言，它是面向对象的语言之一，具有独立于体系结构的特性，Java 特别适用于开发基于 Internet 的应用程序，它开发的程序能够在任何平台上运行。Visual J++是 Microsoft 研制的程序开发环境、是用于 Java 编程的 Windows 集成环境。

这两种语言都是面向对象语言，二次开发人员可以很好地利用其与 Windows 系统紧密结合的特点，开发出高效的 AutoCAD 程序。

4.6.2　三维 CAD 软件的二次开发技术

三维软件的二次开发应遵循工程化、模块化、标准化和继承性等一系列的原则，依据工程化的思想对二次开发进行统筹规划，具体实现坚持模块化、标准化和继承性原则。

三维软件二次开发的主要研究包括以下几个方面。

（1）建立参数化图库

国外商品化 CAD 系统一般都未提供标准件库和通用件库。为适应产品快速开发的需要，建立参数化或变量化的三维实体模型库是进行产品设计所必需的环节。建立参数化图库的关键是标准件和通用件特征参数值的存储和处理，有两种方法：一种是使用数据文件的形式存放参数值；另一种是使用数据库管理系统建立新系统的数据库。使用第二种方法既安全可读，又具有很好的开放性，是用户建立参数值数据库的理想选择。

（2）二维工程图的自动生成技术

国外通用的 CAD 系统在常用符号、标注等方面都是依照国际标准，与国家标准有所不同，如尺寸标注、形位公差符号、表面粗糙度符号等，这就需要对其符号进行二次开发。处理程序可以通过软件自带的二次开发语言，也可利用其他高级语言编制。

（3）产品设计智能化开发技术

CAD 智能化是把人工智能的思想、方法和技术引入传统的 CAD 系统中，分析归纳设计/工艺知识，模拟人脑推理分析，提出设计/工艺方案，从而提高设计/工艺水平，缩短周期，降低成本。现在的 CAD 系统是人机交互式工作，把需要由知识和经验决策的设计问题留给用户，使产品设计水平受到工程师学科知识和设计经验的制约。开发基于通用化 CAD 系统的智能 CAD（intelligent CAD）可以克服这一缺点，提高设计质量和效率。它的技术核心就是以专家知识和经验建立专家系统（expert system，ES）模型，采用规则控制下的产生式系统和启发式推理来实现系统的智能化。

（4）特征映射器的开发技术

目前，优秀的机械设计自动化软件都是基于参数化或变量化的特征建模技术，将 CAD/CAM 集于一身。特征在不同的应用领域有着不同的特征模型，设计特征不可能与制造特征完全一致，这就会导致特征信息的歧义与混乱，因此需要一种特征映射（feature conversion）机制来完成特征信息由设计域向制造域的转化，即特征映射器。特征映射器可自动将 CAD 系统的设计特征转变为 CAPP 系统所需的制造特征，从而实现 CAD/CAPP 的有效集成，其中特征提取（feature extraction）和特征识别（feature recognition）是开发特征映射器的技术关键。

下面以 Pro/Engineer 软件的二次开发为例，来说明其二次开发技术中的有关问题及步骤。

Pro/Engineer 软件（简称 Pro/E）采用了近年来 CAD 方面的先进理论和技术、具有较高的起点、是参数化设计技术的先驱者和领先者，它集零件设计、装配设计、加工、逆向造型、优化设计等功能于一身，目前广泛应用于工程设计的各个领域，如在模具设计和制造、汽车设计和制造、电子产品的设计和制造等方面。

Pro/E 所有模块的全相关性、基于特征的参数化造型以及单一数据库改变了 CAD/CAE/CAM 的传统观念，这些全新的概念已经成为当今世界机械 CAD/CAE/CAM 领域的新标准。它作为一个集大成者，融合了实体建模、曲面设计、模具设计、逆向工程、数控加工、关系数据库管理等技术，是一个全方位的 CAD/CAM 解决方案。Pro/E 在具体工程应用中，展示了它独具匠心之处：界面简洁实用，级联式菜单风格统一，逻辑选项和默认选项省时省力，概念清晰，建模过程符合工程技术人员的设计思想与习惯。这些人性化的考虑使得庞大的软件也易于学习和使用，具有一定工程经验的人可以很快上手。

Pro/E 是一种采用了特征建模技术，基于统一数据库的参数化的通用 CAD 系统。利用它提供的二次开发工具在 Pro/E 的基础上进行二次开发，可以比较方便地实现面向特定产品的程序自动建模功能。并且可以把较为丰富的非几何特征如材料特征、精度特征加入所产生的模型中，所有信息存入统一的数据库，是实现 CAD/CAE/CAM 集成的关键技术之一。

Pro/E 提供了丰富的二次开发工具，常用的有族表（family table）、用户定义特征（UDF）、Pro/Program、J-Link、Pro/Toolkit 等。

（1）族表

　　通过族表可以方便地管理具有相同或相近结构的零件，特别适用于标准零件的管理。族表通过建立通用零件为父零件，然后在其基础上对各参数加以控制生成派生零件。整个族表通过电了表格来管理，所以又被称为表格驱动。

　　（2）用户定义特征

　　用户定义特征是将若干个系统特征融合为一个自定义特征，使用时作为一个整体出现。系统将 UDF 特征 .gph 文件保存。UDF 适用特定产品中的特定结构、有利于设计者根据产品特征快速生成几何模型。

　　（3）Pro/Program

　　Pro/E 软件对于每个模型都有一个主要设计步骤和参数列表——Pro/Program。它是由类似 Basic 的高级语言构成的，用户可以根据设计需要来编辑该模型的 Program，使其作为一个程序来工作。通过运行该程序，系统通过人机交互的方法来控制系统参数、特征出现与否和特征的具体尺寸等。

　　（4）J-Link

　　J-Link 是 Pro/E 中自带的基于 Java 语言的二次开发工具。用户通过 Java 编程实现在软件Pro/E 中添加功能。

　　（5）Pro/Toolkit

　　Pro/Toolkit 同 J-link 一样也是 Pro/E 自带的二次开发工具，但它基于 C 语言的 Pro/Toolkit（17 版本之前为 Pro/Develop）能实现与 Pro/E 的无缝集成，是 Pro/E 自带的功能最强大的二次开发工具。它封装了许多针对 Pro/E 底层资源调用的库函数与头文件，借助第三方编译环境进行调试。Pro/Toolkit 使用面向对象的风格，在 Pro/E 与应用程序之间通过函数调用来实现数据信息的传输。

　　Pro/Toolkit 采用的是功能强大的面向对象的方式来编写的。因此，用来在 Pro/E 和应用程序之间传送信息的数据结构，对应用程序来讲是不可见的，而只能通过 Pro/Toolkit 中函数来访问，在 Pro/Toolkit 中最基本的两个概念是对象（Object）和行为（Action）。在 Pro/Toolkit 中每个 C 函数完成一个特定类型对象的某个行为，每个函数的命名约定是："Pro" 前缀＋对象的名字＋行为的名字。一个 Pro/Toolkit 的对象是一个定义完整、功能齐全的 C 结构，能够完成与该对象有关的行为大多数对象对应的是 Pro/E 数据库中的一个元素（item），如特征、面等。然而，另外一些对象就比较抽象或是暂时的。Pro/Toolkit 中还有其他一些特点：统一的、广泛的函数出错报告；统一的函数或数据类型的命名约定等。

　　使用 Pro/Toolkit 开发应用程序包含三个步骤：编写源文件，生成可执行文件，可执行文件在 Pro/E 中注册并运行。

　　源文件包括下列类型：菜单文件、窗口信息文件和 C 程序。其中：C 程序文件包含了用户定义的菜单内容与菜单动作。在定义动作函数时可以调用本身的 Pro/Toolkit 函数，也可以调用用户自定义函数。为了将菜单文件载入，需要在 C 文件中完成菜单调入，菜单注册和菜单动作定义三个步骤。

　　Pro/E 为应用程序提供两种工作模式：同步模式和异步模式，由于后者使用复杂而很少使用。前者又分为 Spawn（多进程模式）或 Dll（动态链接库模式）。根据工作模式不同，编译时的生成文件也不同。若采用 Spawn 模式工作，必须将源文件编译生成 exe 文件；若用 Du 模式工作，将把源文件生成动态链接库。

　　应用程序有两种注册方式：自动注册和手工注册。自动注册是指将注册文件放在指定的目录下（如 Pro/E 的启动目录）运行 Pro/E 。此时注册文件中的所有 Pro/Toolkit 应用程序将自动注册。手工注册是指注册文件不在指定目录时，启动 Pro/E 之后在 Utilities 下选择 Auxiliary Application 菜单项，然后在对话框中选取 Register 进行注册。

习　　题

4-1　简述 CAD 技术发展和应用的概况及其优越性。

4-2　CAD 系统的硬件和软件各是由哪些部分所组成？

4-3　CAD 系统的形式包括哪几种类型？其功能应该包括哪些方面？

4-4　简述数表和线图的分类及存取方法。

4-5　对图 4-4 中的 16 条直线进行公式化处理，将其转化为计算公式。

4-6　对图 4-5 中的 4 条直线进行公式化处理，将其转化为计算公式。

4-7　在 V 带传动设计中，当计算功率 $P=10kW$，小带轮转速 $N=2000r/min$ 时，需选用何种型号的 V 带？编写程序，调用 "V 带带型选择函数" 以选取相应型号的 V 带。

4-8　蜗轮的齿形系数线图（图 4-3）已经被转化为一维列表函数（表 4-4），试编写程序，用一维抛物线插值算法查取蜗轮齿数 $Z2=65$ 时所对应的齿形系数。

4-9　题 4-9 图所示为渐开线齿轮齿形系数线 Y_{Fa} 图，对其进行数表化处理并存入计算机（仅取变位系数 $x=-0.2$，-0.1，0，0.1，0.2 等五条曲线），编写程序利用二维列表函数线性插值函数 tlip() 查取相应的齿形系数。

4-10　按弯扭复合应力的方法计算转轴轴径。已知：转轴某截面上的弯矩 M_b、扭矩 M_n，材料为碳素钢，许用弯曲应力 $[\sigma_b]$ 如题 4-10 表（b）所示，查表时要求用线性插值和抛物线插值两种插值方法。扭转应力按脉动应力状态计算。要求：编制上述计算过程的程序，计算出题 4-10 表（a）中的五组结果。

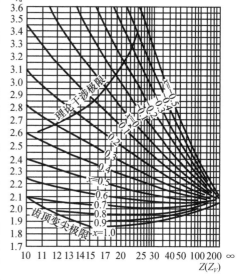

题 4-9 图　渐开线齿轮齿形系数 Y_{Fa}

题 4-10 表（a）

数据组号	弯矩 $M_b/(N \cdot m)$	扭矩 $M_n/(N \cdot m)$	强度极限 σ_B/MPa	计算结果轴径 d/mm
1	586	980	600	
2	960	1250	650	
3	1050	2500	700	
4	600	550	450	
5	1625	1245	650	

题 4-10 表（b）　轴的许用弯曲应力 $[\sigma_b]$（MPa）

强度极限 σ_B/MPa	静应力 $[\sigma_b]_{+1}$	脉动循环应力 $[\sigma_b]_0$	对称循环应力 $[\sigma_b]_{-1}$
400	130	70	40
500	170	75	45
600	200	95	55
700	230	110	65

材料：碳素钢

4-11　将题 4-11 表中的数据存入一个数据文件 table4_11. dat 中，然后从该数据文件中读出数据，用二维数表的抛物线插值算法查取当 $\sigma_B=740N/cm^2$、$r/d=0.06$ 时的有效应力集中系数 K_σ，并将结果存入另一数据文件 result. dat 中。

题 4-11 表　轴的圆角处有效应力集中系数 K_σ

序号	J	0	1	2	3	4	5	6	7
I	σ_B / r/d	400	500	600	700	800	900	1000	1200
0	0.01	1.34	1.36	1.38	1.40	1.41	1.43	1.45	1.49
1	0.02	1.41	1.44	1.47	1.49	1.52	1.54	1.57	1.62
2	0.03	1.59	1.63	1.67	1.71	1.76	1.80	1.84	1.92
3	0.05	1.54	1.59	1.64	1.69	1.73	1.78	1.83	1.93
4	0.10	1.38	1.44	1.50	1.55	1.61	1.66	1.72	1.83

4-12　试比较文件系统与数据库系统的差异。

4-13　简述工程数据库的概念。

4-14　按额定动载荷选择轻系列（200 型）单列向心球轴承的型号。已知：轴承上承受的径向力 F_r，轴向力 F_a，转速 n，工作寿命 L_h。取载荷系数 $f_p=1.1$，温度系数 $f_t=1$。轴承型号在 200～220 规格中选取。要求：1）利用 Excel 或 Access 软件建立数据库文件用于存储题 4-14 表（b）中的数据，并转化为文本文件；2）利用该文本文件，编制选择轴承型号的计算程序，计算出题 4-14 表（a）中五组结果。

题 4-14 表（a）　滚动轴承的工作参数

序号	径向力 F_r/N	轴向力 F_a/N	转速 n/(r/min)	工作寿命 L_h/h	设计结果（轴承型号）
1	2600	1050	1450	5000	
2	3500	650	970	10000	
3	1200	1200	500	10000	
4	1100	600	1470	5000	
5	3200	1600	1200	5000	

题 4-14 表（b）　轻（2）窄系列滚动轴承性能表（摘要）

轴承型号	尺寸/mm				安装尺寸/mm			额定动载荷 C/kN	额定静载荷 C_0/kN	极限转速/(r/min)	
	d	D	B	r	D_1	D_2	r_g			脂润滑	油润滑
200	10	30	9	1	14	26	0.6	4.70	2.70	19000	26000
201	12	32	10	1	16	28	0.6	4.80	2.70	18000	24000
202	15	35	11	1	19	31	0.6	6.00	3.55	17000	22000
203	17	40	12	1	21	36	1	7.50	4.50	16000	20000
204	20	47	14	1.5	25	42	1	10.00	6.30	14000	18000
205	25	52	15	1.5	30	47	1	11.00	7.10	12000	16000
206	30	62	16	1.5	36	56	1	15.00	10.20	9500	13000
207	35	72	17	2	42	65	1	20.10	13.90	8500	11000
208	40	80	18	2	48	72	1	25.60	18.10	8000	16000
209	45	85	19	2	52	78	1	25.60	18.00	7000	9000

续表

轴承型号	尺寸/mm				安装尺寸/mm			额定动载荷 C/kN	额定静载荷 C_0/kN	极限转速/(r/min)	
	d	D	B	r	D_1	D_2	r_g			脂润滑	油润滑
210	50	90	20	2	58	83	1	27.50	20.20	6700	8500
211	55	100	21	2.5	64	91	1.5	34.00	25.25	6000	7500
212	60	110	22	2.5	70	101	1.5	41.00	31.50	5600	7000
213	65	120	23	2.5	76	110	1.5	44.80	34.70	5000	6300
214	70	125	24	2.5	81	115	1.5	48.70	38.10	4800	6000
215	75	130	25	2.5	85	120	1.5	51.90	41.90	4500	5600
216	80	140	26	3	91	129	2	56.90	45.40	4300	5300
217	85	150	28	3	97	138	2	65.30	54.10	4000	5000
218	90	160	30	3	103	148	2	75.30	61.70	3800	4800
219	95	170	32	3.5	109	157	2	85.20	70.90	3600	4500
220	100	180	34	3.5	114	167	2	98.80	80.60	3400	4300

4-15　简述交互式绘图和参数化绘图方法的各自优缺点。

4-16　简述在图形处理中三种坐标系用途，并说明三种坐标系的转换关系。

4-17　$\triangle ABC$ 三点坐标为 $A(0，0)$、$B(1，0)$、$C(1，1)$，分别进行如下三种变换：1) 以坐标原点为中心，X 方向放大 2 倍，Y 方向放大 3 倍；2) 绕坐标原点旋转 $45°$；3) X 方向平移 2，Y 方向平移 3。分别求出转换后三个三角形的坐标。

4-18　$\triangle ABC = \begin{bmatrix} 0 & 0 & 1 \\ 1 & 0 & 1 \\ 1 & 1 & 1 \end{bmatrix}$，试分别求出以下两种变换后的所得三角形的坐标。

（1）绕点 $P(2，3)$ 旋转 $45°$，然后 X 方向平移 3，Y 方向平移 4；

（2）X 方向平移 3，Y 方向平移 4，然后绕点 $P(2，3)$ 旋转 $45°$。

4-19　试求出 $\triangle ABC = \begin{bmatrix} 1 & 0 & 1 \\ 1 & 1 & 1 \\ 0 & 1 & 1 \end{bmatrix}$ 关于直线 $3X + 4Y + 12 = 0$ 对称的 $\triangle A'B'C'$ 坐标值。

4-20　简述常用的造型类型及其各自的优缺点。

4-21　简述三维造型常用的表示方法及其原理。

4-22　选用二维或三维软件中的某一种二次开发工具，针对某一特定产品实现其专用 CAD 软件开发。

第5章 有限元法

5.1 概 述

有限元法（finite element method，FEM）是随着计算机技术的发展而迅速发展起来的一种现代设计计算方法。该方法于 20 世纪 50 年代首先用于飞机结构静、动态特性分析及其结构强度设计，随后很快就广泛应用于求解热传导、电磁场、流体力学等连续性问题。由于该方法的理论基础牢靠，物理概念清晰，解题效率高，适应性强，目前已成为机械产品动、静、热特性分析的重要手段，它的程序包已是机械产品计算机辅助设计方法库中不可缺少的内容之一。

在工程分析和科学研究中，常常会遇到大量由常微分方程、偏微分方程及相应的边界条件描述的场问题，如位移场、应力场和温度场等问题。求解这类场问题的方法主要有两种：用解析法求得精确解；用数值解法求其近似解。应该指出，能用解析法求出精确解的只是方程性质比较简单且几何边界相当规则的少数问题。而对于绝大多数问题，则很少能得出解析解。这就需要研究它的数值解法，以求出近似解。

目前工程中实用的数值解法主要有三种：有限差分法、有限元法和边界元法。其中，以有限元法通用性最好，解题效率高，目前在工程中的应用最为广泛。

有限元法的基本思想早在 20 世纪 40 年代初期就有人提出，但真正用于工程中则是电子计算机出现以后。"有限元法"这一术语是 1960 年美国的克拉夫（Clough R. W.）在一篇题为"平面应力分析的有限元法"论文中首先使用的。此后，有限元法的应用得到蓬勃发展。到 20 世纪 80 年代初期，国际上较大型的结构分析有限元通用程序多达几百种，从而为工程应用提供了方便条件。由于有限元通用程序使用方便，计算精度高，其计算结果已成为各类工业产品设计和性能分析的可靠依据。

有限元法的分析过程可概括如下。

1. 连续体离散化

连续体是指所求解的对象（物体或结构），离散化就是将所求解的对象划分为有限个具有规则形状的微小块体，把每个微小块体称为单元，两相邻单元之间只通过若干点互相连接，每个连接点称为节点。因此，相邻单元只在节点处连接，载荷也只通过节点在各单元之间传递，这些有限个单元的集合体即原来的连续体。离散化也称为划分网格或网络化。单元划分后，给每个单元及节点进行编号；选定坐标系，计算各个节点坐标；确定各个单元的形态和性态参数以及边界条件等。

图 5-1 所示为将一悬臂梁建立有限元分析模型的例子，图中将该悬臂梁划分为许多三角形单元，三角形单元的三个顶点都是节点。

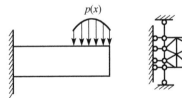
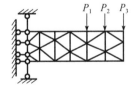

图 5-1 悬臂梁及其有限元模型

2. 单元分析

连续体离散化后，即可对单元体进行特性分析，简称单元分析。单元分析工作主要有两项：选择单元位移模式（位移函数）和分析单元的特性，即建立单元刚度矩阵。

根据材料学、工程力学原理可知，弹性连续体在载荷或其他因素作用下产生的应力、应变和位移，都可以用位置函数来表示，那么，为了能用节点位移来表示单元体内任一点的位移、应变和应力，就必须搞清各单元中的位移分布。一般假定单元位移是坐标的某种简单函数，用其模拟单元内位移的分布规律，这种函数就称为位移模式或位移函数。通常采用的函数形式多为多项式。根据所选定的位移模式，就可以导出用节点位移来表示单元体内任一点位移的关系式。因此，正确选定单元位移模式是有限元分析与计算的关键。

选定单元位移模式后，即可进行单元力学特性分析，将作用在单元上的所有力（表面力、体积力、集中力）等效地移置为节点载荷，采用有关的力学原理建立单元的平衡方程，求得单元内节点位移与节点力之间的关系矩阵——单元刚度矩阵。

3. 整体分析

在对全部单元完成单元分析之后，就要进行单元组集，即把各个单元的刚度矩阵集成为总体刚度矩阵，并将各单元的节点力向量集成总的力向量，求得整体平衡方程。集成过程所依据的原理是节点变形协调条件和平衡条件。

4. 确定约束条件

由上述所形成的整体平衡方程是一组线性代数方程，在求解之前，必须根据具体情况，分析与确定求解对象问题的边界约束条件，并对这些方程进行适当修正。

5. 有限元方程求解

解方程，即可求得各节点的位移，进而根据位移计算单元的应力及应变。

6. 结果分析与讨论

有限元法求解应力类问题时，根据未知量和分析方法的不同，有以下三种基本解法。

1）位移法。它以节点位移作为基本未知量，选择适当的位移函数，进行单元的力学特性分析，在节点处建立单元刚度方程，再合并组成整体刚度矩阵，求解出节点位移后，由节点位移再求解出应力。位移法优点是比较简单，规律性强，易于编写计算机程序，所以得到广泛应用；其缺点是精度稍低。

2）力法。以节点力作为基本未知量，在节点处建立位移连续方程，求解出节点力后，再求解节点位移和单元应力。力法的特点是计算精度高。

3）混合法。取一部分节点位移和一部分节点力作为基本未知量，建立平衡方程进行求解。

上述有限元法的分析过程与计算就是以位移法为例来介绍的。

有限元法的实际应用要借助两个重要工具：矩阵算法和电子计算机。有限元法的基本思想早在 20 世纪 40 年代初就有人提出，但真正用于工程中则是在电子计算机出现后。上述有限元方程的求解，则需要借助矩阵运算来完成。

有限元法最初用于飞机结构的强度设计，它在理论上的通用性，使得其可用于解决工程中的许多问题。目前，它可以解决几乎所有的连续介质和场的问题，包括热传导、电磁场、流体动力学、地质力学、原子工程和生物医学等方面的问题。1960 年以后，有限元法在工程上获得广泛应用，并迅速推广到造船、建筑、机械等各个工业部门。如在机械设计中，从齿轮、轴、轴承等通用零部件的应力和变形分析到机床、汽车、飞机等复杂结构的应力和变形分析

（包括热应力和热变形分析）。采用有限元法计算，可以获得满足工程需要的足够精确的近似解。几十年来，有限元法的应用范围不断扩展，它不仅可以解决工程中的线性问题、非线性问题，而且对于各种不同性质的固体材料，如各向同性和各向异性材料，黏弹性和黏塑性材料以及流体均能求解；另外，对于工程中最有普遍意义的非稳态问题也能求解。现今，有限元法的用途已遍及机械、建筑、矿山、冶金、材料、化工、交通、电磁以及汽车、航空航天、船舶等设计分析的各个领域。到 20 世纪 80 年代初期，国际上已开发出多种用于结构分析的有限元通用程序，其中著名的有 NASTRAN、ANSYS、ASKA、ADINA、SAP 等。这些软件对推动有限元法在工程中的应用起到了极大作用。表 5-1 列出了几种国际上流行的商用有限元程序的应用范围。

表 5-1　几种有限元程序的应用范围

应用范围	程序名称					
	ADINA	ANSYS	ASKA	MARC	NASTRAN	SAP
非线性分析	√	√	√	√	√	
塑性分析	√	√	√	√		
断裂力学		√				
热应力与蠕变	√	√	√	√	√	
厚板厚壳	√	√	√	√		√
管路系统		√		√	√	√
船舶结构	√	√	√			√
焊接接头				√		
黏弹性材料		√	√	√		
热传导	√	√	√		√	
薄板薄壳	√	√	√	√	√	√
复合材料					√	
结构稳定性		√	√			
流体力学	√				√	
瞬态分析	√	√	√	√	√	√
电场	√					

5.2　单元特性的推导方法

5.2.1　单元划分方法及原则

将连续体离散化是有限元分析的第一步和基础。由于结构物的形状、载荷特性、边界条件等的差异，所以离散化时，要根据设计对象的具体情况，确定单元（网格）的大小和形状、单元的数目以及划分方案等。例如，对于桁架或刚架结构，可以取每一个杆作为一个单元，这种单元成为自然单元，常用的自然单元有杆单元、板单元、轴对称单元、薄板变曲单元、板壳单元、多面体单元等。对于平面问题，可分为三角形单元、四边形单元等；对于空间问题，可分为四面体单元、六面体单元等。根据单元类型的维数，可分为一维单元（梁单元）、二维单元（面单元）和三维单元（体单元）等。

图 5-2 所示为杆状单元。因为杆状结构的截面尺寸往往远小于其轴向尺寸，故杆状单元属于一维单元，即这类单元的位移分布规律仅是轴向坐标的函数。这类单元主要有杆单元、平面梁单元和空间梁单元。如图所示，杆单元有两个节点，每个节点只有一个轴向自由度 u，故只能承受轴向的拉压载荷。这类单元适用于铰接结构的桁架分析和作为用于模拟弹性边界约束的边界单元。平面梁单元适用于平面刚架问题，即刚架结构每个构件横截面的主惯性轴之下与刚架所受的载荷在同一平面内。平面梁单元的每个节点有三个自由度：一个轴向自由度 u，一个横向自由度 v（挠度）和一个旋转自由度 θ（转角），主要承受轴向力、弯矩和切向力。如机床的主轴、导轨等常用这种单元模型。空间梁单元是平面梁单元的推广。这种单元每个节点有六个自由度，考虑了单元的弯曲、拉压、扭转变形。

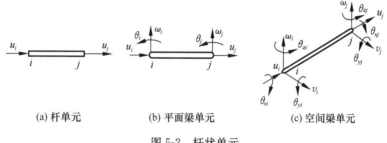

(a) 杆单元　　　　　(b) 平面梁单元　　　　　(c) 空间梁单元

图 5-2　杆状单元

常用的平面单元和多面体单元可见图 5-3。平面单元属于二维单元，单元厚度假定为远远小于单元在平面中的尺寸，单元内任一点的应力、应变和位移只与两个坐标方向变量有关。这种单元不能承受弯曲载荷，常用于模拟起重机的大梁、机床的支承件、箱件、圆柱形管道、板件等的结构。如图 5-3 所示，常用的平面单元有三角形单元和矩形单元，单元每个节点有两个位移自由度。多面体单元属于三维单元，即单元的位移分布规律是空间三维坐标的函数。常用的单元类型有四面体单元和六面体单元，单元的每个节点有三个位移自由度。此类单元适用于实心结构的有限元分析，如机床的工作台、动力机械的基础等较厚的弹性结构。

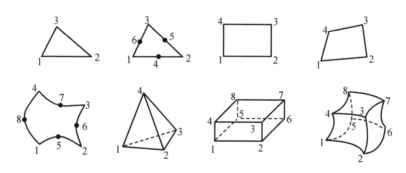

图 5-3　平面单元和多面体单元

单元的划分基本上是任意的，一个结构体可以有多种划分结果。但应遵循以下划分原则。

1）分析清楚所讨论对象的性质，例如，是桁架结构还是结构物，平面还是空间等。

2）单元的几何形状取决于结构特点和受力情况，几何尺寸（大小）要按照要求确定。一般来说，单元几何形体各边的长度比不能相差太大。例如，三角形单元各边长之比尽可能取 1：1，四边形单元的最长边与最短边之比不应超过 3：1，这样可保证计算精度。

3）单元网格面积越小，网格数量就相应增多，构成有限元模型的网格也就越密，则计算结果越精确，但计算工作量就越大，计算时间和计算费用也相应增加。因此在确定网格的大小和数量时，要综合考虑计算精度、速度、计算机存储空间等各方面的因素，在保证计算精度的前提下，单元网格数量应尽量少。

4）在进行网格疏密布局时，应力集中或变形较大的部位，单元网格应取小一些，网格划分得密一些，而其他部分则可疏一些。

5）在设计对象的厚度或者弹性系数有突变的情况下，应该取相应的突变线作为网格的边界线。

6）相邻单元的边界必须相容，不能从一单元的边或者面的内部产生另一个单元的顶点。

7）网格划分后，要将全部单元和节点按顺序编号，不允许有错漏或者重复。

8）划分的单元集合成整体后，应精确逼近原设计对象。原设计对象的各个顶点都应该取成单元的顶点。所有网格的表面顶点都应该在原设计对象的表面上。所有原设计对象的边和面都应被单元的边和面所逼近。

5.2.2　单元特性的推导方法

单元刚度矩阵的推导是有限元分析的基本步骤之一。目前，建立单元刚度矩阵的方法主要有以下四种：直接刚度法、虚功原理法、能量变分原理法和加权残数法。

1. 直接刚度法

直接刚度法是直接应用物理概念来建立单元的有限元方程和分析单元特性的一种方法，这一方法仅能适用于简单形状的单元，如梁单元。但它可以帮助理解有限元法的物理概念。

图 5-4 所示是 xOy 平面中的一简支梁简图，现以它为例，用直接刚度法来建立单元的单元刚度。梁在横向外载荷（可以是集中力或分布力或力矩等）作用下产生弯曲变形，在水平载荷作用下产生线位移。对于该平面简支梁问题，梁上任一点受有三个力的作用：水平力 F_x、剪切力 F_y 和弯矩 M_z，相应的位移为水平线位移 u、挠度 v 和转角 θ_z。通常规定：水平线位移和水平力向右为正，挠度和剪切力向上为正，转角和弯矩逆时针方向为正。

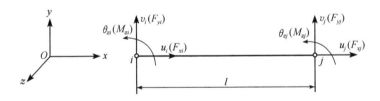

图 5-4　平面简支梁元及其计算模型

为使问题简化，可把图示的梁看作一个梁单元，如图 5-4 所示，当令左支承点为节点 i，右支承点为节点 j 时，则该单元的节点位移和节点力可以分别表示为 u_i，v_i，θ_{zi}，u_j，v_j，θ_{zj} 和 F_{xi}，F_{yi}，M_{zi}，F_{xj}，F_{yj}，M_{zj}。也可写成矩阵形式

$$\{q\}^{(e)} = [u_i, v_i, \theta_{zi}, u_j, v_j, \theta_{zi}]^{\mathrm{T}} \tag{5-1}$$

称为单元的节点位移列阵，

$$\{F\}^{(e)} = [F_{xi}, F_{yi}, M_{zi}, F_{xj}, F_{yj}, M_{zj}]^{\mathrm{T}} \tag{5-2}$$

称为单元的节点力列阵；若 $\{F\}$ 为外载荷，则称为载荷列阵。

显然，梁的节点力和节点位移是有联系的。在弹性小变形范围内，这种关系是线性的，可

表示为

$$
\begin{Bmatrix} F_{xi} \\ F_{yi} \\ M_{zi} \\ F_{xj} \\ F_{yj} \\ M_{zj} \end{Bmatrix} = \begin{bmatrix} k_{11} & k_{12} & k_{13} & k_{14} & k_{15} & k_{16} \\ k_{21} & k_{22} & k_{23} & k_{24} & k_{25} & k_{26} \\ k_{31} & k_{32} & k_{33} & k_{34} & k_{35} & k_{36} \\ k_{41} & k_{42} & k_{43} & k_{44} & k_{45} & k_{46} \\ k_{51} & k_{52} & k_{53} & k_{54} & k_{55} & k_{56} \\ k_{61} & k_{62} & k_{63} & k_{64} & k_{65} & k_{66} \end{bmatrix} \begin{Bmatrix} u_i \\ v_i \\ \theta_{zi} \\ u_j \\ v_j \\ \theta_{zj} \end{Bmatrix} \tag{5-3a}
$$

或

$$
\{F\}^{(e)} = [K]^{(e)} \{q\}^{(e)} \tag{5-3b}
$$

式（5-3b）称为单元有限元方程，或称为单元刚度方程，它代表单元的载荷与位移之间（或力与变形之间）的联系；式中 $[K]^{(e)}$ 称为单元刚度矩阵，它是单元的特性矩阵。在理解式（5-3a）及式（5-3b）时，可与单一载荷 f 与其引起的弹性变形 x 之间存在的简单线性关系 $f = kx$ 进行对照。从方程中可以得出这样的物理概念，即单元刚度矩阵中任一元素 k_{st} 可以理解为第 t 个节点位移分量对第 s 个节点力分量的贡献。

对于图 5-4 所示的平面梁单元问题，利用材料力学中的杆件受力与变形间的关系及叠加原理，可以直接计算出单元刚度矩阵 $[K]^{(e)}$ 中的各系数 $k_{st}(s, t = i, j)$ 的数值，具体方法如下。

1）假设 $u_i = 1$，其余位移分量均为零，即 $v_i = \theta_{zi} = u_j = v_j = \theta_{zj} = 0$，此时梁单元如图 5-5（a）所示，由梁的变形公式得

伸缩：
$$
u_i = \frac{F_{xi}l}{EA} = 1
$$

（EA 为梁的抗拉强度，其中 E 为材料弹性模量，A 为梁的横截面积）

挠度：
$$
v_i = \frac{F_{yi}l^3}{3EI} - \frac{M_{zi}l^2}{2EI} = 0
$$

转角：
$$
\theta_{zi} = -\frac{F_{yi}l^2}{2EI} + \frac{M_{zi}l}{EI} = 0
$$

由上述三式可以解得

$$
F_{xi} = \frac{EA}{l}, \quad F_{yi} = 0, \quad M_{zi} = 0
$$

根据静力平衡条件 $\quad F_{xj} = -F_{xi} = -\dfrac{EA}{l}, \quad F_{yj} = -F_{yi} = 0, \quad M_{zj} = 0$

由式（5-3a）解得

$$
k_{11} = F_{xi} = \frac{EA}{l}, \quad k_{21} = F_{yi} = 0, \quad k_{31} = M_{zi} = 0
$$

$$
k_{41} = F_{xj} = -\frac{EA}{l}, \quad k_{51} = F_{yj} = 0, \quad k_{61} = M_{zj} = 0
$$

2）同理，设 $v_i = 1$，其余位移分量均为零，即 $u_i = \theta_{zi} = u_j = v_j = \theta_{zj} = 0$，此时梁单元如图 5-5（b）所示，由梁的变形公式得

伸缩：
$$
u_i = \frac{F_{xi}l}{EA} = 0
$$

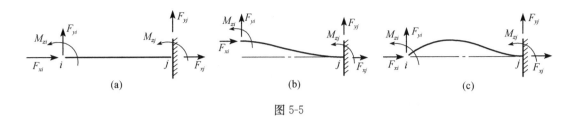

图 5-5

挠度：
$$v_i = \frac{F_{yi}l^3}{3EI} - \frac{M_{zi}l^2}{2EI} = 1$$

转角：
$$\theta_{zi} = -\frac{F_{yi}l^2}{2EI} + \frac{M_{zi}l}{EI} = 0$$

由上述三式可以解得　　　　$F_{xi} = 0, \quad F_{yi} = \frac{12EI}{l^3}, \quad M_{zi} = \frac{6EI}{l^2}$

利用静力平衡条件

$$F_{xj} = -F_{xi} = 0, \quad F_{yj} = -F_{yi} = -\frac{12EI}{l^3}, \quad M_{zj} = F_{yi}l - M_{zi} = \frac{6EI}{l^2}$$

由式（5-3a）解得

$$k_{12} = F_{xi} = 0, \quad k_{22} = F_{yi} = \frac{12EI}{l^3}, \quad k_{32} = M_{zi} = \frac{6EI}{l^2}$$

$$k_{42} = F_{xj} = 0, \quad k_{52} = F_{yj} = -\frac{12EI}{l^3}, \quad k_{62} = M_{zj} = \frac{6EI}{l^2}$$

3）同理，设 $\theta_{zi} = 1$，其余位移分量均为零，即 $u_i = v_i = u_j = v_j = \theta_{zj} = 0$，此时梁单元如图 5-5（c）所示，由梁的变形公式得

伸缩：
$$u_i = \frac{F_{xi}l}{EA} = 0$$

挠度：
$$v_i = \frac{F_{yi}l^3}{3EI} - \frac{M_{zi}l^2}{2EI} = 0$$

转角：
$$\theta_{zi} = -\frac{F_{yi}l^2}{2EI} + \frac{M_{zi}l}{EI} = 1$$

由上述三式可以解得　　　　$F_{xi} = 0, \quad F_{yi} = \frac{6EI}{l^2}, \quad M_{zi} = \frac{4EI}{l}$

利用静力平衡条件

$$F_{xj} = -F_{xi} = 0, \quad F_{yj} = -F_{yi} = -\frac{6EI}{l^2}, \quad M_{zj} = F_{yi}l - M_{zi} = \frac{2EI}{l}$$

由式（5-3a）解得

$$k_{13} = F_{xi} = 0, \quad k_{23} = F_{yi} = \frac{6EI}{l^2}, \quad k_{33} = M_{zi} = \frac{4EI}{l}$$

$$k_{43} = F_{xj} = 0, \quad k_{53} = F_{yj} = -\frac{6EI}{l^2}, \quad k_{63} = M_{zj} = \frac{2EI}{l}$$

剩余三种情况，仿此可推出。最后可以得到平面弯曲梁元的单元刚度矩阵为

$$[K]^{(e)} = \begin{bmatrix} \dfrac{EA}{l} & 0 & 0 & -\dfrac{EA}{l} & 0 & 0 \\[2mm] 0 & \dfrac{12EI}{l^3} & \dfrac{6EI}{l^2} & 0 & -\dfrac{12EI}{l^3} & \dfrac{6EI}{l^2} \\[2mm] 0 & \dfrac{6EI}{l^2} & \dfrac{4EI}{l} & 0 & -\dfrac{6EI}{l^2} & \dfrac{2EI}{l} \\[2mm] -\dfrac{EA}{l} & 0 & 0 & \dfrac{EA}{l} & 0 & 0 \\[2mm] 0 & -\dfrac{12EI}{l^3} & \dfrac{6EI}{l^2} & 0 & \dfrac{12EI}{l^3} & -\dfrac{6EI}{l^2} \\[2mm] 0 & \dfrac{6EI}{l^2} & \dfrac{2EI}{l} & 0 & -\dfrac{6EI}{l^2} & \dfrac{4EI}{l} \end{bmatrix} \qquad (5\text{-}4)$$

可以看出，$[K]^{(e)}$ 为对称矩阵。

2. 虚功原理法

现以平面问题中的三角形单元为例，说明利用虚功原理法来建立单元刚度矩阵的步骤。

如前所述，将一个连续的弹性体分割为一定形状和数量的单元，从而使连续体转换为有限个单元组成的组合体。单元与单元之间仅通过节点连接，除此之外再无其他连接。也就是说，一个单元上的只能通过节点传递到相邻单元。

现从分析对象的组合体中任取一个三角形单元，设其编号为 e，三个节点的编号为 i、j、m，在定义的坐标系 xOy 中，节点左边分别为 $(x_i,\ y_i)$、$(x_j,\ y_j)$、$(x_m,\ y_m)$，如图 5-6 所示。由弹性力学平面问题的特点可知，单元每个节点有两个位移分量，即每个单元有 6 个自由度，相应有 6 个节点载荷，写成矩阵形式：

单元节点位移列阵

$$\{q\}^{(e)} = \{u_i,\ u_j,\ u_m,\ v_i,\ v_j,\ v_m\}^{\mathrm{T}}$$

单元节点载荷列阵

$$\{F\}^{(e)} = \{F_{xi},\ F_{yi},\ F_{xj},\ F_{yj},\ F_{xm},\ F_{ym}\}^{\mathrm{T}}$$

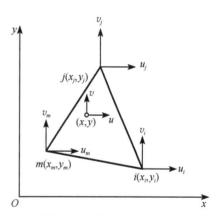

图 5-6　三节点三角形单元

（1）设定位移函数

按照有限元法的思想，首先需设定一种函数来近似表达单元内部的实际位移分布，该函数称为位移函数或位移模式。根据数学理论，定义于某一闭域内的函数总可用一个多项式来逼近，所以位移函数常取为多项式。多项式项数越多，逼近的精度越高。项数的多少应根据单元自由度数来确定。三节点三角形单元有 6 个自由度，可以确定 6 个待定系数，故三角形单元的位移函数为

$$\begin{aligned} u &= u(x,\ y) = \alpha_1 + \alpha_2 x + \alpha_3 y \\ v &= v(x,\ y) = \alpha_4 + \alpha_5 x + \alpha_6 y \end{aligned} \qquad (5\text{-}5)$$

式（5-5）为线性多项式，称为线性位移函数，相应的单元称为线性单元。

式（5-5）也可用矩阵形式表示，即

$$\{d\}=\begin{Bmatrix}u\\v\end{Bmatrix}=\begin{bmatrix}1&x&y&0&0&0\\0&0&0&1&x&y\end{bmatrix}\begin{Bmatrix}\alpha_1\\\alpha_2\\\alpha_3\\\alpha_4\\\alpha_5\\\alpha_6\end{Bmatrix}=[s]\{\alpha\} \tag{5-6}$$

式中，$\{d\}$ 为单元内任意点的位移列阵。

由于节点 i、j、m 在单元上，它们的位移自然也就满足位移函数式（5-5）。设三个节点的位移值分别为 (u_i, v_i)、(u_j, v_j)、(u_m, v_m)，将节点位移节点坐标代入式(5-5)，得

$$\begin{cases}u_i=\alpha_1+\alpha_2 x_i+\alpha_3 y_i\\u_j=\alpha_1+\alpha_2 x_j+\alpha_3 y_j\\u_m=\alpha_1+\alpha_2 x_m+\alpha_3 y_m\end{cases}$$

$$\begin{cases}v_i=\alpha_4+\alpha_5 x_i+\alpha_6 y_i\\v_j=\alpha_4+\alpha_5 x_j+\alpha_6 y_j\\v_m=\alpha_4+\alpha_5 x_m+\alpha_6 y_m\end{cases}$$

由上可知，共有 6 个方程，可以求出 6 个待定系数。解方程，求得各待定系数和节点位移之间的表达式为

$$\begin{Bmatrix}\alpha_1\\\alpha_2\\\alpha_3\\\alpha_4\\\alpha_5\\\alpha_6\end{Bmatrix}=\frac{1}{2\Delta}\begin{bmatrix}a_i&0&a_j&0&a_m&0\\b_i&0&b_j&0&b_m&0\\c_i&0&c_j&0&c_n&0\\0&a_i&0&a_j&0&a_m\\0&b_i&0&b_j&0&b_m\\0&c_i&0&c_j&0&c_m\end{bmatrix}\begin{Bmatrix}u_i\\v_i\\u_j\\v_j\\u_m\\v_m\end{Bmatrix}^{(e)} \tag{5-7}$$

式中，

$$\Delta=\frac{1}{2}\begin{vmatrix}1&x_i&y_i\\1&x_j&y_j\\1&x_m&y_m\end{vmatrix}=\frac{1}{2}(x_i y_j+x_j y_m+x_m y_i)-\frac{1}{2}(x_j y_i+x_m y_j+x_i y_m) \tag{5-8}$$

为三角形单元的面积。其中

$$\begin{aligned}a_i&=x_j y_m-x_m y_j, & a_j&=x_m y_i-x_i y_m, & a_m&=x_i y_j-x_j y_i\\b_i&=y_j-y_m, & b_j&=y_m-y_i, & b_m&=y_i-y_j\\c_i&=x_m-x_j, & c_j&=x_i-x_m, & c_m&=x_j-x_i\end{aligned} \tag{5-9}$$

将式（5-7）及式（5-8）、式（5-9）代入式（5-6）中，得到

$$\{d\}=\begin{Bmatrix}u\\v\end{Bmatrix}=\frac{1}{2\Delta}\begin{bmatrix}1&x&y&0&0&0\\0&0&0&1&x&y\end{bmatrix}\begin{bmatrix}a_i&0&a_j&0&a_m&0\\b_i&0&b_j&0&b_m&0\\c_i&0&c_j&0&c_m&0\\0&a_i&0&a_j&0&a_m\\0&b_i&0&b_b&0&b_m\\0&c_i&0&c_j&0&c_m\end{bmatrix}\begin{Bmatrix}u_i\\v_i\\u_j\\v_j\\u_m\\v_m\end{Bmatrix}$$

$$= \begin{bmatrix} N_i & 0 & N_j & 0 & N_m & 0 \\ 0 & N_i & 0 & N_j & 0 & N_m \end{bmatrix} \{q\}^{(e)} = [N]\{q\}^{(e)} \tag{5-10}$$

$$\tag{5-11}$$

式中，矩阵 $[N]$ 称为单元的形函数矩阵；$[q]^{(e)}$ 为单元节点位移列阵。其中，N_i、N_j、N_m 为单元的形函数，它们反映单元内位移的分布形态，是 x，y 坐标的连续函数，且有

$$\left. \begin{aligned} N_i &= (a_i + b_i x + c_i y)/(2\Delta) \\ N_j &= (a_j + b_j x + c_j y)/(2\Delta) \\ N_m &= (a_m + b_m x + c_m y)/(2\Delta) \end{aligned} \right\} \tag{5-12}$$

式 (5-10) 又可以写成

$$\left. \begin{aligned} u &= N_i u_i + N_j u_j + N_m u_m = \sum_{i=i,\,j,\,m} N_i u_i \\ v &= N_i v_i + N_j v_j + N_m v_m = \sum_{i=i,\,j,\,m} N_i v_i \end{aligned} \right\} \tag{5-13}$$

上式清楚地表示了单元内任意点位移可由节点位移插值求出。

式 (5-11) 的形式对于任意形式的单元都是适用的，不同的单元仅是单元形函数矩阵 $[N]$ 不同而已。

(2) 利用几何方程由位移函数求应变

根据弹性力学的几何方程，线应变 $\varepsilon_x = \partial u/\partial x$，$\varepsilon_y = \partial u/\partial y$，剪切应变 $\gamma_{xy} = \partial u/\partial y + \partial u/\partial x$，则应变列阵可以写成

$$\{\varepsilon\}^{(e)} = \begin{Bmatrix} \varepsilon_x \\ \varepsilon_y \\ \gamma_{xy} \end{Bmatrix} = \begin{Bmatrix} \dfrac{\partial u}{\partial \tau} \\ \dfrac{\partial u}{\partial y} \\ \dfrac{\partial u}{\partial y} + \dfrac{\partial u}{\partial x} \end{Bmatrix} = \frac{1}{2\Delta} \begin{bmatrix} b_i & 0 & b_j & 0 & b_m & 0 \\ 0 & c_i & 0 & c_j & 0 & c_m \\ c_i & b_i & c_j & b_j & c_m & b_m \end{bmatrix} \begin{Bmatrix} u_i \\ v_i \\ u_j \\ v_j \\ u_m \\ v_m \end{Bmatrix} = [B][q]^{(e)} \tag{5-14}$$

式中，$[B]$ 称为单元应变矩阵，它是仅与单元几何尺寸有关的常量矩阵，即

$$[B] = \frac{1}{2\Delta} \begin{bmatrix} b_i & 0 & b_j & 0 & b_m & 0 \\ 0 & c_i & 0 & c_j & 0 & c_m \\ c_i & b_i & c_j & b_j & c_m & b_m \end{bmatrix} \tag{5-15}$$

方程 (5-14) 称为单元应变方程，它的意义在于：单元内任意点的应变分量亦可用基本未知量，即节点位移分量来表示。

(3) 利用广义胡克定律求出单元应力方程

根据广义胡克定律，对于平面应力问题

$$\begin{cases} \varepsilon_x = \dfrac{1}{E}(\sigma_x - \mu\sigma_y) \\ \varepsilon_y = \dfrac{1}{E}(\sigma_y - \mu\sigma_x) \\ \gamma_{xy} = \dfrac{1}{G}\tau_{xy} = \dfrac{2(1+\mu)}{E}\tau_{xy} \end{cases} \tag{5-16}$$

式（5-16）也可写成　　　　　　　　$\{\sigma\}^{(e)} = [D]\{\varepsilon\}^{(e)}$　　　　　　　　　(5-17)

式中，$\{\sigma\} = [\sigma_x, \ \sigma_y, \ \tau_{xy}]^{\mathrm{T}}$ 为应力列阵；$[D]$ 称为弹性力学平面问题的弹性矩阵，并有

$$[D] = \frac{E}{1-\mu^2} \begin{bmatrix} 1 & \mu & 0 \\ \mu & 1 & 0 \\ 0 & 0 & \dfrac{1-\mu}{2} \end{bmatrix} \tag{5-18}$$

则有如下单元应力方程：

$$\{\sigma\}^{(e)} = \begin{Bmatrix} \sigma_x \\ \sigma_y \\ \tau_{xy} \end{Bmatrix}^{(e)} = [D]\{\varepsilon\}^{(e)} = [D][B]\{q\}^{(e)} \tag{5-19}$$

由式（5-19）可求单元内任意点的应力分量，它也可用基本未知量即节点位移分量来表示。

　　（4）由虚功原理求单元刚度矩阵

　　根据虚功原理，当弹性结构受到外载荷作用处于平衡状态时，在任意给出的微小的虚位移上，外力在虚位移上所做的虚功 A_F 等于结构内应力在虚应变上所存储的虚变形势能 A_σ。以公式表示，则为

$$A_F = A_\sigma \tag{5-20}$$

　　设处于平衡状态的弹性结构内任一单元发生一个微小的虚位移，则单元各节点的虚位移 $\{q'\}^{(e)}$ 为

$$\{q'\}^{(e)} = \{u_i', \ v_i', \ u_j', \ v_j', \ u_m', \ v_m'\}^{\mathrm{T}} \tag{5-21}$$

则单元内部必定产生相应的虚应变，故单元内任一点的虚应变 $\{\varepsilon'\}^{(e)}$ 为

$$\{\varepsilon'\}^{(e)} = \{\varepsilon_x', \ \varepsilon_y', \ \gamma_{xy}'\}^{\mathrm{T}} \tag{5-22}$$

显然，虚应变和虚位移之间存在和式（5-14）相类似的关系，即

$$\{\varepsilon'\}^{(e)} = [B]\{q'\}^{(e)}$$

设节点力为　　　　　　$\{F\}^{(e)} = [F_{xi}, \ F_{yi}, \ F_{xj}, \ F_{yj}, \ F_{xm}, \ F_{ym}]^{\mathrm{T}} \tag{5-23}$

则外力虚功为　　　　　　$A_F = [\{q'\}^{(e)}]^{\mathrm{T}}\{F\}^{(e)} \tag{5-24}$

单元内的虚变形势能为　　　$A_\sigma = \int_V [\{\varepsilon'\}^{(e)}]^{\mathrm{T}}\{\sigma\}\mathrm{d}v \tag{5-25}$

根据虚功原理，由式（5-20）可知

$$[\{q'\}^{(e)}]^{\mathrm{T}}\{F\}^{(e)} = \int_V [\{\varepsilon'\}^{(e)}]^{\mathrm{T}}\{\sigma\}\mathrm{d}v \tag{5-26}$$

因为

$$\{\sigma\} = [D]\{\varepsilon\}^{(e)} = [D][B]\{q\}^{(e)}$$
$$[\{\varepsilon'\}^{(e)}]^{\mathrm{T}} = ([B]\{q'\}^{(e)})^{\mathrm{T}} = [B]^{\mathrm{T}}[\{q'\}^{(e)}]^{\mathrm{T}}$$

代入式（5-26），则有

$$[\{q'\}^{(e)}]^{\mathrm{T}}\{F\}^{(e)} = \int_V [B]^{\mathrm{T}}[\{q'\}^{(e)}]^{\mathrm{T}}[D][B]\{q\}^{(e)}\mathrm{d}v \tag{5-27}$$

式中，$[\{q'\}^{(e)}]^{\mathrm{T}}$、$\{q\}^{(e)}$ 均与坐标 x、y 无关，可以从积分符号中提出，可得

$$\{F\}^{(e)} = \int_V [B]^{\mathrm{T}}[D][B]\mathrm{d}v \cdot \{q\}^{(e)} = [K]^{(e)}\{q\}^{(e)} \tag{5-28}$$

其中，单元刚度矩阵　　　$[K]^{(e)} = \int_V [B]^{\mathrm{T}} [D] [B] \ \mathrm{d}v \tag{5-29}$

式 (5-28) 称为单元有限元方程, 或称单元刚度方程, 其中 $[K]^{(e)}$ 是单元刚度矩阵。

因为三角形单元是常应变单元, 其应变矩阵 $[B]$、弹性矩阵 $[D]$ 均为常量, 而 $\int_V \mathrm{d}v = t\iint_\Delta \mathrm{d}x\mathrm{d}y = t\Delta$, 所以式 (5-29) 可以写成

$$[K]^{(e)} = t\Delta \cdot [B]^\mathrm{T}[D][B] \tag{5-30}$$

式中, t 为三角形单元的厚度; Δ 为三角形单元的面积。

对于图 5-6 所示的三角形单元, 将 $[D]$ 及 $[B]$ 代入式 (5-29), 可以得到单元刚度为

$$[K]^{(e)} = \begin{bmatrix} [K_{ii}] & [K_{ij}] & [K_{im}] \\ [K_{ji}] & [K_{jj}] & [K_{jm}] \\ [K_{mi}] & [K_{mj}] & [K_{mm}] \end{bmatrix}^{(e)} \tag{5-31}$$

式中, $[K]$ 为 6×6 矩阵, 其中每个子矩阵为 2×2 矩阵, 并由式 (5-32) 给出:

$$[K_{rs}] = \frac{Et}{4(1-\mu^2)\Delta} \begin{bmatrix} b_r b_s + \frac{1-\mu}{2}c_r c_s & \mu b_r c_s + \frac{1-\mu}{2}c_r b_s \\ \mu c_r b_s + \frac{1-\mu}{2}b_r c_s & c_r c_s + \frac{1-\mu}{2}b_r b_s \end{bmatrix} \quad (r, s = i, j, m) \tag{5-32}$$

3. 能量变分原理法

按照力学的一般说法, 任何一个实际状态的弹性体的总位能是这个系统从实际状态运动到某一参考状态 (通常取弹性体外载荷为零时状态为参考状态) 时它的所有作用力所做的功。弹性体的总位能 Π 是一个函数的函数, 即泛函, 位移是泛函的容许函数。

从能量原理考虑, 变形弹性体受外力作用处于平衡状态时, 在很多可能的变形状态中, 使总位能最小的就是弹性体的真正变形, 这就是最小位能原理。用变分法求能量泛函的极值方法就是能量变分原理。能量变分原理除可解机械结构位移场问题以外, 还扩展到求解热传导、电磁场、流体力学等连续性问题。

4. 加权残数法

该方法是将假设的场变量的函数 (称为试函数) 引入问题的控制方程及边界条件, 利用最小二乘法等方法使残差最小, 便得到近似的场变量函数形式。该方法的优点是不需要建立要解决问题的泛函, 所以即使没有泛函表达式也能解题。

5.3　有限元法的工程应用

5.3.1　有限元法的解题步骤

1. 结构的力学模型简化

采用有限元方法来分析实际工程结构的强度与刚度问题时, 首先应从工程实际问题中抽象出力学模型, 即对实际问题的边界条件、约束条件和外载荷进行简化。这种简化应尽可能反映实际情况, 使简化后的弹性力学问题的解与实际相近, 但也不要使计算过于复杂。

力学模型简化时, 必须明确以下几点。

1) 判断实际结构的问题类型, 是属于一维问题、二维问题还是三维问题, 如果是二维问题, 应分清是平面应力状态, 还是平面应变状态。

2) 结构是否对称, 若结构对称, 则充分利用结构对称性简化计算 (即取 1/2 部分或 1/4

部分来计算）。

3）简化后的力学模型必须是静定结构或超静定结构。

4）进行力学模型简化时，还要给定结构力学参数，如材料弹性模量 E、泊松系数 μ、外载荷大小及作用位置、结构的几何形状及尺寸等。

2. 单元划分和插值函数的确定

根据分析对象的结构几何特性、载荷情况及所要求的变形点，建立由各种单元所组成的计算模型。关于单元类型的选用及结构离散化的注意事项可见5.2.1节。

单元划分后，利用单元的性质和精度要求，写出表示单元内任意点的位移函数；并利用节点处的边界条件，写出用节点位移表示的单元体内任意点位移的插值函数。

3. 单元特性分析

根据位移插值函数，由弹性力学中给出的应变和位移关系，可计算出单元内任意点的应变；再由物理关系，得应变与应力间的关系，进而可求单元内任意点的应力；然后由虚功原理可得单元的有限元方程，即节点力与节点位移之间的关系，从而得到单元的刚度矩阵。

4. 整体分析（单元组集）

整体分析是对由各个单元组成的整体进行分析。它的目的是建立节点外载荷与节点位移之间的关系，以求解节点位移。把各单元按节点组集成与原结构体相似的整体结构，得到整体结构的节点力与节点位移之间的关系：

$$\{F\} = [K]\{q\} \tag{5-33}$$

式（5-33）称为整体有限元方程式。式中，$\{F\}$ 为整体总节点载荷列阵；$\{K\}$ 为整体结构的刚度矩阵或称总刚度矩阵；$\{q\}$ 是整体结构的所有节点的位移列阵。

上式写成分块的形式，则为

$$\begin{Bmatrix} \{F\}_1 \\ \{F\}_2 \\ \vdots \\ \{F\}_n \end{Bmatrix} = \begin{bmatrix} [K]_{11} & [K]_{12} & \cdots & [K]_{1n} \\ [K]_{21} & [K]_{22} & \cdots & [K]_{2n} \\ \vdots & \vdots & & \vdots \\ [K]_{n1} & [K]_{n2} & \cdots & [K]_{nn} \end{bmatrix} \begin{Bmatrix} \{q\}_1 \\ \{q\}_2 \\ \vdots \\ \{q\}_n \end{Bmatrix} \tag{5-34}$$

对于弹性力学平面问题，子向量 $\{F\}_i$、$\{q\}_i$ 都是二维向量，子矩阵 $\{K\}_{ij}$ 是 2×2 矩阵，角标为节点总码，n 为整体结构中的节点总数。

整体有限元方程式中的 $\{F\}$、$\{K\}$ 和 $\{q\}$ 可按以下步骤建立。

1）整体节点位移列阵 $\{q\}$：$\{q\}$ 的建立较为简单，即直接按节点编号顺序和每个节点的自由度数排列而成。这相当于将各个单元的节点位移 $\{q\}^{(e)}$ 直接叠加，共同节点只取一个表示即可。

2）总刚度矩阵 $\{K\}$：$\{K\}$ 由各个单元刚度矩阵 $\{K\}^{(e)}$ 直接叠加而成。这种叠加是按各单元节点编号的顺序，将每个单元刚度矩阵送入总刚度矩阵 $\{K\}$ 中对应节点编号的行、列位置，而且交于同一节点编号的不同单元，对应于该节点的刚度矩阵子块要互相叠加。总刚度矩阵中其余元素均为零。

下面通过一个简单实例来说明总体刚度矩阵 $\{K\}$ 的形成。图 5-7 所示为一块三角形薄板离散后的三角形网格，该结构共有四个单元和六个节点，其编号情况以及节

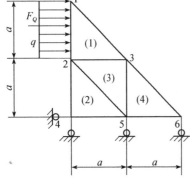

图 5-7　三角形薄板结构

点载荷如图所示。支承情况是在节点 4、5、6 三处共有四个位移分量限定为零，即
$$U_4 = V_4 = V_5 = V_6 = 0$$

四个单元的节点局部码如图 5-8 所示。

对比图 5-7 与图 5-8 可以看出，四个单元节点局部码与节点总码的对应关系为

单元 1：　　$i^{(1)}$，$j^{(1)}$，$m^{(1)} \rightarrow 2$，3，1

单元 2：　　$i^{(2)}$，$j^{(2)}$，$m^{(2)} \rightarrow 4$，5，2

单元 3：　　$i^{(3)}$，$j^{(3)}$，$m^{(3)} \rightarrow 3$，2，5

单元 4：　　$i^{(4)}$，$j^{(4)}$，$m^{(4)} \rightarrow 5$，6，3

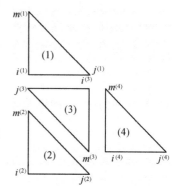

图 5-8　离散后的三角形薄板单元

假设在单元分析中，已得出单元 1 在整体坐标系中的单元刚度矩阵 $[K]^{(1)}$，写成分块形式为

$$[K]^{(1)} = \begin{bmatrix} K_{22} & K_{23} & K_{21} \\ K_{32} & K_{33} & K_{31} \\ K_{12} & K_{13} & K_{11} \end{bmatrix}^{(1)}$$

它是一个 6×6 矩阵。矩阵中下标的数字是节点总码。

对单元 2、3、4 经过坐标转换后，可得出在整体坐标系中的单元刚度矩阵，写成分块形式为

$$[K]^{(2)} = \begin{bmatrix} K_{44} & K_{45} & K_{42} \\ K_{54} & K_{55} & K_{52} \\ K_{24} & K_{25} & K_{22} \end{bmatrix}^{(2)}, \quad [K]^{(3)} = \begin{bmatrix} K_{33} & K_{32} & K_{35} \\ K_{23} & K_{22} & K_{25} \\ K_{53} & K_{52} & K_{55} \end{bmatrix}^{(3)}$$

$$[K]^{(4)} = \begin{bmatrix} K_{55} & K_{56} & K_{53} \\ K_{65} & K_{66} & K_{63} \\ K_{35} & K_{36} & K_{33} \end{bmatrix}^{(4)}$$

则按下标的编码将各子矩阵写入总体刚度矩阵中相应的位置，对应项相加，则总体刚度矩阵为

$$[K] = \begin{bmatrix} [K_{11}]^{(1)} & [K_{12}]^{(1)} & [K_{13}]^{(1)} & [0] & [0] & [0] \\ [K_{21}]^{(1)} & [K_{22}]^{(1)}+[K_{22}]^{(2)}+[K_{22}]^{(3)} & [K_{23}]^{(1)}+[K_{23}]^{(3)} & [K_{24}]^{(2)} & [K_{25}]^{(2)}+[K_{25}]^{(3)} & [0] \\ [K_{31}]^{(1)} & [K_{32}]^{(1)}+[K_{32}]^{(3)} & [K_{33}]^{(1)}+[K_{33}]^{(3)}+[K_{33}]^{(4)} & [0] & [K_{35}]^{(3)}+[K_{35}]^{(4)} & [K_{36}]^{(4)} \\ [0] & [K_{42}]^{(2)} & [0] & [K_{44}]^{(2)} & [K_{45}]^{(2)} & [0] \\ [0] & [K_{52}]^{(2)}+[K_{52}]^{(3)} & [K_{53}]^{(3)}+[K_{53}]^{(4)} & [K_{54}]^{(2)} & [K_{55}]^{(2)}+[K_{55}]^{(3)}+[K_{55}]^{(4)} & [K_{56}]^{(4)} \\ [0] & [0] & [K_{63}]^{(4)} & [0] & [K_{65}]^{(4)} & [K_{66}]^{(4)} \end{bmatrix}$$

综上所述，在弹性力学平面问题中，通过单元分析得到局部坐标系下的各个单元的刚度矩阵 $[K]^{(e)}$ 后，由它们组集成整体坐标系下的总体刚度矩阵 $\{K\}$，需经如下步骤：①将所得的局部坐标系下的各单元刚度矩阵 $[K]^{(e)}$ 节点局部码转换为对应的节点总码，从而得到整体坐标系的单元刚度矩阵；②将整体坐标系的单元刚度矩阵的各子矩阵根据其下标的两个总码对号入座，写在总体刚度矩阵相应的位置上；③将下标相同的子矩阵相加，形成总体刚度矩阵中相应的子矩阵。

3）整体总节点载荷列阵 $\{F\}$：$\{F\}$ 也是由各单元节点载荷列阵 $\{F\}^{(e)}$ 叠加而成的。它是将各单元的 $\{F\}^{(e)}$ 送到 $\{F\}$ 中对应节点编号的行上，而且交于同一节点的不同单元，对应于该节点的节点载荷子块要互相叠加。

在组集载荷列阵前，应将非节点载荷离散并等效地转移到相应单元的节点上。转移方法根据力的性质不同有不同的转换关系：

1）体积力 $\{p\}$ 的单元等效节点载荷为

$$\{F_p\}=\int_V [N]^T\{p\}\mathrm{d}V \tag{5-35}$$

2）表面力 $\{q\}$ 的单元等效节点载荷为

$$\{F_q\}=\int_S [N]^T\{q\}\mathrm{d}S \tag{5-36}$$

3）非节点集中力 $\{P\}$ 的单元等效节点载荷为

$$\{F_P\}=[N]_P^T\{P\} \tag{5-37}$$

式中，$[N]$ 为单元形函数；$[N]_P$ 为单元形函数在载荷作用点的取值。

总的单元等效节点力用叠加法求出

$$\{F\}=\{F_p\}+\{F_q\}+\{F_P\} \tag{5-38}$$

在进行整体分析时，一个节点往往是几个单元的共有节点，该节点的节点力应该是共有节点的单元在该节点上的力的叠加，由此可以得到整体结构的节点载荷列阵 $\{F\}$。

现以某弹性体边界上的一部分单元的组合为例（图 5-9）来说明其叠加过程。如图 5-9 所示，假设节点 i 是三个单元①、②、③的连接点，受相关单元上移置而来的外载荷 R_{ix} 与 R_{iy}，

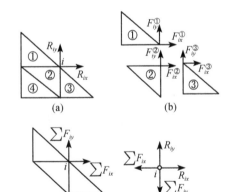

图 5-9　某简单结构体

如图 5-9（a）所示，同时三个单元都受到节点 i 所施加的节点力 $R_{ix}^{(1)}$、$R_{iy}^{(1)}$、$R_{ix}^{(2)}$、$R_{iy}^{(2)}$、$R_{ix}^{(3)}$、$R_{iy}^{(3)}$，如图 5-9（b）所示。利用在单元分析中已建立的这三个单元在 i 节点处的节点力与节点位移的关系式（5-3b），就可把相邻的三个单元在节点 i 处加以集合，如图 5-9（c）所示，此时，在三个单元的共同点 i 上，总的节点力应为

$$F_{ix}^{(1)}+F_{ix}^{(2)}+F_{ix}^{(3)}=\sum_e F_{ix}^{(e)}$$

$$F_{iy}^{(1)}+F_{iy}^{(2)}+F_{iy}^{(3)}=\sum_e F_{iy}^{(e)}$$

式中，$\sum$ 表示围绕 i 节点相连接的所有单元之和。根据节点 i 的平衡条件，总的节点力应等于作用在该节点处的外载荷（图 5-9（d）），即

$$\sum_e F_{ix}^{(e)}=R_{ix},\qquad \sum_e F_{iy}^{(e)}=R_{iy}$$

用分块矩阵表示为

$$\sum_e \{F_i\}^{(e)}=\{R_i\}$$

5. 解有限元方程

可采用不同的计算方法解有限元方程，得出各节点的位移。在解题之前，应根据求解问题的边界条件，可将式（5-31）进行缩减，这样更有利于方程的求解，然后再解出节点位移 $\{q\}$。

6. 计算应力应变

若要求计算应力、应变，则在计算出节点位移 $\{q\}$ 后，则可通过前述有关公式计算出相

应的节点应力和应变值。

5.3.2 计算实例

下面通过一个简单的计算实例来说明有限元法的工程应用的分析与计算过程。

例 5-1 图 5-10（a）所示为一个平面薄梁，载荷沿梁的上边均匀分布，单位长度上的均布载荷 $q=100\text{N/cm}$。假定材料的弹性模量为 E，泊松比 $\mu=0$，梁厚为 $t=0.1\text{cm}$。在不计自重的情况下，试用有限元法计算该梁的位移和应力。

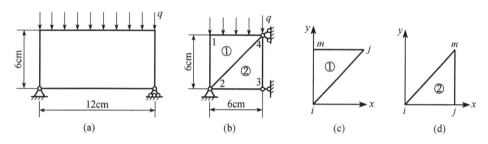

图 5-10 平面梁的受载状态及单元划分

解：（1）力学模型的确定

由于此结构的长度和宽度远大于梁厚，而载荷作用于梁的平面内，且沿厚度方向均匀分布，因此可按平面应力问题处理。

因为此结构与外载荷相对其垂直方向的中线是对称的，所以取其一半作为分析对象，如图 5-10（b）所示，对称轴上的点约束横向位移为零。

（2）结构离散化

由于该问题属于平面应力问题，本例选用单元类型为三节点三角形单元。然后对该结构进行结构离散化，共划分两个单元，选取坐标系 xOy，并对单元和节点进行编号如图 5-10（b）所示。

（3）求应变矩阵 $[B]$ 与弹性矩阵 $[D]$

对单元①，见图 5-10（c），由于节点坐标：$i(0,0)$，$j(6,6)$，$m(0,6)$，代入式（5-8）和式（5-9）得

$$\Delta = \frac{1}{2}\begin{vmatrix} 1 & x_i & y_i \\ 1 & x_j & y_j \\ 1 & x_m & y_m \end{vmatrix} = \frac{1}{2}\begin{vmatrix} 1 & 0 & 0 \\ 1 & 6 & 6 \\ 1 & 0 & 6 \end{vmatrix} = 18(\text{cm}^2)$$

$$b_i = y_j - y_m = 0, \quad b_j = y_m - y_i = 6, \quad b_m = y_i - y_j = -6$$

$$c_i = x_m - x_j = -6, \quad c_j = x_i - x_m = 0, \quad c_m = x_j - x_i = 6$$

则由式（5-15）和式（5-18），求得应变矩阵 $[B]$ 和平面应力问题的弹性矩阵 $[D]$ 为

$$[B]^{(1)} = \frac{1}{2\Delta}\begin{bmatrix} b_i & 0 & b_j & 0 & b_m & 0 \\ 0 & c_i & 0 & c_j & 0 & c_m \\ c_i & b_i & c_j & b_j & c_m & b_m \end{bmatrix} = \frac{1}{36}\begin{bmatrix} 0 & 0 & 6 & 0 & -6 & 0 \\ 0 & -6 & 0 & 0 & 0 & 6 \\ -6 & 0 & 0 & 6 & 6 & -6 \end{bmatrix}$$

$$[D] = \frac{E}{1-\mu^2}\begin{bmatrix} 1 & \mu & 0 \\ \mu & 1 & 0 \\ 0 & 0 & \frac{1-\mu}{2} \end{bmatrix} = E\begin{bmatrix} 1 & 0 & 0 \\ 0 & 1 & 0 \\ 0 & 0 & \frac{1}{2} \end{bmatrix}$$

则得单元①应力矩阵为

$$[S]^{(1)} = [D][B]^{(1)} = \frac{E}{36}\begin{bmatrix} 0 & 0 & 6 & 0 & -6 & 0 \\ 0 & -6 & 0 & 0 & 0 & 6 \\ -3 & 0 & 0 & 3 & 3 & -3 \end{bmatrix}$$

对于单元②，如图 5-10（d）所示，由节点坐标 $i(0,0)$，$j(6,0)$，$m(6,6)$，同理可得单元②应力矩阵为

$$[S]^{(2)} = [D][B]^{(2)} = \frac{E}{36}\begin{bmatrix} -6 & 6 & 6 & 0 & 0 & 0 \\ 0 & 0 & 0 & -6 & 0 & 6 \\ 0 & -3 & -3 & 3 & 3 & 0 \end{bmatrix}$$

（4）求各单元刚度矩阵 $[K]^{(e)}$

对于三角形单元，由式（5-30），可得单元①的刚度矩阵为

$$[K]^{(1)} = t\Delta \cdot ([B]^{(1)})^{\mathrm{T}}[D][B]^{(1)} = t\Delta \cdot ([B]^{(1)})^{\mathrm{T}}[S]^{(1)}$$

$$= \frac{0.1E}{72}\begin{bmatrix} 18 & 0 & 0 & -18 & -18 & 18 \\ 0 & 36 & 0 & 0 & 0 & -36 \\ 0 & 0 & 36 & 0 & -36 & 0 \\ -18 & 0 & 0 & 18 & 18 & -18 \\ -18 & 0 & -36 & 18 & 54 & -18 \\ 18 & -36 & 0 & -18 & 18 & 54 \end{bmatrix}$$

同理，可得单元②的刚度矩阵为

$$[K]^{(2)} = t\Delta \cdot ([B]^{(2)})^{\mathrm{T}}[D][B]^{(2)} = t\Delta \cdot ([B]^{(2)})^{\mathrm{T}}[S]^{(2)}$$

$$= \frac{0.1E}{72}\begin{bmatrix} 36 & 0 & -36 & 0 & 0 & 0 \\ 0 & 18 & 18 & -18 & -18 & 0 \\ -36 & 18 & 54 & -18 & -18 & 0 \\ 0 & -18 & -18 & 54 & 18 & -36 \\ 0 & -18 & -18 & 18 & 18 & 0 \\ 0 & 0 & 0 & -36 & 0 & 36 \end{bmatrix}$$

（5）建立整体有限元方程式

根据刚度集成方法，按节点位移序号组建整体结构的总刚度矩阵为

$$[K] = \frac{0.1E}{72}\begin{bmatrix} 54 & -18 & -18 & 0 & 0 & 0 & -36 & 18 \\ -18 & 54 & 18 & -36 & 0 & 0 & 0 & -18 \\ -18 & 18 & 18+36 & 0+0 & -36 & 0 & 0+0 & -18+0 \\ 0 & -36 & 0+0 & 36+18 & 18 & -18 & 0-18 & 0+0 \\ 0 & 0 & -36 & 18 & 54 & -18 & -18 & 0 \\ 0 & 0 & 0 & -18 & -18 & 54 & 18 & -36 \\ -36 & 0 & 0+0 & 0-18 & -18 & 18 & 36+18 & 0+0 \\ 18 & -18 & -18+0 & 0+0 & 0 & -36 & 0+0 & 18+36 \end{bmatrix}$$

如图 5-10（b）所示，作用在 1、4 边上的均布载荷按静力等效原理移置到 1、4 节点上，得整体结构的等效节点载荷列阵 $\{F\}$：

$$\{F\} = \{F_{1x} \quad F_{1y} \quad F_{2x} \quad F_{2y} \quad F_{3x} \quad F_{3y} \quad F_{4x} \quad F_{4y}\}^{\mathrm{T}}$$
$$= \{0 \quad -300 \quad 0 \quad 0 \quad 0 \quad 0 \quad 0 \quad -300\}^{\mathrm{T}}$$

进而，可得该结构的整体限元方程式：$\{F\} = [K]\{q\}$ 为

$$
\begin{Bmatrix} F_{1x} \\ F_{1y} \\ F_{2x} \\ F_{2y} \\ F_{3x} \\ F_{3y} \\ F_{4x} \\ F_{4y} \end{Bmatrix} = \begin{Bmatrix} 0 \\ -300 \\ 0 \\ 0 \\ 0 \\ 0 \\ 0 \\ -300 \end{Bmatrix} = \frac{0.1E}{72} \begin{bmatrix} 54 & -18 & -18 & 0 & 0 & 0 & -36 & 18 \\ -18 & 54 & 18 & -36 & 0 & 0 & 0 & -18 \\ -18 & 18 & 18+36 & 0+0 & -36 & 0 & 0+0 & -18+0 \\ 0 & -36 & 0+0 & 36+18 & 18 & -18 & 0-18 & 0+0 \\ 0 & 0 & -36 & 18 & 54 & -18 & -18 & 0 \\ 0 & 0 & 0 & -18 & -18 & 54 & 18 & -36 \\ -36 & 0 & 0+0 & 0-18 & -18 & 18 & 36+18 & 0+0 \\ 18 & -18 & -18+0 & 0+0 & 0 & -36 & 0+0 & 18+36 \end{bmatrix} \begin{Bmatrix} u_1 \\ v_1 \\ u_2 \\ v_2 \\ u_3 \\ v_3 \\ u_4 \\ v_4 \end{Bmatrix}
$$

（6）引入边界约束简化有限元方程组

由于对称轴上 $u_3 = u_4 = 0$，节点 2 为固定铰支点，即 $u_2 = v_2 = 0$，所以只需考虑 u_1、v_1、v_3、v_4 四个位移，则相应刚度方程变为

$$
\begin{Bmatrix} 0 \\ -300 \\ 0 \\ -300 \end{Bmatrix} = \frac{0.1E}{72} \begin{bmatrix} 54 & -18 & 0 & 18 \\ -18 & 54 & 0 & -18 \\ 0 & 0 & 54 & -36 \\ 18 & -18 & -36 & 54 \end{bmatrix} \begin{Bmatrix} u_1 \\ v_1 \\ v_3 \\ v_4 \end{Bmatrix}
$$

这样划去对应的行和列，上述整体有限元方程式缩减为

$$
\begin{Bmatrix} F_{1x} \\ F_{1y} \\ F_{3y} \\ F_{4y} \end{Bmatrix} = \begin{Bmatrix} 0 \\ -300 \\ 0 \\ -300 \end{Bmatrix} = \frac{0.1E}{72} \begin{bmatrix} 54 & -18 & 0 & 18 \\ -18 & 54 & 0 & -18 \\ 0 & 0 & 54 & -36 \\ 18 & -18 & -36 & 54 \end{bmatrix} \begin{Bmatrix} u_1 \\ v_1 \\ v_3 \\ v_4 \end{Bmatrix}
$$

（7）解线性代数方程组求各节点位移

解上面方程组，可得各节点位移为

$$u_1 = \frac{1714}{E}, \qquad v_1 = \frac{-7714}{E}, \qquad v_3 = \frac{-1000}{E}, \qquad v_4 = \frac{-14000}{E}$$

（8）计算各单元的应力

根据式（5-19），计算各单元的应力。

单元①：

$$\{\sigma\}^{(1)} = \begin{Bmatrix} \sigma_x \\ \sigma_y \\ \tau_{xy} \end{Bmatrix} = [D][B]^{(1)}\{q\}^{(1)} = [S]^{(1)}\{q\}^{(1)}$$

$$
= \frac{1}{36} \begin{bmatrix} 0 & 0 & 6 & 0 & -6 & 0 \\ 0 & -6 & 0 & 0 & 0 & 6 \\ -6 & 0 & 0 & 6 & 6 & -6 \end{bmatrix} \begin{Bmatrix} u_2 \\ v_2 \\ u_4 \\ v_4 \\ u_1 \\ v_1 \end{Bmatrix} = \begin{Bmatrix} -285.66 \\ -1285.6 \\ -381 \end{Bmatrix} \ (\mathrm{N/cm^2})
$$

单元②：

$$\{\sigma\}^{(2)} = [D][B]^{(2)}\{q\}^{(2)} = [S]^{(2)}\{q\}^{(2)}$$

$$= \frac{E}{36}\begin{bmatrix} -6 & 6 & 6 & 0 & 0 & 0 \\ 0 & 0 & 0 & -6 & 0 & 6 \\ 0 & -3 & -3 & 3 & 3 & 0 \end{bmatrix}\begin{Bmatrix} u_2 \\ v_2 \\ u_3 \\ v_3 \\ u_4 \\ v_4 \end{Bmatrix} = \begin{Bmatrix} 0 \\ -666.6 \\ -833.3 \end{Bmatrix} \text{(N/cm}^2\text{)}$$

5.4　有限元软件简介

1. 有限元软件的选用

采用有限元法来分析与计算工程设计问题，必须编程并用计算机来进行求解。目前已有许多性能优良、功能齐全的大型通用化软件，例如 ABAQUS、ADINA、ANSYS、NASTRAN、MARC、SAP 等。这些通用软件的特点是：单元库内有齐全的一般常用单元，如杆、梁、板、轴对称、板壳、多面体单元等；功能库内有各种分析模块，如静力分析、动力分析、连续体分析、流体分析、热分析、线性与非线性模块等；应用范围广泛，并且一般都具有前后置处理功能，汇集了各种通用的标准子程序，组成了一个庞大的集成化软件系统。

有些有限元软件是为解决某一类学科或某些专门问题而开发的专用软件，如有限元接触问题分析、有限元优化设计、有限元弹塑性分析软件等。它们一般规模较小，比较专一，可在小型机或微机上使用。

另外，在一些 CAD/CAM/CAE 系统中，还嵌套了有限元分析模块，它们与设计软件集成为一体，在设计环境下运行，极大地方便了设计人员的使用，如设计软件 I-DEAS、Pro/ENGINEER、UNIGRAPHICS 等，其有限元分析模块虽没有通用或专用软件那么强大全面，但是完全可以解决一般工程设计问题。

在选用有限元软件时，可综合考虑以下几个方面：①软件的功能；②单元库内单元的种类；③前后处理功能；④软件运行环境；⑤软件的价位；⑥数据交换类型、接口及二次开发可能性。

有限元软件一般由三部分组成：前置处理部分；有限元分析，这是其主要部分，它包括进行单元分析和整体分析、求解位移和应力值的各种计算程序；后置处理部分。

2. 有限元分析的前、后置处理

用有限元法进行结构分析时，需要输入大量的数据，如单元数、单元特性、节点数、节点编号、节点位置坐标等，这些称为有限元的前置处理。

前置处理的主要内容如下。

1) 按所选用的单元类型对结构进行网格划分。

2) 按要求对节点进行顺序编号。

3) 输入单元特性及节点坐标。

4) 生成并在屏幕上显示出带有节点和单元标号以及边界条件的网格图像，以便检查和修改。

5) 对显示图像进行放大、缩小、旋转和分块变换等。

为实现上述内容而编制的程序称为前置处理程序，一般包括以下功能。

1）生成节点坐标。手工或交互式输入节点坐标，绕任意轴旋转生成一系列节点坐标，沿任意向量方向平移生成相应的节点坐标，生成有关面、体的节点坐标等，合并坐标相同的节点号，按顺序重编节点号。

2）生成单元。输入单元特性，进行网格单元平移、旋转、对称复制等。

3）修改和控制网格单元。对单元体局部网格密度进行调整；平移、插入或删除网格单元。

4）引进边界条件。引入边界条件，约束一系列节点的总体位移和转角。

5）单元属性编辑。定义单元几何属性、材料物理特性，删除、插入或修改弹性模量、惯性矩等参数。

6）单元分布载荷编辑。定义、插入、删除和修改节点的载荷、约束、质量、温度等信息。

图 5-11 是用 SAP5 软件对矩形截面悬梁作结构分析时，根据输入的单元和节点数，前置处理自动生成的网格图。系统把悬梁结构分成了 5 个三维实体单元，每个单元 20 个节点共 68 个节点。根据网格图，可检查输入的数据是否正确，若输入数据有误，网格中的节点就会偏离正确的位置，从而产生错误的网格图。

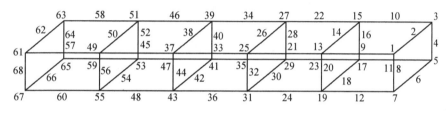

图 5-11　矩形截面悬梁的单元及节点网格图

经过有限元分析后得到的大量数据，如应力与应变、节点位移量等，需要进行必要的分析与加工整理，还可以利用计算机的图形功能，形象地显示出有限元分析的结果，以便设计人员正确地筛选、判断、采纳这些结果，并对设计方案进行实时修改，这些工作称为有限元后置处理。

有限元分析之后，由于节点数目非常大，所以输出数据也十分庞大，而且数据类型又不同，如有节点位置量、应力值、温度值等。如果仅把结果数据打印输出，会对人工分析造成很大的麻烦甚至判断错误。若能将结果数据加工处理成各种图形，直观形象地反映出数据的特性以及分布状况，则十分有利于人工分析和判断。用于表示和记录有限元数据的图形主要有网格图、结构变形图、应力等值线图、色彩填充图（云图）、应力向量图和动画模拟图等。为了实现这些目的而编制的程序称为后置处理程序。

有限元分析的前、后置处理工作都可由有限元分析系统自动完成。根据处理方式一般分为两种类型：一种是将产品或工程结构几何设计系统与有限元分析系统有机地结合起来，根据几何设计中得到的相关数据，自动把设计对象划分成有限元网格，再结合其他数据，进行有限元分析。采用这种方式时，要解决好数据的交换与传递问题。另一种是独立的前、后置处理系统或模块，需要时，可作为功能模块配置给有限元分析系统。

3. 典型有限元分析软件简介

（1）SAP 系列软件

SAP 是由 SAP1，SAP2，…，SAP7 组成的系列有限元软件，其中 SAP1～SAP6 是线性分析软件，SAP7 是非线性分析软件，功能更强。SAP6 采用 FORTRAN 语言编写，除主程序外，共有 357 个子程序，计 33300 条语句，有配置的前置处理程序 MODDL、后置处理程序 POST 和温度场分析程序 TAP6，单元库内有多种二维和三维单元类型，可以建立二维和三维结构的有限元计算模型，可用于对承受静力、惯性载荷和动力载荷的弹性结构体进行动、静力学分析与计算。

（2）ASKA

ASKA 包括 60 万条语句、64 种单元。用其可以对各种形状、材料（包括各向异性材料）的大型工程结构进行分析和计算。

ASKA 系统含有的程序模块有弹性静力分析模块 ASKA-Ⅰ、线性动力分析模块 ASKA-Ⅱ、材料非线性分析模块 ASKA-Ⅲ-Ⅰ、线性屈曲分析模块 ASKA-Ⅲ-Ⅱ，温度场分析模块 ASKA-T、交互式图形分析模块 INGA、前处理网格生成模块 FEMGEN、后处理图形显示模块 FEMVIEW 和绘图模块 FEPS。

（3）ANSYS

ANSYS 系统是 ANSYS 有限公司开发的产品，其单元库中有二维单元、轴对称固体、壳和弯曲板等 100 多种单元类型，材料库中有钢、铜、铝等 10 种材料数据，具有自动生成网格、自动编节点号、绘图等功能。该系统功能齐全，可以进行静态和动态、线性和非线性、均质与非均质分析。

AUTOFEA 是 ANSYS 公司开发的与 AUTOCADR12 和 AUCADR13 集成化的有限元分析系统。它可以在 AUTOCAD 平台上使用，用 ADST AUTOLISP 作为开发工具，用户可以方便地进行二次开发。

（4）I-DEAS 中的有限元分析模块

I-DEAS 是美国 SDRC 公司开发的 CAD/CAM/CAE 系统软件，其嵌套了有限元分析模块。该模块可以进行图形有限元建模，梁结构的综合造型设计，结构静力学与动力学、热传导模拟分析。I-DEAS 由前后置处理、数据输入、模型求解、优化设计、框架分析等模块组成。其中框架分析模块又包含三种模块：①SAGS 模块，用于分析静载荷下的梁、壳结构，可得到节点的位移、转角、支反力、单元载荷和应力、应变等参数；②LAGS 模块，可以对连续弹性体的结构进行分析，并可输出整体位移、整个结构所受的载荷和结构累积能量的列表数据；③DAGS 模块，可以计算梁类和壳类的固有频率、无阻尼受迫动态响应以及进行模态分析。

习　题

5-1　试说明有限元法解题的主要步骤。

5-2　单元刚度矩阵和整体刚度矩阵各有什么特征？

5-3　在单元刚度矩阵和整体刚度矩阵中，每一项元素的物理意义是什么？

5-4　试说明如何按虚位移原理导出有限元法的计算公式。

5-5　单元的形函数具有什么性质？

5-6　构造单元位移函数应遵循哪些原则？

5-7　在对三角形单元节点排序时，通常需按逆时针方向进行，为什么？

5-8　当单元的尺寸逐步缩小时，单元内的位移、应变和应力具有什么特征？

5-9　如图（见题 5-9 图）所示的三角形单元，若其厚度为 t，弹性模量为 E，设泊松比 $\mu=0$，试求：1）形函数矩阵 $[N]$；2）应变矩阵 $[B]$；3）应力矩阵 $[S]$；4）单元刚度矩阵 $[K]^{(e)}$。

5-10　平面应力问题的三角形单元，在点 $k(0.5, 0.5)$ 处作用有集中力 P，其方向垂直于 im 边，如图所示。试求 $i(0, 0)$，$j(1, 0)$，$m(1, 1)$ 三点上的等效节点载荷。

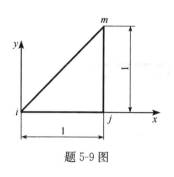

题 5-9 图

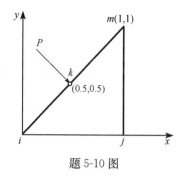

题 5-10 图

5-11 现有一悬臂梁如图所示，在梁的右端作用有均布拉力 q，其合力为 P，采用图示的单元划分，设弹性模量为 E，泊松比为 0.3，厚度为 t，求各节点位移。

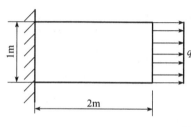
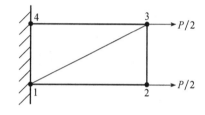

题 5-11 图

第6章 工业造型设计

6.1 概 述

6.1.1 工业造型设计的基本内容与基本要素

工业造型设计（industrial moulding design，IMD），或称工业产品造型设计，简称工业设计，是一门涉及科学和美学、技术和艺术、以产品设计为主要对象的新兴边缘学科。国际工业设计协会为其作过如下的定义：就批量生产的工业产品而言，凭借训练、技术、知识、经验及视觉感受，而赋予材料、结构构造、形态、色彩、表面加工及装饰以新的品质和规格，称为工业设计。而且，当需要工业设计师对包装、宣传、展示、市场开发等问题的解决付出自己的技术知识和经验以及视觉评价能力时，这也属于工业设计的范畴。工业设计从广义来说，指科学与美学、技术与艺术相互交叉渗透，而形成的以机械化方式生产的工业产品造型设计为主要研究对象的新兴应用边缘学科；狭义上讲，工业设计从近代工业社会出现以后人们不满于大机器生产出来的丑陋拙劣的产品而开始有意识的美化产品，改善产品外观质量发展起来的一门专业，工业设计在设计产品的同时，提供围绕这一产品所有的服务。因此，工业造型设计是使产品所具有的两方面的功能——物质功能和精神功能之间的协调达到最优的一门新兴的专业，它不仅要确定产品的外观质量，还要考虑影响生产者、使用者利益的结构、功能和材料，是对产品进行材料、构造、加工方法、功能性、合理性、经济性、审美性的全面推敲与设计。

工业造型设计的基本内容包括以下四个方面。

1）产品的人机工程设计，或称宜人性设计。结合人的生理、心理因素，获得人-机（产品）-环境的协调与最佳匹配，使人们的生活与工作环境更舒适、安全和高效。

2）产品的形态设计。使产品的形态构成符合美学法则，通过正确地选择材料、表面修饰工艺，形成与产品功能、环境条件等因素相适应的良好的外观质量。

3）产品的色彩设计。色彩设计是完善产品造型的一个基本要素。设计中应综合产品的各种因素，制定出合适的配色方案。

4）产品的铭牌、标志、字体等的设计。以形象鲜明、突出、醒目的标志和字体形态，给人以美好、深刻的印象。

工业产品的物质功能、精神功能和实现造型的物质技术条件，是产品造型设计的三个基本要素。

物质功能是指产品的功用。它是产品必备的条件，并对产品的结构和造型起着主导作用，即"功能决定形式"。

物质技术条件是指产品造型得以物化的材料与制造技术手段。产品造型的许多内涵要依赖于材料的性能、特征以及制造工艺方法得以实现。

精神功能是指产品造型给人造成的心理上、情感上的种种感受。是产品物质功能和物质技术条件的综合体现。

产品造型的三要素在一件产品中相互依存，相互渗透，相互制约。它们与产品的实用性、科学性、时代性密切相关，可用图 6-1 说明其关系。

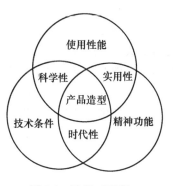

图 6-1 造型三要素

6.1.2 产品造型设计的原则

实用、美观、经济是产品造型设计的三个基本原则。

1) 实用。具有先进的、完美的功能，并使产品的物质功能得到科学和最大限度的发挥，具体表现为两个方面。

适当的功能范围。现代工业产品，尤其是通用产品，大多向多功能化发展。但过多得使用功能必然导致产品的结构复杂、制造维修困难、成本升高等缺点。因此，产品的功能范围应该是适当的。

优良的工作性能和使用性能。工业产品除了应具有良好的力学、电气等性能，以及精密、准确、稳固、安全、高效等人们重视的内在质量外，还应具有良好的人-机-环境的协调性和科学性，使产品功能得到尽可能大的发挥。

产品与人的生理、心理因素相协调，要求产品符合人体科学的要求，使人在使用产品时赶到轻便、安全、标志醒目、动作顺畅。同时，产品所产生的心理效应和产品的功能相适宜，并给人以美感、舒适感和安全感。

产品与环境相协调，要求产品与周围物品和环境条件在形态、色彩、材质、风格等方面相协调。无论是工作环境还是生活环境，都应给人以清新、整齐、统一的整体感，使人产生有利于工作、生活的心理反应。

2) 美观。由产品的形态构成、色彩构成和材质的运用（简称形、色、质）体现出来的整体美感。形、色、质是构成产品外观的基本因素，指导三者组合的是美学形式法则。

产品造型美没有绝对的、恒定的标准，而是一个综合的、相对的、流动的概念。社会在发展，人们的审美观念也相应地变化。不同的社会阶层和民族，由于性别、年龄、职业、风俗及民族气质有差异，其审美观也有较大的区别。产品造型应针对这些因素，体现出相应的时代性、社会性和民族性。

产品的造型美应依赖现代化工业的批量化生产方式获得。现代工业所推行的标准化、通用化、系列化制度也必须为工业造型设计所遵行。

3) 经济。恰当地选用材料和工艺，以尽可能低的成本，获得优良的产品造型。

提高产品造型的经济性不是一味降低成本，过低的生产成本难免影响造型效果。但成本高不一定造型美，造型和成本并不成正比。要恰当地选用造型材料和工艺，使造型符合美学构成法则，从而获得优良的品质。

6.1.3 产品造型的美学内容

产品造型的美学含义不是单纯的形式美，而是构成产品造型的诸多因素（功能、材料、工艺等）的综合体现，是科学与艺术的有机结合。工业产品的美学内容具体表现为以下十个方面。

1) 功能美。科学的发展改变着人们对世界的认识。先进的科学技术所赋予产品的新的更高级的功能，不断改变着人们的生活方式。产品的新功能、新结构以及与之相应的新造型，使人们产生喜爱、美好的感受，便是产品的功能美。无论是家用电器还是工业设备，功能美已成为现代工业产品的特征。

2）舒适美。产品的使用性能是造型的基本原则，应用人机工程学的基本原理，使产品在使用中安全、高效、感觉舒适是产品的舒适美。如座椅设计，除了形态优美，还应让使用者在生理和心理上感觉安全、舒适和降低疲劳。

3）规格美。针对工业产品的批量生产模式，造型设计应使产品满足功能质量标准化，品种规格系列化，产品零部件通用化的现代化生产要求。此外，工业造型设计还应尽量采用模数化、模块化、积木化等设计方法，使系列产品的形象既有统一的规格美，又有变化的韵律美。

4）严格精确美。现代工业产品要求外形简洁、结构紧凑、尺寸准确、构形严谨、文字符号清晰等，充分显示出产品制造精密、功能先进的严格精确美，体现出现代科学的精神。

5）结构美。力学理论是产品造型结构的重要科学依据。产品在工艺、使用、维修、装拆等方面的结构合理性，也是造型设计应考虑的重要因素。人们凭借生活经验，对产品的结构形态也会产生是否安全、稳定、可靠的直观感觉。如粗大显得笨拙，纤弱让人不可信赖。应用科学的新成就，使产品的结构更加合理，形态轻便简洁、刚劲有力、挺拔生动，才能体现出产品造型的结构美。

6）材质美。不同的材料具有不同的外观质感和特征，体现出不同的美感，即材质美。不同的材料表现出不同的个性。例如：

钢铁——坚硬、沉稳；塑料——温顺、轻盈；

铝材——华丽、轻快；木材——自然、淳朴。

恰当地选用造型材料，使之与产品的功能和形态相协调，才能体现出产品造型的材质美。

7）工艺美。产品造型工艺包括加工工艺和装饰工艺。加工工艺是指铸造、切削、模压等零件成形工艺；装饰工艺是指电镀、氧化、涂覆等表面处理工艺。

产品造型采用先进的、精细的工艺是造型具有时代美感的重要标志。但一味地采用精细复杂的工艺会使成本升高，非但不经济，造型也未必好。粗、精工艺各具不同的美感，造型设计应根据产品或零部件的功能、形态和使用环境，恰当地选用不同的工艺，力求既经济又美观。此外，工艺方法的选择还应使产品满足批量生产的要求。

8）形态美。产品的形态美是指产品的整体、各个局部以及它们之间符合美学形式法则。这些法则包括统一与变化、均衡与稳定、比例和尺度等。

9）色彩美。色彩的对比与调和产生色彩美。产品的色彩美表现为产品色彩合理的组合以及与产品功能、使用环境、人的生理心理协调一致。色彩美具有极强的时代性、社会性和民族地区的差异。

10）单纯和谐美。现代产品造型的特点是日益趋向简练与单纯。造型设计简洁明快、外形单纯不仅可以提高生产效率，易于保证质量，而且符合人们的审美趋势。单纯不是肤浅，高度的概括与洗练才是造型设计追求的目标。

6.1.4　产品造型设计的程序

造型设计不是独立进行的，必须与工程技术设计相结合。在产品开发设计的全过程中，造型设计与工程技术设计应自始至终同步地、交叉地、互相参与地进行。

造型设计各阶段的工作内容大致如下：

1. 调研及产品定位

调研包括对同类或类似产品的调研和市场调查。产品调研包括收集产品资料，对产品的造型、功能、结构和使用性能等进行历史变迁及发展趋势的纵向研究，以及国内外现状的横向比较。市场调查包括调查市场供求情况，目前同类或类似产品的市场反馈情况，以及市场需求的发展趋势。产品定位是指在调研的基础上，明确产品的销售对象，确定适当的产品性能、造型风格及市场价位。

2. 造型设计及表达

以产品的市场定位为依据，进行总体造型方案构思。总体方案构思与生产过程相反，是从整体到局部。先对整体形象的概貌（造型风格、构成要素、尺度比例、色彩配置等）进行构思与设计，并用方案草图表达出来。对若干这样的整体方案进行比较，取长补短，确定一个较理想的方案。必要时，可绘制外观效果图，制作外观模型，以便对整体外观效果进行评价。如果用计算机制作三维外观效果图，会更方便快捷，易于修改，在方案构思阶段尤为适用。方案初定后，结合结构设计进行整体和局部的立体造型设计。根据整体方案要求对产品整体、所有局部乃至细部的风格、形态、尺度比例、色彩配置等进行设计和完善，选择与外观造型有美的材料和工艺，设计铭牌、标志、面板等，制作产品模型，确定产品造型方案。

产品方案审定后，还应制定外观加工工艺。特殊面饰工具及其他生产服务工作。同时完成与产品配套的文件和图片设计。

3. 完善及改进设计

对样机进行局部改进，仍是原设计工作的延续。如果全面大改，就是新的一轮设计了。对旧产品的改造，由于受到工艺装具、专用设备等因素限制，一般可从以下几方面入手：①统一产品风格，规整构形要素，增强产品的整体感；②调整尺度比例，在结构允许的前提下，使之符合美学法则；③改进人-机关系，重新选择和布置显示、操作元器件及面板等；④重新设计色彩；⑤妥善处理外置辅助装置及照明、管路、线路等。

6.2　造型基础与美学法则

在一般说法中，狭义的造型只表示工业产品的三维形状，广义的造型则包括形状、色彩、材质、装饰等一切可被人的感觉器官感知的特性以及从中抽象出来的概念性特征。这里的造型形态是指工业设计所包含的三个领域——平面设计、产品设计和环境设计中一切可被人的感觉器官感知的特性。而其中产品设计中的形态设计则构成了形态设计任务的大部分内容。

6.2.1　形态要素及其视觉结果

点、线、面、立体、色彩、肌理是构成一切形态的基本要素，称为形态要素。产品造型是由形态要素构成的，因而有必要研究形态要素的构成及其性格。

1. 点

造型中的点是指在背景上相对细小的，有不同视觉特征的形象，如开关、指示灯、文字等都具有点的视觉形象。

在几何学上，点只有位置，而不具有大小，没有任何形状。但从造型意义上说，却有其不同的含义。造型实践中的点，如果没有形状就无法成为视觉的感知对象。因此，造型中用到的点不仅有大小，也有面积与形状。以大小而言，越小就点的感觉越强，越大则越有面的感觉。

以形状而言，圆形点的感觉最强，即使面积较大，在不少情况下仍给人以点的感觉。点是造型最基础的元素，大量的点按照一定的方式组合起来，可以展现出线或面的感觉，并可形成各种图案化效果。如图 6-2 所示。

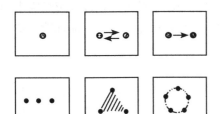

图 6-2　点的视觉效果

点具有以下特性。

1）单一点能使视线集中于这一点上。

2）距离相近的两点容易产生心理上的线条引力，即在心理上会自动地将两点用线连接起来。

3）存在于一个平面的三点，容易使人感觉到由这 3 个点围成的虚面。

4）点并不一定是具体的黑点，也可以虚点存在，即以周围的线条或是面来形成点的形状。

5）点作线状排列时，会使人在心理上感觉成线。

6）点的集合可以构成虚面。

2. 线

造型中的线指产品上不同侧面的交接线、曲面的轮廓线、细长零件、细长色条或凹凸构成的装饰线、分割线等有线的视觉效果的形、色、光影、轮廓。

线的方向、形状和粗细的变化，赋予线多样化的性格，给人的视觉感受也很丰富，直线给人以严正、明快、坚硬的感觉。粗直线显得重而有力，细直线显得轻而敏锐，水平线宁静、稳定而松弛，垂直线端庄、刚正而挺拔。斜线则有不稳定的动感和把视线引向远方的空间感。

曲线的形状千姿百态，给人的联想也各不相同。但总体来说，曲线给人以运动、活泼、流畅、柔顺、优美的感觉。产品造型中的曲线多采用几何曲线或光滑的过渡曲线，这样的曲线具有理智规整的美。

线型的运用直接影响造型的审美效果以及产品的结构和工艺性，造型设计应特别慎重。例如，图 6-3 是工业用显示器机箱，大侧面空洞乏味，增加几根撑条后就生动多了，视觉强度也增加了。

3. 面

造型中的面都是有边界的面形。这些面形可能是一个凹凸的区域或由色彩、装饰色等分割形成的区域。不同的面形给人不同的心理感受，如图 6-4 所示。但总体来说，面给人以明朗、端正、简洁的感觉。

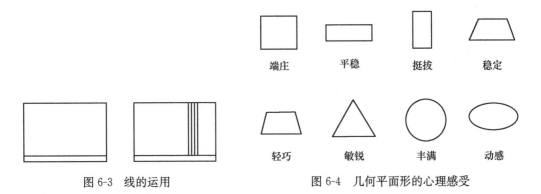

图 6-3　线的运用　　　　　图 6-4　几何平面形的心理感受

4. 体

在几何学中，体是面的移动轨迹，是具有相对的长度、宽度和高度的三元单位，或三度空间单元。体给人的视觉感受与构成体的面形或体的视向线有关。平面立体单纯、规整、呈静态，曲面立体温和、亲切、有动感。造型物的视觉重量称为体量，体量大显得稳定、充实，体量小显得轻盈、灵便。如图 6-5 的两款数控车床设计，其形体上的差别引起视觉感受明显不同。

5．肌理

肌理是指物体表面细微的组织构造形成的整体效果。触摸可感觉到的肌理称为触觉肌理，如粗、细、软、硬，纹理方向等。触觉肌理在适当的光照下，也可通过视觉感受到。只能通过视觉感受到的肌理称为视觉肌理，如木材纹理、文字图案等。

肌理是通过表面形态、色彩及光影产生的。不同的肌理具有不同的视觉美感和触觉快感，能产生不同的心理感受，因而是造型的重要构成要素。造型设计中肌理的创造和运用，应视造型物整体或局部的功能、环境而定，使造型物具有整体美感和使用舒适感。

6．立体构成与造型

将形态要素按一定规则组成形象，称为构成。构成立体形象

(a) 曲面立体机身

(b) 平面立体机身

图 6-5 两款数控车床设计

称为立体构成，立体构成是对简单立体进行挖切、叠加和组成，并融入理性的分析和敏锐的感觉，使形象符合一定的审美判断。

立体构成是对立体形态进行的解剖、组合和创造的研究，为造型设计积累形象资料。立体形态的艺术感染力来自于视觉上的稳定感，结果单纯、形象明确的整体感，比率、节奏的秩序感，扩张的心理空间感和运动感等。如图 6-6 所示。

(a) 点的构成

(b) 线的构成

(c) 体的构成

图 6-6 点、线、体的构成

产品造型设计具有立体构成的特征，但还受到产品的时代性、地区性、社会性、产品功能和使用性能以及材料、工艺等诸多因素的制约。例如，各种大型产品，如汽车、飞机、机床等都可以看成面的立体构成。只有使这些因素有机结合，才能使造型成为完整、合理、科学的设计。

6.2.2 产品造型的美学法则

工业产品所具有的美的形式是多种多样的，这些肯定地、实际存在的美的形式具有内在

的、共同的特性和规律，就是形式美。形式美是对大量事物的美的形式进行研究、归纳、总结出来的。它包含反映多种审美要求的多个方面，也就是形式美的若干法则。这些法则有其内在的联系，造型设计中，并不能依据一条或几条法则，经纯粹的逻辑推理而直接获得答案；而是要根据具体情况，灵活地融会贯通，综合运用这些法则。

1. 比例与尺度

造型物比例的定义包括：整体与局部、局部与局部之间的大小关系，整体或某一局部各方向尺寸间的大小关系。关于比例，长期以来形成了种种理论，以下是常用的比例。

抽象几何形状的美感来自其外形的"肯定性"，即几何形状受到一定数值关系的制约。制约越严格人们的视觉感受越"肯定"，引起美感的可能性也越大。正方形、等边三角形和圆形称为三原形，它们具有肯定的外形和鲜明的形状特征，具有形式美。对于矩形，黄金率矩形和平方根矩形具有肯定的外形，在造型中被普遍运用。

$1：0.618$ 或 $0.618：0.382$ 称为黄金比 Φ。长宽比为 Φ 的矩形，称为黄金率矩形或 Φ 矩形。黄金率矩形的美感来自其外形的肯定性。如图 6-7 所示，矩形的长宽比略大于 Φ 则接近两个正方形，略小于 Φ 则与正方形 S 区别不大。而 Φ 矩形明显区别于三原形。黄金率矩形的美感还来自于自身蕴含的深刻而丰富的数理关系，体现出理性与和谐的美。见图 6-8。

长宽比为 $\sqrt{2}$、$\sqrt{3}$、$\sqrt{5}$ 的矩形都是平方根矩形。它们也具有一些有趣的内在规律，体现其理性与和谐美，见图 6-9。

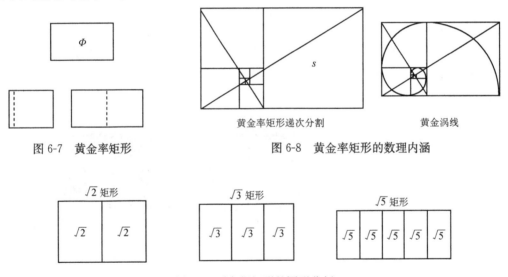

图 6-7　黄金率矩形　　　　　黄金率矩形递次分割　　黄金涡线

图 6-8　黄金率矩形的数理内涵

图 6-9　平方根矩形的同形分割

（1）数列比例

造型中出现最多的是矩形。此外还有线、面、体等形态要素，它们相互间的比例关系必须严谨简单，常用比例如下。

等差数列：A，$2A$，$3A$，…或 A，$A+B$，$A+2B$，…

调和数列：A，$A/2$，$A/3$，…

等比数列：A，Ar，Ar^2，…

费波纳齐数列：1，2，3，5，8，13，…

该数列相邻两项之比近似等于黄金比 Φ，项次越高，近似性越好。运用这一数列造型与黄金比等比数列有近似的效果，且能避免出现不圆整的数值。

（2）模数法

模数法是指选取一个（或几个）对造型物各部分都具有关键意义的（特征）尺寸作为模数，将此模数推衍成尺寸系列，作为造型物整体到局部、局部到细节的尺寸。例如，家具、操作台等，许多尺寸与人体尺寸有关，选取人体某一尺寸作为模数显然是合理的。由于产品的复杂化，造型的多样化，模数的选择要视产品的具体情况而定。

造型物整体和各局部可选取相同比例，也可选用两种以上比例。但比例因子过多难免显得杂乱无章，破坏了统一和谐美。对于一件机电产品，由于结构等因素而不能保证比例严格无误，只要对视觉无显著影响，仍是可行的。

产品造型设计是建立在物质基础上的造型活动。工业产品，尤其是机电产品造型比例的确定，应考虑其功能特性、物质技术条件和审美要求等多种因素的影响。

尺度是指以人体尺寸和人们所习见事物的尺寸为标准，与造型物尺寸间的相对比例关系。产品的尺寸要满足产品功能的要求，尺度变化调整的范围也只能局限在物质能允许的范围内。例如，手表要戴在手腕上，尺度过大不宜佩戴，尺度过小看不清楚。所以手表的尺度及其变化只能限制在相对固定的有限范围内。

2. 均衡与稳定

工业产品各方向和各局部由于材料、比例、结构、色彩及质感的不同，会产生不同的重量感。均衡与稳定的造型法则，就是使造型既有物理意义上的稳定可靠性，又能引起视觉上的完整和安定。其中均衡是指造型物前后、左右的相对轻重关系，稳定是指造型物上下部间的轻重关系。

（1）均衡

均衡感是对支点和物体量感相对位置的视觉判断，如图 6-10 所示。物体的视觉量感与其体积的大小、颜色的深浅等有关。物体体积大、颜色深、封闭，则量感大；反之量感小。物体表面光洁、透光性能、镂空、材料及肌理也对量感有影响。由于机电产品的内部结构隐蔽在外形之内，所以造型中的均衡往往仅限于外形的视觉效果，而不是物理意义上的重量平衡。产品造型的均衡感是设想支点在正中或接近正中部位，支点两边诸造型要素的量感与其到支点的距离的乘积，即量感距大致相等。

完全对称的造型其均衡感最强，且具有规整美、条理美，给人安定、庄重、严正的感觉，但也会让人觉得单调、呆板。事实上，由于功能结构的制约及产品上外露的操作件、面板、标志等对量感的影响，绝对对称的造型并不多。因此，常常在维持造型大体对称的条件下，做一些局部的调整变化，要使造型生动活泼。

大部分产品不能采用对称的造型。使造型得以均衡的方法是以底面中点作为视觉支承点，将造型体按实际结构分成几部分，估计各部分之间的量感之比，使支点左右所有量感距之和大致相等即可。图 6-11 为滚齿机的造型示意图，体现了产品造型的均衡。

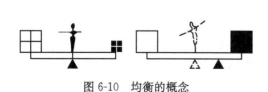

图 6-10　均衡的概念

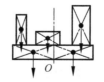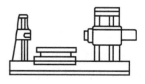

图 6-11　滚齿机造型的均衡

（2）稳定

造型的稳定主要是指视觉稳定，它与物理意义上的实际稳定的要求是一致的。稳定与支承面的大小及重心的位置有关。支承面越大、重心越低且越靠近支承面中点，则稳定性越好。但视觉重心往往与实际重心不重合，视觉重心与造型物各部分的量感分布有关。

不同的产品对视觉稳定感的要求不同。大中型设备、工程机械等要看上去非常稳定，而台式仪器、家用电器等小型产品则应显得轻巧活泼。一般来说，产品保持实际稳定往往也能满足视觉稳定的要求，不一定要特殊处理；但也存在视觉稳定性不够或显得过分沉稳、敦实、笨重的情况。增加视觉稳定感的方法是增大支承面，必要时可以超过实际需要增大支承面，以获得更强的视觉稳定；也可以通过改变造型物上下两部分的色彩、质感、表面肌理等因素，改变上下两部分的量感对比。增大下部量感或减小上部量感都可降低视觉重心，提高视觉稳定性。反之，则可以改变造型物的笨重感，使造型物显得轻巧活泼。

3. 统一与变化

统一与变化的形式法则，是艺术造型中最灵活多变，最具有艺术表现力的因素，任何物像的美都表现于它的统一性和差异性中。统一可增强造型的条理与和谐美，完美的造型必须具有统一性；而变化可增强造型物形象自由、活泼、生动的美，能打破单调、呆板，增强美的情趣与持久性。

（1）统一

造型中的统一是指造型要素（线、形、色、质）的一致、调和、重复、呼应，最终形成造型物整体的风格与主调。造型的统一主要包括三个方面：形式与功能统一，尺度与比例统一，格调统一。

要达到格调的统一，使产品形成风格、明确主调，通常采用的方法是对造型物的线型、形体、色彩、材质进行调和、呼应、过渡、韵律等处理。

调和是指对造型体的各部分在线、形、色、质等方面强调其共同的因素，突出相互间的内在联系，取得协调完整的效果。

以线型为例，如果造型以直线为主，则主要部分应以直线构成形体，直线间的过渡也应统一。若造型以圆弧、曲线为主，则形体的主要部分应当以曲线构成，其他次要部分也应当以圆滑的过渡或曲线的转折与主体呼应，从而达到造型物线型风格的统一。图 6-12 中所示的汽车，一种采用直线造型，一种采用曲线造型，其主要形体线型的一致性形成了风格的完整性。除构成形体的主要线型的调和外，造型体内部分各零部件的连接所构成的结构线型及各辅件的线型也应取得协调一致，以便获得统一和谐的线型风格。

呼应是指在造型物的不同部位对线、形、色、质进行强调一致性的处理，使整体取得和谐统一的效果，如服装的领口、袖口采用同样的颜色或布料，突出局部的一致性，达到呼应的效果。图 6-12 中两种汽车车头、车尾的线型前后呼应，增强了整体感。

过渡是指在造型物上的不同形体之间或不同色彩之间，增加另一种形体或色彩将它们联系起来，使形体或色彩之间的连接自然顺畅，避免出现对立的造型元素生硬交接产生的突变与不协调。图 6-13 中的两种电熨斗，其把手和下部在形与色的过渡连接上的优劣，不言而喻。

韵律是指造型要素在平面或空间内有规律地重现。这种重现的规律可以是简单的、无变化的重复，也可以是渐变的或交错起伏的，如仪器面板上的显示、操作元件的布置，机箱上散热窗口等往往采用重复的或有规律变化的排列形式。成套的组合式控制台、柜也采用这种形式。如图 6-14 中所示的商用转轮印包机械和点胶机的整体造型设计，将统一、过渡、韵律很好地结合并体现出来。

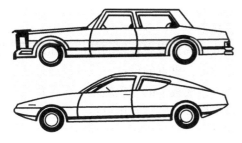

图 6-12　线型的调和与呼应

形、色的交接生硬

形的过渡流畅自然

图 6-13　形与色的过渡

(a) 商用转轮印包机械整体设计

(b) 点胶机的设计

图 6-14　线型的统一、过渡、韵律

（2）变化

造型中的变化是指利用造型要素的差异性，求得在统一完整的基础上体现局部的特点，互相衬托，使造型更加活泼动人，具有视觉美感。

形、色、质等造型要素的差异性具有很多表现形式，形体有方圆、曲直、横竖、大小、高低、宽窄、凹凸、繁简等。色彩有浓淡、素艳、冷暖、进退、胀缩等。材质与肌理有软硬、粗细、有光无光、豪华昂贵与质朴经济等。造型设计在统一中求变化的基本手段是强调差异性的对比与突出重点。

4. 对比与调和

对比包括线型的对比（图 6-15）、材质的对比、色彩的对比，形的对比、形体方向的对比（图 6-16）以及虚实的对比。这里所说的实是指造型物的实体部分（封闭部位，与内部结构无光），虚是指透明或镂空的部位。虚给人以通透、轻巧感，实给人以厚实、沉重感。对比的目的是强调不同事物个别的形象，是为了增强造型要素的对立感，使造型变得活泼、生动、个性鲜明。例如，现在有的家用电冰箱采用圆弧门的造型以及图 6-15 和图 6-16 所示的 RMM 塑壳断路器的造型，这种以直线为主、直中有曲的新造型打破了传统直线造型的单调感，变得活泼有韵味。

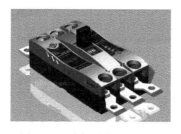

图 6-15　线与形方向的对比

图 6-16　形的方向与凹凸的对比

对比与调和是相辅相成的。只有调和没有对比，造型会显得平淡、呆板；而对比大于调和，则会使形象产生杂乱动荡的感觉。

突出重点可以打破单调，增强变化；还可以形成视觉中心，避免视线游移不定，借以提高审美效果。造型中的重点通常是功能、结构的主体部分或视觉观察频繁的部位，如显示、操作器件等。在不违背功能要求的条件下，有时可由设计确定。重点的设计一般可以通过增强局部与整体在色彩、形体、材质等方面的对比来实现，如浅色底板上的深色旋钮、深色背景上的浅色刻度盘等。在整体烤漆的机器上的镀铬手轮或塑料手柄等，则是利用材料、工艺的差异增强对比，突出重点。

6.3　人机工程学简介

人机工程学简称人机学，是研究人在某种工作环境中的解剖学、生理学和心理学等方面的各种因素；研究人、机器及环境的相互作用；研究工作中、家庭生活中与闲暇时怎样考虑人的健康、安全、舒适和工作效率等问题的学科。若不考虑环境的影响，就简单的人机系统而言，人与机的关系如图 6-17 所示。

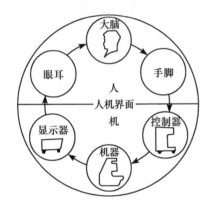

比较人与机器的能力，机器适合于承担笨重、快速、单调、精细、规律性强，大量或复杂的运算和恶劣环境下的工作。人更适合承担程序编制、监护、故障排除、意外情况处理等工作。

6.3.1　人体结构尺寸与造型尺度

图 6-17　人机系统

国家标准 GB 10000—1988《中国成年人人体尺寸》包括人体主要尺寸、立姿、坐姿、高度方向及水平方向的人体尺寸等，如表 6-1 所示。

表 6-1　人体主要尺寸（摘要）　　　　　　　　　　单位：mm

测量项目	男（18～60岁）			女（18～55岁）		
	百分位数			百分位数		
	5	50	95	5	50	95
1.1　身高	1583	1678	1775	1484	1570	1659
1.3　上臂长	289	313	338	262	284	308
1.4　前臂长	216	237	258	193	213	234
1.5　大腿长	428	465	505	402	438	476
1.6　小腿长	338	369	403	313	344	376

表中的百分位数是人体尺寸的一种位置指标，百分位数为 k 的人体尺寸以 P_k 表示。它将产品的使用者群体或样本的全部观测值分为两部分：有 $k\%$ 的观测值小于或等于它，有 $(1-k\%)$ 的观测值大于它。常用的人体百分位数有 P_{50}，P_5 与 P_{95}，P_{10} 与 P_{90}，P_1 与 P_{99}，前三者更有常用。

根据国家标准 GB/T 12985—1991《在产品设计中应用人体百分位数的通则》，按适用百分位数的不同，将产品分为Ⅰ、Ⅱ、Ⅲ型三类。

Ⅰ型产品尺寸设计：需要两个人体尺寸百分位数作为尺寸上限值和下限值的依据，又称双限值设计。控制塔台座椅高度的调节范围，应取坐姿眼高的 P_{10} 和 P_{90} 作为下限值和上限值的依据。

Ⅱ型产品尺寸设计（单限值设计）有ⅡA型和ⅡB型两种。

ⅡA型产品尺寸设计：只需要一个人体尺寸百分位数作为尺寸上限值的依据，又称大尺寸设计。对涉及人身安全和健康的产品，选用 P_{99} 或 P_{95} 为尺寸上限值的依据。对一般工业产品选用 P_{90} 为尺寸上限值的依据，如门的高度选男子身高的 P_{90} 为依据。

ⅡB型产品尺寸设计：只需要一个人体尺寸百分位数作为尺寸下限值的依据，又称小尺寸设计。对涉及人身安全和健康的产品，选用 P_1 或 P_5 为尺寸下限值的依据。对一般工业产品选用 P_{10} 为尺寸下限值的依据。如安全网孔的大小，可选用人体相应尺寸的 P_1 为依据。

Ⅲ型产品尺寸设计：以 P_{50} 作为产品尺寸设计的依据，又称平均尺寸设计。这是产品设计最普遍的情况，家用电器、办公用品等都属于此类。如计算机、打字机键盘上按键的大小和间距，要适合绝大多数人使用，只能取 P_{50} 为依据。

对于男女通用的产品，尺寸设计应选用男性的 P_{90}、P_{95} 或 P_{99} 作为上限值的依据，选用女性的 P_1、P_5 或 P_{10} 作为下限值的依据。

产品设计以某一人体百分位数为依据，不是选取该尺寸作为产品的尺寸，而是要视条件取与该人体百分位数相应的产品最小功能尺寸（人体百分位数＋功能修正量）或最佳功能尺寸（最小功能尺寸＋心里修正量）。

其中，功能修正量包括穿鞋着衣产生的各方向尺寸变化量（高度、围度等）；人体姿势不同产生的变化量；为了确保产品功能的修正量。心理修正量是指为了消除空间压抑感、恐惧感或为了追求美观等心理需要而进行的尺寸修正量。

以底层船舱高度为例，选男子身高的 P_{95} 为 1775mm，鞋高修正量 25mm，高度最小余裕量 90mm，则船舱最小的高度为三者之和 1890mm。加上心理修正量 115mm，则底层船舱的高度为 2005mm。

人体尺寸百分位数及各种修正量，使用时可以查阅国家标准和有关资料。此外，我国不同地区人体尺寸有一定的差异，不同国家的人体尺寸其差异更为明显，使用时也可查阅有关资料。

6.3.2 视觉特征与显示器设计

视觉是人接收外界信息最重要的手段。绝大多数机电产品的信号显示是通过使用者的视觉接收的。通过听觉和触觉接收的很少，而且一般是辅助性的。

1. 人的视觉特征

人的视野在水平方向约为120°，铅垂方向约为130°。越靠近中心，辨认效果越好。辨认效果最好的中心视区是水平和铅垂方向都为1.5°～3°，最佳视距为560mm。

眼睛水平运动比上下运动快，且不易疲劳，对水平方向的尺寸和比例估测比铅垂方向准确。视线运动的习惯是从左到右，从上到下；对圆弧为顺时针方向。所以当视线偏离中心去观察对象时，感知最快的是左上方，其次是右上方，右下方感知最慢。

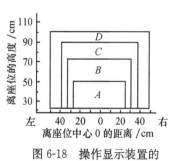

图 6-18 操作显示装置的分布（铅垂面内）

综上所述，产品设计对控制、显示装置的合理分布如图

6-18 所示。其中：A 为一般区域，宜布置操作频繁的控制器；B 为最佳区域，宜布置需精确调整和认读的显示装置及应急操作装置；C 为辅助区域，可布置辅助显示控制装置；D 为最大区域，布置更次要的显示控制装置。

2. 显示器的选择与设计

常用的显示器可分为两大类：数字式显示器、指针式显示器。

数字式显示器，认读简单准确，但不能直观放映参数变化的趋势。

指针式显示器，显示形象、直观，能放映显示值在全程范围内的位置和变化趋势；但认读难以快捷、准确。

许多常用的显示器都由专业厂商制造，除特殊需要外，不需专门设计。只要根据产品功能和造型需要选择合适的产品即可。

选择和设计显示器应遵循以下原则。

1) 显示器的精度适当。精度过高反而使认读困难，认读准确率下降。

2) 信息以最简单的方式显示，避免多余的信息。

3) 显示信息易于了解和换算，刻度易于认读。

4) 显示器及标记符号的大小必须适合预计的最大距离。

5) 仪表的色彩设计应合理。仪表的色彩设计是指刻度盘面、刻度标记、指针以及字符颜色和它们之间颜色的搭配。它对仪表的认读、造型、美观有很大影响。通常以墨绿色刻度盘配以白色刻度标记或淡黄色刻度盘配以黑色刻度标记误差率最小，指针的颜色应与刻度盘颜色有鲜明的对比，而与刻度标记以及字符的颜色尽可能保持一致。

6.3.3　控制器的选择与设计

控制器是操作者用以改变机器状态的器件，是人机界面的重要组成部分。因而控制器的设计与选择必须充分考虑人的生理、心理因素。

1. 手脚尺寸及运动特性

成年人的手脚尺寸及百分位数详见国家标准 GB 10000—1988。

人手的运动比脚灵活得多，所以绝大部分操作器是手动的。手的运动特点与方向有关。

单手运动适宜的方向为正前方偏向运动手臂一侧的 60°范围内，双手运动适宜的方向为正前方偏向两侧各 30°范围内。人手铅垂运动快于水平运动，前后运动快于横向运动。顺时针运动快于逆时针运动。自上向下运动快于至下向上运动，人手离开身体向外运动快于向着身体运动。对多数右利者，右手快于左手。

2. 控制器设计

工作中常常发生的操作失误，在很大程度上与控制器设计不当有关。

控制器的设计应符合以下要求。

1) 不同功能的控制器尽可能有明显的区别。可以利用形状、大小、色彩、位置及符号对控制器进行编码，使之易于辨认，以免发生混淆引起操作错误。

2) 操作力、操作速度、方向、位置等符合多数人的生理特征。操作力太小，不易感知操作是否完成。操作力过大，速度、频率过高会引起操作不到位等操作失误。

3) 控制器的操作方向与显示器或系统的运转方向应有合理的逻辑关系，并与人的自然行为倾向一致，以免发生操作方向逆转错误。

4) 合理地组合控制器的功能，减小控制器的数量和操作程序的复杂程度。

5）大小适当，造型新颖美观。

控制器主要分为手动和脚动两类，脚动控制器一般只用于以下情况：手的工作量过大，需要脚的配合；操作力较大，需要连续反复作业。

脚动控制器常用的有踏板和踏钮。手动控制器种类繁多，有按钮、旋钮、手轮、手柄、操纵杆等。可根据功能和造型需要选用。需要设计某些操作件时，它们的形状、大小、操作阻力与手脚尺寸、手脚运动范围、运动规律以及承受能力等有关，应查阅有关国家标准和人体资料。

单个成组的仪器、控制器、开关等，应遵循一定的规律进行有序的排列，以增强识别、判断能力，避免误操作。如图 6-19所示，将图（a）与图（b）进行比较，可看出图（a）位置明确不易出错；图（b）关系混乱易出错。

6.3.4　控制台板设计

随着技术的进步，现代机器设备的自动化、数控化程度越来越高，手动控制的工作量和对手动控制的要求降低了。显示、控制器件的多功能化、小型化，使它们的数量减少，体积减小。上述种种因素，使安装显示、控制器件的控制台板的尺寸越来越小。除大型、成套设备外，一般不采用独立的控制台，而是设计成与主机同体的控制面板。控制台板上显示、控制器件的布置应遵循以下原则。

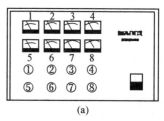

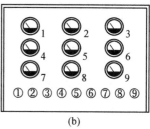

图 6-19　显示器面板的仪表排列形式

1. 显示器的布置

显示器的布置应遵守如下原则。

1）显示器所在平面应尽量与作业者的视线近于垂直。布置要紧凑，主要显示器安置在最佳视区。视区范围应水平方向略大于铅垂方向。

2）多个显示器有观察顺序时，应依据从左到右或从上到下排列。

3）显示器与控制器在配置上应形成逻辑联系。位置对应，运动方向一致。

4）显示器指针的零位指向应在上方或左方。多个显示器，其零位指向应一致。

2. 控制器的布置

控制器布置的一般原则如下。

1）常用的、重要的控制器，应安置在手活动最方便、用力最适宜的区域。

2）有操作顺序的控制器，应依序自左向右或自上向下排列。

3）联系较多的控制器，应尽量靠近排列。

4）总电源开关、紧急停车等装置应与其他控制器分开，安置在便于操作的地方。标志要醒目，大小要适当。

5）各控制器间应保持一定的安全距离。

6）水平控制面板一般以后高前低为宜，铅垂控制面板可稍向后仰。

大型设备的操作控制台有坐姿和立姿两种，其结构尺寸和区域划分与人体作业空间有关，设计时可查阅有关资料。

6.4　产品的色彩设计

6.4.1　色彩的基本知识

对于造型物的形、色、质三个基本要素，人感知最快的是色彩，其次是形态，最后是质感。可见光作用于人的视觉器官，因波长不同而产生不同的色感。对造型物而言，表面反射不同波长的光，呈现出不同的色彩，反射全部光线则呈现白色，全部吸收即呈黑色。

1. 色彩的特征属性

要理解和运用色彩，必须掌握色彩的属性。色彩，可分为无彩色和有彩色两大类。前者如黑、白、灰；后者如红、黄、蓝等七彩。有彩色就是具备光谱上的某种或某些色相，统称为彩调。与此相反，无彩色就没有彩调。无彩色有明有暗，表现为白、黑，也称色调。有彩色表现很复杂，但可以用三组特征值来确定。其一是彩调，也就是色相；其二是明暗，也就是明度、亮度；其三是色强，也就是纯度、彩度。色相、纯度、明度确定色彩的状态，称为色彩的三属性，或称色彩三要素。

图 6-20　12 色相环

1) 色相。色相是色彩的相貌特征，它是由色光波长决定的，在光谱带上按红、橙、黄、绿、青（蓝）、紫的顺序连续变化。将上述 6 色相从红到紫按环状排列称为色相环，中间插入红橙、橙黄等中间色成为 12 色相环，进一步可构成 24 色相环。色相的划分是人为的，也可以划分为 5 个基本色相，进一步分为 10 个等，图 6-20 为 12 色相环。

2) 纯度。纯度是色彩中单一色相纯净的程度，又称彩度或者饱和度，即色光波长单一的程度。纯度越高，色彩越鲜艳。在高纯度色中加入黑、白、灰等非彩色，其纯度就降低了。加入不同比例，使纯度依次变化的色彩推移，称为色阶。

3) 明度。明度是色彩明暗的程度，又称亮度或鲜明度。白色明度最高，黑色最低。有彩色中黄色明度最高，紫色最低。在同一色相的色彩中加入白色明度提高，加入黑色则明度降低。加入不同比例，使明度依次变化形成色彩的明度推移。

颜色中的红、黄、蓝称为三原色（色光的三原色是红、黄、绿）。原色不能由其他色相混成，也不能分解为其他色相，原色可混成其他颜色。由两种原色混成的色相称为间色，如红＋黄＝橙，红＋蓝＝紫，黄＋蓝＝绿。包含三种原色的色相称为复色，呈灰性色调。混合后的呈浊黑色的两种颜色称为互补色。色相环上任一直径两端的色相为互补色。可见，任一原色与其他两原色合成的间色为互补色；或者说，三原色按一定比例混合后呈浊黑色。

色相、明度、纯度的差异构成的色彩数量繁多。准确描述色彩这三个独立特性的方法就是色彩表示法。色彩表示法有多种多样，此处仅介绍芒塞尔（A. Munsell）色彩体系。

该色彩体系采用无彩色的中心轴表示明度，称为明度轴。该轴划分为 11 等份，白色明度为 10，黑色明度为 0，中间 1～9 为由深至浅的灰色。

色相以红（R）、黄（Y）、绿（G）、蓝（B）、紫（P）为基础，插入 YR、GY、BG、PB 和 RP 形成 10 个色相区。每个色相区等分成 10 小格，构成 100 个色相的色相环。每个小格对应的色相用 2R、3Y、5BG 等表示，如图 6-21 所示。将色相环水平放置与明度轴垂直，纯度序列在色相环上沿半径向外依次等距离递增排列，即构成了芒塞尔色立体，如图 6-22 所示。

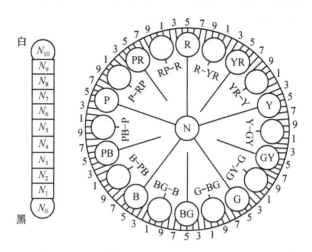

图 6-21　芒塞尔色立体的明度轴与色相环

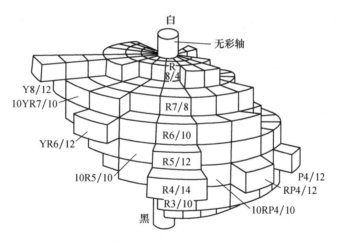

图 6-22　芒塞尔色立体

任一种色彩，对应其色立体上的位置，用符号 HV/C（色相明度/纯度）表示，如 5R4/9，10Y8/12 等。无彩色用 NV/ 表示，如 N5/ 表示明度为 5 的灰色。

2. 色彩的心理效应

色彩的色相、明度、纯度不同或对比的原因，会产生不同的心理感受。

冷暖感：红、橙、黄使人感觉温暖为暖色，蓝、蓝绿、蓝紫使人感觉清冷为冷色，其余为中性色。无彩色中白色为冷色，黑色为暖色，灰色为中性色。

轻重感：高明度色显得轻，低明度色显得重。同等明度下，冷色轻于暖色，高纯度色轻于低纯度色。

进退感：强色、暖色显得近，有进感；冷色、弱色显得远，有退感。与底色对比强，显得清晰者有进感；与底色对比弱，显得模糊、朦胧者有退感。

软硬感：高明度色有柔软感，低明度色有坚硬感，但灰色比白色和黑色都显得软。高纯度色和低纯度色都较坚硬，中等纯度色较柔软。两色对比，明度纯度对比弱者有柔软感，对比强者有坚硬感。

胀缩感：由于光线的作用，暗色或冷色背景上的亮色或暖色看上去显得大，有膨胀感；反之会有缩小感。

色彩的寓意所产生的联想和心理效应极为丰富。除有上述的抽象感觉外，还具有华丽与质朴、欢乐与忧郁等许多情感象征。例如，白色象征冰雪、纯洁、轻盈、神圣，使人感觉明亮、干净或单调、凄凉；黄色象征光明、威严、忠义、希望或软弱、颓废，有扩张感、丰硕感和病态感；紫色象征高贵、幽雅、端庄或奢华、神秘、悲凉；淡紫色使人感觉美好、兴奋；暗紫色使人感觉忧郁、不安等。

3. 色彩的对比与调和

（1）色彩对比

处于相邻位置的两种以上色彩，其差异产生的综合比较效果，简称色彩对比。不同程度的色彩对比会造成不同的心理感受。过强的对比使人感觉生硬、粗俗，较强的对比使人感觉生动、有利，较弱的对比使人感觉柔和、平静，过弱的对比使人感觉朦胧、无力。

因明度差异形成的色彩对比称为明度对比。造型物表面占较大面积的底色的明度，按芒塞尔色标可分为三种。低色调（0～3级），中色调（4～6级），高色调（7～10级）。低调色给人沉静、庄重、丰富的感觉，中调色显得随和、亲切，高调色有愉悦、活泼、高贵感。两色对比，明的显得更明，暗的显得更暗。两种颜色的明度差在2级以下的弱对比称为短调对比，由于明度接近使形象模糊而显得含混、平淡，缺乏层次。明度差在3～5级称为中调对比，因形象清晰度较高，显得优雅、明快。明度差在6级以上称为长调对比，显得锐利、炫目。

因色相差异形成的色彩对比称为色相对比。例如，橙色与红色对比会显得较黄，与黄色对比则显得较红。在色相环上两色间隔越大，色相对比越强。在24色相环上，两色夹角15°可视为同一色相，对比弱，显得温柔、统一，但有单调、无力感；夹角30°，对比明显、丰富，显得和谐、雅致；夹角60°，显得柔和、镇静、鲜明、甜美；夹角90°，易产生不爽快的感觉；夹角120°，显得明快、自然、生动；夹角150°，对比强烈、丰富、饱满；夹角180°，两色互补，对比最强烈、刺激、热烈、辉煌，但有不协调和原始的粗俗感。

因纯度差异形成的色彩对比称纯度对比。人的视觉对色彩纯度差别敏感程度较低，色相和明度相同的纯度对比显得柔和、协调。弱纯度对比，形象模糊，有含混单调的感觉。与弱纯度对比，高纯度色会显得更加鲜艳，对视觉吸引力强。

色彩对比的效果与面积有关。当对比色的面积相近时，对视觉的刺激随面积增大而增大。当对比色的面积相差较大时，对视觉的刺激随小色块面积减小而减小。造型设计中对大型设备或环境的大面积色彩设计，多采用明度高、纯度低、色相对比弱的配色，使人感觉明快、安详、舒适。对小家电、办公用品、商标标志等小面积色彩设计，则选择纯度高对比强的配色，以使形象清晰、提高注目性。

（2）色彩调和

色彩调和的含义：有差别的色彩组合在一起，能给人以和谐、秩序、统一的感觉，这样的色彩配置便是调和的；或者有差别的色彩经过调整与组合，构成和谐统一的整体，也称为色彩的调和。

色彩有差异才有调和，而有差异必然有对比。可见调和与对比是同一事物互相依存、对立统一的两个方面。有关色彩调和的理论很多。总体来说，色彩的三要素有的相同，有的相近，或都相近，则色彩是调和的；或者说在色立体上相距较近的色彩是调和的。由此可见，中等明度和纯度的色位于色立体的内部，能与之调和的色较多；而高纯度色位于或靠近色立体表面，能与之调和的色则较少。

与色彩对比相同，通过改变色块的面积或形状也可以达到调和的目的。

6.4.2　产品色彩设计

与艺术品不同，工业产品受功能、材质、工艺等因素的制约。色彩设计必须力求简洁明快，符合人机学的要求。

工业产品的主体色一般以 1 个或 2 个为宜，以便取得简洁概括的整体效果。由于产品上有操作件、显示面板、标志等点缀，完全可能与主体色配置成生动的效果，而不会显得单调无生气。如果产品采用两个主体色，二者应有主次之分，主色面板应较大。色彩对比不能太弱，以免显得含混。对比太强会显得不协调，没有和谐的整体感。

产品色彩设计应符合以下原则。

1）色彩符合产品的功能要求，是产品色彩设计的重要原则，往往居于主导地位。例如，医疗器具具有如柏、淡蓝等冷色调，有利于安定患者的情绪。工程机械采用高明度、高纯度的艳丽色彩，可增强与环境的对比，提高注目性。

2）色彩应适合结构和工艺特点。色彩的配置不但要在工艺上易于实现，还要适合产品的结构特征。如选择零部件的结合处分色，会更便于工艺实施。此外，工业产品应色质并重。材料除了固有的本色，采用不同的加工和面饰工艺可获得不同的表面色、质，表现力十分丰富。

3）色彩设计应符合统一与变化、均衡和稳定、尺度与比例等形式法则。产品配色要有统一的整体感，同时要有对比产生的韵味和生气。色彩的轻重感、进退感、软硬感等都会影响产品形态的均衡与稳定感。产品表面分色应符合尺度与比例的法则。产品配色还应注意重点色的运用，突出特殊零件或部位，形成视觉中心。

4）色彩应体现产品的时代性和消费群体的差异性。社会在进步，人们对色彩的喜好也在变化，人们在一定时期对某种产品的色调和风格的偏好往往有很强的共性，色彩设计者应注意了解当前有关产品的基本色调及其发展的趋势。对于消费群体，由于年龄、性别、职业及地区习俗、民族风格的差异，对色彩的审美要求有很大差别。尤其是销往不同国家和地区的产品，应特别注意该国、该地区对色彩的好恶与禁忌。表 6-2 为我国部分民族的色彩好恶与禁忌。

表 6-2　我国部分民族的色彩好恶与禁忌

民族	喜爱	忌用
汉族	红、金	黑白多用于丧事
蒙古族	橘黄、蓝、绿、紫红	黑、白
回族	黑、白、蓝、绿、红	丧事用白色
藏族	白为尊贵色、黑、橘黄、红紫、深褐	黄、白、朱红
苗族	青、深蓝、墨绿、黑、褐	黄、白、朱红
维吾尔族	红、绿、粉红、玫瑰红、紫红、青、白	黄
朝鲜族	白、粉红、粉绿、浅黄	
满族	黄、紫、红、蓝	白

6.5 计算机辅助工业设计

6.5.1 计算机辅助工业设计常用的软件

20 世纪 90 年代以来，以计算机技术、网络技术、数据库技术为核心的现代信息技术，不但改变了人们的生活方式，而且深刻地影响工业设计自包豪斯以来不断积淀并逐步形成的现代设计理念、设计方法、设计规范。现代信息技术与工业设计的交叉、融合，催生了计算机辅助工业设计（computer aided industrial design，CAID）技术。它以数字化、信息化为特征，是计算机渗透到传统工业设计全过程的崭新设计方式，其目的是提高效率，降低产品设计成本，增强设计的科学性、可靠性，适应信息化的生产制造方式。

计算机辅助工业设计——CAID，即在计算机及其相应的计算机辅助工业设计系统的支持下，进行工业设计领域的各类创造性活动。它以计算机软件技术为支柱，是信息时代的产物。与传统的工业设计相比，CAID 使现在的工业设计水平在设计方法、设计过程、设计质量和效率等各方面都发生了质的变化。

与工业设计的分类对应，CAID 也可分为产品造型 CAID、视觉传达 CAID 和环境 CAID 等三类。CAID 常用的软件按其功能可分为以下几类：

1）二维绘图软件。如 Photoshop、CorelDraw、Freehand、Illustrator等；其主要特色是以二维的方式来记录图形和文字，图形文件具有存储量小、便于网络传输，图形在放大与缩小的过程中不会变模糊等优点。这类软件在产品概念设计初期，能够快速逼真的描绘出产品预想效果，特别是在产品设计的草图阶段。图 6-23 是运用 CorelDraw 绘图软件制作的二维效果图，图 6-24 为运用Photoshop绘制的点阵概念草图。

图 6-23　利用 CorelDraw　　　　　图 6-24　利用 Photoshop 绘制的点阵概念草图
绘制的矢量概念草图

2）强调渲染效果的三维建模软件。如 3DS MAX、Rhino、Maya、Alias 等；3D Studio MAX（3DS MAX）和 Maya 作为计算机辅助产品造型设计来应用，其三维立体建模、场景灯光、材质编辑和渲染等功能非常出色且方便使用，除此之外，在动画制作方面功能更加强大。Rhinoceros（Rhino）是以 Nurbs 为主要构架的三维模型软件，也是全世界第一套将 Nurbs 曲面引进 Windows 操作系统的 3D 计算机辅助产品造型设计软件，几乎能够做出人们在产品造型中所能碰到的任何曲面。Alias Design Studio（Alias）是一套相当专业的工业设计与模拟动画的软件，在工业设计、动画、雕塑、室内设计、建筑设计等领域，居于主导地位已经十余年了，在工程设计上，它擅长表达概念阶段的造型设计，让设计者能够快速地将构想的草图，以逼真的三维模型呈现在眼前。图 6-25 所示为采用 3DS MAX 绘制出的某汽车产品的渲染效果图。

图 6-25　某汽车产品的渲染效果图

3）面向装配和制造的三维建模软件。如 AutoCAD、SolidWorks、Pro/E、U-G、CATIA 等；这些制造软件不但能将二维数据（如 AutoCAD 数据）方便地转换为三维模型，并对不同的数据格式的文件进行管理，而且还支持 AutoCAD 所谓块的信息（包含文字和数字的几何信息），这在任何其他三维设计软件中是无法实现的。Pro/E 和 UG 都是以参数化和基于特征建模的技术，专门应用于产品从设计到制造全过程的产品系列，包含若干产品设计系列模块，目前，Pro/E 是目前计算机辅助设计中最为专业的软件之一。

6.5.2　三维软件制作产品模型实例

下面以 X 线机为例，简要说明采用 3DS MAX 三维建模软件来构造该机体模型的基本过程。

1）在 3DS MAX 中建立主机实体模型，建立时应注意机身比例和机身倒角的大小，见图 6-26。

2）通过同样的方法建立 X 线机的操纵台和配套器材模型，并进一步完善机身的建模，见图 6-27。

3）模型完成后，给各个部分赋材料，如机身——钢板，C 臂——铸铁喷涂，操纵轨——压缩板，为使场景逼真，需要给监测显示器赋贴图，见图 6-28。

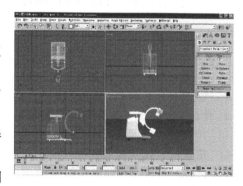

图 6-26　主机实体模型的建立

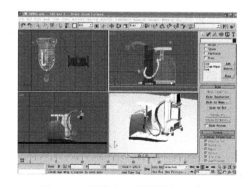

图 6-27　操纵台和监测设备的建立

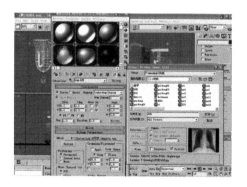

图 6-28　对模型各部分赋材质

4）隐藏所有曲线，进行快速渲染，得到建立的最终模型，见图 6-29。

5）调整灯光设置，设置背景参数，利用 3DS MAX 中自带渲染器进行渲染，最后渲染输出效果如图 6-30 所示。

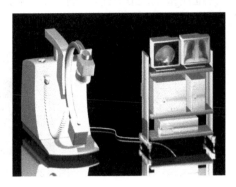

图 6-29　建立最终模型　　　　　　　　图 6-30　最终渲染效果图

习　题

6-1　产品造型设计的目的是什么？有哪几方面内容？

6-2　怎样理解工业产品的物质功能、精神功能、物质技术条件三要素的相互依赖、相互制约的关系？

6-3　产品造型设计的实用原则体现在哪些方面？

6-4　产品造型设计的美学内容表现在哪些方面？

6-5　试以一种你熟悉的产品为例，分析该产品是否符合造型设计的基本原则？在哪些方面具备造型设计的美学内容？

6-6　在产品开发设计过程中，造型设计要完成哪些工作？为什么造型设计不能脱离工程技术设计独立地进行？

6-7　产品造型的形态要素有哪些？试分析大客车车身装饰线的运用及给人的视觉感受。

6-8　试分析一种工业产品（如照相机等）表面肌理运用的优劣。

6-9　什么是造型的形式法则？包括哪些基本内容？

6-10　什么是比例和尺度？常用的比例有哪些？

6-11　造型中的均衡与稳定指的是什么？如何提高产品的视觉稳定性？

6-12　产品造型设计在变化中求统一和在统一中求变化各有哪些基本手法？试举出一个通过对比增强变化的实例。

6-13　什么是色彩的三要素？芒塞尔色彩体系如何表述色彩？

6-14　什么是色彩对比？有哪些基本形式？

6-15　产品色彩设计应注意哪些基本要求？试选一种工业产品，分析其色彩设计的优劣。

6-16　什么是人体尺寸百分位数？它与产品的尺度有何关系？

6-17　显示器选择设计的基本要求是什么？

6-18　控制器设计应符合哪些要求？举出一个操作方向与人的自然行为倾向不一致的实例。

第 7 章　设计方法学

7.1　概　　述

工业产品设计是一种创造性活动，产品设计的结果将直接影响产品性能质量、成本和企业经济效益。在产品开发和提高产品设计水平的工作中，科学的设计方法起着重要的作用。因此，加强对产品设计方法的研究有着十分重要的意义。

从 20 世纪 60 年代以来，由于各国经济的高速发展，特别是相互竞争的加剧，世界上一些主要的工业发达国家除采取措施加强设计工作外，对设计方法的研究也有了迅速的发展，且不同的国家形成了各自的研究体系和独特风格。如德国的学者和工程技术人员则重视研究设计的过程、步骤和规律，进行系统化的逻辑分析，并将成熟的设计模式、解法等编成规范供设计人员参考。美英学派偏重分析创造性开发和计算机在设计中的应用，从而在优化设计、价值工程、可靠性设计和计算机辅助设计方面做出了杰出工作。日本则充分利用国内电子技术和计算机的优势，在创造工程学、自动设计、价值工程方面做了不少工作，并强调工业设计，形成了东方文化和高科技相结合的风格。

虽然各国在研究的设计方法在内容上各有侧重，但共同的特点都是总结设计规律，启发创造性，采用现代化的先进理论和方法使设计过程自动化、合理化，其目的是提高设计水平和设计质量，设计出更多功能全、性能好、成本低、外形美的产品，以满足社会的需求和适应日趋尖锐的市场竞争。

各国在设计方法学研究过程中，逐步发展出"设计方法学"（design methodology）这门学科，使它成为现代设计方法的重要组成部分。

概括地讲，设计方法学是研究产品设计规律、设计程序及设计思维和工作方法的一门综合性学科。它以系统工程的观点分析设计的战略进程和设计方法、手段的战术问题。在总结设计规律和原理、激发创造性思维的基础上综合运用现代设计理论、先进设计方法、先进设计手段和先进设计工具来设计开发新产品、改造旧产品，提高产品的市场竞争能力。

设计方法学的研究内容包括以下几方面。

1) 设计对象。将设计对象视为一个技术系统，即一个能实现一定技术过程的技术系统。能满足一定需要的技术过程不是唯一的，能实现某个特定技术过程的技术系统也不是唯一的。影响技术过程的因素很多，设计人员应该全面系统地考虑、研究确定最优技术系统，即设计对象。

2) 设计进程模式。研究设计的各个阶段，如原理方案设计、结构设计和总体设计，并把各个阶段和每个阶段的工作步骤连成一个进程程序，并使之规范化、模式化。阐述每个工作步骤的具体处理方法的设计进程模式应能使设计过程合理化、科学化。

3) 设计原理、规律和准则。从系统观点出发探讨机械产品设计的一些原理，将产品看作由输入、转换、输出三要素组成的系统；研究各种设计的原理和准则，如结构设计的设计原理和原则等。

4）方案设计。方案设计的质量决定产品设计质量。设计方法学主要研究方案构思中的思维规律和科学方法以及实现需求与技术系统设计间的转换方式方法、原理、原则、策略技巧，例如，设计方案中利用功能元（分功能）的思路求解或原理组合方法求解。

5）设计思维。设计是一种创新，设计思维应是创造性思维。设计方法学通过研究设计中的思维规律，总结设计人员科学的创造性的思维方法和创造性技法。

6）设计评价。产品开发的设计往往是多方案选择评优的过程，在实际工作中很难找到一个各项指标较之其他方案都是最优的方案。设计方法学要研究如何建立合理的评价指标体系，采用合适的评价方式，并对各方案进行综合评价，寻求较优方案。

7）设计信息管理。设计方法学研究设计信息库的建立和应用，即探讨如何把分散在不同学科领域的大量设计知识、信息挖掘并集中起来，建立各种设计信息库，使之可通过计算机等先进设备方便快速地调阅参考。

8）现代设计理论与方法的应用。为了改善设计质量，加快设计进度，设计方法学研究如何把不断涌现出的各种现代设计理论与方法应用到设计过程中去，以进一步提高设计质量和设计效率。

综上所述，设计方法学是在深入研究设计过程本质的基础上，以系统的观点来研究产品的设计对象、设计进程、设计程序、设计规律和设计中的思维与工作方法的一门综合性学科。其目的是总结设计的规律性、启发创造性，在给定条件下，实现高效、优质的设计，培养开发性、创造性产品设计人才。

7.2　系统分析设计法

系统分析设计法是把设计对象看作一个完整的技术系统，然后用系统工程方法对系统各要素进行分析与综合，使系统内部协调一致，并使系统与环境相互协调，以获得整体最优化设计。

7.2.1　技术过程及技术系统

人类进行设计工作总是为了满足一定的生产或生活需求。为了满足这种客观需求，常需要经过一定的过程。例如，为了得到一定要求的轴类零件，可通过车削过程来实现。轴的坯料通过车削过程，其形状、尺寸、表面性质等产生了一定变化，得到了合乎要求的轴，满足了客观需求。这一过程应用了金属切削理论中的车削原理，并由操作者通过车床实现。当然，车削不是满足这一需求的唯一过程，还可以视条件采取轧制、锻造、磨削、激光成型等过程。由此例可以看出，满足需求的过程体现了某种工作原理，而且这个过程可在预定的环境条件下，由操作者通过一定的"实体系统"——车床（或冷轧机、精密锻机、磨床、激光成型机等）来完成。人们的设计对象常是这一过程或它所用的实体系统，而人类的客观需求则是设计的原始依据。这个实体系统称为技术系统，而它所服务的过程则称为技术过程。

在技术过程中接受操作者及技术系统施加的作用，从而自己的状态产生改变或转换，使客观需求得到满足的物质称为作业对象或处理对象。对所有技术过程而言，作业对象可归纳为能量、物料和信息三大类。例如，加工过程中的坯料、发电过程中的电量、控制过程中的电子信号等。只有在技术过程中转换了状态，满足了需求，才是作业对象。

技术过程是一个人工过程。通过这一过程，使作业对象在一定环境条件下，经过操作者及技术系统共同施加的作用，以有计划、有目的的方式产生预期的转变，获得能满足客观需求的结果。因此，技术过程是在人-技术系统-环境这一大系统中完成的。满足一定需求的技术过程不是唯一的，因而相对应的技术系统也是不同的。技术过程的实现必须依据一定的工作原理。例如，前述轴的车削技术过程工作原理就是车削原理。

技术系统是确定的人工系统的统称，它是以一定技术手段来实现社会特定需求的人造系统，它和操作者一起在技术过程中发挥预定的作用，使作业对象进行有目的的转换或变化。它可以是机械系统，也可以是电气或其他系统；可以是机构，也可以是仪器、机器或成套设备。技术系统及其作业对象等可用示意图7-1表示。图 7-2 所示为冲床技术系统示意图。因此，一个技术系统实质就是一个转换装置。

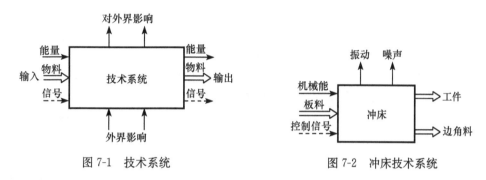

图 7-1　技术系统　　　　　　　　　　图 7-2　冲床技术系统

系统分析设计法是把设计对象看作一个完整的技术系统，然后用系统工程方法对系统各要素进行分析与综合，使系统内部协调一致，并使系统与环境相互协调，以获整体最优化设计。

运用系统分析设计法进行原理方案设计的主要步骤如下。

1）明确设计任务。把设计任务作为更大系统的一部分，研究社会需求与技术发展趋势，确定设计目标，并分析设计的产品将产生的社会、经济、技术效果。在尽可能全面掌握有关信息、深入掌握需求实质的基础上，以表格形式编写出设计要求表，它将作为设计与评价的依据。

2）确定系统的整体目的性——总功能。把设计对象看作黑箱，通过系统与环境的输入和输出，明确系统的整体功能目标和约束条件，由功能出发去决定内部结构。

3）进行功能分解。系统是由相互联系的分层次的诸要素组成的，这是系统的可分解性和相关性。通过功能分析把总功能分解为相互联系的分功能（功能元），使问题变得易于求解。分功能的相互联系可用功能树或功能结构图表达。

4）分功能求解。

5）将分功能解综合为整体解——原理方案。用形态学矩阵表达分功能求解的结果，将相容的分功能解综合为整体方案。综合时从最重要的分功能的较优解出发，追求整体最优。整体原则是系统方法的核心，这一原则认为，任何系统都是由部分组成的，但整体不等于部分的机械相加，这是由于各部分之间的相互作用、关系和层次产生了系统的整体特性。

最后组成几个整体方案，通过评价比较，筛选出或综合为 1~2 个原理方案，作为继续进行技术设计的基础。

可见系统分析设计可以成为产品设计特别是原理方案设计的有力工具，对开阔设计思想、提高设计水平起有益的作用。

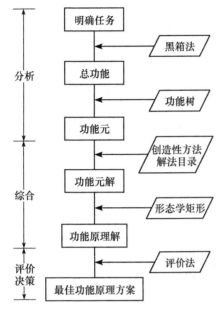

图 7-3　功能分析法的步骤及方法

7.2.2　功能分析法

技术系统的用途或所具有的特定工作能力成为其功能，也可以说功能是技术系统所具有的转化作业对象的特性。技术系统所具有的功能，是完成技术过程的根本特性。设计产品不是着眼于产品的本身，而是通过某种物理形态体现出用户所需求的功能。

功能分析法是系统化设计中探寻功能原理方案的主要方法。这种方法将复杂系统的总功能通过功能分析化为简单的功能元求解，再进行组合，得到系统的多种解法，优越性十分明显。

图 7-3 列示了功能分析法的设计步骤及各阶段应用的主要方法。

现将功能分析法的设计步骤及其有关问题说明如下。

1. 总功能分析

原理方案设计阶段，第一步是原理方案拟订。

在系统分析设计中，原理方案拟订一般是从功能分析入手，利用创造性构思拟出多种方案，通过分析—综合—评价—决策，求得最佳方案。

原理方案拟定的功能分析，首先是总功能分析。分析系统的总功能常采用"黑箱法"。

黑箱法是根据系统的输入和输出关系来研究实现系统功能的一种方法。它将待求的系统看作未知数内容的"黑箱"，分析比较系统的输入和输出的能量、物料和信息，其性质或状态上的差别和关系就反映了系统的总功能。因此，可以从输入和输出的差别和关系的比较中找出实现功能的原理方案，从而把黑箱打开，确定系统的结构。

图 7-4 所示为一般黑箱示意图。方框内部为待设计的技术系统，方框即为系统的边界，通过系统的输入和输出，使系统和环境连接起来。

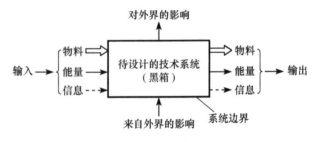

图 7-4　黑箱示意图

图 7-5 所示为自走式谷物联合收获机的黑箱示意图。图中左边为输入量，右边为输出量，都有能量、物料和信息三种形式。图下方表示了外部环境（土壤、湿度、温度、风力等）对收获机工作性能的各种影响因素。图上方表示收获机工作时对外部环境的影响（噪声、废气、振动等）。

当完成总功能的技术系统确定后，黑箱就变为白箱了。

2. 功能分解

一般工程系统都比较复杂，难以直接求得满足总功能的系统解。因此，一般可按系统分解的原则进行功能分解，通过较简单的功能元去求解。

总功能可分解为分功能→二级分功能→功能元，并用树状的功能关系图（功能树）表达。功能元是能直接求解的功能单元，功能树中前级功能是后级功能的目的功能，而后级功能是前

级功能的手段功能。例如，对材料拉伸试验机的功能分解而形成的功能树为

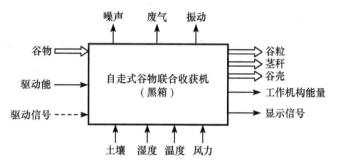

图 7-5　自走式谷物联合收获机黑箱

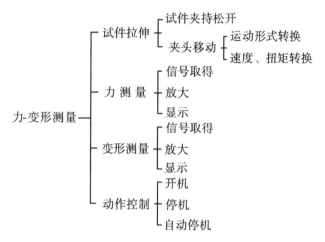

各分功能（功能元）的关系也可以用类似电气系统线路方式来进行表达。这种表达分功能关系的图为功能结构图。功能结构图可由下面三种基本结构形式组成（见图 7-6）。

串联结构：各分功能按顺序相继作用。

并联结构：各分功能并列作用。

回路结构：分功能为环状循环回路，体现反馈作用。

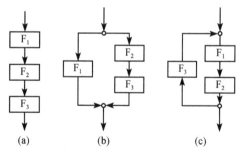

图 7-6　功能基本结构形式

3. 功能元求解

常用的功能可分为三类：物理功能元、逻辑功能元和数学功能元。

物理功能元主要是反映系统或设备中能量、物料、信息变化的基本物理作用。常用的基本物理功能元有功能转换类、功能缩放类、功能联结类、功能传导类及离合类、功能存放类等。

物理功能元是通过物理效应实现其功能而获得解答的。机械、仪器中常用的物理效应有力学、液气、电力、磁力、光学、热力、核效应等。同一物理效应可以完成不同的功能，同一功能可以用不同的物理效应实现。

数学功能元有加减、乘除、乘方开方、积分微分等四类。

逻辑功能元有"与""或""非"三种基本关系，主要用于逻辑运算和控制。

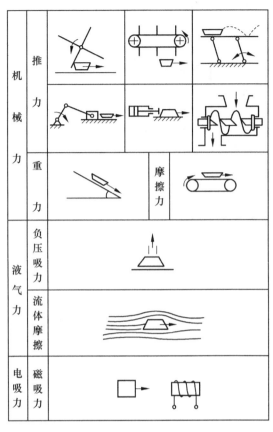

图 7-7　物料运送解法

功能元求解，可参考有关资料或利用各种创造性方法开阔思路去探寻解法，也可利用解法目录来求解。所谓解法目录是把能实现某种功能的各种原理和结构综合在一起的一种表格或分类资料。图 7-7 所示为物理功能元中的物料运送解法目录。建立各种类型功能元的解法目录不仅便于设计人员参考，而且有利于存入计算机进行计算机辅助设计。

4. 求系统原理解

将各功能元解进行合理组合，就可得到多个系统原理解。

进行功能元解的组合常用的方法是形态综合法。它是将系统的功能元列为纵坐标，各功能元的相应解列为横坐标，构成形态学矩阵，如表 7-1 所示。从每项功能元中取出一种解进行有机组合，即得到一个系统解。最多可以组合出 N 种方案：

$$N = n_1 \times n_2 \times \cdots \times n_i \times \cdots \times n_m$$

$$(7\text{-}1)$$

式中，m 为功能元数；n_i 为 i 种功能元解的个数。

表 7-1　系统解的形态学矩阵

功能元 ＼ 功能元解	1	2	…	n_i
F_1	L_{11}	L_{12}	…	L_{1n_1}
F_2	L_{21}	L_{22}	…	L_{2n_2}
⋮	⋮	⋮	⋮	⋮
F_i	L_{i1}	L_{i2}	…	L_{in_i}
⋮	⋮	⋮	⋮	⋮
F_m	L_{m1}	L_{m2}	…	L_{mn_m}

例 7-1　运用形态综合法来求解挖掘机设计的原理方案。

解：1）功能分析：挖掘机的总功能是取运物料，其功能分解如下：

$$取运物料 \begin{cases} 取物料 \begin{cases} 传\ 动 \\ 取物料 \end{cases} \\ 运物料 \begin{cases} 传\ 动 \\ 位移 \end{cases} \end{cases}$$

2）列出各功能元及其局部解的形态学矩阵，如表 7-2 所示。

表 7-2　挖掘机的形态学矩阵

功能元 ＼ 局部解	1	2	3	4	5	6
动力源 A	电动机	汽油机	柴油机	蒸气透平	液动机	气动马达
移位传动 B	齿轮传动	涡轮传动	带传动	链传动	液力耦合器	
移位 C	轨道及传动	轮胎	履带	气垫		
取物传动 D	拉杆	绳传动	气缸传动	液压缸传动		
取物 E	挖斗	抓斗	钳式头			

3）系统解的可能方案数为

$$N = 6 \times 5 \times 4 \times 4 \times 3 = 1440$$

如 $A_1 + B_4 + C_3 + D_2 + E_1 \Rightarrow$ 履带式挖掘机，$A_5 + B_5 + C_2 + D_4 + E_2 \Rightarrow$ 液压轮胎式挖掘机。

5. 求最佳系统原理方案

在众多方案中要寻求最佳系统原理方案，一般需经方案比较由粗到细，由定性到定量进行优选。首先进行粗筛选，把与设计要求不符的或功能元解不相容的方案去除。例如，例 7-1 中挖掘机设计的功能元解的组合，若动力源选电动机，则与液力耦合器、气垫、液压缸传动等功能元解不相容，不能组合可实现的原理方案。定性选取是在比较出几个满意的方案后，再采用科学的评价方法进行定量评价，从中选出符合设计要求的最佳原理方案。

7.2.3　系统分析设计法设计应用举例

下面通过例 7-2 来说明应用功能分析进行原理方案设计的过程和思路。

例 7-2　瓶盖整列装置的原理方案设计。设计要求：把放置不规则的一堆瓶盖整列成口朝上的状态并逐个输出。瓶盖的形状和尺寸见图 7-8，瓶盖重量为 10g，整列速度为 100 个/min，能量为 220V 交流电和高压气（压力 6×10^5Pa），其余功能要求见表 7-3。

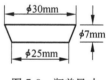

图 7-8　瓶盖尺寸

解：（1）明确任务要求

（2）功能分析

总功能：瓶盖整列，其黑箱模型如图 7-9 所示。

表 7-3　瓶盖整列装置的功能要求

功能	1）不规则放置瓶盖整列为口朝上逐个输出	基本要求
	2）整列速度为 100 个/min	必达要求
	3）整列误差小于 1/1000	必达要求
加工	4）小批生产、中小型厂加工	基本要求
成本	5）成本不高于 2000 元/台	附加要求
	6）结构简单	附加要求
使用	7）使用方便	附加要求

图 7-9　瓶盖整列功能的黑箱模型

功能分解：建立出总功能与分功能之间的功能结构关系如下：

（3）功能元求解

采用形态学矩阵求解。建立的相应形态学矩阵如表 7-4 所示。

表 7-4　瓶盖整列装置的形态学矩阵

目标特征 目标标记			局部解							
			1	2	3	4	5	6	7	8
功能元	A	输入	重力		机械力					液、气力
	B	测向	机械测量		气压	磁通密度	光测	气流		
	C	分拣	气流	负压	重力	机械式				
	D	翻转	重力	气流	导向					
	E	输出	重力		机械力				液气力	

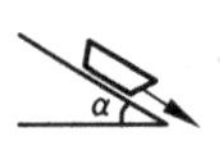

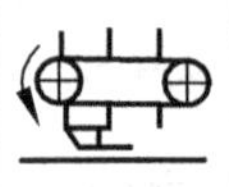

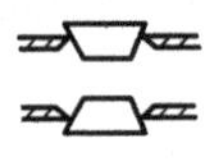

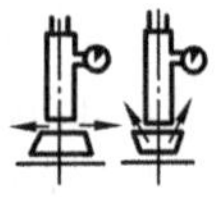

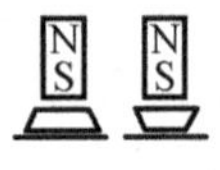

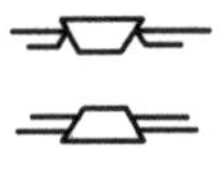

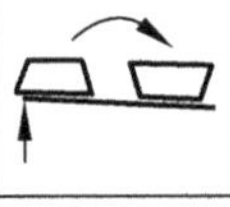

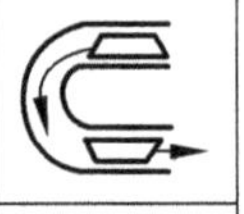

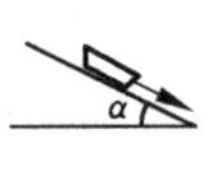

（4）系统解

由表 7-4，将各功能元的局部解予以组合，可得 $N = 8 \times 6 \times 6 \times 3 \times 7 = 6048$ 个系统解。现列出其中 4 种系统解如图 7-10 所示。

（5）评价与决策

现采用简单评价法。用"＋＋"表示"很好"，"＋"表示"好"，"—"表示"不好"，其评价结构列于表 7-5。

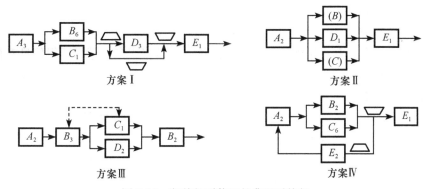

图 7-10 瓶盖整列装置的典型系统解

表 7-5 瓶盖整列装置评价表

方案 评价准则	Ⅰ	Ⅱ	Ⅲ	Ⅳ
整列速度高	+	+	++	−
整列误差小	−	+	−	+
成本低	−	++	−	+
便于加工	−	+	+	−
结构简单	−	++	+	−
操作方便	−	++	−	+
总计	4 "−"	9 "+"	1 "+"	0

总计结果表明，方案Ⅱ为较理想的方案。至此用功能分析法的概念完成了本例瓶盖整列装置的原理方案设计阶段工作。

技术设计阶段主要是确定功能零部件的结构、材料和尺寸，使原理方案具体化。

7.3 创造性设计法

创造是推动人类社会发展的动力。创造力即创造的能力，是创造者运用已有信息或知识，产生新观念，建立新理论，发现新方法，做出新产品的最高层次的能力。创造性设计（creative design，CD）是多种思维形式综合协调、高效运转的过程，是创造性思维辩证发展的过程，是创造性方法逐渐形成和不断完善的过程，其设计结果应具有强烈的独创性、新颖性和开拓性。而创造性思维和创造技法是创造的核心。

在国内外市场竞争日趋激烈的今天，技术创新是企业旺盛生命力的根本保证。在开发新产品和改造老产品的过程中，要求设计人员发挥创造性，提出新方案，探求新方法，开拓新局面，因此大力倡导、推广创造性设计法，尤为重要。

7.3.1 创造力和创造过程

1. 创造力

设计是一种创新的活动，这种创新活动的效果很大程度上取决于设计人员的创造力。因此，开发工程技术人员的创造力，对于提高产品设计的水平和质量，具有决定性意义。

工程技术人员的创造力是多种能力、个性和心理特征的综合表现，包括观察能力、记忆能力、想象能力、思维能力、表达能力、自我控制能力、文化素质、理想信念、意志性格、兴趣爱好等因素。其中想象力和思维能力是创造力的核心，是将观察、记忆所得信息有控制地进行加工变换，创造表达出新成果的整个创造性活动的中心。这些能力和素质，经过学习和锻炼，都是可以改善和提高的。

认识到创造力的构成，工程技术人员应该自觉地开发自己的创造力。首先要破除神秘感，认识到创造发明不只是某些天才或专家的事，每个正常人都有一定的创造力，积极进行创造实践，必能不断提高自己的创造力。其次，要树立创新意识，保持创新热情。有了正确的思想基础，加强创新思维的锻炼，掌握必要的创新技法，必然能产生创新成果。

2. 创新过程

创新作为一种活动过程，一般要经过如下几个阶段。

1）准备阶段是指提出问题，明确创新目标，搜集资料，进行定向科学分析的过程。

2）创造阶段是指构思、顿悟和发现等的过程。

3）整理结果阶段是指验证、评价和公布等的过程。

上述三个阶段是创造过程的一般过程。另外，美国"新产品和过程发展组织与管理协会"顾问 Freedman 则提出可把发明创造过程归纳为如下七个步骤。

1）意念（发明创造始于意念）。

2）概念报告（内容包括意念之间的联系及制约关系和把意念转变成实际方案的途径）。

3）可行模型（对概念是否可以实现的进行验证的一个步骤）。

4）工程模型（展示概念能否实现其功能的一个重要步骤）。

5）可见模型（从工程模型演变成可见模型的阶段）。

6）样品原型（样品原型不是由发明创造者在实验室制造的，而是由车间制造的）。

7）小批生产（在生产线上把创造发明实现）。

上面这个步骤总结了一个发明过程的程序。应当指出，在计算机模拟技术发展的今天，上述过程中的模型制作工作可以用计算机模拟方式来取代，这将大大缩短整个创造发明的周期。

7.3.2　创新思维及其特点和类型

创新思维是创造力的核心。深刻认识和理解创新思维的实质、类型和特点，不仅有助于掌握已经开发出来的现有的创造技法，而且能够推动和促进人们对创新方法的开拓。

1. 思维及思维过程

思维和感觉都是人脑对客观事物的反映，也是人类智力活动的主要表现方式。感觉是人脑对客观事物的直接反映，是通过感觉器官对事物的个别属性、事物的整体和外部联系的反映。思维是对客观事物经过概括以后的间接反映，它所反映的客观事物共同本质的特征和内在联系。这种反映是通过对感觉所提供的材料进行分析、综合、比较、抽象和概括等过程完成的。这些过程就是思维过程。思维有再现性、逻辑性和创造性。

2. 创新思维

创新思维是指有创见的思维，即通过思维，不仅能揭示事物的本质，且能在此基础上提出新的、具有社会价值的产物。它是智力高度发展的产物。

创新思维不是单一的思维形式，而是以各种智力与非智力因素（如情感、意志、创造动机、理想、信念、个性等）为基础，在创新活动中表现出来的具有独创性的、产生新成果的高级、复杂的思维活动。创新思维是整个创新活动中体现出来的思维方式，它是整个创新活动的实质和核心。但是，它绝不是神秘莫测和高不可攀的，其物质基础在于人的大脑。现代科学证明，人脑的左半球擅长抽象思维、分析、数学、语言、意识活动，右半脑擅长幻想、想象、色觉、音乐、韵律等形象思维和辨认、情绪活动。但人脑的左、右两半球并非截然分开，两半球间有两亿条左右的神经纤维相连，形成一个网状结构的神经纤维组织，通过此组织，大脑的额前中枢得以与大脑左、右半球及其他部分紧密相连，接收与处理人脑各区域已经加工的信息，使创新思维成为可能。

创新思维的实质，表现为"选择""突破""重新建构"这三者的关系与统一。所谓选择，就是寻求资料、调研、充分地思索，让各方面的问题都充分想到、表露，从中去粗取精，去伪存真。法国科学家彭加勒认为："所谓发明，实际上就是鉴别，简单来说，也就是选择。"所以，选择是创造性思维得以展开的第一个要素，也是创新思维各个环节上的制约因素。选题、选材、选方案等，均属于此。创新思维进程中，绝不去盲目选择，而应有意识地选择。目标在于突破，在于创新；而问题的突破往往表现为从"逻辑的中断"到"思想上的飞跃"。孕育出新观点、新理论、新方案，使思想豁然开朗。选择、突破是重新建构的基础。因为创造性的新成果、新理论、新思想并不包括在现有的知识体系中，所以创新思维最关键的是善于进行"重新建构"，有效而及时地抓住新的本质，筑起新的思维支架。

工程及产品设计离不开创新思维活动。无论从狭义的还是广义的设计角度讲，设计的内涵是创造，设计思维的内涵是创新思维。

3. 创新思维的特点

创新思维具有五个特点。

1）独创性。从因素分析学说的角度研究，思维独立性中又有几种"因子"：一种是"怀疑因子"，即敢于对人们司空见惯或认为完满无缺的事物提出怀疑；另一种是"抗压因子"，即力破陈规陋习，锐意进取拓新，勇于向旧的传统和习惯挑战；第三种是"自变因子"即主动否定自己，打破"自我束缚"。从新的角度分析问题，寻找更合理的解法。独创性能使设计方案标新立异，独辟蹊径。例如，20 世纪 50 年代在研制晶体管原料时，人们发现锗是一种比较理想的材料，但需要提炼得很纯才能满足要求，各国科学家在锗的提纯工艺方面进行了很多探索，都未获成功；而日本的江崎和黑田百合子对锗多次提纯失败之后，敢于采用了与别人完全不同方法，他们有计划地在锗中加入少量杂质，并观察其变化，最后发现当锗的纯度降为原来的一半时，形成一种性能优异的电晶体。此项成果轰动世界，获得诺贝尔奖。

2）推理性。它通常表现为三种形式：一是"纵向推理"，即发现一种现象后，立即纵深一步，探究其产生的原因；二是"逆向推理"，即看到一种现象后，立即想到它的反面；三是"横向推理"，即发现一种现象后，便联想到特点与之相似、相关的事物。例如，摩擦焊接的发明者看到这样一个事实：车床突然停电，促使车刀黏焊在工件上，使工件报废。分析原因是车刀与工件摩擦产生高温所至。由此引发了摩擦焊的发明。

3）多向性。据分析，创造性活动中成功的概率与设想出供选择方案的多少往往是成正比的。这种思维的产生并获得成功，主要是依赖：①发散机智——在一个问题面前，尽量提出多种设想、多种答案，以扩大选择余地；②换元机智——灵活地变换影响事物的质和量诸多因素中的某一个，从而产生新的思路；③转向机智——思维在某一方面受阻时，便马上转向另一个方面；④创优机智——即力求问题的最优解。

4）跨越性。从思维进程来说，它表现为常常省略思维步骤，加大思维的"前进跨度"，从思维条件的角度讲，它表现为能跨越事物"可现度"的限制。它往往表现为思想逻辑的中断，出现一种突如其来的领悟或理解，突然闪现出一种新设想、新观念，使对问题的思考突破原有的框架，从而解决了问题。门捷列夫就是在快要上车去外地出差时，突然闪现了未来元素体系的思想；凯库勒是在睡觉时梦见苯分子的碳链像一条蛇首尾相接，蹁跹起舞，突然悟出了其分子结构。

5）综合性。要成功地进行综合思维，必须具备三种能力：一是"智慧杂交能力"，即善于选取前人智慧宝库中的精华，通过巧妙结合，形成新的成果；二是"思维统摄能力"，即把大量概念、事实和观察材料综合在一起，加以概括整理，形成科学概念和系统；三是"辩证分析能力"，它是一种综合思维能力，即对占有的材料进行深入分析，把握它们的个性特点，然后从这些特点中概括出事物的规律。例如，美国阿波罗登月飞船是人类历史上最伟大的发明创造之一，它使人类第一次实现登上月球。登月飞船是由 700 万个零件组成，2 万家工厂承担生产制造任务，有 42 万名科学家和工程技术人员参与研制工作，历时 11 年之久，耗资 244 亿美元。这样一个复杂系统是人类智慧综合的产物。正如美国阿波罗登月计划总指挥韦伯指出"阿波罗飞船计划中没有一项新技术，都是现成的技术，关键在于综合。虽然飞船上每个零件都是原有的，但把它综合而成登月船却是世界上从来没有的"。可见，把已有的东西加以新的综合，无疑是一种杰出的创新。

4. 创新思维的形式

（1）抽象思维与形象思维

抽象思维亦称逻辑思维。它是以抽象的概念和推论为形式的思维方式，是认识过程中用反映事物共同属性和本质属性的概念作为基本思维形式，在概念的基础上进行判断、推理，反映现实的一种思维方式，使认识由感性个别到理性一般再到理性个别。

形象思维属于非逻辑思维，是运用过去感知过的事物的印象进行分析、综合、抽象、概括的过程，它以直观形象作为再思维的目标及基础。形象思维在每个人的思维活动和人类所有实践活动中，均广泛存在，具有其普遍性。许多设计，许多科学的发明创造，往往是从对形象的观察、思维中受到启发而产生的，有时还会取得抽象思维难以取得的成果。

在创新活动中，形象思维和抽象思维相互联系，相互渗透。例如，法拉第观察到把铁屑撒在磁铁周围时，铁屑呈有规则的曲线，从一个磁极到另一个磁极。经过分析、综合、抽象、概括之后，他把这种曲线称为"力线"，并确信它不只是几何的，同时具有物理性质，导线切割磁力线时其感应电流大小取决于被切割的磁力线数的现象就是证明。又通过运用概念、判断、推理过程，他以高度的想象力论证了电荷和磁极周围的空间存满了向各个方向散发出去的"力线"，从而进一步提出了"场"的概念。法拉第的"力线"和"场"的概念是他对电磁理论的最重要贡献。这一贡献是抽象思维与形象思维对立统一的产物。

（2）直觉思维与灵感思维

直觉是人类一种独特的"智慧视力"，是能动地了解事物对象的思维闪念。直觉思维能以少量的本质性现象为媒介，直接把握事物的本质与规律；也是一种不加论证的判断力，是思想的自由创造。

灵感是人们借助于直觉启示而对问题得到突如其来的领悟或理解的一种思维形式。它是一个突然再现、瞬息即逝的短暂思维过程，是一种把隐藏在潜意识中的事物信息，在需要解决某一问题时，其信息就以适当的形式突然表现出来的创造能力。它是创新思维的最重要的形式之一。

直觉与灵感思维的基础仍是人们已经获得的知识和经验，并且常在思想高度集中、苦苦思索时产生，它的结果常常非常新颖，并且具有突发性。爱因斯坦说："我相信直觉和灵感"。他关于狭义相对论的著名论文，便是在抓住意识到同时性的相对性这一"灵感的闪光"后很快完成的。

（3）发散思维与收敛思维

发散思维又称辐射思维或求异思维。它是指思维者不受现有知识和传统观念的局限与束缚，沿着不同方向多角度、多层次地去思考、探索问题各种可能答案的一种思维方式。发散思维是创新思维的一种主要形式。它在技术创新和产品开发中具有特别重要的意义。在技术原理的开发方面，运用发散思维可以多侧面、多角度、多领域、多场合地对同一技术原理的应用途径进行设想。著名创造学家吉尔福特说："正是在发散思维中，我们看到了创新思维的最明显的标志。"

收敛思维亦称集中思维、求同思维或定向思维。它是以某一思考对象为中心，从不同角度、不同方面将思路指向该对象，以寻找解决问题的最佳答案的思维方式。在设想的实现阶段，这种思维形式常占主导地位。

在创新思维过程中，发散思维与收敛思维是相反相成的。只有把两者很好结合使用，才能获得创新成果。

7.3.3 常用的创新技法

创新活动的正常开展和完成，不仅要依赖创新思维，同时要掌握并正确地应用创新方法和技巧。

创新技法是以创新学理论，尤其是创新思维规律为基础，通过对广泛的创新活动的实践经验进行概括、总结、提炼而得出来的创新发明的一些原理、技巧和方法。创新技法在各国称谓略有不同。美国称为"创新工程"，苏联称为"创新技术"，日本叫"创新工学"，德国则称"主意发现法"。

从第二次世界大战后，各国关于创新活动规律的研究不断深入，现已总结出上百种创新技法。下面简要介绍几种常用的创新技法。

1. 智暴法

智暴法是一种集体创新思考法。它是针对一个设计问题，召集 5～10 人到一起讨论，要求与会者敞开思想、畅所欲言，充分发表意见，提出创造性见解，提出解决设计问题的方案。

智暴法的中心思想是激发每个人的直觉、灵感、想象力，让大家在和睦、融洽的气氛中自由思考，不论什么想法都可以原原本本讲出来，最后集中多人的智慧在这众多的见解中综合出较好的设计方案。这种方法适合求解产品设计原理方案。

2. 提问法

提问法可围绕老产品有针对性地系统地提出各种问题，通过提问发现原产品设计、制造、营销等环节中的不足之处，找出需要和应该改进的点，从而开发出新产品。有 5W2H 法、奥斯本设问法等。

（1）5W2H 法

针对需要解决的问题，提出以下七方面的疑问，从中启发创新构思。这七个方面的疑问，用英文字表示时，其首为 W 或 H，故归纳为 5W2H：

　　1）Why：为什么要设计该产品？采用何种总体布局？……

　　2）What：该产品有何功能？有哪些方法可用于这种设计？是否需要创新？……

　　3）Who：该产品用户是谁？谁来设计？……

　　4）When：什么时候完成该设计？各设计阶段时间怎样划分？……

　　5）Where：该产品用于何处？在何地生产？……

　　6）How to do：怎样设计？结构、材料、形态如何？……

　　7）How much：生产多少？……

（2）奥斯本设问法

为了扩展思路，奥斯本建议从不同角度进行发问。他把这些角度归纳成几个方面，并列成一张目录表，此表可针对不同目的设置问题。如针对研制新产品，可从以下角度设置问题：

　　1）转化：该产品能否稍做改动或不改动而有其他用途？

　　2）引申：能否从该产品中引出其他产品，或用其他产品模仿该产品？

　　3）变动：能否对该产品进行某些改变，如运动、结构、造型、工艺等？

　　4）放大：该产品放大（加厚、变长……）后如何？

　　5）缩小：该产品缩小（变薄、缩短……）后如何？

　　6）颠倒：能否反正（上下、前后……）颠倒使用？

　　7）替代：能否用其他产品替代该产品？或部分替代，如材料、动力、工艺……

　　8）重组：零件能否互换？

　　9）组合：现有的几个产品能否组合为一个产品？如何组合（整体、零部件、功能、材料、原理……）？

通过这九个方面的层层发问，都可得到许多新的设计方案，从中优选就可开发出新产品。

3. 类比法

类比法是利用相似原理进行仿形移植、模拟比较、类比联想的一种创新技法。采用类比法能够扩展人脑固有的思维，使之建立更多的创造性设想。例如，从人们的动作、功能中可以得到启发，机械手就是仿人的手臂弯曲和手的功能；挖掘机就是仿人使用铁锹的动作而设计的；"协和"飞机的外形设计，就是对鹰外形的仿生。

类比法目前主要采用以下四种方式：

　　1）直接类比。即寻找与所研究的问题有类似之处的其他事物，进行类比，从中获得启发，找到问题答案或产生新思路。直接类比的典型方式是功能模拟和仿生。

　　2）象征类比。即用能抽象反映问题的词（或简练词组）来类比问题，表达所探讨问题的关键，通过类比启发创造性设想的产生。如要设计一种开罐头的新工具，就可以选一个"开"字，先抛开罐头问题，从"开"这个词的概念出发，看看"开"有几种方法，如打开、撬开、剥开、撕开、拧开、揭开、破开等，然后再回头来寻求这些开法对设计开罐头有什么启发。

　　3）拟人类比。即创新者把自身与问题的要素等同起来，设身处地地想象：如果我是某个技术对象，我会有什么感觉？我采取什么行动？用这种方法可以激发创造热情，促发新设想。

　　4）幻想类比。即运用在现实中难以存在或根本不存在的幻想中的事物、现象进行类比，以探求新观念、新解法。

4. 组合创新法

组合创新法是按照一定的技术需要，将两个或两个以上的技术因素通过巧妙的组合，去获得具有统一整体功能的新技术产物的过程。这里的"技术因素"是广义的，它既包括相对独立的技术原理、技术手段、工艺方法，也包括材料、形态、动力形式、控制方式等表征技术性能的条件因素。

组合方法的类型很多，常用的有以下几类：

1）性能组合。即根据对原有产品或技术手段的不同性能在实际使用中的优缺点分析，将若干产品的优良性能结合起来，使之形成一种全新的产品（或技术手段）。

2）原理组合。即将两种或两种以上的技术原理有机结合起来，组成一种新的复合技术或技术系统。例如，怀特（F. White）把喷气推进原理同燃气轮机技术相结合，发明了喷气式发动机。

3）功能组合。即将具有不同功能的技术手段或产品组合到一起，使之形成一个技术性能更优或具有多功能的技术实体的方法。例如，将收音机和录音机组合在一起，制成收录机，兼具二者功能，但更方便、实用。

4）结构重组。即改变原有技术系统中的各结构要素相互连接方式获得新的性能或功能的组合方法。例如，螺旋桨飞机一般的结构是机首装螺旋桨，机尾装稳定翼。但美国卡里格卡图则根据空气浮力和气推动原理，将飞机螺旋桨放于机尾，而把稳定翼放在机头，重组后的新型飞机具有尖端悬浮系统和更合理的流线型机体等特点。

5）模块组合。亦称组合设计或模块化设计，即把产品看成若干模块（标准、通用零部件）的有机组合，只要按照一定的机器工作原理选择不同的模块或不同的方式加以组合，就可获得多种有价值的设计方案。这种方法适用于产品的系列开发。

习　　题

7-1　设计方法学研究的内容包括哪几方面？

7-2　什么是技术系统？举例说明技术系统应具有的分功能单元。

7-3　试述技术过程及其影响因素。

7-4　什么是功能分析法？试述其用途。

7-5　试述"黑箱法"及其用途。

7-6　试述运用系统化设计法进行原理方案设计的主要步骤。

7-7　试述创造力的构成及其影响因素、创造过程的基本阶段。

7-8　何为创造性思维？试述创造性思维的基本特点及形式。

7-9　试述常用的创造技法及其所适用的方面。

7-10　试按本章的设计实例另作一例及其解答。

第8章 动态设计

8.1 概　　述

随着现代机械产品日益向大型化、高速化、精密化和高效化方向发展，机械系统的振动问题日益突出，良好的机械系统动态性能已经成为产品开发设计中重要的优化目标之一。因此，用先进的动态设计方法取代传统的静态设计方法是机械结构设计的必然趋势。

动态设计（dynamic design，DD）是 20 世纪 70 年代以来发展起来的新的设计理念，它是考虑机械的动态载荷和系统的动态特性，以动力学分析为基础来设计机械。这种设计方法可以使机械的动态性能在设计时就得到比较准确的预测和优化。

机械动态设计就是以机械工程设计为主线，将工程实践贯穿始终，通过参数化的草图设计、三维动态设计仿真、建立动力学模型，并对构件进行有限元分析、结构设计与运动仿真，直到构件满足要求的过程。

机械系统动态设计的大体过程是：首先，对满足工作性能要求的产品初步设计图样，或对需要改进的产品结构实物进行动力学建模，并进行动态特性分析；然后，根据工程实际情况，给出其动态特性的要求或预定的动态设计目标；接着，按动力学方法直接求解满足设计目标的机械结构系统设计参数，或进行结构修改设计与修改结构的动态特性预测。这种修改与修改预测反复多次，直到满足机械结构系统动态特性的设计要求，即最后设计出满意的机械产品。

机械系统的动态特性是指机械系统本身的固有频率、阻尼特性和对应于各阶固有频率的振型以及机械在动载荷作用下的响应。前者是机械系统在工作条件下振动情况分析的基本要素，后者为机械系统动强度分析提供必要的条件。

机械系统动态设计的主要内容包括两个方面：一是建立一个切合实际的机械系统动态力学模型，从而为进行机械系统动态力学特性分析提供条件；二是选择有效的机械系统动态优化设计方法，以获得一个具有良好的机械系统动态性能的产品结构设计方案。

动态分析的主要理论基础是模态分析和模态综合理论，采用的主要的方法有：有限元分析法、模型试验法及传递函数分析法。

有限元分析法就是采用有限元法的原理和有限元软件建立出机械系统的动态分析模型，通过单元分析和单元组集，建立单元节点力与节点位移（速度、加速度）的关系（质量、阻尼和刚度矩阵），最后把所有单元的这种关系集合起来，就可以得到以节点位移为基本未知量的动力学方程，求解方程就可以获得机械系统的动力学参数，进而分析系统的性能。这一方法现已卓有成效地应用于航空、航天、船舶、汽车、机床等许多工程结构的动态分析。

模型试验法主要应用激振响应法测定系统动力特性，包括各阶固有频率、各阶模态振型、有关点的动柔度等，再利用这些数据进行分析，找出系统的薄弱环节，然后提出改进措施加以实现。目前，动态测试技术已能对各种测试信号进行多种变换和分析，如快速傅里叶变换、频谱分析、相关分析和功率谱分析等，并已发展了相应的分析仪器和软件系统。利用测试信号的有关分析和处理，便能揭示系统的动态特性。

传递函数分析法就是通过对振动系统微分方程进行拉普拉斯变换，根据微分定理，当初始条件为零时可得到拉普拉斯变换后的代数方程，进而获得微分方程在初始条件为零时输入量的拉普拉斯变换与输出量的拉普拉斯变换之比，这便是系统的传递函数。然后，根据系统的传递函数，通过一定的代数运算和拉普拉斯反变换，求得系统在时域的微分方程并直接求解，便可得到系统的稳态响应和瞬态响应，从而知道系统的性能。

值得指出的是，应用传递函数进行系统的动态特性分析虽然方便，但首先需要相应的传递函数，而在许多情况下，求不出所需的传递函数。为了解决这一问题，就需要采用模态分析法。所谓模态分析法是用试验和其他数据处理（如有限元方法）手段找出系统特有的模态参量或传递函数，并用以对系统的动态特性进行分析、预测、评价和优化的方法，模态参量是表达系统特性的一系列参量，这些参量的关系形成系统的传递函数。

模态分析法具体包括两个方面：系统固有特性分析和动态响应分析。系统固有特性包括系统的各阶固有频率、模态振型和模态阻尼比等参数。进行固有特性分析是为了避免系统在工作时发生共振或出现有害的振型，并且为系统进一步的响应分析作准备。动态响应分析是计算系统在外部激振力作用下的各种响应，包括位移响应、速度响应和加速度响应，并将它控制在一定的范围内。系统对外部激振响应会导致系统内部产生动态应力和动态位移，从而影响产品的使用寿命和工作性能，或产生较大的噪声。

机械系统的建模方法分为两大类：理论建模法和实验建模法。理论建模法按机械系统不同而采用不同的技巧，因而有多种方法，一般主要采用有限元方法和传递矩阵法；实验建模法是指对机械系统（实物或模型）进行激振（输入），通过测量与计算获得表达机械系统动态特性的参数（输出），再利用这些动态特性参数，经过分析与处理建立系统的数学模型。一般来说，实验建立的模型更能准确地反映系统的动态特性，可弥补理论建模的不足。由于理论建模与实验建模各有长处，目前机械系统动态设计中广泛采用的是理论与实验相结合的建模方法。

应该指出是，动态设计是一项正在发展中的新技术，它涉及现代动态分析、计算机技术、产品结构动力学理论、设计方法学、稳定性分析、可靠性分析等众多学科范围，目前还没有形成完整的动态设计理论体系。为了提高我国机械产品在国际市场上的竞争能力，保证产品的高性能、高质量和低成本，则要求在设计阶段能预估机械结构的静、动特性。因此，机械动态设计方法已成为一种不可或缺的设计手段。

8.2 动态设计的有关概念和基本原理

1.动刚度

机械系统（机器或机械结构）是一个弹性系统，在一定条件下受到交变激振力的作用而产生振动，从而影响机械系统的工作精度和使用寿命。组成机械系统的零部件抗振性能如何，直接影响整个机械系统的振动稳定性。提高机械结构动态性能及抗振性能的关键是提高其动刚度，机械结构动态设计的核心就是如何设计出动刚度较高的结构。

动刚度 K_D 是衡量机械系统及结构抗振能力的常用指标，在数值上等于单位振幅所需的动态力，即

$$K_D = \frac{F}{A}(\text{N/mm}) \tag{8-1}$$

为研究问题方便，现采用单自由度系统动刚度表达式，来定性地分析影响动刚度的各种因

素。单自由度振动系统受简谐激振力作用时，其动刚度可用式（8-2）表示：

$$K_D = \frac{F}{A} = K\sqrt{\left(1 - \frac{\omega^2}{\omega_n^2}\right)^2 + \left(2\zeta\frac{\omega}{\omega_n}\right)^2} \tag{8-2}$$

式中，F 为激振力幅值，N；A 为振幅，N；K 为系统的静刚度，N/mm；ω 为激振力的角频率，rad/s；ω_n 为系统的固有角频率，rad/s；ζ 为系统的阻尼比。

其中　　　　　　　　　$\omega_n = 2\pi f_n$, 　　　　$f_n = \frac{\omega_n}{2\pi} = \frac{1}{2\pi}\sqrt{\frac{K}{m}}$

式中，f_n 为系统的固有频率，Hz。

从式（8-2）中不难发现，要提高机械系统结构的动刚度，可采用措施如下。

1）提高机械系统结构的静刚度。

2）提高固有频率。为了提高系统的动刚度，必须避免机械结构产生共振现象。由于每种机械系统在一定的激振力频率范围内工作，一般不易改变，因此所设计结构的固有频率必须高于外激振频率；否则，在机器启动或停车时，激振力必然在低频区产生共振而破坏机械系统的振动稳定性。因此，必须提高机械结构的固有频率，使结构在远离固有频率的低频率工作，以避免产生共振，从而提高系统的动刚度。

3）增加结构阻尼。

2. 转轴的临界转速

机械系统或机械传动部分的轴系是一个具有无穷多个自由度的弹性系统，因而具有无穷多个固有频率。当轴系的旋转角速度与系统的某一固有频率重合时将会发生共振，有可能使传动部件和支撑它的固定部件承受过大的载荷，甚至引起过大的变形，使密封、轴承等失效。通常，把发生共振时的转速称为临界转速。

转轴在某一速度下运行而产生共振时，则会产生大幅的横向振动。转轴的临界转速就是轴在横向做自由振动时的固有频率。下面以单质量的圆盘轴为例，说明转轴临界转速的概念。

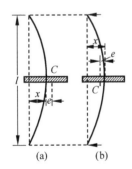

图 8-1　转轴高速旋转时
产生的偏心距 e 及
轴的挠变形

图 8-1 所示为具有一个圆盘的轴。为了研究方便，忽略轴的质量。假定 C 是圆盘的质心，e 是圆盘质心 C 相对于转轴的偏心距，即 C 点到轴线的距离。在旋转时，由于偏心距的作用，圆盘的离心力将使轴产生变形，变形的大小用 x 表示。设轴的长度为 l，轴的两端为铰接；轴是等截面的，其截面惯性矩为 I；圆盘在两个支座的中央。则轴的横向弯曲刚度如式（8-3）所示：

$$K = \frac{48EI}{l^3} \tag{8-3}$$

式中，E 为轴的弹性模量。

根据牛顿第二定律，可以得到关于 x 的运动方程：

$$m(x + e)\omega^2 = Kx \tag{8-4}$$

式中，m 为圆盘质量，kg；ω 为轴的旋转角速度，rad/s。

由式（8-4）可以得出　　　　$x = e\left/\left(\frac{K}{\omega^2 \cdot m} - 1\right)\right. \tag{8-5}$

又因 $\omega_n = \sqrt{\frac{K}{m}}$，由式（8-5）可知，当 $\omega \to \omega_n$ 时，$x \to \infty$。则 $\omega_n = \sqrt{\frac{K}{m}}$ 为转轴的临界转速。

影响旋转轴临界转速的因素主要有：①轴系的结构特征，即转轴的几何尺寸、支承间跨距、材料的弹性模量、联轴器的质量和刚度，以及支承座、底板、基础的动刚度、轴承、密封的动特性等因素都影响旋转轴的临界转速；②各转子之间的连接条件。

3. 动平衡技术

(1) 旋转物体的失衡

一台设备在安装投产使用过程中，由于受温度、应力等各种工况的影响，会引起变形、不均匀腐蚀和磨损，这些均可破坏转子动平衡状态，并能导致旋转机械故障发生。旋转物体失衡的本质是质量中心与回转中心不相重合，即存在偏心质量，旋转时将会产生离心力。由于离心力 $f = m\omega^2 r$（m 为质量、ω 为角速度、r 为半径），即离心力与角速度的平方成正比，因此高速转子的动平衡尤其重要。

机械系统旋转物体的失衡有如下三种情况。

1) 静不平衡。旋转物体上的各偏心质量产生的合力不等于零，即 $\sum F \neq 0$，这种不平衡力可以在静力状态下确定，故称静不平衡。

2) 动不平衡。旋转物体上的各偏心质量合成出两个大小相等方向相反但不在同一直线上的不平衡力，物体在静止时虽然获得平衡，但在旋转时就会产生一个不平衡力偶，即 $\sum M \neq 0$，这种不平衡只能在动态下确定，故称动不平衡。

3) 混合不平衡。一个物体既存在静不平衡又有动不平衡，即 $\sum F \neq 0$、$\sum M \neq 0$。混合不平衡是物体失衡的普遍状态，特别是长度与直径比 L/D 较大的物体，多产生混合不平衡。

机械转子失衡会引起许多故障，危害性极大。转子失衡产生的离心力给运动副附加一个交变的动压力，增大了运动副的摩擦和机件中的内应力，降低机械效率，增加能源的消耗，缩短设备的使用寿命。由离心力引起的周期强迫振动，可能使机械连接松动，长期作用可使机座基础或厂房结构产生裂纹，如引起频率共振可使机器零部件很快破坏。

(2) 转子常用的平衡方法

转子系统有刚性转子和柔性转子之分。所谓刚性转子是工作频率 f 小于转子系统的固有频率 f_0，为了避免共振，转轴的工作转速不能在临界转速附近，即应避开 $(0.7 \sim 1.3)60 f_0$ 区间。所谓柔性转子是工作频率 f 超过一阶或二阶或多阶临界转频 $n f_0 (n = 1, 2, 3, \cdots)$，工作转速应避开各阶临界转速，即应避开 $(0.7 \sim 1.3)60 n f_0 (n = 1, 2, 3, \cdots)$，以免发生阶次共振。否则转子振动会剧烈增大，平衡则无从谈起。

常用的转子平衡方法如下。

1) 专用平衡机平衡。这需要专用平衡机，并要将转子从现场卸下，运输吊装到平衡机上，这种方法适用于制造厂。工矿企业若使用这种方法，则工作量大、费时多、影响生产，经济上不合算。

2) 三点平衡法。于现场进行，在转子的圆周上选三点分别试加重，用测振仪分次测出振动状态，按比例作图求出不平衡量的相位与大小。根据应用情况，此方法平衡的精度不很理想。

3) 闪频平衡法。使用闪频测振仪在现场进行平衡，可达到很高的精度。

4) 影响系数法。不必将转子从机器上拆卸下来，在现场即可进行平衡，这是一种快速、高效、高精度的现场平衡法，也是应用得最好的一种方法。

下面就具体的旋转物体如何进行其平衡说明如下：

1) 刚性旋转零件的平衡。对于如轮盘、砂轮、齿轮、汽车轮胎等这类轴向长度较小的薄盘形旋转零件，不平衡惯性力偶一般可忽略，只要在一个校正平面上加上校正配重，在低速平衡机上就可进行平衡。对于平衡精度要求不高的其他情况也可以在静平衡机上进行静平衡。

2）刚性转子的平衡。对于轴向长度较大的旋转零件，如轴类、滚筒、厚齿轮以及在轴上安装有各种旋转零件的刚性转子等，通常情况下，不仅有不平衡惯性力，还有不平衡惯性力偶。刚性转子是指从零到最高工作转速范围内，转子本身可以看成刚体，即弹性挠曲很小可以忽略的转子。刚性转子平衡时，平衡转速不受限制，不必要求在工作转速下平衡。如果平衡设备的灵敏度较高，一般采用低速平衡。

3）挠性转子的平衡。所谓挠性转子通常是指工作转速大于第一阶临界转速 0.7 倍的转子。由于挠性转子本身旋转时的动挠度，会对转子的平衡状态产生重要影响，而转子的动挠度曲线随着转速的改变而改变，因此不能使用刚性转子的平衡方法来平衡挠性转子。挠性转子的平衡方法基本上有两种：振型平衡法和影响系数平衡法。在这两种基本平衡方法的基础上派生出几个挠性转子的平衡方法，详细可参见有关资料。

4. 机械系统动态设计的基本原则和步骤

动态设计的目标是在保证机械系统满足其功能要求的条件下具有良好的动态性能，使其经济合理、运转平稳、可靠。因此，必须把握机械结构的固有频率、振型和阻尼比，通过动态分析找出系统的薄弱环节来改进设计。

动态设计的原则是：①防止共振；②尽量减小机器振动幅度；③尽量增加结构各阶模态刚度，并且最好接近相等；④尽量提高结构各阶模态阻尼比；⑤避免零件疲劳破坏；⑥提高系统振动稳定性，避免失稳。具体设计时，以上述为基本原则，应根据具体设备的要求，给出动态设计指标。

进行机械系统动态设计时，其基本工作步骤如下。

1）建立动力学模型。根据机械结构或机械系统的设计图纸，建立系统动力学模型或应用试验模态分析技术（如有限元分析）建立结构的试验模型。

2）动态特性分析。建立出结构的动力学模型后，求解自由振动方程得到结构的振动固有特性，引入外部激励进行动力响应分析，进行振动稳定性分析。

3）动态设计指标的评定。根据机械系统或结构在设计时提出的动态设计原则，对机械系统或结构的动态性能进行评定。

4）结构修改和优化设计。如果结构的某些指标没有满足动态设计原则的要求，要进一步改善其动态性能，则根据要求改进原来的设计，转到步骤 1）重新开始动态设计，直至达到要求。

8.3　轴类部件的动态分析和设计

轴类部件，尤其是传动轴部件是机器的关键部件，其性能好坏直接关系到机器的性能。轴类部件的抗振能力，即动刚度是影响其动态性能的重要因素。

8.3.1　轴类部件的动态分析

轴类部件在工作时，轴上的不平衡旋转零件所产生的周期变化的惯性力引起轴的振动，在加工时会严重影响加工件的粗糙度、尺寸精度和生产率等。由前述内容可知，当周期性变化的惯性力的干扰频率与轴部件的某阶固有频率相近和相等时，会产生共振，使振幅剧增，因此设计时应使固有频率远离激振频率。对轴类部件进行动态分析就是进行固有频率和振型分析，对此一般采用分离体法，把轴类部件从整机中分离出来，作为独立的振动系统来分析。下面以某转轴为例，应用有限元法来说明进行轴类部件动态分析的基本过程及步骤。

1. 建立有限元模型

如图 8-2 可知，轴类部件由轴、支承及传动件三部分组成。根据轴各段直径大小和轴上零件不同，把它离散成若干个单元，组成有限元模型。各单元的动力学模型分类是根据实际情况确定的。图中共有 13 个单元，13 个节点，单元①、②、③、⑤、⑥、⑦、⑨、⑩、⑪和⑬为等截面梁单元，在节点 4、5、7、8、9 处有集中质量。支承单元为④、⑧、⑫。在某些情况下，根据需要应建立结合面单元，也可根据要求将单元细分，单元划分越细越符合实际情况，计算结果就越精确。

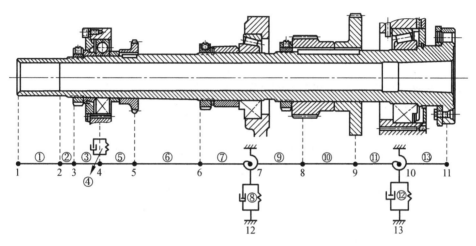

图 8-2　某转轴系统及其有限元单元划分

应该特别注意的一点是，轴承类的支承单元与有限元分析中的边界单元相对应；结合面单元与伪单元相对应。为了简化计算，常略去结合面单元。另外，在计算轴的固有频率时，阻尼可略去，只有在计算动态响应时，才将阻尼的影响考虑进去。这样，图 8-2 所示主轴的有限元模型有 10 个等截面梁单元和 3 个边界元。

2. 轴类部件的动态分析

在进行转轴系统的梁单元动态分析时，需进行下面的数据准备工作：①选取计算总体坐标，确定模型中各节点的坐标；②确定每个单元的节点号；③计算每个单元的横截面面积、扭转惯性矩 I_ρ 和弯曲惯性矩 I；④确定材料特性，即弹性模量 E、泊松比 μ 和质量密度 ρ；⑤确定每一边界单元的扭转刚度、抗压刚度、轴承的径向刚度。

轴类部件的动力分析主要是计算其动力特性（固有频率和振型），进而讨论其动态响应。在以上数据准备结束后，可进行下列步骤求解固有频率和振型。

质点振动系统是单自由度，然而对于轴类部件的动力分析，单自由度的动力方程显然不能满足要求，这时就应用上述的有限元法，将零件离散化，划分成有限个单元，形成一个多自由度的系统进行分析，此时，第 e 个单元的动力方程为

$$[M]^{(e)}[\ddot{\Delta}]^{(e)} + [C]^{(e)}[\dot{\Delta}]^{(e)} + [K]^{(e)}[\Delta]^{(e)} = [F(t)]^{(e)} \tag{8-6}$$

整个轴类部件的动力学方程，只需将各单元的动力方程（8-6）进行叠加而形成如下形式：

$$[M][\ddot{\Delta}] + [C][\dot{\Delta}] + [K][\Delta] = [F(t)] \tag{8-7}$$

式中，$[M]$、$[C]$ 和 $[K]$ 分别为总质量矩阵、总阻尼矩阵和总刚度矩阵。

实际经验证明，阻尼对结构的固有频率和振型影响不大，所以可以不考虑阻尼，用离散体无阻尼自由振动，即简谐振动情况来求振动频率和振型。

无阻尼自由振动情况下，式（8-7）可简化为

$$[M][\ddot{\Delta}] + [K][\Delta] = [0] \tag{8-8}$$

轴的自由振动总可以分解成为一系列简谐振动的叠加。假设轴做简谐振动，其解为

$$[\Delta] = [\Delta_0]\sin(\omega t)$$

式中，$[\Delta_0]$ 为节点的振幅；ω 为轴的圆频率，又称固有频率。

则

$$[\ddot{\Delta}] = -\omega^2 [\Delta_0]\sin(\omega t)$$

代入式（8-8）得

$$([K] - \omega^2[M])[\Delta_0] = [0] \tag{8-9}$$

或写成

$$[K][\Delta_0] = \lambda[M][\Delta_0]$$

式中，$[\Delta_0]$ 称为广义特征向量；λ 称为广义特征值，其值为

$$\lambda = \omega^2$$

于是，求解轴的固有频率 ω 和振型的计算，就转化为寻找满足式（8-9）的 λ 和 $[\Delta_0]$ 的解，这就是广义特征值问题，具体求解的方法很多，已有标准程序可以调用。

3. 确定轴承刚度和阻尼

到目前为止，有关滚动轴承的刚度和阻尼的数据还很不完善，主要是因为测定它们是很复杂的。首先，由于实际应用的轴承总是与轴和箱体相配合，配合表面的质量、过盈程度和配合件的刚度对轴承的动态特性有很大影响；其次在滚动轴承转动过程中测定其动态特性，具有明显的非线性性质，这些都给滚动轴承的刚度和阻尼的测量带来很大困难。尽管如此，很多学者做了大量工作，得出一些统计性的经验数据和公式，供进行动态分析时使用。

由于滚动轴承动态特性极为复杂，到目前为止，还不能完全依靠计算得出精确值。表 8-1 列出三类常用滚动轴承（角接触球轴承、双列圆柱滚子轴承和圆锥滚子轴承）孔径为 60mm 时的刚度和阻尼系数值。该表汇集一系列实测数据，并应用理论分析进行综合归纳而得到的，具有很大的参考价值。

应用表 8-1 可直接得到三类滚动轴承的刚度和阻尼数据，但对不同尺寸规格的轴承而言，可用相似原理进行修正，其修正因子 α_K 和 α_η 分别表示刚度尺寸因子和阻尼尺寸因子，其大小可由表 8-2 查出。

表 8-1　不同预载条件下轴承径向刚度和阻尼平均值

轴承类型	预加载荷条件 外圈与箱孔配合	刚度 $K_r/(\mathrm{N/\mu m})$			阻尼系数 $C_r/(\mathrm{N \cdot s/m})$		
		轻	中	重	轻	中	重
角接触球轴承	间隙	90	140	200	2000	3200	4500
	过盈	110	180	250	3000	4500	6000
双列圆柱滚子轴承	间隙	400	650	1000	3000	5000	6500
	过盈	600	1000	1600	4500	7000	9000
圆锥滚子轴承	间隙	550	850	1200	3500	6000	8000
	过盈	850	1400	2000	5500	8000	11000

表 8-2 滚动轴承的刚度和阻尼尺寸因子值

轴承孔径 d/mm		50	60	70	80	90	100	110	120	130	140	150
刚度尺寸因子 α_K	滚柱轴承	0.85	1.0	1.2	1.3	1.45	1.6	1.75	1.9	2.05	2.2	2.4
	滚珠轴承											
阻尼尺寸因子 α_η	滚柱轴承	0.6	1.0	1.6	2.4	3.3	5.0	7.0	9.0	11.5	14.5	17.5
	滚珠轴承	0.6	1.0	1.6	2.3	3.2	4.5	6.0	8.0	10.0	12.5	15.0

8.3.2 轴类部件的动态设计

下面通过对一个轴系结构的改进实例,来说明提高固有频率方面的基本动态设计问题。

一台某型号车床主轴结构如图 8-3 所示。现要求通过调整主轴结构参数,使该主轴的第一阶固有频率达到 1500rad/s,以提高该车床主轴的动刚度和机床的工作稳定性。

1. 主轴有限元模型的建立

根据主轴结构,把该轴划分成 14 个梁单元和 7 个边界单元,如图 8-3 所示。边界单元为主轴的支承单元,其参数见表 8-3。图 8-3 下方列出了各段轴的长度 l、外径 D 及内孔 d。主轴材料为 45 钢,其弹性模量 $E=2.1\times10^9\text{N/cm}^2$。边界元(20)反映了主轴与卡盘之间的结合面扭转刚度和阻尼,$K_{20}=900\times10^6\text{N}\cdot\text{cm/rad}$,边界元(21)反映了卡盘与工件之间的扭转刚度,$K_{21}=100\times10^6\text{N}\cdot\text{cm/rad}$。

2. 主轴有限元动态分析的数据准备

根据主轴有限元模型,计算各梁单元的横截面面积 A、扭转惯性矩 I_ρ、弯曲惯性矩 I,列表于表 8-4 中。

3. 计算主轴固有频率

将梁单元的几何特性、材料特性以及边界元的刚度系数等输入有限元分析软件,即可进行该主轴的动态分析。计算结果一阶固有频率为 1280Hz。则该固有频率不满足设计要求,需要修改原设计来提高主轴的固有频率。

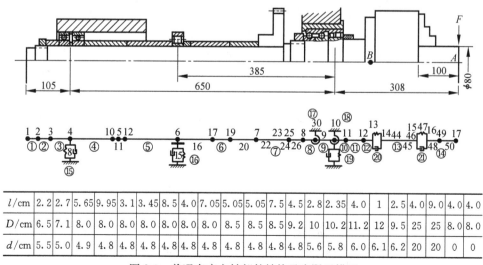

l/cm	2.2	2.7	5.65	9.95	3.1	3.45	8.5	4.0	7.05	5.05	5.05	7.5	4.5	2.8	2.35	4.0	1	2.5	4.0	9.0	4.0	4.0
D/cm	6.5	7.1	8.0	8.0	8.0	8.0	8.0	8.0	8.0	8.5	8.5	8.5	9.2	10	10.2	11.2	12	9.5	25	25	8.0	8.0
d/cm	5.5	5.0	4.9	4.8	4.8	4.8	4.8	4.8	4.8	4.8	4.8	4.8	5.6	5.8	6.0	6.1	6.2	20	20	0	0	

图 8-3 普通车床主轴部件结构及有限元模型

表 8-3　主轴支撑系数

	前轴承	止推轴承	中轴承	后轴承
轴承径向刚度 K_1/(N/cm)	10.4×10^6		3.5×10^6	4.25×10^6
轴承角刚度 K_2/(N·cm/rad)	205×10^6	231×10^6		
轴承径向等效黏性阻尼系数 C_1/(N·s/cm)	1210		180	360
轴承角等效黏性阻尼系数 C_2/(N·cm·s/rad)	37560	40350		

表 8-4　梁单元的几何特性值

单元号	1	2	3	4	5	6	7	8	9	10	11	12	13	14
截面积 A/cm²	37.56	82.9	125.5	128.6	125.5	125.5	125.5	193.4	215.5	221.0	280.8	370	706.5	64
长度 l/cm	1.2	2.7	5.65	13	3.5	19.5	17.5	4.5	2.8	2.4	4	3.5	13	8
极惯性矩 I_ρ/cm⁴	85.36	188.0	374.2	349.8	349.8	349.8	349.8	460.1	884	951	654	7429	22630	4096
X 轴惯性矩 I_X/cm⁴	42.68	94.01	187.1	174.9	174.9	174.9	174.9	230	442	475.5	327	3714	11315	2048
Y 轴惯性矩 I_Y/cm⁴	42.68	94.01	187.9	174.9	174.9	174.9	174.9	230	442	475.5	327	3714	11315	2048

4. 动态设计

经过评价与分析，可知改变悬臂长度、前后支承距离、前轴承的扭转刚度、径向刚度及推力轴承的刚度等可以改变主轴的固有频率。它们之间的关系列于图 8-4 中。

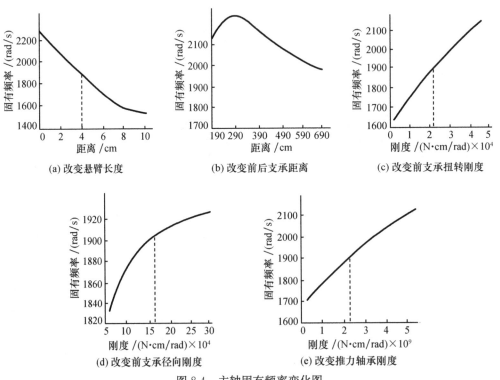

(a) 改变悬臂长度　　(b) 改变前后支承距离　　(c) 改变前支承扭转刚度

(d) 改变前支承径向刚度　　(e) 改变推力轴承刚度

图 8-4　主轴固有频率变化图

　　从图 8-4 不难发现，支承的扭转刚度对轴的动态特性的影响大于径向刚度。在选用轴承和考虑箱体支承孔时，应把注意力重点放在扭转刚度上，尤其应注意加强前支承的止推作用。由图可见，当前支承的扭转刚度大于 2×10^9 N·cm/rad时，固有频率大于 1900rad/s。同理，当后支承轴承的扭转刚度大于 16×10^6 N·cm/rad 时，固有频率大于 1900rad/s。从图 8-4（b）中可以看出，支承间的最佳距离为 290mm。

　　通过以上分析可以看出，在修改设计时，首先要考虑悬臂梁的长度，应千方百计地缩短伸出量。其次应选用扭转刚度和阻尼大的轴承，推力轴承宜布置在前支承处。此外，卡盘与主轴结合刚度的影响也比较大，从结构上来说，不应比现在使用的短锥形式的刚度更低。

　　支承跨距对动刚度影响较小。综合考虑，可按主轴部件的静态特性来确定跨距。三个支承中应优先选前、中两个主要支承，后支承为辅助支承，可根据实际情况确定。

习　　题

8-1　何为动态设计？

8-2　动态设计的主要内容包括哪些方面？

8-3　动态设计的基本原则有哪些方面？

8-4　何为动刚度？

8-5　提高机械系统结构动刚度的措施有哪些方面？

8-6　试述机械系统主要建模方法有哪些类型？

8-7　何为机械系统的动态特性？

8-8　常用的转子平衡方法有哪些？各有什么特点？

8-9　简述采用有限元法进行机械系统动态特性分析的基本过程及步骤。

8-10　试述进行机械系统动态设计的基本工作步骤。

第9章 反求工程设计

9.1 概　述

9.1.1 反求工程与反求设计的概念

为了促进国民经济的快速发展，技术引进是一项重要的战略措施。为此，要取得最佳技术和经济效益，必须对引进的技术进行深入研究、消化和创新，开发出新的先进产品，形成自己的技术系统或创新装备。

反求工程（reverse engineering，RE）也称逆向工程，是对消化吸收先进技术的系列分析方法和应用技术综合的一项新技术。这一新技术以现代设计理论方法、生产工程学、材料科学为基础，运用各类专业人员工程设计的经验、知识和创新思维，对其已有新技术进行解剖、深化和再创造，而应用于产品开发和仿真制造的一种并行设计开发技术。为此发展出的反求工程设计（reverse engineering design，RED）是指采用一定的测量手段对实物或模型进行测量，再根据测量数据通过三维几何建模方法重构实物的计算机辅助设计过程。因此，反求工程设计是一个从样品生成产品数字化信息模型，并在此基础上进行产品设计开发及生产的过程。

反求工程研究的主要内容包括反求工程的类型、反求工程涉及的知识范围、相似理论与相似设计方法、设备设计及制造工艺反求等。

反求工程包括设计反求、工艺反求、材料反求和管理反求等各个方面。它以先进产品的实物、软件（图样、程序、技术文件等）或影像（图片、照片等）作为研究对象，应用现代设计的理论方法、生产工程学、材料科学和有关专业知识，进行系统的分析研究，探索掌握其关键技术，进而开发出同类的新产品。

反求工程的次序是：首先进行反求分析，然后进行反求设计。进行反求分析时，针对反求对象的不同形式——实物、软件或影像，应采用不同的方法。对实物（如机器设备）的反求，可用实测手段获得所需参数和性能、材料、尺寸等。对软件（如图样）的反求，可直接分析了解产品和各部件的尺寸、结构和材料，但掌握使用性能和工艺，则要通过试制和试验。对影像（如图片、照片）的反求，可用透视法与解析法求出主要尺寸间的大小相对关系，用机器与人或已知参照物对比，定出几个绝对尺寸，推算其他尺寸。对材料和工艺的反求，都需要通过试制和试验的方法才能解决。在完成以上充分分析的基础上，才能进行不同的反求设计。

值得指出的是，中华人民共和国成立初期，由于我国工业特别是重工业基础薄弱，设备陈旧落后，加之外国的技术封锁，我国采取了"引进、消化、吸收"的仿制方式，即反求工程的方法，自行研制了一大批机械设备，逐步建立起我国自己的工业基础。它们对我国日后自力更生形成自己的工业体系，不断提高各类机器设备的自主设计和制造能力起到重要作用。

随着计算机、数控和激光测量技术的飞速发展，反求工程不再是对已有产品简单的复制过程，其内涵与外延都发生了深刻变化，已成为航空、航天、汽车、船舶和模具等工业领域最重要的产品创新设计方法，是工程技术人员通过实物样件、图纸等快速获取工程设计概念和设计模型的具体技术手段。当前，现代反求工程是指针对已有产品原型，消化吸收和挖掘蕴含其中的涉及产品设计、制造和管理等各个方面的一系列分析方法、手段和技术的综合。它以产品原型、实物、软件（图纸、程序、技术文件等）或影像（图片、照片等）等作为研究对象，应用系统工程学、产品设计方法学和计算机辅助技术的理论和方法，探索并掌握支持产品全生命周期设计、制造和管理的关键技术，进而开发出同类的或更先进的产品。作为一种逆向思维的工作方式，反求工程技术与传统的产品正向设计方法不同，它是根据已经存在的产品或零件原型来构造产品的工程设计模型或概念模型，在此基础上对已有产品进行解剖、深化和再创造，是对已有设计的再设计。传统的产品开发过程遵从正向工程（或正向设计）的思维进行，是从收集市场需求信息入手，按照"产品功能描述（产品规格及预期目标）、产品概念设计、产品总体设计及详细的零部件设计、制定生产工艺流程、设计制造工夹具、模具等工装、零部件加工及装配、产品检验及性能测试"这样的步骤开展工作，是从未知到已知、从抽象到具体的过程。而反求工程则是按照产品引进、消化、吸收与创新的思路，以"实物、原理、功能、三维重构、再设计"框架模型为工作过程，其中，最主要的任务是将原始物理模型转化为工程设计概念或 CAD 模型。一方面为提高工程设计、加工、分析的质量和效率提供充足的信息；另一方面则为充分利用先进的 CAD/CAE/CAM 技术对已有的产品进行再创新工程服务。正向工程与反求工程两者相比较，最本质的区别在于：正向工程是由抽象的较高层次概念或独立实现的设计过渡到设计的物理实现（即产品的整个开发流程为"构思-设计-产品"的过程），从设计概念至 CAD 模型具有一个明确的过程；而反求工程是基于一个实物原型来构造它的设计概念，并且通过对重构模型特征参数的调整和修改来达到对实物原型的产品复制和创新，以满足产品更新换代和创新设计的要求。在反求工程中，由离散的数字化点到 CAD 模型的建立是一个复杂的设计推理和数据加工过程。一般产品的正向设计与反求工程设计的基本过程如图 9-1 所示。

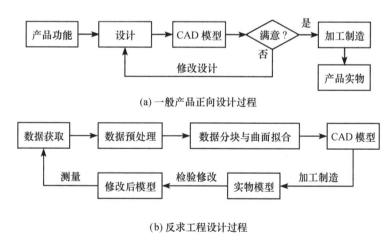

图 9-1　一般产品的正向设计与反求工程设计的基本过程

9.1.2　反求工程的特点

多年来的应用实践表明，反求工程具有如下特点。

1）可以使企业快速响应市场，大幅缩短产品的设计、开发及上市周期，加快产品的更新换代速度，降低企业开发新产品的成本与风险。

2）适合于单件、小批量、形状不规则零件的制造，特别是模具的制造。

3）对于设计与制造技术相对落后的国家和地区，反求工程是快速改变其落后状况、提高设计与制造水平的好方法。

产品的技术引进涉及产品的消化、吸收、仿制、改进、生产管理和市场营销等多个方面，它们组成了一个完整的系统。反求工程就是对这个系统进行分析和研究的一门专门技术。但应该指出的是，对反求工程的研究和应用，目前仍处于发展初期，主要是对已有产品或技术进行分析研究，掌握其功能、原理、结构、尺寸、性能参数和材料，特别是关键技术，并在此基础上进行仿制或改进设计，进而开发更先进的产品。在反求工程的具体实施过程中，对实物进行测绘并对零件进行再设计后，进入加工工艺分析及制造阶段，再对复制出的零件和产品进行功能检验。因此，整个反求工程技术可大致分为如下三个阶段。

（1）认识阶段

通过对所需复制零件进行全面的功能分析及其加工方法分析，由设计人员确定出零件的技术指标以及零件中各几何元素的拓扑关系，掌握该零件的关键技术。认识阶段的工作是整个反求工程成功与否的关键。

（2）再设计阶段

再设计阶段是指从零件测量规划的制定一直到零件 CAD 模型的重构，这个阶段主要完成的工作有测量规划、测量数据、数据处理及修正、曲面重构、零件 CAD 模型生成。测量规划是按照认识阶段的分析结果，根据零件的技术指标和几何元素间的拓扑关系，制定出与测量设备相匹配的测量方案和计划。

（3）加工制造及功能检验阶段

这个阶段的工作是根据零件的加工方法不同，制定出相应的加工工艺。例如，有的零件 CAD 模型可直接通过快速成型制造得到样件原型；有的 CAD 模型可直接经 CAM 软件生成 NC 数控代码，到加工中心或其他数控设备上加工出该零件；有的需要采用冲压成型工艺（如汽车覆盖件），利用成型模具进行批量生产等。最后，还要对加工出的零件功能进行检验，如果不合格，则要重新进行再设计和再加工、检验，到合格为止。加工制造阶段可称为反求工程的下游应用阶段，由于零件加工制造的手段具有多样性，与不同加工方法相对应的集成反求工程系统是不同的。

9.1.3　反求工程的发展状况

目前，国内外大多数有关反求工程问题的研究都集中在几何形状，即重建产品样件的 CAD 模型方面。在这一意义指导下，反求工程可（狭义地）定义为将产品样件转化为 CAD 模型的相关的计算机辅助技术、数字化技术和几何模型重建技术的总称。在这一定义下，反求工程是从一个已有的物理模型或实物零件设计出相应 CAD 模型的过程。与传统意义的仿形制造不同，计算机辅助反求工程主要是将原始物理模型转化为工程设计概念或设计模型，一方面为提高工程设计、加工、分析的质量和效率提供充足的信息，另一方面则充分利用先进的 CAD/CAE/CAM 技术对已有的产品进行再创新工程服务。这项技术是 20 世纪 80 年代分别由美国 3M 公司、日本名古屋企业研究所以及美国 LUP 公司提出并研制开发成功的。进入 20 世纪 90 年代以来，反求工程技术逐渐成为大幅度缩短新产品开发周期和增强企业竞争能力的主要手段。

据有关资料统计，到 1998 年，全球反求工程技术系统加工中心多达 331 个，拥有快速成型机 660 台（套），同时有 27 个快速成型设备制造公司，12 个大的材料供应商，20 个专业软件公司，再加上从事该项目的几个教育和研究机构以及 227 个提供赞助的基金会以及大量的激光设备应用者和真空铸造机制造者，形成了一个强大的集成体。在经过初期的高速增长后，世界快速制造业正步入稳定增长期，年增长率保持在 17% 左右。迄今，在国际市场上不仅有许多反求测量设备，也出现了多个与反求工程相关的软件系统，主要有美国 Imageware 公司产品 Surfacer10.0、英国 DelCAM 公司产品 CopyCAD、英国 MDTV 公司的 STRIM end Surface Reconstruction、英国 Renishaw 公司的 TRACE 等；另外，在一些流行的 CAD/CAM 集成系统中也开始集成了类似模块，如 UG 中的 Point Cloud 功能、Pro/E 中的 Pro/SCAN 功能、Cimatron 90 中的 Reverse Engineering 功能模块等。日本开发了从 MRI、CT 重构三维实体的软件，英、法等国能将扫描数据在数控设备上复制，美国则开发了 CT 可视化可转成 IGES 的软件。

在我国，有关反求工程的研究与开发工作也在不少单位内展开，并取得一定的成果。北京隆源实业股份有限公司引进了国外最先进的三维快速测试系统与快速制模设备配合，可进行三维实体零件的数字化测量，实现零件和模具的再生复制，以及艺术品仿造和人体头像的扫描和制作。广州华泰激光快速成形及模具技术有限公司，引进了世界最先进激光快速成型设备 SLA500，快速制造各类复杂零件原型及模具，用于汽车、机械、航空航天、家电、通信、电子、建筑、医疗器械、玩具等行业。快速反求工程技术是 RP（Rapid-Prototyping，即快速原型技术）前端数据转换和处理的重要内容。目前国内这方面的工作较薄弱，尚处于发展阶段。当前国内从事反求工作研究的单位较多，并已取得了一定的成果，如浙江大学 CAD 实验室在 CT 复原三维模型方面开展了大量的研究并取得较好成绩，推出了 Re-Soft 软件系统。华中理工大学开发了三维激光彩色扫描系统 3DLCS95，1995 年获得国家专利。上海交通大学利用 BP 神经网络重构反求技术开发出基于数字化点的曲面。北京隆源公司实现了将片层反求数据（CT、CGI）和激光扫描数据直接转换成 RP 加工的数据。清华大学激光快速成型中心进行了照片反求、CT 反求研究。照片反求是通过提取实物照片的几何信息，重构实际物体的 STL 模型。有了 STL 模型，就可以用 RP 系统制造出该物体的原型。CT 反求是指利用人体器官或工业零件的 CT 切片扫描文件，通过图像处理，提取物体的平面轮廓线，并通过层片间的插值，得到可以被 RP 系统接受的层片文件格式。西安交通大学完成了激光扫描法、层除法实验室系统的研制，并开发了反求工程的核心软件 CAD 重构软件。

9.1.4 反求工程设计的应用

反求工程作为一种现代设计方法和理念，已在工程中得到较好应用，目前主要表现在以下方面：

1) 在缺乏二维设计图纸或者原始设计参数情况下，需要将实物零件转化为计算机表达的 CAD 模型，以便充分利用现有的计算机辅助分析（CAE）、计算机辅助制造（CAM）等先进技术，进行再创新设计。

2) 有些零件有较高的美学、空气动力学要求，难以在计算机上直接造型。设计时往往需要首先制作黏土或油泥的比例模型，然后进行各种试验，如风洞试验、水池试验等，一旦外形确定，就需要使用反求工程技术将其转化为 CAD 模型。

3) 一些零件可能需要经过多次修改，如在模具制造中，经常需要通过反复试冲和修改模具型面，方可得到最终符合要求的模具。反求工程便成为制造-检验-修正-建模-制造这一环节中重要的快速建模手段。

4）在生物医学工程领域，采用反求工程技术，摆脱原来的以手工或者按标准制定为主的落后制造方法。通过定制人工关节和人工骨骼，保证重构的人工骨骼在植入人体后无不良影响。在牙齿矫正中，根据个人制作牙模，然后转化为 CAD 模型，经过有限元计算矫正方案，大幅提高矫正成功率和效率。通过建立数字化人体几何模型，可以根据个人定制特种服装，如宇航服、头盔等。

5）应用反求工程技术，还可以对工艺品、文物等进行复制，可以方便地生成基于实物模型的计算机动画等。

从上述反求工程的应用领域可以看出，反求工程在复杂外形产品的建模和新产品开发中都有不可替代的重要作用。充分利用反求工程技术，并将它与其他先进设计和制造技术相结合，能够提高产品设计水平和效率，加快产品创新步伐，提高企业的市场竞争能力，进而为企业带来活力和显著的经济效益。

9.2　反求工程设计的基本内容及原理

9.2.1　反求工程设计的基本内容及类型

广义上的反求工程设计是从已知事物的有关信息（包括硬件、软件、照片、广告、情报等）去寻求这些信息的科学性、技术性、先进性、经济性、合理性、国产化的可能性等，要回溯这些信息的科学依据，就要充分消化和吸收，不仅如此，更要在此基础上进行改进、挖潜和再创造。因此，概括起来反求工程设计主要包括产品设计意图与原理的反求、几何形状与结构反求、材料反求、制造工艺反求、管理反求等方面，其反求对象既包含人们习以为常的实物原型，也包括软件与影像等对象。

1. 实物反求

实物反求是在已有实物的条件下，通过试验、测绘和详细分析，提出再创造的关键。其中包括功能反求、性能反求以及方案、结构、材质、精度、使用规范等众多方面的反求。根据反求对象的不同，实物反求可分为以下三种。

1）整机反求。反求对象是整台机器或设备。如一部汽车，一架飞机，一台机床，也可以是汽车或飞机中的一台发动机，成套设备中的某一设备等。

2）部件反求。反求对象是组成机器的部件。这类部件是由一组协同工作的零件所组成的独立制造或独立装配的组合体。如机器设备上的阀泵、机床的尾架、床头箱等。

3）零件反求。反求对象是组成机器的基本单元。

进行实物反求设计时的一般进程如下。

1）工作准备。需广泛了解国际国内同类产品的结构、性能参数、产品系列的技术水平、生产水平、管理水平和发展趋势，以确定是否具备引进的条件。与此同时，进行反求工程设计的项目分析、产品水平、市场预测、用户要求、发展前景、经济效益等方面的分析研究，写出可行性分析报告。

2）功能分析。对反求实物进行功能分析，找出相应的功能载体和工作原理。

3）实物反求的性能测试。实物性能包括整机性能、运转性能、动态性能、寿命、可靠性等。测试时应把实际测试与理论计算结合起来。

4) 实物反求的分解。分解工作必须保障能恢复原机。不可拆连接一般不分解，尽量不解剖或少解剖。一般先拍照并绘制外廓图，注明总体尺寸、安装尺寸和运动极限尺寸等，然后将机器分解成各个部件。拆卸前先画出装配结构示意图，在拆卸过程中不断修正，注意零件的作用和相互关系。再将部件分解为零件，归类记数，编号保管。

5) 测绘零件。完成零件工作图、部件装配图和机器总装图。

2. 软件反求

产品样本、技术文件、设计书、使用说明书、图纸、有关规范标准、管理规范和质量保证手册等均称为技术软件。软件反求设计具有以下特点。

1) 抽象性。技术软件不是实物，只是一些抽象的文字、公式、数据、图样等，需要发挥人们的想象力。因此，软件反求是一个处理抽象信息的过程。

2) 科学性。软件反求要求人们从各种技术信息中，去伪存真，从低级到高级，逐步探索，反求出设计对象的技术奥秘，获取可为我所用的技术信息。

3) 技术性。软件反求大部分工作是一个分析、计算的逻辑思维过程，也是一个从抽象思维到形象思维的不断反复的过程，因此，软件反求具有高度的技术性。

4) 综合性。软件反求要求综合运用决策理论、模糊理论、相似理论、计算机技术等多门学科的知识，是一门综合性很强的技术。

5) 创造性。软件反求还是一个创造、创新的过程。软件反求应充分发挥人的创造性及集体的智慧，大胆开发，大胆创新。

软件反求的一般过程如下。

1) 必要性论证，包括对引进对象做市场调研及技术先进性、可操作性论证等。

2) 软件反求成功的可行性论证，并非所有技术软件都能反求成功。

3) 原理、方案、技术条件反求设计。

4) 零件和部件结构、工艺反求设计。

5) 产品的使用、维护、管理反求。

6) 产品综合性能测定及评价。

软件反求工程设计的一般进程如下。

1) 工作准备。与实物反求设计相似。

2) 反求原理方案。分析引进的软件资料，探求其成品的工作可靠性和能否达到技术要求，其原理方案的科学性，技术、经济方面的可行性，生产率的合理性与先进性、使用维护的宜人性，零部件的加工与装配的工艺性，外观造型的艺术性等。

3) 反求结构方案。分析资料，探求其结构要素的新颖性，新材料、新工艺的特点，先进技术的应用，创造性地满足其结构设计原理。

3. 影像反求

既无实物，又无技术软件，仅有产品相片、图片、广告介绍、参观印象和影视画面等，要从中去构思、想象来反求，称影像反求，这是反求对象中难度最大的反求工作。影像反求本身就是创新过程，目前还未形成成熟的技术，一般要利用透视变换和透视投影，形成不同透视图，从外形、尺寸、比例和专业知识去琢磨其功能和性能，进而分析其内部可能的结构。

影像反求设计的一般进程如下。

1) 工作准备。与实物反求设计相似。

2) 确定基本尺寸。根据影像形成原理分析确定影像中能反映的各种尺寸。影像多数为透视图，在掌握透视变换和透视投影的基础上，根据影像资料做出透视图，从而初定产品的外形尺寸、部件尺寸和一切能观察到的尺寸及外部特征。

3）功能原理分析。根据外部尺寸和结构特征，分析产品的功能原理、总体布局、性能参数、传动控制方案等，初步确定功能载体和工作原理。

4）结构分析。根据技术人员的知识和经验，确定具体结构。观察图片等影像资料分辨材料。进行强度、刚度、稳定性等的分析计算。做出反求方案设计，进行评审。

5）技术设计。根据评审方案，完成技术设计。

在上述这几类反求方式中，实物反求已经形成一套较为完善的体系，其中实物的几何形状反求在反求技术中占有十分重要的地位和作用，也是目前有关反求工程研究中的主要部分。

9.2.2　反求工程设计的基本原理

反求工程可以看成是一个系统，系统具有某种产物的目的性，但它不能无中生有，系统的输出必须有输入作为基础，并经过处理才能获得。输出是系统处理的结果，也是系统的最终目的。处理是将输入变为输出的活动过程。输入、处理、输出是组成系统的三个基本要素。再加上反馈，就构成了一个完备的系统工程框架。

反馈是输入经过处理后将其结果再送回输入，并对再输入产生影响的过程。从哲学原理的角度讲，反馈架起了原因和结果的桥梁。在反求工程的系统中，各子系统也都产生不同的反馈，反馈的处理方法是反求。

反求工程设计主要通过以下步骤来实现：数据采样，数据分析，数据恢复和修补，原始部件的分解，模型信息处理及 CAD 模型的建立，标准化部件库的建立，产品功能模拟，再设计等。

1. 数据采样

数据采样是反求工程最基本的、必不可少的步骤，它从已有的实物获取产品数据，通常采用三维激光扫描仪、三维数字化仪、物体多角度照片等数字化方法来快速、准确地获取。当得到了较完整的采样数据以后，必须通过三维图形处理技术将采样数据以三维图形的方式显示出来，以得到直观简略的产品结构外形。

2. 数据分析

当得到采样数据并已经显示成图形以后，就可以分析原来物体的结构。物体结构包括物体的逻辑结构、物体的功能结构，物体包含哪些标准件，材料构成，物体表面颜色分布，各个部件的几何尺寸，不同部件之间的装配方式及不同部件之间的几何尺寸约束等。为此，要建立产品几何特征识别及产品组件结构的自动识别分解或交互识别分解系统。该系统具有视觉识别区分实物的特征和特征数据的分类处理功能和材质颜色分解提取功能，根据标准零件模型库将整个物体大致分解为几个不同的部分。

3. 数据恢复和修补

在数据采样过程中，物体某些细节的丢失是不可避免的，通过对采样数据的三维显示及结构分析，能够发现哪些数据可能丢失了，因此数据修复是反求工程的一个必不可少的步骤。数据修复主要包括部件数据恢复及表面数据恢复。表面数据恢复主要涉及碎片整合及空洞填补，一般可采用 NURBS 曲面片来实现表面数据的恢复。一个更好的方法是采用基于三角面片的多分辨曲面模型的方法，就能便于曲面的局部修改。在数据修复过程中，局部修改以消除明显的误差是必不可少的。

4. 原始部件的分解

反求工程要解决的关键问题是一个设计方案能不能最终变成产品，而通常的产品是由不同的部件组装而成的。分解是将一个物体分解成若干个标准部件的过程。在分解过程中，必须区分每一部件的尺寸位置，不同部件之间的连接关系及连接方式，以及物体表面该如何分割。这一步骤首先通过数据分析步骤获得物体的大体结构模型，再通过人机交互的方法进行精确的分解、尺寸标注、链接定义等。

5. 模型信息处理及 CAD 模型的建立

通过以上步骤，已经得到了构成物体的基本部件的逻辑结构及物体的基本几何数据，在此基础上，可以构造物体的三维 CAD 模型，这个模型是最基本的创新设计模型平台。在此基本平台上，设计人员可交互构造特征线，自动识别产品过渡圆角、尖边等特征，提供多种物体表面（平面及 NURBS 曲面组成）编辑技术，研究曲面整体变形技术，实现模型的动态修改。

6. 标准化部件库的建立

为了使构成物体的标准零件不至于无限膨胀，一种创新设计过程是在首先分析所涉及的各类产品结构的基础上，研究产品的基本组成单元，包括它们的形状尺寸，标准件库的建立。有了标准件库以后，产品设计过程就可简化为将已有的物体分解至最小单元，然后用标准部件来替换这些基本单元。为了对设计进行修改，只需要在计算机虚拟环境中对物体进行重新组装，在保证物体功能的前提下，更换一些标准部件。由于不同的部件尺寸可能不同，可以对物体的结构及外形进行有限的调整。

7. 产品功能模拟

为判断通过以上步骤设计的产品能否满足设计的要求，一种较好的办法是在虚拟装配完成以后，在虚拟环境中对产品的各项功能进行模拟。在这个过程中，可以事先建立产品评价系统，让计算机自动判断产品设计的优劣；或以交互方式，根据设计师的经验，通过观察局部细节，可以判别物体的尺寸大小是否协调，物体的表面是否光顺，以及物体表面的颜色纹理是否满足设计要求。

8. 再设计

反求工程的最终目的是设计新的产品，通过以上步骤获取的产品的几何数据及产品的功能、结构知识，基本上再现了原有产品。为了在此基础上创新出新产品，设计人员可以在一个包含产品反求工程及创新设计软件环境中，对原有的模型进行适当的调整修改。这些修改主要包括功能上的、布局上的以及外形方面的修改。在修改过程中加入设计人员新的设计思想，以完成新的设计方案。生成的产品模型以标准接口同其他通用软件进行信息交换。

9.3　相似理论及相似设计方法简介

9.3.1　相似理论简介

相似理论是研究相似现象的性质及其规律的理论。具体说是研究物理现象之间的相似条件、相似准则和相似的有关定理，在试验研究的基础上求出相似准则之间的函数关系。其目的是应用相似理论，把个别现象的试验结果推广应用到与之相似的所有现象上去，而不必对每个现象逐一地进行试验，从而使试验的次数大幅减少。相似理论综合了数学分析和试验研究的特点，它在科学研究中得到广泛应用，特别是对处于研制阶段的设备和设施，这种研究方法尤为重要。

　　目前，相似理论已成为一门完整的学科。它是先进的科学研究方法之一，是处理试验数据的理论基础。相似理论是一种完整地研究、整理和综合试验数据的方法论。根据相似理论，可将影响现象发展的全部物理量适当地组合成几个无量纲的相似准则，然后把这些相似准则作为一整体，来研究各个物理量之间的函数关系。这种做法的优点，不仅会大幅减少试验工作设置和费用，而且扩大了试验结果的使用范围。系统相似、尺寸性能参数呈一定比例关系的系列产品为相似系列产品。在基型产品的基础上，用相似理论可进行某个相似产品或相似产品系列的设计，这种相似设计法直接利用量纲原理和相似比关系可以高效率地得出计算结果。在反求某一产品的基础上，也可用相似设计法得到与其尺寸、性能相似的多种产品，以满足生产的需要。

　　相似理论作为一门在机械领域应用的方法学，统称为相似设计方法。它可以解决模型试验如何进行，系统产品如何设计以及计算机仿真的原理等问题，具有广阔的应用范围。

　　1. 相似概念

　　（1）相似和相似常数

　　在工程领域和日常生活中，经常能接触到相似的问题。相似是指表述一组物理现象的所有物理量在空间相对应的各点和在时间上各对应的瞬间，各自互成一定的比例，并且被约束在一定的数学关系中。其中，各物理量的相似主要有几何相似、时间相似、运动相似、动力相似、边界条件的相似和其他物理参数的相似等。

　　1）几何相似。图 9-2 所示的两个三角形，若满足各对应边之比相等，各对应角彼此相等，即

$$\frac{l''_1}{l'_1}=\frac{l''_2}{l'_2}=\frac{l''_3}{l'_3}=C_l,\quad \angle A''=\angle A',\quad \angle B''=\angle B',\quad \angle C''=\angle C' \tag{9-1}$$

则该两三角形相似，即它们是几何相似的。

　　2）时间相似。时间相似是指对应的时间间隔互成比例。或者说，若两系统的对应点或对应部分沿着几何相似的路程运动而达到另一个对应的位置时，所需要的时间比例是一个常数。如图 9-3 所示，两系统对应点运动时，若满足

$$\frac{\tau''_1}{\tau'_1}=\frac{\tau''_2}{\tau'_2}=\frac{\tau''_3}{\tau'_3}=\frac{\tau''}{\tau'}=C_\tau \tag{9-2}$$

则称之为时间相似。

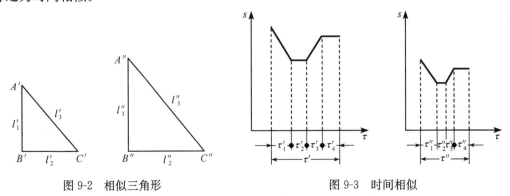

图 9-2　相似三角形　　　　　　　　图 9-3　时间相似

　　3）运动相似。运动相似是指速度场或加速度场的几何相似，即相似系统的各对应点在对

应时刻上速度或加速度的方向一致，大小互成比例。

4）动力相似。动力相似是指力场的几何相似，即相似系统的各对应点处对应时刻的作用力（广义）的方向一致，大小互成比例。

现象的相似是通过各种物理量的单值相似来表现的。由于表示现象特征的各种物理量并不是孤立的，而是处在为自然规律所决定的一定的关系中，所以各个相似常数是相互关联的，不能随意选择。正因为如此，对某种相似现象，可以用相应的几个基本参数的相似来描述。

相似概念可以推广到任何物理现象上，但是必须以空间相似（量场的几何相似）和时间相似为前提。例如，有动力相似、温度（应力或浓度等）相似和物理现象相似等。

上述这些物理量的相似都是用相似系统在空间中的对应点和对应瞬间（对应时刻）来衡量的，即都是以空间相似和时间相似为条件的。同样，对于具有许多物理变化的现象（速度、密度、黏度等），相似是指表述该种现象的所有量，在空间中相对应各点和在时间上相对应的各瞬间，各自互成一定的比例关系，并且被约束在一定的数学关系之中。

上述各种相似系统中，物理量的比例常数 C_l、C_τ 等称为相似常数。

相似常数是物理量相似的数学表达式，可以用 $\dfrac{u_i''}{u_i}=C_u$ 来表述。其中，u 是任何特征量。相似常数是相似系统中所有对应点上对应量的比例关系。对于不同的相似系统，它是一个不同的数值。

（2）相似变换

从相似常数的概念可以看出，如果把一个已知系统的每一个量的大小都用 C_u 的倍数来进行变换，那么所得到的新系统就和原来的已知系统相似。这种从已知系统变换得到新的相似系统称为相似变换。因此，相似常数也可称为相似变换时的相似比例。

（3）相似定数

从通式
$$\frac{u_i''}{u_i'}=C_u \tag{9-3}$$

可以写出
$$\frac{u_1''}{u_1'}=\frac{u_2''}{u_2'}=\frac{u_3''}{u_3'}=\cdots=C_u \tag{9-4}$$

同时也可以写出
$$\frac{u_1''}{u_2''}=\frac{u_1'}{u_2'}=i_u \tag{9-5}$$

或写成各种具体的物理量时，有
$$\frac{l_1''}{l_2''}=\frac{l_1'}{l_2'}=l_u, \qquad \frac{\tau_1''}{\tau_2''}=\frac{\tau_1'}{\tau_2'}=i_\tau, \qquad \frac{w_1''}{w_2''}=\frac{w_1'}{w_2'}=i_w, \qquad \frac{F_1''}{F_2''}=\frac{F_1'}{F_2'}=i_F \tag{9-6}$$

这说明，一个已知系统任何物理量的比值等于与之相似的系统中相对应量的比值。亦即由已知系统变换到相似系统时，对于各对应点，比值 i_l、i_τ、i_w、i_F、i_u 等保持不变。所以，这里的 i_l、i_τ、i_w、i_F、i_u 等称为相似定数。它是同一系统内同类物理量间的比例，是一个简单数群。但是，对于该系统各个不同的点，相似定数的值是不同的。

（4）相似常数和相似定数的区别

相似常数和相似定数的区别主要在于如下两点。

首先，在数学表达式形式上，相似常数 $C_u=\dfrac{u_i''}{u_i'}=\dfrac{u_{i+1}''}{u_{i+1}'}$，而相似定数 $i_u=\dfrac{u_i''}{u_{i+1}''}=\dfrac{u_i'}{u_{i+1}'}$。

其次，在物理意义上，相似常数是两个相似系统在对应点上各对应量之间的比值。对于两个已定的相似系统，它是定值；而相似定数则是同一系统内同类物理量之间的比值。对于两相似的系统，对应的比值不变。

(5) 相似指标

有些物理量的相似定数也可以不是简单的数群。例如，质点的速度是一个导出量，即 $w=\dfrac{\mathrm{d}l}{\mathrm{d}\tau}$。若在已知系统和相似系统中，某对应点的速度分别是 w' 和 w''，则有

$$w'=\frac{\mathrm{d}l'}{\mathrm{d}\tau'}, \qquad w''=\frac{\mathrm{d}l''}{\mathrm{d}\tau''} \tag{9-7}$$

若由相似常数的概念，对于这两个系统，有

$$\frac{l_i''}{l_i'}=C_l, \qquad \frac{w_i''}{w_i'}=C_w, \qquad \frac{\tau_i''}{\tau_i'}=C_\tau \tag{9-8}$$

或写成

$$l''=C_l l', \qquad w''=C_w w', \qquad \tau''=C_\tau \tau' \tag{9-9}$$

因此，可以得出

$$w''=C_w w'=\frac{\mathrm{d}l''}{\mathrm{d}\tau''}=\frac{C_l}{C_\tau}\frac{\mathrm{d}l'}{\mathrm{d}\tau'}=\frac{C_l}{C_\tau}w' \tag{9-10}$$

或者写成

$$l''=C_l l', \qquad w''=C_w w', \qquad \tau''=C_\tau \tau' \tag{9-11}$$

因此，可以得出

$$w''=C_w w'=\frac{\mathrm{d}l''}{\mathrm{d}l'}=\frac{C_l}{C_\tau}\frac{\mathrm{d}l'}{\mathrm{d}\tau'}=\frac{C_l}{C_\tau}w' \tag{9-12}$$

或

$$\frac{C_w C_\tau}{C_l}w'=w' \tag{9-13}$$

所以，必须是

$$\frac{C_w C_\tau}{C_l}=1 \tag{9-14}$$

可以看出，这里的相似定数已经不是一个简单数群了，而是一个由相似常数组成的综合数群。常称 $\dfrac{C_w C_\tau}{C_l}=1$ 之类的综合数群为相似指标，它具有相似定数的意义。

以上所述的一些相似常数和相似定数只是规定了单值条件的相似，即物理（物理量）、空间（几何）条件、时间条件（包括初始条件和过程的定常与不定常或称稳定与不稳定性）和边界条件（即周围介质相互作用的条件，如对流体在管中的流动来说，入口处与出口处的压力和速度以及管壁处的速度等就是边界条件）等的相似。然而，当考虑到一个物理现象时，往往是从描述这个现象的方程式或方程组出发，即要考虑许多个对物理现象的物理量，而不仅是某一个物理量。因此，现象的相似不能只局限在相似常数和相似定数上面。

(6) 相似准则

现在来看能够用数学方程式描述的物理现象之间的相似条件。

例如，牛顿定律给出   力＝质量×加速度

即

$$F=ma=m\frac{\mathrm{d}v}{\mathrm{d}\tau} \tag{9-15}$$

对于两个相似的现象，有 $F''=m''\dfrac{\mathrm{d}v''}{\mathrm{d}\tau''}$ 和 $F'=m'\dfrac{\mathrm{d}v'}{\mathrm{d}\tau'}$ \qquad (9-16)

并且有

$$F''=C_F F', \qquad m''=C_m m', \qquad \tau''=C_\tau \tau' \tag{9-17}$$

因而

$$F''=C_F F', \qquad m''\frac{\mathrm{d}v''}{\mathrm{d}\tau''}=C_m m'\frac{C_v}{C_\tau}\frac{\mathrm{d}v'}{\mathrm{d}\tau'}=\frac{C_m C_v}{C_\tau}m'\frac{\mathrm{d}v'}{\mathrm{d}\tau'} \tag{9-18}$$

或写成

$$\frac{C_F C_\tau}{C_m C_v}F'=m'\frac{\mathrm{d}v'}{\mathrm{d}\tau'} \tag{9-19}$$

故必有条件
$$\frac{C_F C_\tau}{C_m C_v} = 1 \tag{9-20}$$

由前所述，这里 $\dfrac{C_F C_\tau}{C_m C_v}$ 也是相似指标。由该指标可以写出

$$\frac{F''}{F'} \cdot \frac{\tau''}{\tau'} \Big/ \left(\frac{m''}{m'} \cdot \frac{v''}{v'}\right) = 1 \tag{9-21}$$

或
$$\frac{F''\tau''}{m''v''} = \frac{F'\tau'}{m'\tau'} = \frac{F\tau}{m\tau} = \mathrm{idem}（即等同） \tag{9-22}$$

为了和简单数群的相似定数相区别，称 $\dfrac{F\tau}{m\tau}$ 之类形式的综合数群为相似准则或相似判据。它表示在已知系统和相似系统中，不同类物理量之间的乘积（综合数群）必须在数值上相等。

相似准则是一个无量纲的数。在相似理论中，一般都是用无量纲量表述现象。这因为：①无量纲量能体现较深入的内容。②有量纲量的数值和单位制的选择有关，这就涉及人的主观意志。而物理定律是客观存在的，它们不应随人的意志在体现时有所转移。如果体现客观规律的关系式用无量纲量来表述，则不管采用什么单位，只要同类量的单位一致，则无量纲量关系式的形式不会有任何改变。因此，表达自然规律的最终形式应该是无量纲的关系式。③用无量纲量整理试验结果，可以推广到相似现象中去，也使试验内容明显减少。

如果用无量纲量给相似下定义的话，则相似是指无量纲量场几何全等的现象。

（7）相似准则的组合与变换

相似准则是根据一定的方程式推导出来的，不是任意选择或拼凑起来的物理意义。对于复杂现象，可能存在几个相似准则。因为相似现象的相似准则在数值上相等，所以相似现象可以根据需要写成不同的形式，也可以和常数值或其他的相似准则进行不同的组合或变换，所得的新的相似准则具有新的物理意义。

2. 相似准则的确定

相似准则是相似理论、模型试验研究以及相似性设计的核心。因此，如何确定相似准则就成为解决问题的关键。确定相似准则有两类方法：方程分析法和量纲分析法。

（1）方程分析法

任何正确的物理方程都是量纲和谐的，即方程中每一项的量纲都相同。这是通过方程分析能够导出相似准则的基础。通常采用的方程分析法有三种：相似变换法、积分类比法和相似定数法。下面简要地介绍一下积分类比法和相似定数法。

1）积分类比法。采用积分类比法时，要应用如下一些类比的关系式：

$$\frac{\mathrm{d}u''}{\mathrm{d}u'} = \frac{u''}{u'}, \qquad \frac{\partial w''_x}{\partial w'_x} = \frac{\omega''_x}{\omega'_x}, \qquad \frac{\partial x''}{\partial x'} = \frac{x''}{x'} \int y\,\mathrm{d}x = yx \tag{9-23}$$

$$\frac{\partial w_x}{\partial x} \Rightarrow \frac{w}{l}, \qquad \frac{\partial^2 w_x}{\partial^2 y} \Rightarrow \frac{w}{l^2}, \qquad e^x \Rightarrow x, \qquad \cos(wt) \Rightarrow wt \tag{9-24}$$

同时，还因为相似现象是用完全相同的方程组描述的，所以方程式中任意对应的两项的比值应该相等。通常，应用积分类比法来推导相似准则的工作步骤如下。

① 写出相应的微分方程式和单值条件。

② 用方程式中的任一项去遍除其他各项。

③ 进行各有关量的积分类比替代，得出相应的相似准则。

2）相似定数法。将测量单位转换为相对测量单位的方法称为相似定数法。简单数群仅由

两个同类物理量组成，综合数群由多个不同物理量组成。

相似定数的物理意义是，在彼此相似现象的系统中，其对应点上的物理量与定点上的各同类物理量的比值都相等。由相似系数所组成的方程式中的所有变量均用无量纲量来替代。

应用相似定数法来推导相似准则的步骤，一般如下。

① 写出微分方程和单值条件。

② 选择所有变量的测量单位。

③ 方程中各物理量都用其无量纲来代替。

④ 用方程中任一个幂次组合量除方程中的各项，求得相似准则。

（2）量纲分析法

当写不出描述现象的方程组时，可以采用量纲分析法或称因次分析法来确定相似准则。

所谓量纲就是采用基本度量单位表示导出单位的表达式。在国际 SI 单位制中，把长度 $L(\text{m})$、质量 $M(\text{kg})$、时间 $T(\text{s})$ 和温度 $t(\text{k})$ 定为基本量。在工程单位制中，把长度 $L(\text{m})$、力 $F(\text{N})$、时间 $T(\text{s})$ 和温度 $t(\text{k})$ 定为基本量。常用物理量在两种单位制下的量纲，可见表 9-1。

表 9-1　常用物理量的量纲

物理量	符号	量纲		物理量	符号	量纲	
		SI 单位制	工程单位制			SI 单位制	工程单位制
长度	L	$[L]$	$[L]$	剪切弹性模量	G	$[L^{-1}MT^{-2}]$	$[FL^{-2}]$
质量	M	$[M]$	$[FL^{-1}T^2]$	泊松比	μ	$[0]$	$[0]$
时间	T	$[T]$	$[T]$	摩擦系数	f	$[0]$	$[0]$
温度	K	$[K]$	$[K]$	正应力	σ	$[L^{-1}MT^{-2}]$	$[FL^{-2}]$
力	F	$[LMT^{-2}]$	$[F]$	剪应力	τ	$[L^{-1}MT^{-2}]$	$[FL^{-2}]$
力矩	M	$[L^2MT^{-2}]$	$[FL]$	正应变	ε	$[0]$	$[0]$
线速度	v	$[LT^{-1}]$	$[LT^{-1}]$	剪应变	γ	$[0]$	$[0]$
线加速度	a	$[LT^{-2}]$	$[LT^{-2}]$	压强	p	$[L^{-1}MT^{-2}]$	$[FL^{-2}]$
角度	φ	$[0]$	$[0]$	功率	N	$[L^2MT^{-3}]$	$[FLT^{-1}]$
角速度	ω	$[T^{-1}]$	$[T^{-1}]$	频率	ω_0	$[T^{-1}]$	$[T^{-1}]$
角加速度	β	$[T^{-2}]$	$[T^{-2}]$	阻尼比	ξ	$[0]$	$[0]$
密度	ρ	$[L^{-3}M]$	$[FL^{-4}T^{-2}]$	阻尼系数	c	$[MT^{-1}]$	$[FL^{-1}T]$
单位体积质量	γ	$[L^{-2}MT^{-2}]$	$[TL^{-3}]$	刚度系数	k	$[MT^{-2}]$	$[FL^{-1}]$
转动惯量	J	$[L^2M]$	$[FLT^2]$	动力黏度系数	μ	$[L^{-1}MT^{-1}]$	$[FL^{-2}T]$
弹性模量	E	$[L^{-1}MT^{-2}]$	$[FL^{-2}]$	运动黏度系数	v	$[L^2T^{-1}]$	$[L^2T^{-1}]$

注：$[0]=[L^0M^0T^0]$ 或 $[0]=[F^0L^0T^0]$。

采用量纲分析法时，应首先了解所研究现象的物理实质，并正确决定参与现象的全部物理量。然后，根据表示物理关系的方程式等号两端量纲应该齐次的原则，就可推算出指数未知的物理关系式，即得相似准则。

9.3.2 相似设计方法

相似理论在产品系列设计中的应用又称相似性设计。

为了满足使用者的不同要求，工厂常设计和生产系列产品。所谓系列产品，是指具有相同功能、相同结构方案、相同或相似的加工工艺，且各产品相应的尺寸参数及性能指标具有一定级差（公比）的产品。

目前，系列化产品在工业、农业、交通运输和家庭生活等各个领域中得到广泛应用，产品的系列化设计也成为广泛应用的设计方法之一。采用系列化设计的好处主要如下。

1) 系列产品的不同规格仅仅是基于一种规格变化而形成的，这就大大节省了产品的开发周期和成本，提高了产品的性能可靠性。

2) 系列产品在满足用户需求的前提下，遵循适当的参数变化规律，可以提高不同规格产品的生产批量，从而使产品质量稳定，成本下降，这对生产企业和用户都是有利的。

3) 对生产和销售企业来说，系列产品便于库存管理；对用户而言，系列产品的使用规定和方法相同，方便使用。

产品系列设计时，首先选定某一中档的产品为基型，对它进行最佳方案的设计，定出其材料、参数和尺寸。然后按系列设计原理，即通过相似原理求出系列中其他产品的参数和尺寸。前者称为基型产品，后者称为扩展型产品。

在产品系列设计中，一般采用两种造型原理：几何相似产品系列设计和几何半相似产品系列设计。

1. 几何相似产品系列设计

几何相似产品系列设计的工作步骤一般为：

1) 根据市场需求确定系列的尺寸范围和系列的分级数 n。细分级能使系列产品的技术特性易于满足用户的不同要求，具有较大的市场覆盖面。而粗分级可使系列中的每种规格有较大的批量，实现较为经济的加工，降低成本。在设计之前，应经充分考虑，予以确定。

产品的分级可以在整个尺寸范围内有相同的级间比，也可以各段不同。就每种规格而言，其全部技术参数也不一定采用同一种级间比。通常是将全部参数分为主要量和次要量，主要量应细分级，而次要量则粗分级，这就意味着与之相关的零部件也要进行相应的粗细分级。至于主要量和次要量的区别，则要根据具体情况与产品的功能相结合来确定，如对于起重运输设备，其起重量就应作为主要量，而对于能量转换设备（泵、电机等），其设备功率则应为主要量。

2) 按产品功能要求，设计基型产品。基型产品的尺寸和功能参数应居整个系列的中间位置。

3) 根据相似关系，进行相似设计，求得系列中扩展型产品每种规格的技术参数和几何尺寸。完全几何级数相似设计的系列产品的各种参数的级间比和长度级间比具有一定的关系。

4) 在计算出扩展型产品技术参数和几何尺寸的同时，要考虑技术和工艺方面的种种限制，如铸件的壁厚、钻孔的直径和深度等，对某些尺寸进行适当调整，这样，这些尺寸就可能偏离标准系列和几何相似。

2. 几何半相似产品系列设计

在系列化设计时，一种规格的产品的全部零件不一定按同一种相似比变化，往往由于各种因素要对相似比进行调整。这种具有不同级间比的相似系列称为半相似系列。几何半相似产品系列设计应该按照工艺、使用要求等具体情况来确定各参数的比例关系。如车床系列设计中，中心高 H 或工件最大回转直径 D 一般是成比例的，即 $D_1/D_2 = \varphi_D$；而中心距 l、车床中心离地面高度 H 以及手柄几何尺寸的大小 b 等将是不同的，有的甚至是随结构改变的。因此，在系列设计时必须要进行具体分析。

9.4　反求工程的原理与方法

如上所述，反求工程包括设计反求、材料反求、工艺反求、管理反求等多个方面，这是一项十分复杂的技术工程，它涉及众多的科学技术知识。本节将有关问题作如下简要介绍。

9.4.1　设计反求

设计反求是对已有的产品或技术进行分析研究，掌握其功能原理、零部件的设计参数、材料、结构、尺寸、关键技术等指标，去寻求这些信息的科学性、技术性、先进性、经济性、合理性等，并且充分消化和吸收，然后在此基础上，再根据现代设计理论方法，对原产品进行仿造设计、改进设计或创新设计。在设计反求阶段，对原产品进行反求分析的基础上，可进行测绘仿制、开发设计和变异设计，研制出符合市场需求的新产品。反求对象分析可根据产品设计、加工、使用的寿命周期等方面逐项深入进行。设计反求强调剖析原产品在"求"上狠下功夫，理解原设计的精华；再设计时在改进与创新过程中，力试在较高起点上设计出竞争力更强的创新产品。据资料统计，各国70%以上的技术都来自国外，所以通过反求工程掌握这些技术是十分必要的，因为在反求的基础上进行再设计，起点高，更容易得到创新的产品。

设计反求已成为世界各国发展科学技术、开发新产品的重要设计方法之一。

设计反求通常可分为两个阶段：反求对象分析阶段和反求创新设计阶段。

反求对象分析阶段：主要是通过对原有产品进行剖析，寻找原产品的技术缺陷，吸取其技术精华、关键技术，为改进或创新设计提出方向。

反求创新设计阶段：是在对原产品进行反求分析的基础上，进行测绘仿制、开发设计和变异设计，研制出符合市场需求的新产品。开发设计就是在分析原有产品的基础上，抓住功能的本质，从原理方案开始进行创新设计；变异设计则是在现有产品的基础上，对参数、机构、结构、材料等进行改进设计，或对产品进行系列化设计。

反求对象分析一般可根据产品设计、加工、使用的寿命周期等方面逐项深入进行，内容包括以下方面。

1) 反求对象设计指导思想的分析。该思想决定了产品的设计方案，不同时期的产品在设计指导思想方面是不同的。例如，在早期人们往往是从完善功能、扩展功能、降低成本方面开发产品。而当今在保证功能的前提下，产品的精美造型、工作生活的舒适性等方面上升为主要矛盾，如计算机键盘、鼠标必须使操作人员手用舒适，汽车座椅能够缓解驾驶员的疲劳等。

2) 反求对象功能原理方案分析。充分了解反求对象的功能有助于对产品原理方案的分析、理解和掌握，也才有可能在进行反求设计时，得到基于原产品又高于原产品的原理方案，这是反求工程技术的精髓所在。

3) 反求对象材料的分析。机械零件材料及热处理方法的选择，将直接影响零件的强度、寿命、可靠性等性能指标。材料的分析包括材料成分、材料组织结构和材料的性能检测等几大部分。通过材料分析，来确定材料的牌号及热处理方式。有时需通过材料分析，寻找材料代用品，如用合适的国产材料代替进口材料。

4) 反求对象工艺分析。设计反求和工艺反求是相互联系、缺一不可的。分析产品的加工过程和关键工艺十分必要。在此基础上改进工艺方案，或选择合理的工艺参数，确定新设计产品的制造工艺方法。通常采用的方法有：反判法编制工艺规程；改进工艺方案，保证原设计的要求；曲线对应法反求工艺参数；局部改进原型结构以适应工艺水平等。

设计反求中应注意的问题主要如下。

1）探索原产品的设计思想。探索原产品设计的指导思想是产品改进设计的前提。如某减速器有两个输入轴，一个用电动机驱动，而另一个则考虑到停电时用柴油机驱动。其设计的指导思想一定是应用在非常重要的场合。奔腾计算机 I 型的主机电源较大，其设计的指导思想是该机升级时仅更换 CPU 芯片即可。了解原产品的设计思想后，可按认知规律，能较好地设计出新一代同类产品。

2）探索原产品的原理方案设计。各种产品都是按一定要求设计的，而满足一定要求的产品，可能有多种不同的形式。所以产品的功能目标是产品设计的核心问题。不同的功能目标可引导出不同的原理方案。如设计一个夹紧装置时，把功能目标定在机械手段上，则可能设计出螺旋夹紧、凸轮夹紧、连杆机构夹紧、斜面夹紧等原理方案；如把功能目标扩大，则可能出现液压、气动、电磁夹紧等原理方案。探索原产品的原理方案设计，可以了解功能目标的确定原则，这对产品的改进设计有极大的帮助。

3）研究产品的结构设计。产品中零部件的具体结构是产品功能目标的保证，对产品的性能、成本、寿命、可靠性有着极大的影响。

4）对产品的零部件进行测绘。对产品的零部件进行测绘是反求设计中工作量很大的一部分工作。用现代设计方法对所求的零件进行分析，进而确定设计反求时的设计方法。

5）对产品的零件公差与配合公差进行分析。公差问题的分析是设计反求中的难点之一。通过测量，只能得到零件的加工尺寸，不能获得几何精度的分配。合理设计其几何精度，对提高产品的装配精度和力学性能至关重要。

6）对产品中零件的材料进行分析。通过零件的外观比较、重量测量、硬度测量、化学分析、光谱分析、金相分析等手段，对材料的物理特性、化学成分、热处理性能进行鉴定。参照同类产品的材料牌号，选择满足力学性能和化学性能要求的国产材料来代用。

7）对产品的工作性能进行分析。通过分析产品的运动特性、动力特性及其工作特性，了解产品的设计方法，提出改进措施。

8）对产品的造型及色彩进行分析。从美学原则、顾客需求心理、商品价值等角度进行构型设计和色彩设计。

9）对产品的维护与管理进行分析。分析产品的维护与管理方式，了解重要零部件及易损的零部件，有助于产品维修、改进设计和创新设计。

综上所述，设计反求的基本过程如图 9-4 所示。

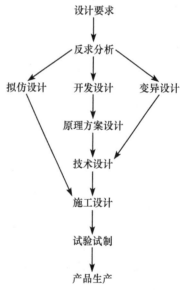

图 9-4　设计反求的一般过程

9.4.2　材料反求

材料反求分析包括材料成分反求分析、材料组织结构反求分析、材料硬度反求分析等。

1）零件材料的化学成分可以通过以下方法确定：①火花鉴别法，根据材料与砂轮磨削后产生的火花判别材料的成分；②音质判别法，根据敲击材料声音的清脆不同，判别材料的成分；③原子发射光谱分析法，通过几至几十毫克的粉末对材料成分进行定量分析；④红外光谱分析法，多用于橡胶、塑料等非金属材料的成分分析；⑤化学成分分析法，用于定量分析金属材料成分；⑥微探针分析法，材料表面成分的分析方法，利用电子探针、离子探针等仪器对材料的表面进行定性分析或定量分析。

2) 材料的组织结构分析包括材料的宏观组织结构分析和微观组织结构分析。可用放大镜观察材料的晶体大小、淬火硬层的分布、缩孔缺陷等宏观组织结构；利用显微镜观察材料的微观组织结构。

3) 材料的硬度分析一般是通过硬度计测定材料的表面硬度，然后根据硬度或表面处理的厚度判别材料的表面处理方法。

例如，在 1983 年，中原油田从美国引进英格索兰公司的注水泵，用于高压注水。使用中发现，材料为 42CrMo 的泵头在水压大于 36MPa 工作时寿命急剧下降，发生开裂失效。经分析是由油田污水腐蚀引起裂纹所致。于是从强度、耐腐蚀性和韧性三方面综合考虑，用耐腐蚀、高强度的低碳马氏体不锈钢 Cr13Ni6Mo 作为泵体材料，解决了高压注水泵的关键问题。

9.4.3　工艺反求

所谓工艺反求，就是对于无法一次成型的板料或体积成型产品，必须根据最终的产品形状和不同的成型条件，设计出相应的中间工序件和毛坯形状，由于整个设计过程与成型工艺密切相关，所以把这一过程称为工艺反求。

许多先进设备的关键技术常常体现在先进的工艺上，因此分析产品的加工过程和关键工艺十分必要。在工艺反求分析的基础上，结合企业的实际制造工艺水平，改进工艺方案，或选择合理工艺参数，确定新的产品制造工艺方法。

例如，戴纳卡斯特公司生产的电气元件接线盒中，大批电缆支架所用的锌铅镁合金螺冒顶部有宽缝，只有局部螺纹。为抵抗螺钉使支架螺孔两侧分开的力，螺母外部为方形，放在模压的塑料外壳中。经过分析发现，之所以设计这种特别的结构是因为采用压铸工艺制造内螺纹孔。因为压铸工艺 1min 可以生产 100 个零件，精度达 $30\mu m$，模具寿命达 100 万次，可大幅提高生产效率，降低成本。

习　题

9-1　何为反求工程？它所包含的主要内容有哪些方面？

9-2　试述产品的正向设计和反求工程设计的基本过程。

9-3　简述反求工程的基本特点以及反求工程设计的主要应用方面。

9-4　简述反求对象的主要类型及其特点。

9-5　简述实物反求设计的工作步骤。

9-6　试述软件反求设计的基本进程。

9-7　试述反求工程的实现步骤。

9-8　何为相似？相似主要类型有哪些？

9-9　简述几何相似、时间相似、运动相似、动力相似的各自概念。

9-10　何为相似变换？相似变换的目的是什么？

9-11　何为相似定数？相似常数？二者区别是什么？

9-12　试述确定相似准则的常用方法。

9-13　何为相似设计？

9-14　何为设计反求？设计反求通常可分为哪几个阶段？

9-15　材料反求的主要内容有哪些方面？何为工艺反求？

第 10 章　绿 色 设 计

10.1　概　　述

绿色设计（green design，GD）是 20 世纪 80 年代末出现的一股国际设计潮流，它反映了人们对现代科技文化所引起的环境及生态破坏的反思，同时体现了设计师道德和社会责任心的回归。绿色设计也称生态设计（ecological design，ED），环境设计（design for environment，DFE）或环境意识设计（environmental conscious design，ECD）等。虽然叫法不同，但内涵是一致的，其基本思想是：在设计阶段就将环境因素和预防污染的措施纳入产品设计中，将产品环境属性（如可拆卸性、可回收性、可维护性、可重复利用性等）作为产品的设计目标和出发点，力求使产品对环境的影响为最小。对工业设计而言，绿色设计的核心是"3R"，即 Reduce、Recycle 和 Reuse，不仅要尽量减少物质和能源的消耗，减少有害物质的排放，而且要使产品及零部件能够方便地分类回收并再生循环或重新利用。因此，绿色设计是指在产品及其寿命周期全过程的设计中，考虑产品功能、质量、开发周期和成本的同时，还要充分考虑对资源和环境的影响，使产品及制造过程对环境负面影响尽可能小，以符合环保标准。随着世界能源的过度消耗和环境污染的日益加剧，绿色设计已日益受到各国政府和工程设计界的重视，现已发展成为一种新的现代设计方法。图 10-1 所示为绿色设计的体系结构。

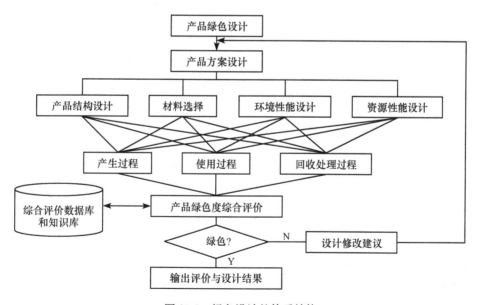

图 10-1　绿色设计的体系结构

绿色设计的特点主要表现为如下方面。

1）绿色设计是针对产品整个生命周期。传统的产品生命周期是从产品的生产到投入使用，有时也称为"从摇篮到坟墓"的过程；而绿色设计将产品的生命周期延伸到了产品使用结束后的回收重用及处理处置，也即"从摇篮到再现的过程"。

2）绿色设计是并行闭环设计。传统设计是串行设计过程，其生命周期是指从设计、制造直至废弃的各个阶段，而产品废弃后如何处理处置则很少被考虑，因而是一个串行开环过程；而绿色设计的生命周期除传统生命周期各阶段外，还包括产品废弃后的拆卸回收、处理处置，实现产品生命周期阶段的闭路循环，而且这些过程在设计时必须并行考虑。因而，绿色设计是并行闭环设计。

3）绿色设计有利于保护环境，维护生态系统平衡。设计过程中分析和考虑产品的环境属性是绿色设计区别于传统设计的主要特征之一，因而绿色设计可从源头上减少废弃物的产生。

4）绿色设计可以减少不可再生资源的消耗。由于绿色设计使构成产品的零部件材料可以得到充分有效的利用，在产品的整个生命周期中能耗最小，因而减少对材料资源及能源的需求，保护了地球的矿物资源，使其合理持续利用。

5）绿色设计的结果是减少了废弃物数量及其处理的棘手问题。工业化国家每年要生产大量的垃圾，垃圾处理则成为颇为棘手的问题。通常采用的填埋法不仅占用了大量土地，而且会造成二次污染。据美国全国科学院的调查，从地下挖掘出来的东西有 94% 在几个月之内就被扔进了垃圾堆。而发展中国家要处理大量的垃圾，技术上和经济上都有一定的难度。绿色设计将废弃物的产生消灭在萌芽状态，可使其数量降低到最低限度，显著缓解了垃圾处理的矛盾。

绿色设计与传统设计的比较可见表 10-1。

表 10-1　绿色设计与传统设计的比较

比较因素	传统设计	绿色设计
设计依据	依据用户对产品提出的功能、性能、质量及成本要求来设计	依据环境效益和生态环境指标与产品功能、性能、质量及成本要求来设计
设计人员	设计人员很少或没有考虑有效的资源再生利用及对生态环境的影响	要求设计人员在产品构思及设计阶段，必须考虑降低能耗、资源重复利用和保护生态环境
设计技术或工艺	在制造和使用过程中很少考虑产品回收，有也仅是有限的材料回收，用完后就被放弃	在产品制造和使用过程中可拆卸、易回收，不产生毒副作用及保证产生最少的废弃物
设计目的	为需求设计	为需求和环境设计，满足可持续发展的要求
产品	传统意义上的产品	绿色产品或绿色标志

10.2　绿色技术

绿色技术的出现可追溯到 20 世纪 60 年代，不过直到 1994 年 E. 布劳恩和 D. 威尔德才首先提出了环境友善技术（environmental sound technology）的概念，并以此涵盖了几乎所有与环境有关的技术，也有学者称之为绿色技术（green technology）。对于绿色技术的定义，不同专业的人，从不同角度对绿色技术有着各种各样的理解。

但总体来说，绿色技术应顺应生态规律的要求，它的使用不会或很少造成环境污染和生态破坏，能保护人体的健康；它以安全的、用之不竭的能源和原材料为基础，它的发展符合生态学原理和生态经济规律，强调经济系统和生态系统的和谐；它高效地回收利用废旧物资和副产品，保持资源和能源的不断循环。因此，可以认为绿色技术就是最大限度地节约资源和能源，减少环境污染，有利于人类生存而使用的各种现代技术、工艺和方法的总称。绿色设计与绿色制造是绿色技术的核心内容。

绿色技术是一种对环境友好、节约资源、节约能源以及减少污染的可以持续利用技术。其内涵反映在以下方面。

1) 绿色技术是一种现代技术体系，这种技术体系不同于人类的蒙昧时代、野蛮时代或农业文明时代的原始技术；同时，它又是一种技术体系，不是专指某一种技术或产业部门的技术。

2) 绿色技术是一种"无公害化"或"少公害化"的技术，即无害于人类赖以生存的自然环境的技术。这主要体现在绿色技术功能与环境功能的一致性上。因此，防止与治理环境污染，有利于自然资源生态平衡的技术均是绿色技术，这是判定绿色技术的生态标准或环境标准。

3) 绿色技术生产出来的产品应该有利于人类的健康和福利，有利于人类文明进步，这是判定绿色技术的社会标准。

绿色设计是面向产品全生命周期的设计。为了消除或减轻环境污染，现代社会要求产品制造企业必须考虑如何通过再循环和重复利用来适当地处置产品（如图 10-2 的下半部分从右向左的流程过程），并把产品废弃问题，如回收与拆卸作为设计需求纳入其设计过程。将图 10-2 作为整体考虑，即为绿色设计的产品生命周期，因此绿色设计的产品生命周期是指从原材料生产、产品生产制造、装配、包装、运输、销售、使用直至回收重用及处理所涉及的各个阶段的总和。绿色设计的产品生命周期一般包括以下几个阶段：原材料获取阶段；绿色产品的规划、设计与生产制造阶段；产品的分配和使用阶段；产品维护和服务阶段；废弃淘汰产品的回收、重用及处理处置阶段。

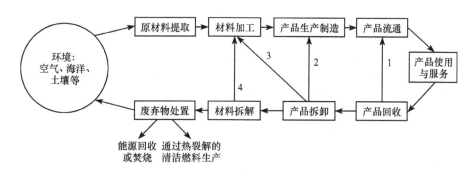

图 10-2 产品生命周期的阶段与环境的关系
1-直接再循环或重复利用；2-可直接利用成分的再制造；3-再循环材料的再加工；4-单体/原材料再生

产品生命周期的各个阶段需要物料和能源的输入，也有各类废弃物向自然界的输出。绿色设计要对产品生命周期的各个阶段对环境的影响进行分析评价，依据评价结果，产品设计人员即可选择合理的设计方案。

10.2.1 绿色产品

1. 绿色产品的概念

绿色产品是 20 世纪 80 年代后期世界各国为适应全球环保战略，进行产业结构调整的产物。绿色产品（green product，GP）或称为环境协调产品（environment conscious product，ECP），是相对于传统产品而言的。绿色产品是绿色设计的最终体现，它是产品绿色程度的载体。

目前国内外虽对绿色产品尚无确切的定义，但较多的学者认为：绿色产品是使用绿色材料、通过先进的绿色设计及制造方法、采用绿色包装生产的一种节能、减耗、减污或无污的环境友好型产品。在其生命周期全过程中，符合特定的环境保护要求，对生态环境无害或危害极小，资源利用率最高，能源消耗最低的产品。

绿色产品的内涵体现在以下三个方面：节约资源和能源，保护生态环境，有利于人类的安全与健康。从绿色产品的这些内涵可以看出，绿色产品是环境友好型产品，这是绿色产品区别于一般产品的最重要特征，通常用"绿色度"来表明这种友好性的程度。绿色产品的"绿色度"体现在产品的生命周期全过程，而不是产品的某一局部或某一阶段。

2. 绿色产品的特点

由绿色产品的定义及其内涵可以看出，绿色产品具有如下特点。

1）环境友好性。绿色产品的环境友好性是绿色产品最重要的特性，也是其区别于一般产品的重要特征。绿色产品的友好性通常用"绿色程度"来表明，这种友好体现在产品的生命周期全过程，而不是产品的某一局部或某一阶段。具体体现在以下三个方面：①优良的环境性能，即产品从生产到使用乃至废弃回收处理的各个环节都对环境无害或危害最小。②充分有效地利用材料资源，即绿色产品应尽量减少材料的使用种类和数量，特别是稀有贵重材料和有毒有害的材料。在满足产品功能的条件下，尽量简化产品结构，尽可能使产品中的零部件能最大限度地再利用。③有效利用能源，绿色产品在其生命周期的全过程中应充分有效利用能源，尽量减少能源消耗。

2）生命周期的"多代性"。绿色产品的生命周期是从"摇篮到再现"（cradle-to-reincarnation）的过程，它是对普通产品生命周期的扩展，即绿色产品的生命周期除设计、制造、使用外，还应包括废弃（或淘汰）产品的回收、重用及处理处置阶段。它是包括产品生命周期各个阶段的闭环系统，一般主要包括五个过程：①绿色产品规划及设计开发过程；②绿色产品的制造与生产过程；③绿色产品使用过程；④产品维护和服务过程；⑤废弃淘汰绿色产品的回收、重用及处理处置过程。绿色产品的生命周期不但包括本代产品生命周期的全部时间，而且包括报废或停止使用以后各代产品中的循环使用或循环利用的时间。

3）时效性。绿色产品是一定时代的产物。随着科技发展不断提高，人们的要求不断提高，产品的环境行为改善，绿色产品认证标准指标的阈值也将提高，原有的绿色产品在一定的时期内符合绿色产品认证标准，而经过一个时期，就不再是"绿色产品"。

4）区域性。目前，由于各国的生产技术存在一定的差距，绿色产品衡量标准不尽相同，虽然在一些国家或地区，某产品按本国或地区的绿色产品衡量标准是"绿色产品"，但是到另外一个国家或地区，可能就不是"绿色产品"。

3. 绿色标志

绿色标志，又称"环境标志""生态标志""蓝色天使"等，它是一种产品的证明性商标，受法律保护，是经过严格检查、检测、综合评定，并经国家专门委员会批准使用的标志。绿色标志使得消费者一目了然地明确哪些产品有益于环境和健康，便于消费者购买、使用，而通过消费者的选择和市场竞争，可以引导企业自觉调整产业结构，采用绿色制造技术，生产对环境有益的产品，最终达到环境和经济协调发展的目的。在国际贸易中，绿色标志就像一张"绿色通行证"，发挥越来越重要的作用。

我国于 1993 年 5 月成立了"中国环境标志产品认证委员会",并实行绿色标志认证制度。1993 年 8 月国家环境保护局正式颁布了中国的绿色标志(环境标志)图形,如图 10-3 所示。它是由青山、绿水、太阳及十个环组成。标志图形的中心结构表示人类赖以生存的环境;外围的十个环紧密结合,环环紧扣,表示公众参与,共同保护环境;同时十个环的"环"字与环境的"环"同字,其寓意为"全民联合起来,共同保护人类赖以生存的环境"。其他几种常见绿色标志可见图 10-4。

图 10-3　中国的
绿色标志

(a) 北欧委员会环境　　(b) 日本生态标签　　(c) 加拿大环境选材　　(d) 德国蓝色天使
　　标志　　　　　　　　　　　　　　　　　　　标志　　　　　　　　标志

图 10-4　其他国家的绿色标志

10.2.2　绿色制造

1. 绿色制造的概念

绿色制造(green manufacturing),又称环境意识制造(environmentally conscious manufacturing)、面向环境的制造(MFE)等。由于绿色制造的提出和研究历史较短,其概念和内涵尚处于探索发展阶段,至今还没有统一的定义。但较多学者认为:绿色制造是一个综合考虑环境影响和资源效率的现代制造模式,其目标是使得产品从设计、制造、包装、运输、使用到报废处理的整个产品生命周期中,对环境的影响(破坏作用)最小,资源效率最高,并使企业经济效益和社会效益协调优化。

绿色制造涉及的问题有三部分:一是制造问题,包括产品生命周期全过程;二是环境保护问题;三是资源优化利用问题。绿色制造是这三部分内容的交叉,如图 10-5 所示。

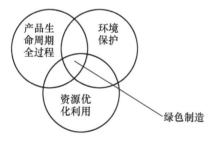

图 10-5　绿色制造的问题域交叉情况

2. 绿色制造的特点

绿色制造具有以下几个方面的特点。

1) 具有系统性。绿色制造系统与传统的制造系统相比,其本质特征在于绿色制造系统除保证一般的制造系统功能外,还要保证环境污染为最小。

2) 突出预防性。绿色制造是对产品和生产过程进行综合预防污染的战略,强调以预防为主,通过污染物源削减和保证环境安全的回收利用,使废弃物最小化或消失于生产过程中。

3) 保持适合性。绿色制造必须结合企业产品的特点和工艺要求,使绿色制造目标符合企业生产经营发展的需要,又不损害生态环境和保持自然资源的活力。

4) 符合经济性。通过绿色制造,可节省原材料和能源的消耗,降低废弃物处理处置费用,降低生产成本,增强市场竞争力。在国际上,绿色产品已获得越来越广泛的市场,生产绿色产品或环境标志产品必然使企业在国际市场上具有更大的竞争力。

5）注意有效性和动态性。绿色制造从末端治理转向对产品及生产过程的连续控制，使污染物产生最少化或消失于生产过程中，综合利用再生资源和能源、物料的循环利用技术，有效地防止污染再产生。

随着相关科学技术的发展，绿色制造的目标、内容会产生相应的变化和提高，也会不断地走向完善。绿色制造必须与市场需求、经济发展的动态相适应。

10.3　绿色设计的内容和方法

10.3.1　绿色设计的内容

1. 绿色材料及其选择

绿色材料是指在满足一般功能要求的前提下，具有良好环境兼容性的材料。绿色材料在制备、使用以及用后处置等生命周期的各阶段，具有最大的资源利用率和最小的环境影响。

绿色材料选择的三个原则如下。

1）优先选用可再生材料，尽量选用回收材料，提高资源回收率，实现可持续发展。

2）尽量选用低能耗、少污染的材料。

3）尽量选择环境兼容性好的材料及零部件，避免选用有毒、有害和有辐射特性的材料，所用材料应易于再利用、回收、再制造或易于降解。

2. 产品的可回收性设计

可回收性设计是在产品设计初期应充分考虑其零件材料的回收可能性、回收价值大小、回收处理方法、回收处理结构工艺性等与回收性有关的一系列问题，最终达到零件材料资源、能源的最大利用，并对环境污染最小的一种设计思想和方法。

可回收性设计的内容主要包括以下几个方面：可回收材料及其标志；可回收工艺及方法；可回收性经济评价；可回收性经济设计。

3. 产品的可拆卸设计

现代机电产品不仅应具有优良的装配性能，还必须具有良好的拆卸性能。可拆卸设计是一种使产品容易拆卸并能从材料回收和零件重新使用中获得最高利润的设计方法学。可拆卸性是绿色设计的主要内容之一，也是绿色设计中研究较早且较系统的一种方法，它研究如何设计产品才能高效率、低成本地进行组件、零件的拆卸以及材料的分类拆卸，以便重新使用及回收，它要求在产品设计的初级阶段就将可拆卸性作为结构设计的一个评价准则，使所设计的结构易于拆卸，因而维护方便，并可在产品报废后可重用部分充分有效地回收和重用，以达到节约资源和能源、保护环境的目的。

可拆卸性设计的主要策略有：减少拆卸的工作量；可预测的产品构造；易于拆卸；易于分离；减少零件的多样性。

4. 绿色包装设计

产品本身除具备基本功能、寿命要求、低成本及环境友好性等属性外，在某种程度上，作为产品"嫁衣"的包装对产品的整体形象、产品竞争力等具有重要影响。随着现代社会的不断发展和人们生活水平的不断提高，产品的包装已显得越来越重要。绿色包装是国际环保发展趋势的需要。随着环境保护浪潮的冲击，消费者对商品包装提出了越来越高的要求，即要求新型包装产品必须符合"4R/D"原则。这里的"4R/D"是指减少包装材料消耗（reduce），包装容器的再充填使用（reuse 或 refill），包装材料的回收循环使用（recycle），能量的再生（recover）及包装材料具有可降解性（degradable）。

绿色包装是指采用对环境和人体无污染、可回收重用或可再生的包装材料及其制品的包装。绿色包装具有以下特点：①材料最省，废弃物最少，节省资源和能源；②易于回收利用和再循环；③包装材料可自行降解且降解周期短；④包装材料对人体和生物系统应无毒无害；⑤包装产品在其生命周期全程中均不应产生环境污染。

绿色包装设计原则及内容有：①研制开发无毒、无污染、可回收利用、可再生或降解的包装原材料及辅助材料；②研究现有包装材料有害成分的控制技术与替代技术，以及自然"贫乏材料"的替代技术；③优化包装结构，减少包装材料消耗；④加强包装废弃物的回收处理。

5. 绿色产品的成本分析

企业的价值增值直接取决于产品成本的高低。对绿色产品的而言，只考察其制造设计方案的技术绿色性是不够的，还需要进一步进行成本分析。传统产品成本分析只是考虑产品设计、制造等成本；绿色产品的成本分析不同于传统的成本分析，在产品设计初期，就必须考虑产品的回收、再利用等性能。因此，成本分析时就必须考虑污染物的替代、产品拆卸、重复利用成本，特殊产品相应的环境成本等。

绿色产品生命周期成本一般包括以下几个方面。

1）设计成本。包括市场调研、可行性分析、产品设计、产品试验、修正设计、编写设计文档等费用支出。

2）制造成本。包括生产成本和环境成本。其中，生产成本包括材料消耗、能源消耗、设备工时、劳动工时、在制品的运送与存放、产品测试与检验等物料转换生产费用支出。环境成本是产品生产制造过程中解决环境污染和生态破坏所需的环境成本，它包括污染排放控制系统成本、排放废弃物的处理成本和生态维护成本。

3）营销成本。包括产品包装、运输、储存以及广告促销等费用。

4）使用成本。包括运行成本、维修成本和使用过程导致环境问题而需支付的环保费用；运行成本是用户为产品在使用期间所耗费的人、财、物而支付的费用；维修成本是在使用期限内，为维护产品正常功能而进行维护、修理或零件更换所需的费用。

5）回收处理成本。回收处理成本是报废产品的收集、运输、拆卸、再生、再造和填埋等的费用支出。

6. 绿色产品设计数据库与知识库

绿色设计数据是指在绿色设计过程中所使用的相关的产生数据；绿色设计知识是指支持绿色设计决策所需的规则。绿色设计由于涉及产品生命周期全过程，因而设计所需的数据和知识是产品生命周期各阶段所得的数据和知识的有机融合与集成。

绿色设计数据库与知识库应包括产品生命周期中与环境、经济、技术、对策等有关的一切数据与知识，如材料成分，各种材料对环境的影响值，材料自然降解周期，人工降解时间、费用，制造、装配、销售、使用过程中所产生的附加物数量及对环境的影响值，环境评估准则所需的各种判断标准，设计经验等。

针对具体产品系统的绿色设计数据库在绿色设计主数据库和应用视图模型数据库以及企业数据库的共同支持下工作，通常主数据库中存放通用的绿色设计数据库，如各类典型工艺的环境影响及其他各类共享数据，用于后台数据支持；产品系统数据库存放具体产品系统的有关数据，包括各类具体产品系统信息和从主数据库映射得到的数据副本和应用模型的分析评价结果；应用模型数据库存放各类应用模型信息数据，如拆卸回收设备信息、工具信息、成本信息、环境影响信息以及模拟评价分析的结果等；企业数据库存放企业各类生产、经营等产品系统管理信息。

10.3.2　绿色设计方法

　　与绿色设计有关的理论和方法的研究，从 20 世纪 90 年代中期就成为产品设计领域的研究主题之一。绿色设计的主要方法如下。

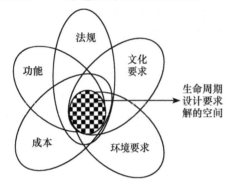

图 10-6　产品生命周期设计要素的关键

1. 生命周期设计

　　生命周期设计的要求是以预防污染和节约资源为核心。产品生命周期设计要素控制的关键是将环境与资源效益的分析方法运用到产品的设计中，实现产品的功能性、环境性和成本性相协调，以达到最佳的环境效益与经济效益。美国 AT&T 公司运用生命周期设计方法，总结了设计要素控制的关键是同时满足法规、性能、环境、文化和成本要求的设计要素，并将这些要素纳入产品设计中，如图 10-6 所示。

　　生命周期设计的产品成本计算是采用产品使用寿命全过程成本控制方法，它不仅包括制造成本、销售成本，而且考虑了产品在使用和用后废弃的环境责任费用，以及对环境和资源恢复所需的费用，因而更能真实地反映产品在设计、制造、销售、使用、用后处理这样的全生命周期内的生态效率。

　　2. 模块化设计

　　模块化设计就是在对一定范围内的不同功能或相同功能不同性能、不同规格的产品进行功能分析的基础上，划分并设计出一系列功能模块，通过模块的选择和组合可以构成不同的产品，以满足市场的不同需求。模块化设计既可以很好地解决产品品种规格、设计制造周期和生产成本之间的矛盾，又可为产品快速更新换代，提高产品质量，方便维修，有利于产品废弃后的拆卸回收，增强产品的竞争力提供必要条件。产品模块化对绿色设计具有重要意义，这主要表现在以下几个方面：

　　1）模块化设计能够满足绿色产品的快速开发要求。按模块化设计开发的产品结构由便于装配、易于拆卸和维护、有利于回收及重用等模块单元组成，这样既简化了产品结构，也能快速组合成用户和市场需要的产品。

　　2）模块化设计可将产品中对环境或对人体有害的部分、使用寿命相近的部分等集成在同一模块中，便于拆卸回收和维护更换等。同时，由于产品由相对独立的模块组成，因此便于维修，必要时可更换模块，而不至于影响生产。

　　3）模块化设计可以简化产品结构。按传统的观点，产品由部件组成，部件由组件构成，组件由零件构成，因而要生产一种产品，就得制造大量的专用零件。而按模块化的观点，产品由模块构成，模块即为构成产品的单元，从而减少了零部件数量，简化了产品结构。

　　模块化设计可根据绿色设计的不同目标要求进行。如在模块化设计时，若以可重用性为主，则需要考虑两个主要因素：期望的零部件寿命及其重用性能。考虑零部件寿命时，可将长寿命的零部件集成在相同模块中，以便产品维护和回收后的重用；当考虑可重用性时，应将具有相同重用性零部件（回收价值与回收成本之比）集成在同一模块中。模块化设计能较为经济地用于多品种小批量生产，更适合绿色产品的结构设计，如可拆卸结构设计等。模块化设计过程如图10-7 所示。

3. 面向对象的设计

面向对象的设计（design for X，DFX）是针对产品生命周期内同时存在多种需求的情况下实施产品设计的主要方法之一。其中 X 代表产品设计中除功能要求之外的其他需求，如可制造性、可装配性、可维护性、可回收性等。除了目前研究较深入的面向制造的设计（design for manufacturing，DFM）和面向装配的设计（design for assembly，DFA）之外，还有拆卸设计（design for disassembly，DFD），循环再造设计（design for recycling，DFR），成本设计（design for cost，DFC），质量设计（design for quality，

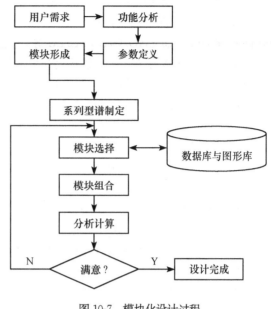

图 10-7 模块化设计过程

DFQ），服务设计（design for service，DFS），大规模定制设计（design for mass customization，DFMC），环境设计（design for environment，DFE）等。

DFX 采用的基本方法是基于约束的设计方法。产品设计最终必须满足来自产品生命周期的各种需求，在形式上可以表现为约束。DFX 的实质是以多个代表产品生命周期内需求的约束条件剪裁设计空间，在满足约束的情况下，优化求解设计空间的问题。

4. 集成化设计

绿色设计是传统设计内容与反映产品环境友好特性绿色属性的有机集成。产品的绿色属性涉及制造、使用和报废等产品生命周期阶段，因此在产品开发阶段，采用模拟仿真方式，构建虚拟的制造、使用和报废等数字化环境，对产品绿色性实施评价，预测未来产品绿色特性，修正影响绿色性的不合理设计，最终使所开发的产品达到预定的绿色目标，这一过程的基础便是产品模型。除绿色属性外，产品设计还涉及其他特性的模拟，如产品的可装配性、可拆卸性、可制造性等，它们同样需要数字化的产品模型。因此，结构统一、信息无冗余、面向生命周期全过程的产品集成模型是实现绿色产品开发的基础。图 10-8 是这种模型的体系结构。产品开

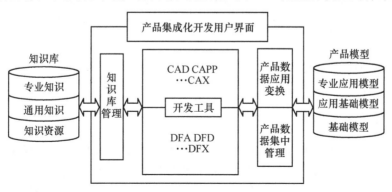

图 10-8 集成化绿色设计体系结构

发面向生命周期不同应用需求，开发系统需要给用户提供用于实现这些需求的开发工具，即CAX 系统工具和面向产品生命周期的 DFX 使能工具。CAX 是为满足产品设计特定领域需求的软件系统平台，如 CAD/CAPP/CAM 等，在这些平台支持下可完成产品造型、加工工艺规划等基本任务；DFX 是在 CAX 基础上开发的用于实现生命周期需求的使能技术与工具，它在产品设计阶段充分考虑产品设计对后续过程的影响，如产品可装配性、可制造性、可维护性等，通过对各 CAX 设计结果评价和合理决策，最大限度地考虑所有因素对产品设计的影响，以得到所开发产品在生命周期全程各项性能综合最优。

产品模型是产品设计活动操纵对象，是有关产品数据和信息集合，为绿色设计的核心。产品模型由基础模型、涉及应用功能的应用基础模型、针对具体应用所构建的专业应用模型等构成。产品模型有效应用需要模型管理的支持，通常模型管理和产品模型构成一个功能单元，通过控制信息存取与变换、规范模型数据结构等管理服务的提供，实现开发工具与产品模型的信息交互，进而实现各环节开发工具的信息共享与集成。模型管理由基于产品结构的数据管理和将模型集成信息向应用需求信息变换的转换机制两部分组成。

知识库存储的是涉及产品开发的各类应用知识，这些知识通常作为各开发工具的应用基础，为设计求解和评价解决方案所必需。

用户界面是将产品开发过程的各种工具（CAX 和 DFX）、产品模型及知识库实施封装，为用户提供统一的产品开发平台。通过用户界面的封装，各开发工具可协调的应用于产品开发进程，模型数据和知识的存取等应用也得到一致性控制，从而实现过程和信息统一管理，使集成的、并行的产品开发成为可能。

该结构体系的重要特点在于：基于统一产品模型，通过用户界面封装各开发工具，实现面向生命周期的产品开发的过程集成和信息共享。

5. 长寿命设计

组成产品的零部件在工作一段时间后会由于某种或某些原因而失效，从而影响产品整体功能的实现和产品的使用寿命。通常影响零件寿命的主要因素包括断裂失效、过量变形失效、表面损伤失效、零件老化、功能指标衰减及加工缺陷等。长寿命设计是指在对产品功能进行分析的基础上，采用各种先进的设计理论和工具，使设计出的产品能满足当前和将来相当长一段时间内的市场需求。由此可见，长寿命设计并非单纯的延长产品的寿命。因为简单地延长产品的寿命并不一定能确保在产品使用过程中均能经济地满足用户要求，所以长寿命设计是个综合性的问题，产品不仅应具有很长的寿命，而且在其服役期间能动态地满足用户和社会的要求。由于用户和社会对产品功能和性能的要求是不断变化的，因此要在满足用户要求的前提下实现绿色产品的长寿命设计还有很多困难。为了生产出具有长寿命的绿色产品，必须革新传统的设计思想和方法。

实现产品长寿命设计应遵循的原则包括产品的性能保持性原则、产品的易维修原则、产品的可重构原则、产品的开发性原则和产品的经济性原则。

10.3.3　绿色设计的材料选择

材料选择是产品设计的第一步，因此其绿色特性对产品的绿色性能具有极为重要的影响。绿色设计中的材料选择对最终绿色产品的"绿色程度"具有重要意义。

产品设计时，影响材料选择的因素很多，通常传统设计考虑的主要因素有以下几个方面：

1）材料的物理-力学性能。要求材料满足一定强度（弹性模量、抗压强度、抗扭强度、抗剪强度等）、疲劳特性、刚度、稳定性、平衡性以及抗冲击性。

2）产品的基本性能。材料选择必须考虑产品基本性能，它们主要包括：①功能；②外观和结构；③安全性；④耐腐蚀性；⑤经济性等。

3）产品使用的工作环境。任何产品总是在一定的工作环境中运行和使用，它必然受到环境的影响，这些影响主要包括：①冲击与振动；②温度与湿度；③气候；④噪声等。

随着对产品环境友好性要求的不断提高，传统产品设计中材料选择的不足之处日益明显，主要表现在以下几个方面。

1）所用材料没有考虑报废后的回收处理问题。例如，现有各种塑料的使用，不仅种类繁多、性质各异，使用后又很难处理，造成令人头痛的白色污染。

2）产品设计时的材料选择以功能为主要目标，忽视了与环境的关系。例如，氟利昂的大量使用导致了臭氧层的破坏，矿物燃料的大量燃烧使大气中 CO_2 含量过高，产生温室效应等。

3）没有考虑材料的加工过程及其对环境的影响。所选材料有的难以加工，耗能高、噪声大而各种有毒有害材料，如各种铅、镍、镉的使用，其加上过程中产生的切屑、粉尘会对环境造成污染，并威胁操作者的身体健康。

4）没有考虑所用材料本身的生产过程。例如，热饮料杯有纸杯和聚苯乙烯杯，一般说来纸杯对环境保护有利，但美国人霍金在对纸和聚苯乙烯的生产过程研究后却得出了完全相反的结论。

5）所用材料种类繁多。例如，一部自行车所使用的材料就有三十到四十余种。所用材料种类增加，不仅会增加产品制造过程中对环境的负影响，而且给产品废弃后的回收处理带来不便，造成环境污染。

因此，绿色材料的选择应主要遵循以下原则。

1）优先选用可再生材料，尽量选用回收材料，提高资源回收率，实现可持续发展。

2）尽量选用低能耗、少污染的材料。

3）尽量选择环境兼容性好的材料，即在使用过程中，对环境无毒性作用，对人和动物没有伤害，与环境有良好的协调性。

4）所选材料应易于加工，且加工过程中无污染或污染最小。

5）尽量选用能自然分解并为自然界吸收的材料。

10.3.4 绿色设计的关键技术

绿色设计从研究视角上说，关注的是产品全生命周期环境影响和资源利用问题。如何有效地对产品全生命周期中的环境和资源问题进行综合分析、评价，进而指导设计，得到技术、经济和环境性能综合最优的产品是绿色设计所面临的挑战和需要解决的关键问题。

绿色设计的关键技术主要集中在以下几个方面。

1）面向产品全生命周期的绿色设计基础理论和方法的研究（见 10.3.2 节）。

2）绿色设计产品模型的建立。市场和消费者是产品设计的根本驱动力，但有市场和消费者的需求并不意味着就能设计出产品。这很大程度上取决于企业对信息和知识的掌握及综合应用能力，绿色设计集成产品系统建模的目的就是有效管理产品全生命周期技术经济、环境信息，保证相关信息的共享、交流的通畅和信息互操作机制的实现。有关产品建模的研究已经有很多，一个公认的产品模型定义是指给定产品在全生命周期内相关信息的逻辑集成。尽管很多有关产品模型的研究引入了产品全生命周期概念，但分析发现，大多数的研究缺乏对产品系统末端即拆卸回收阶段和废弃物处置阶段的建模分析能力，并且基本上不具备对产品生命周期环境影响分析建模的能力，而这正是绿色设计的切入点，并在产品设计理论和方法中日益受重视的重要原因。在综合产品建模研究基础上，基于产品系统定义，对产品系统模型定义如下：产品系统模型是对特定产品系统及其全生命周期相关活动过程、信息内容、逻辑关系进行描述和表示的计算机数字化模型。

3）绿色设计综合评价系统的建立（见 10.3.5 节）。要实现对产品全生命周期中的环境和资源情况进行有效的分析与评价，必须建立绿色设计综合评价系统。

4）辅助决策支持工具。

10.3.5　绿色设计评价

1. 绿色设计指标

绿色设计的最终结果是否满足预期的要求和目标、是否还有改进的潜力、如何改进等问题是绿色设计过程中所关心的问题。绿色设计的最终结果是绿色产品，绿色设计评价即绿色产品的评价。传统产品的设计评价主要考虑三个方面，即质量（Q）、成本（C）和时间（T）。相对于传统设计评价，绿色设计评价还必须满足环境属性要求，其评价一般应从技术、经济和生态环境等方面进行，评价指标通常包括环境属性指标、资源属性指标、能源属性指标和安全属性指标四个方面。

环境影响（P）指标主要是指：①对水环境的影响，即产品在生命周期全过程中可能会产生的水体影响；②对大气质量的影响；③对土壤的影响；④产生的固体废弃物等。

资源消耗量（R）主要受三方面的影响：①资源种类，所用资源种类包括主要原材料和辅料，要考虑它们属于可再生资源还是不可再生资源，是稀有资源还是丰富的资源；②资源特性，包括资源的化学特性和物理特性，可利用或可再生特性，对生态环境的影响特性等，其中资源的化学特性和物理特性是考虑的重点；③资源消耗状况，包括消耗量、利用率、损耗率和再生利用率等。

能源消耗量（E）指标主要受三方面的影响：①能源种类。所用能源种类包括一次能源和二次能源，要考虑它们属于可再生能源还是不可再生能源，是短缺能源还是丰富能源等。②能源特性。重点考虑的是能源的可利用或可再生特性，在使用过程中对生态环境的影响特性等。③能源消耗状况。包括消耗量、利用率、再生利用率等。

安全性（A）指标主要受两方面的影响：①对生态系统的影响，产品在生命周期全过程中可能对生态系统的平衡造成的影响；②对人体健康的影响。

2. 绿色设计评价标准

绿色产品评价离不开标准，只有制定系统、科学的绿色产品评价标准，才能评价什么样的产品为绿色产品；同时，产品的"绿色度"又是没有止境的，随着科学技术的进步，人类对绿色的认识还在不断地深化，需要不断地对绿色产品标准进行更新。绿色产品评价应按照有利于环境的一般原则来进行评价和制定评价标准。

目前的绿色产品评价标准来自两方面：一是依据现行的环境保护标准、产品行业标准及某些地方性法规来制定相应的绿色产品评价标准，这种标准是绝对性标准；二是根据市场的发展和用户的需求，以现有产品及相关技术确定参照产品，用新开发产品与参照产品的对比来评价产品的绿色程度，这种标准是相对性标准。在评价标准的制定过程中，也可采用相对标准与绝对标准相结合的方式制定评价标准。为了更好地确定评价标准，通常采用参照产品的概念。

一般来说，评价一个产品的环境负荷时，得到的可能是一个或一组"绝对"性的数据，孤立来看这些"数据"对产品的设计决策来说意义不大，其大小也没有可比的概念。因此，往往不能仅根据一组"绝对"数据来判断评价结果的优劣，而应该用它与某些参照数据进行对比才能衡量出评价结果的好坏，这些参照数据就是评价标准。

绿色产品评价的第一步通常是选择一个或多个参照产品，为评价标准的确定和评价方法的实施奠定基础。参照产品一般分为三类：一类是功能参照，即参照市场上现有的功能相同或相似的一种等效产品；另一类则是技术参照，即参照产品是代表新产品所包含的主要技术内容的一个产品集合；第三类是绿色度参照产品，即参照产品是一个或者是多个产品的绿色特性的集合体。参照产品可以是现实存在的产品，也可以是不同性能集合的虚拟产品。

参照产品的正确选择是产品系统之间对比论证的重要一环。首先，在产品评价，特别是在产品设计方案评价时，仅靠一些绝对数值，没有一定的参照物，很难甚至不可能对产品的资源利用、能源利用、环境性能和经济合理性进行正确的评价，无法保证结果的正确性；其次，不同的测量方法，不同的测量精度，得到的数据和结果也不相同，这样就难以保证评价结果的可信度；再者，绿色产品是一个相对概念，也就是说，某个时段绿色性好的产品在将来却不一定具有很好的绿色性，选择参照产品时应充分考虑参照产品绿色度的时效性，所以合理选择一些产品作为参照物，在两个或多个产品之间进行相对比较更具有现实意义。

绿色度参照产品通常是功能价值相同或相近的多个产品的集合体，绿色度参照产品较功能参照产品更能全面地反映产品的可比性，而且完全克服了功能参照产品确定中主要依靠人的主观判断的缺点。但其确定过程明显较功能参照产品复杂。为了克服功能参照产品和绿色度参照产品各自的缺点，科学地确定评价标准，应将功能参照产品和绿色度参照产品结合起来，首先将备选产品按功能进行分类，选出功能参照产品，然后从功能参照产品中选出绿色度参照产品作为评价标准。当然，并不是所有的参照产品确定都必须采用这种方法，具体应根据评价目标而定。例如，对于利用生命周期评价方法进行粗略评估的情况，就可只采用功能参照产品作为参考基准。

3. 常用评价方法

由于评价目的不同，所采用的评价方法也多种多样，如加权评分法、层次分析法、模糊评价法、TOPSIS 方法、灰色评价法、可拓评价法等。这些评价方法各有特点，且都可用于绿色产品评价。

1）加权评分法。这种方法主要是考虑评价因素（或指标）在评价中所处的地位或所起的作用不尽相同，给每个评价因素确定一个权重来体现这种差别。这种方法可表示为

$$E = \sum_{i=1}^{n} S_i a_i \tag{10-1}$$

式中，E 为加权后的总分数；S_i 为第 i 个评价因素的评分；a_i 为第 i 个评价因素所占的权重。

2）层次分析法（analytical hierarchy process，AHP）。层次分析法是美国运筹学家、匹兹堡大学 Saaty 教授于 20 世纪 70 年代提出的一种定性分析与定量分析相结合的系统分析方法，其本质是一种决策思维方式，体现了人们决策思维的基本特征：分解、判断、综合。AHP 法的基本思想是先按问题要求建立一个描述系统功能或特征的内部独立的递阶层次结构，然后按照一定的比例标度对因素（或目标、准则、方案）间的相对重要性进行两两比较，构造上层某因素的下层相关因素的判断矩阵，以确定某一层因素对上层因素的相对重要序列，最后在递阶层次结构内进行合成而得到决策因素相对于目标的重要性总顺序。AHP 的核心问题是排序问

题，包括递阶层次结构原理、标度原理和排序原理。

3）模糊评价法。模糊评价法是应用模糊集合理论对系统进行综合评价的一种方法，主要是解决评价问题中存在的模糊性，特别适合定性信息较多的评价问题。其评价对象可以是方案、产品或各类人员（如管理人员、技术人员、生产工人等）。模糊评价法是对受多个因素影响的事物做出全面评价的一种有效的综合评价方法。它突破了精确数学的逻辑和语言，强调影响事物因素中的模糊性，较为深刻地刻画了事物的客观属性。模糊评价法首先应建立问题的因素集和评判集，然后分别确定各因素对评判级别的隶属度向量，最后通过模糊综合评判得出评价结果。

4）TOPSIS（根据有限个评价对象与理想化目标的接近程度进行排序法，又称优劣距离法，即 techniques for order preference by similarity to ideal solution）法。TOPSIS 法根据理想点原理，寻求离理想点最近的方案为最佳方案，从而减少因评价者的不同或其偏好的变化而引起的评价结果的差异。所谓理想点原理，就是先确定一个理想点，然后在问题解的约束空间上寻找一个与理想点距离最小的点，则该点对应的方案即为最佳方案。TOPSIS 方法需要给出决策矩阵和指标权重向量。

5）可拓评价方法。宏观决策处理的对象是系统，系统与子系统之间，各个子系统之间，存在大量的矛盾问题。可拓决策以可拓集合为数学工具，用关联函数来分析决策对象各目标间的相容性，通过物元变换化矛盾问题为相容问题。其基本思想是最大限度地满足主系统、主指标的要求，对非主系统中的矛盾问题进行物元变换，以此获得全局性的最佳决策。可拓评价方法不仅可对已有的方案进行评价和选优，还研究怎样产生更好的方案；它还可与其他决策技术相融合，并且可引入人的智慧从而将定量计算与定性分析结合起来。

随着研究的不断深入，新的评价方法也在不断地出现，如神经网络方法、遗传算法、数据包络分析（data envelope analysis，DEA）法等；另一个重要的发展方向是利用不同方法的优点，将现有评价方法综合应用，如灰色数据包络分析法、模糊物元分析法等。

10.3.6　绿色设计的效益和应用分析

企业采用绿色设计带来的效益一方面表现为社会效益和环境效益，另一方面则表现为经济效益，其中有些效益是近期的，如避免污染所造成的处罚与税收等，而有些效益则是长期的，如环境效益和企业竞争力。

1. 绿色设计的社会效益和环境效益

绿色设计的实施是一项社会化的系统工程，需要与产品生命周期有关的所有部门均采取切实的行动。绿色设计的实施最终将产生一定的社会效益和环境效益。主要表现在以下几个方面。

1）节约资源和能源，实现资源的永续利用。对于不可再生的矿场资源，绿色设计能减少其消耗，并减少产生的废弃物总量。绿色设计是从产品生命周期全过程的各个角度进行设计和规划，因而可以从整体上优化产品的结构和性能，使产品的组成零部件和材料得到充分有效的重复利用和再生利用，在满足产品需求的同时，实现节约资源和能源，实现资源的永续利用。我国的人均资源拥有量并不丰富，只有世界人均水平的 1/7，美国人均水平的 1/20，而我国我这种高能耗、高投入的发展模式，不仅经济效益低，而且对生态环境造成严重污染，因此绿色设计的实施将对我国的经济、资源、环境起着重要的作用。

2）减轻环境污染。环境污染已成为全球关注的严重问题。在我国，企业过分的关注经济效益而忽视环境效益，给我国的环境带来了严重污染，给生态带来了一定的伤害。绿色设计与传统设计的根本区别在于绿色设计将产品的环境属性作为设计的主要目标之一。由于在设计阶段就考虑了如何减少产品整个生命周期各个环节的环境污染，所以从源头上减少或消除了污染的产生，有利于保护环境，维护生态平衡。

3）实现社会、经济和环境的健康协调发展。坚持以人为本，树立全面、协调、可持续的发展观，促进经济社会和人的全面发展，这是我国面向新世纪从促进国家事业发展全局出发提出的一种全新的科学发展观。实现社会、经济和环境的健康协调发展是科学发展观的重要内容。绿色设计正是从社会、经济和环境的三维复合系统结构出发，采用技术手段和方法，实现两者之间的有效协调平衡，因此，可以很好地解决科学发展观中的问题，以维持经济、社会、环境的可持续发展。

4）绿色设计的环境效益。实施绿色设计，其环境效益同样也十分显著，如在加拿大，由于采用了绿色设计，汽车废油、废纸、废塑料的排放得到明显减少。

2. 绿色设计的经济效益

除社会效益外，绿色设计的实施还会为企业带来明显的经济效益，主要表现在以下几个方面。

1）产品竞争力提高。绿色设计的结果是绿色产品，而绿色产品是目前和未来市场上最具有竞争力的产品，因此采用绿色设计会使产品的竞争力显著提高。在瑞典，最近对其第二大零售商店中的消费者进行了民意测验，其结果表明：85％的消费者愿意购买绿色产品；在加拿大，80％的消费者宁愿多付10％的钱来购买对环境有益的绿色产品。而绿色设计是获得绿色产品的前提，因此，绿色设计可显著提高产品的竞争能力。

2）可以树立良好的企业形象。对这一点国外的一些大型企业已有深刻的认识，如瑞典的沃尔沃汽车公司在生产车间悬挂着许多醒目的警示牌，上面赫然写着："我们的产品正在产生公害、噪声和废弃物"，以提醒职工始终树立环境保护主人翁责任感。

在日本，55％的制造商表示开展绿色设计和开发绿色产品有利于提高他们产品的知名度，30％的制造商认为绿色产品比传统产品更易于销售，73％的制造商和批发商愿意采用绿色设计、开发绿色产品。

3）降低产品整体成本。绿色设计实施的初级阶段，其费用可能要比传统产品高，但其长远效益是非常明显的。采用绿色设计后，新设计的产品中，有一部分零部件是直接采用回收的零部件，有一部分则是经过简单加工后用于新产品中，有些零部件就是由回收材料加工而成的，这样不但减少了材料需求量，而且使得产品构成中需要加工的零部件数量减少，生产组织简化，生产投入减少，因而产品的整体成本下降。同时，由于采用绿色设计，产品具有良好的环境性能，使得产品由于环境问题引起的法律纠纷、处罚等现象减少或最终消除，又使这一部分的成本得到了进一步节约。

3. 绿色设计的应用

目前，由于不可再生资源的不断消耗，能源短缺和环境污染问题日益严峻，促使绿色设计得到了广泛的研究和应用。绿色设计即将或正在成为工业生产中的行为规范。在汽车工业中，宝马公司在最初的汽车设计中采用了DFD的概念及许多可回收性材料，有望将来把汽车中可回收的零部件从75％提高到90％。在电冰箱工业中，美国Wlirlpool电器集团研制的绿色电冰箱采用HFC-134a取代氟利昂，壁箱采用新型隔热材料HCFC-b，从而提高了电冰箱的隔热效果。目前，日常生活中许许多多的产品在设计制造时已经开始将其环境属性考虑在内，如西门子的咖啡壶、施乐的复印机、柯达的照相机等。

习　题

10-1　试述何为绿色设计？绿色设计的主要特点表现在哪些方面？

10-2　绿色设计与传统设计的区别在哪些方面？

10-3　试述何为绿色技术？

10-4　绿色设计的产品全生命周期一般包括哪几个阶段？

10-5　何为绿色产品？绿色产品的内涵体现在哪些方面？

10-6　试述绿色产品的主要特点。

10-7　试述绿色制造的概念及其特点。

10-8　绿色设计的内容主要分哪几方面？

10-9　试述何为产品的可回收性设计和可拆卸设计？

10-10　绿色产品全生命周期成本一般包括哪些方面？

10-11　试述绿色设计常用的设计方法。

10-12　试述绿色材料的选择应遵循的主要原则。

10-13　绿色设计常用的评价指标主要包括哪些方面？

第 11 章 并 行 设 计

11.1 概 述

11.1.1 并行设计的概念

1. 并行工程的概念与特点

自 1989 年 Winner 提出并行工程（concurrent engineering，CE）思想以来，对于并行工程的理论研究和实践应用已取得了长足的进步，如美国 McDonell Douglas、AT&T、HP、IBM 等公司把并行工程思想应用于产品开发过程中均取得了极为显著的效果。作为并行工程的重要环节，并行设计（concurrent design，CD）的研究也取得了重要进展，并在产品开发工具 DAD/CAM 软件中得到了有力的支持，其中比较成功的有 PTC 公司的 Pro-E、CV 公司的 CADDS5 和 AutoCAD 公司的 WorkCenter 等软件，这些软件通过用产品数据管理或项目管理的方式初步实现对多学科开发小组并行工作方式的支持。

并行工程是指对产品及其相关过程（包括制造过程和支持过程）进行并行、集成化处理的系统方法和综合技术。它要求产品开发人员从一开始就考虑产品全生命周期（从概念形成到产品报废）内各阶段的因素（如功能、制造、装配、作业调度、质量、成本、维护与用户需求等），并强调各部门的协同工作，通过建立各决策者之间有效的信息交流与通信机制，综合考虑各相关因素的影响，使后续环节中可能出现的问题在设计的早期阶段就被发现，并得到解决，从而使产品在设计阶段便具有良好的可制造性、可装配性、可维护性及回收再生等方面的特性，最大限度地减少设计反复，缩短设计、生产准备和制造时间。

1988 年美国国家防御分析研究所（Institute of Defense Analyze，IDA）完整地提出了并行工程的概念，即"并行工程是集成地、并行地设计产品及其相关过程（包括制造过程和支持过程）的系统方法。这种方法要求产品开发人员在一开始就考虑产品整个生命周期中从概念形成到产品报废的所有因素，包括质量、成本、进度计划和用户要求"。并行工程的目标为提高质量、降低成本、缩短产品开发周期和产品上市时间。并行工程的具体做法是：在产品开发初期，组织多种职能协同工作的项目组，使有关人员从一开始就获得对新产品需求的要求和信息，积极研究涉及本部门的工作业务，并将所需要求提供给设计人员，使许多问题在开发早期就得到解决，从而保证了设计的质量，避免了大量的返工浪费。因此，要能实施好并行工程，应做到以下几点。

1）在产品的设计开发期间，将概念设计、结构设计、工艺设计、最终需求等结合起来，保证以最快的速度按要求的质量完成。

2）各项工作由与此相关的项目小组完成。进程中小组成员各自安排自身的工作，但需要定期或随时反馈信息并对出现的问题协调解决。

3）依据适当的信息系统工具，反馈与协调整个项目的进行。利用现代 CIM 技术，在产品的研制与开发期间，辅助项目进程的并行化。

并行工程自 20 世纪 80 年代提出以来，美国、欧盟和日本等发达国家及地区均给予了高度重视，成立研究中心，并实施了一系列以并行工程为核心的政府支持计划。很多大公司，如麦道公司、波音公司、西门子、IBM 等也进行了并行工程实践的尝试，并取得了良好效果。

并行工程的特点主要表现在以下 5 个方面。

1）基于集成制造的并行性。

2）并行有序。

3）群组协同。

4）面向工程的设计。

5）计算机仿真技术。

并行工程强调面向过程（process-oriented）和面向对象（object-oriented），一个新产品从概念构思到生产出来是一个完整的过程（process）。

传统的串行工程方法是基于二百多年前英国政治经济学家亚当·斯密的劳动分工理论。该理论认为分工越细，工作效率越高。因此串行方法是把整个产品开发全过程细分为很多步骤，每个部门和个人都只做其中的一部分工作，而且是相对独立进行的，工作做完以后把结果交给下一部门。西方把这种方式称为"抛过墙法"（throw over the wall），他们的工作是以职能和分工任务为中心的，不一定存在完整的、统一的产品概念。而并行工程则强调设计要面向整个过程或产品对象，因此它特别强调设计人员在设计时不仅要考虑设计，还要考虑这种设计的工艺性、可制造性、可生产性、可维修性等，工艺部门的人也要同样考虑其他过程，设计某个部件时要考虑与其他部件之间的配合。因此，整个开发工作都是要着眼于整个过程和产品目标（product object）。从串行到并行，是观念上很大的转变。

在传统串行工程中，对各部门工作的评价往往是看交给它的那一份工作任务完成是否出色。就设计而言，主要是看设计工作是否新颖，是否有创造性，产品是否有优良的性能。对其他部门也是看他的那一份工作是否完成出色。而并行工程则强调系统集成与整体优化，它并不完全追求单个部门、局部过程和单个部件的最优，而是追求全局优化，追求产品整体的竞争能力。对产品而言，这种竞争能力就是由产品的 TQCS 综合指标——交货期（time）、质量（quality）、价格（cost）和服务（service）决定的。在不同情况下，侧重点不同。在现阶段，交货期可能是关键因素，有时是质量，有时是价格，有时是它们中的几个综合指标。对每一个产品而言，企业都对它有一个竞争目标的合理定位，因此并行工程应围绕这个目标来进行整个产品的开发活动。只要达到整体优化和全局目标，并不追求每个部门的工作最优。因此，对整个工作的评价是根据整体优化结果来评价的。

并行工程的实施步骤，主要体现在以下 4 步：建立并行工程的开发环境；成立并行工程的开发组织机构；选择开发工具及信息交流方法；确立并行工程的开发实施方案。

（1）建立并行工程的开发环境

并行工程环境使参与产品开发的每个人都能瞬时地相互交换信息，以克服由地域和组织不同、产品的复杂化、缺乏互换性的工具等因素造成的各种问题。在开发过程中应以具有柔性和弹性的方法，针对不同的产品开发对象，采用不同的并行工程手法，逐步调整开发环境。并行工程的开发环境主要包括以下几个方面。

1）统一的产品模型，保证产品信息的唯一性，并必须有统一的企业知识库，使小组人员能以同一种"语言"进行协同工作。

2）一套高性能的计算机网络，小组人员能在各自的工作站或微机上进行仿真，或利用各自的系统进行开发工作。

3）一个交互式、良好用户界面的系统集成，有统一的数据库和知识库，使小组人员能同时以不同的角度参与或解决各自的设计问题。

（2）成立并行工程的开发组织机构

并行工程的开发组织主要由三个层次构成：最高层、中间层、作业层。最高层由各功能部门负责人和项目经理组成，管理开发经费、进程和计划；第二层（即中间层）由主要功能部门经理、功能小组代表构成，定期举行例会；第三层是作业层，由各功能小组构成。

（3）选择开发工具及信息交流方法

选择一套合适的产品数据管理（PDM）系统。PDM 是集数据管理能力、网络通信能力与过程控制能力于一体的过程数据管理技术的集成，能够跟踪保存和管理产品设计过程。PDM 系统是实现并行工程的基础平台。它将所有与产品有关的信息和过程集成一体，将有效地从概念设计、计算分析、详细设计、工艺流程设计、制造、销售、维修直至产品报废的整个生命周期相关的数据，予以定义、组织和管理，使产品数据在整个产品生命周期内保持最新、一致、共享及安全。PDM 系统应该具有电子仓库、过程和过程控制、配置管理、查看和圈阅、扫描和成像、设计检索和零件库、项目管理、电子协作、工具和集成件等。产品数据管理系统对产品开发过程的全面管理，能够保证参与并行工程协同开发小组人员间的协调活动能正常进行。

（4）确立并行工程的开发实施方案

首先把产品设计工作过程细分为不同的阶段；其次当出现多个阶段的工作所需要的资源不可共享时，可以采用并行工程方法；最后，后续阶段的工作必须依赖前阶段的工作结果作为输入条件时，可以先对前阶段工作进行假设，二者才可并行。其间必须插入中间协调，并用中间的结果进行验证，其验证的结果与假定的背离是后续阶段工作调整的依据。

并行工程的作用及意义，主要体现在如下两个方面。

（1）承上启下的作用

并行工程在先进制造技术中具有承上启下的作用，这主要体现在两个方面。

1）并行工程是在 CAD、CAM、CAPP 等技术支持下，将原来分别进行的工作在时间和空间上交叉、重叠，充分利用了原有技术，并吸收了当前迅速发展的计算机技术、信息技术的优秀成果，使其成为先进制造技术中的基础。

2）在并行工程中为了使并行目的，必须建立高度集成的主模型，通过它来实现不同部门人员的协同工作；为了使产品一次设计成功，减少反复，它在许多部分应用了仿真技术；主模型的建立、局部仿真的应用等都包含在虚拟制造技术中，可以说并行工程的发展为虚拟制造技术的诞生创造了条件，虚拟制造技术将是以并行工程为基础的，并行工程的进一步发展方向是虚拟制造（virtual manufacturing）。虚拟制造又叫拟实制造，它利用信息技术、仿真技术、计算机技术对现实制造活动中的人、物、信息及制造过程进行全面仿真，以发现制造中可能出现的问题，在产品实际生产前就采取预防措施，从而达到产品一次性制造成功，来达到降低成本、缩短产品开发周期，增强产品竞争力的目的。

（2）并行工程与面向制造和装配的产品设计

面向制造和装配的产品设计（design for manufacturing and assembly，DFMA）是指在产品设计阶段充分考虑产品的可制造性和可装配性，从而以更短的产品开发周期、更低的产品开发成本和更高的产品开发质量进行产品开发。

很显然，要顺利地实施和开展并行工程，离不开面向制造和装配的产品设计，只有从产品设计入手，才能够实现并行工程提高质量、降低成本、缩短开发时间的目的。可以说，面向制造和装配的产品开发是并行工程的核心部分，是并行工程中最关键的技术。掌握了面向制造和装配的产品开发技术，并行工程就成功了一大半。

2. 并行设计的概念

由并行工程的概念及定义可知，并行设计是并行工程的重要环节。

并行设计是指在产品开发的设计阶段，综合考虑产品生命周期中工艺规划、制造、装配、试验、检验、经销、运输、使用、维护、保养直至回收处理等环节的影响，通过各环节的并行集成，以缩短产品的开发时间，降低产品成本，提高产品质量。因此，并行设计是在产品设计时与相关过程（包括设计制造过程和相关的支持过程）进行并行和集成的一种系统化现代设计方法。

并行设计也是一种对产品及其相关过程（包括设计制造过程和相关的支持过程）进行并行和集成设计的系统化工作模式。与传统的串行设计相比，并行设计更强调在产品开发的初期阶段，要求产品的设计开发者从一开始就要考虑产品整个生命周期（从产品的工艺规划、制造、装配、检验、销售、使用、维修到产品的报废为止）的所有环节，建立产品寿命周期中各个阶段性能的继承和约束关系及产品各个方面属性间的关系，以追求产品在寿命周期全过程中其性能最优。通过产品每个功能设计小组，使设计更加协调，产品性能更加完善。从而更好地满足客户对产品综合性能的要求，并减少开发过程中产品的反复，进而提高产品的质量、缩短开发周期并大幅降低产品的成本。

众所周知，传统的产品设计，是按照一定顺序进行的，它的核心思想是将产品开发过程尽可能细地划分为一系列串联的工作环节，由不同技术人员分别承担不同环节的任务，依次执行和完成。图 11-1 为传统的产品开发过程示意图。由图可知，传统的产品开发过程划分为一系列串联环节，忽视了各个环节之间的交流和协调。每个工程技术人员或部门只承担局部工作，影响了对产品开发整体过程的综合考虑。任何一个环节发现问题，都要向上追溯到某一环节中重新循环，导致设计周期长，成本增加。为缩短产品开发周期，提高产品质量，降低设计制造成本，一种以工作群组为组织形式，以计算机应用为技术手段，强调集成和协调的并行设计便应运而生了。

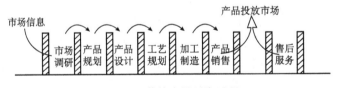

图 11-1　传统产品开发过程

并行设计工作模式是在产品设计的同时考虑其相关过程，包括加工工艺、装配、检测、质量保证、销售、维护等。在并行设计中，产品开发过程的各阶段工作交叉进行，及早发现与其相关过程不相匹配的地方，及时评估、决策，以达到缩短新产品开发周期、提高产品质量、降低生产成本的目的。并行设计的工作模式如图 11-2 所示，设计从一开始就考虑产品生命周期中的各种因素，将下游设计环节的可靠性以及技术、生产条件作为设计的约束条件，以避免或减少产品开发到后期才发现设计中的问题，导致再返回设计初期进行修改。由图 11-2 可知，每一个设计步骤都可以在前面的步骤完成之前就开始进行，尽管这时所得到的信息并不完备，但相互之间的设计输出与传送是持续的。设计的每一阶段完成后，就将信息输出给下一个阶段，使得设计在全过程中逐步得到完善。

综上所述,并行设计是一种综合工程设计、制造、管理经营的思想、方法和工作模式,对产品及其相关过程(包括设计制造过程和相关的支持过程)进行并行、集成设计的系统化工作模式,是采用多学科团队和并行过程的集成化产品开发模式。其核心是在产品的设计阶段就考虑产品生命周期中的各种因素,包括设计、分析、制造、装配、检验、维护、质量、成本、进度、用户需求直至回收处理等。强调多学科小组、各有关部门协同工作,强调对产品设计及其相关过程进行并行地、集成地、一体化地进行设计,使产品开发一次获得成功,缩短产品开发周期,提高产品

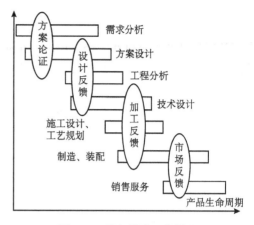

图 11-2 并行设计工作模式

质量。并行设计的技术特征包括产品开发过程的并行重组、支持并行涉及的群组工作方式、统一的产品信息模型、基于时间的决策、分布式软硬件环境等。并行设计的关键技术是建模与仿真技术,信息系统及其管理技术、决策支持及评价系统等。

并行工作方式与传统设计过程的串行工作方式的比较如图 11-3 所示。

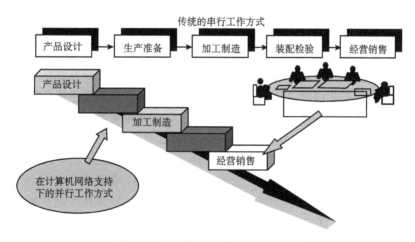

图 11-3 并行与串行工作方式的比较

需要指出的是,并行设计是世界市场竞争日益激烈的产物。随着经济的蓬勃发展,客户对产品款式、品种、性能的要求越来越高,对产品质量及售后服务质量的要求也越来越严格。为了提高竞争力,现代的各类制造业必须不断缩短新产品开发周期(time),提高产品质量(quality),降低设计生产成本(cost),改进售后服务(service),并增强环境(environment)保护意识,只有这样企业才能在激烈的市场竞争中立于不败之地。

应该强调的是,并行设计也是充分利用现代计算机技术、现代通信技术和现代管理技术来辅助产品设计的一种现代产品开发模式。它站在产品设计、制造全过程的高度,打破传统的部门分割和封闭的组织模式,强调多功能团队的协同工作,重视产品开发过程的重组和优化。并行设计又是一种集成产品开发全过程的系统化方法,它要求产品开发人员从设计一开始即考虑产品生命周期中的各种因素。它通过组建由多学科人员组成的产品开发队伍,改进产品开发流程,利用各种计算机辅助工具等手段,使产品开发的早期阶段能考虑产品生命周期中的各种因

素，以提高产品设计、制造的一次成功率。可以缩短产品开发周期、提高产品质量、降低产品成本，进而达到增强企业竞争能力的目的。

并行设计技术可以在一个工厂、一个企业（包括跨地区、跨行业的大型企业）及跨国公司等以通信管理方式在计算机软件和硬件环境下实现。其核心是在产品设计的初始阶段就考虑产品生命周期中的各种因素，包括设计、分析、制造、装配、检验、维护、质量、成本、进度与用户需求等，强调多学科小组、各有关部门协同工作，强调对产品设计及其相关过程并行地、集成地、一体化地进行设计，使产品开发一次成功，缩短产品开发周期，提高产品质量。美国于 20 世纪 80 年代末首先在福特、通用和克莱斯勒三大汽车公司组织实施并行工程技术，取得了显著的经济效益。我国近年来在一些大型企业中也开始部分实施并行工程技术，这项技术是提高我国企业水平，增强产品质量，参与全球化竞争的一个重要发展方向。

11.1.2　并行设计思想的演化

回顾人类工业史不难发现，并行设计思想在工业革命前的手工制造方式中就有所体现。那时的工匠自己设计产品，自己制造，然后亲手把产品卖给顾客，这种在设计阶段同时考虑产品原料采购、制造和销售等因素影响的思想就是最原始的并行设计思想。由于这一时期的大多数产品结构简单，因此所需的设计、制造经验和知识较少。

随着工业革命的到来，产品变得日益复杂，任何人都无法掌握设计、制造产品所需的全部知识和经验，因此分工协作思想的产生就成为历史发展的必然。专业分工使复杂产品的制造成为可能，并且由于互换性、标准化等思想的引进，极大地提高了生产率，改进了产品质量，降低了成本。在这种生产方式下，整个产品开发过程被划分为具有明确职能的各个环节，如市场需求分析、产品设计、工艺设计、装配设计等，并通过顺序衔接建立了串行模式，从而取代了原始的并行工作方式。然而，这种串行流水作业的工作方式带来好处的同时也引起一些新的问题：一是不同领域内信息的沟通。这个问题促使人们思考如何把某一生产环节的结果记录下来，并以它为媒介用准确无误的形式把上一生产环节的意图传达给后序环节；二是控制问题。例如，怎样在生产全过程进行质量控制，怎样控制设计活动，以避免出现无法制造的情况等；三是协调问题。在顺序作业方式下，如何对各环节进行规划，以保证产品开发按期完成。

20 世纪 50 年代以后，随着数控技术、计算机技术的广泛应用，出现以 NC 机床、FMS 等为代表的柔性生产方式，以适应市场对多品种小批量的需要。尽管从局部上自动化水平得到很大的提高，但由于各单项技术彼此孤立地成为"自动化孤岛"，因此在总体上往往并不能取得最佳效益。为解决不同领域信息沟通及生产全过程的控制与协调问题，70 年代人们提出信息集成的思想，尝试进行 CAD/CAM 的集成乃至集成生产管理信息，以实现计算机集成制造系统（computer integrated manufacturing systems，CIMS）。此外，从降低成本、改善质量等方面考虑，人们还提出 DFM、TQC、JIT 等思想和方法。这些技术本质上仍属于串行模式，但它们的应用与实施为并行设计思想的提出奠定了坚实的技术基础。

进入 20 世纪 80 年代，国际市场出现以下一些新特点：信息技术的飞速发展，加速了市场的全球化，使得世界范围内的市场竞争越来越激烈；市场需求变化快，且品种多样、批量不定；用户希望买到能体现自己兴趣和爱好的商品，出现所谓的"个性化"趋势；产品质量标准不再按是否满足使用要求来评价，而是按是否满足用户要求来评价。在这种情况下，能否以最低的成本、最快的上市速度、最高的产品质量、最好的服务（即 TQCS）适时地推出令用户满意的产品已成为企业赢得竞争的关键，并行设计思想正是在这种背景下产生的。

11.1.3　并行设计的技术特点及内涵

并行设计通过下列技术特征表现出它的具体内涵如下。

（1）产品开发过程的并行重组

产品开发是一个从市场获取需求信息，据此构思产品开发方案，最终形成产品投放市场的过程。虽然在产品开发过程中并非所有步骤都可以平行进行，但根据对产品开发过程的信息分析，通过一些工作步骤的平行交叉，可显著缩短产品开发时间。图 11-4 所示为日本 NEC 公司某产品开发过程通过并行重组，使开发过程由原本 6～8 个月缩短为 3 个半月。

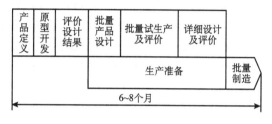

图 11-4　日本 NEC 公司某产品
开发过程的并行重组

（2）统一的产品信息模型

统一的产品信息模型是实施并行设计的基础。产品设计过程是一个产品信息由少到多、由粗到细的不断创作、积累和完善的过程，这些信息不仅包含完备的几何信息、尺寸信息，而且包含精度信息、加工工艺信息、装配工艺信息、成本信息等。二维几何模型显然不能满足这一要求，仅包含几何信息的三维模型也不能满足这一要求。因此，并行设计的产品信息模型应将来自不同部门、不同内容、不同表述形式、不同抽象程度、不同关系、不同结构的产品信息包含在一个统一的模型中。

正因为产品设计过程是一个产品信息由少到多、由粗到细的过程，所以在设计初期，有关产品的信息往往是不完备的，有时甚至是不确定的。同时，在产品设计的全过程中，要处理的信息是多种形式的，既有数字信息，又有非数字信息；既有文字信息，又有图像信息；还涉及大量知识型信息（概念、规划等）。因此，并行设计系统一定要具有处理以上这些信息的人工智能。

（3）基于时间的决策

设计的过程是优化决策的过程，实施并行设计的首要是大幅度缩短产品开发周期，因此要通过一系列的优化决策，组织、指导并控制产品开发过程，使之能以最短的时间开发出优质的产品，实践证明：面对多个方案，特别是其属性（评判指标）多于 4 或 5 个时，完全依靠人为的"拍脑袋"已很难做出正确的决策。因此，要应用多目标优化、多属性决策，即多目标群组决策的方法。

（4）支持并行设计的群组工作方式

并行设计希望产品开发的各项活动尽可能在时间上平行进行，即同时工作、共同工作。因此就需要建立一种新的组织形式和工作方式，这就是由各有关部门工程技术人员组成的产品开发工作群（必要时还可分成若干小组）。在产品开发过程中，有关人员同时在线，有关信息同时在线，工作步骤交叉平行，这是工作群组工作方式区别于传统串行工作方式的鲜明特点。为此，这就要求有较高的管理水平与之相适应，要求多功能小组更加接近和了解用户，更加灵活和注重实际，以开发出更能满足用户要求的产品，同时还要求提高产品质量，而这又与设计及生产的发展水平相互促进和相互制约。

（5）分布式软硬件环境

并行设计是一种系统化、集成化的现代设计技术，它以计算机作为主要技术手段，强调集成和协调的并行设计模式。因此，并行设计意味着在同一时间内多机、多程序对同一设计总是并行协同求解，所以网络化、分布式的信息系统是其必要条件。并行设计面向对象的软件系统、分布式的知识库和数据库，能够根据产品设计的要求动态编制成相互独立的模块，在多台终端上同时运行，并利用网络的机间通信功能实现相互之间的同步协调。

由于并行设计在 CAD/CAPP/CAM/CAE 集成中也得到了很好的应用，美国房屋分析机构的调查结构表明，采用并行设计的效益是非常明显的，如设计质量的改进使早期生产中工程变更次数减少 50％以上；产品设计与相关过程的并行展开使产品开发周期缩短 40％～60％；多功能小组一体化进行产品有关过程设计使制造成本降低 30％～40％，产品及有关过程的优化使产品的报废及返工率降低 75％。

（6）开放式的系统界面

并行设计系统是一个高度集成化的系统。一方面应具有优良的可扩展性、可维护性，可按照产品开发的需要将不同的功能模块组成完成产品开发任务的集成系统；另一方面，并行设计系统又是整个企业计算机信息系统的组成部分，在产品开发过程中，必须与其他系统进行频繁的数据交换。因此，开放式的系统界面对并行设计系统是至关重要的。标准化的数据交换规范，如数据交换文件（data exchange file，DXF）、交互式图形交换标准（interface graphic exchange standard，IGES）、产品建模数据的交换标准（standard for exchange of product model data，STEP）等，以及大容量高速度的数据交换通道，如局域网（local area network，LAN）、综合业务数据网（integrate specialized data network，ISDN）、宽带 ISDN 等，是构造开放式界面的关键技术。

基于并行设计的上述技术特点，表现出来的并行设计效应在如下 4 个方面。

1）缩短产品投放市场的时间。市场的下一步发展将会以缩短交货期作为主要特征。并行工程技术的主要特点就是可以大幅缩短产品开发和生产准备时间，使两者部分重合。而对于正式批量生产时间的缩短是有限的。

2）降低成本。并行工程可在三个方面降低成本：首先，它可以将错误限制在设计阶段。据有关资料介绍，在产品寿命周期中，错误发现得越晚，造成的损失就越大。其次，并行工程不同于传统的"反复试制样机"的做法，强调"一次达到目的"。这种一次达到目的是靠软件仿真和快速样件生成实现的，省去了昂贵的样机试制；其次，由于在设计时已考虑到加工、装配、检验、维修等因素，产品在上市前的成本将会降低。同时，在上市后的运行费用也会降低。所以，产品的寿命循环价格就降低了，既有利于制造者，也有利于顾客。

3）提高质量。采用并行工程技术，尽可能将所有质量问题消灭在设计阶段，使所设计的产品便于制造且易于维护。这就为质量的"零缺陷"提供了基础，使得制造出来的产品甚至用不着检验就可上市。事实上，根据现代质量控制理论，质量首先是设计出来的，其次才是制造出来的，并不是检验出来的。检验只能去除废品，而不能提高质量。

4）实现产品设计与制造的密切衔接。并行工程强调群组协同，并行有序。实施中，让制造工程师加入产品开发设计团队。这能保证产品开发设计满足生产制造工艺和技术的要求；同时制造工程师将产品的制造信息尽早传递到生产车间，使生产车间做好生产的前期工艺技术准备。让装配工人加入产品开发设计团队。装配工人非常了解产品制造与装配工艺的过程和特点，并熟练掌握装配的方法和技巧，装配工人经常能为产品的可制造性和可装配性提供重要的合理化建议。同时他们已经了解装配的工艺过程和方法，将成为新产品装配工作的技术指导，保证装配工作的顺利进行。让供应商加入产品开发设计团队。供应商能够帮助设计师选择制造更容易、功能更适合、结构更合理的零件，也有助于供应商为新产品提供配套的新零件。

要完成并行设计，需要研究的技术内容主要如下。

1）并行工程管理与过程控制技术。它包括：①以多功能/多学科小组/群组（team work）为代表的产品开发团队及相应的平面化组织管理机制和企业文化的简历；②集成化产品开发过程的构造；③过程协调技术与支持环境。

2）并行设计技术。它包括：①集成产品信息描述；②面向装配、制造、质量的设计；③面向并行工程的工艺设计；④面向并行工程的工装设计。

3）快速制造技术。它包括：①快速工装准备；②快速生产调度。

11.2 并行设计的关键技术

实现并行设计的关键技术主要包括并行环境下的产品信息建模与仿真技术、产品性能综合评价与决策系统、支持并行设计的分布式计算机环境、并行设计中的管理技术等 4 个方面。

1. 并行环境下的信息建模与仿真技术

并行设计与传统产品开发方式的本质区别在于它把产品开发的各个活动视为一个集成的过程，从全局优化的角度出发对该集成过程进行管理和控制，并且对已有的产品开发过程进行不断的改进与提高，这种方法称为产品开发过程重组（product development process reengineering）。将产品开发过程从传统的串行产品开发流程转变成集成的、并行的产品开发过程，首先要有一套对产品开发过程进行形式化描述的建模方法。这个模型应该能描述产品开发过程的各个活动以及这些活动涉及的产品、资源和组织情况以及它们之间的联系。设计者用这个模型来描述现行的串行产品开发过程和未来的并行产品开发过程，即并行化过程重组的工作内容和目标。并行工程过程建模是并行工程实施的重要基础。

设计就是建立产品模型的过程。由于并行设计产品模型的建立涉及产品寿命周期各个阶段的相关信息，其数据复杂程度很高（例如，产品信息、制造工艺信息和资源信息的获取与表达，以前产品或工艺数据的快速检索，有关产品的可制造性、可维护性、安全性的信息获取，小组成员对于公共数据库中的信息共享等），必须建立一个能够表达和处理有关产品生产周期各阶段所有信息的统一产品模型。

图 11-5 所示为并行设计系统结构示意图。

目前，并行环境下的常用信息建模方法主要如下：

（1）CIM-OSA 建模方法

计算机集成制造-开放式系统架构（computer integrated manufacturing-open system architecture，CIM-OSA）是一种面向企业 CIMS 生命周期的体系结构。从结构上由两部分构成：一个是模型框架，另一个是集成基础结构。前者

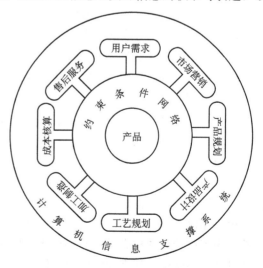

图 11-5 并行设计系统结构示意图

从建模的不同层次和实施的不同阶段出发给出 CIM 企业参考模型的结构，以及 CIMS 实施的方法体系，从而对 CIM 企业的优化设计、建立和最佳运行提供指导与支持；后者在为 CIM 系统提供一组公共服务集合，实现企业信息集成、功能集成所需的基本处理和通信功能。这组公共服务集合支持企业模型的建立、CIM 企业的设计、实施、运行与扩充，为 CIM 体系结构的实现提供基础支撑环境。

此外，CIM-OSA 还定义了两个应用环境，集成的企业工程环境和集成的企业运行环境，前者支持企业的建模、分析过程，后者支持企业模型的仿真和运行过程。

（2）IDEF 建模方法

1）IDEF0 方法。

IDEF 的基本概念是在 20 世纪 70 年代提出的结构化分析方法的基础上发展起来的。20 世纪 80 年代初，美国空军在集成化计算机辅助制造（Integrated Computer Aided Manufacturing，ICAM）计划中提出了名为"IDEF"的方法。IDEF 是 ICAM Definition Method 的缩写，即集成化计算机辅助制造的定义方法。它是美国空军在 20 世纪 70 年代末 80 年代初 ICAM（Integrated Computer Aided Manufacturing）工程在结构化分析和设计方法基础上发展的一套系统分析和设计方法。是比较经典的系统分析理论与方法。其中，IDEF0 是在结构化分析与设计技术 SADT（structured analysis and design technique）基础上发展起来的一种对系统进行建模的语言。IDEF0 方法的基本思想是结构化分析，利用它可以较为系统、直观地描述系统功能信息，同时支持自顶向下分解，从而有效地控制复杂度。除此之外，IDEF0 还在结构化分析与设计技术的基础上进行了扩展，增加了组织信息。

2）IDEF1/IDEF1X 方法。

IDEF1 方法描述了系统信息及其联系，它建立的信息模型被用作数据库设计的依据。IDEF1X 是 IDEF1 的扩展版本，IDEF1X 一方面在图形表达和模型化过程方面进行了改进，另一方面对语义进行了增强和丰富。其基本特点是包含数据的有关实体；实体之间的联系用连线表示；实体的特征用属性名表示。

3）IDEF3 方法。

IDEF3 是一种过程描述语言，其基本目的是提供一种结构化的方法，使某领域的专家能够表述一个特定系统或组织的操作知识，以自然的方式，直接获取关于真实世界的知识。这些知识包括参与活动的对象的知识、支持活动的对象的知识、过程或事件的时间依赖关系和因果关系等知识。IDEF3 通过过程的图示化表示方法和信息表述语言的结合使用，使用户集中精力来关注被描述过程的相关方面，并且提供了显示表达这一过程的内存本质和结构的能力。

4）IDEF9 方法。

IDEF9 是一种用于描述系统的方法，可以用于判别在业务领域对系统或过程的约束。IDEF9 可用于描述系统的业务活动和策略；提供改善加工的知识；建立支持加工的信息系统。IDEF9 方法通过发现、分析对过程的优化，为系统分析员/建模者提供足够的支持，以实现业务系统持续性的提高。

（3）UML 建模方法

统一建模语言（unified modeling language，UML）是一种书写软件的标准语言。它可以对软件系统进行如图样表示、文字描述、构造框架和文档处理等方面的工作。UML 语言适合于各种系统的建模，从企业级信息系统到基于网络的分布式应用，甚至嵌入式实时系统。它是一种描述性很强、易学易用的语言，能表达软件设计中的各种观点，然后对系统进行规划部署。UML 语言是一种概念化的语言模型，包括 UML 基本建模模块、模块间建立关系的规则和语言中一些公共的建模方法。

（4）ARIS 建模方法

综合信息系统的结构（architecture of integrated information system，ARIS）是一个集成化的信息系统模型框架。ARIS 以面向对象的方法描述了企业的组织视图、数据视图、过程视图和资源视图，并通过控制视图来描述组织、数据、过程和资源的四个视图之间的关系。按照企业信息系统实施的生命周期，ARIS 定义了需求定义、设计说明和实施描述三个层次。

（5）系统动态建模方法

系统动态建模方法将反馈控制理论和技术用于系统的组织和管理。系统动态建模通过变量和延迟来描述系统。由于通过反馈控制理论可以对复杂系统进行动态分析，因此，通过该方法对产品开发过程建模，可以更精确地描述系统动态特性，分析系统行为。这一方法与控制理论关系密切，主要用来对过程进行动态建模和分析，目前控制理论已经相当成熟。因此，系统动态建模方法的关键在于过程模型的抽象和参数的确定。

2. 产品性能综合评价与决策系统

并行设计作为现代设计方法，其核心准则是最优化。通过建立并行环境下的产品信息模型，在对产品各项性能进行模拟仿真的基础上，要进行产品各项性能（包括可加工性、可装配性、可检验性、易维护性，以及材料成本、加工成本、管理成本等）的综合评价和决策。

3. 支持并行设计的分布式计算机环境

并行设计的工作环境是要求在计算机支持下的协同工作环境，计算机支持的协同工作（computer-supported cooperative work，CSCW）是实现协同工作环境的核心技术，可以使分布在异地的工程技术人员，在计算机的帮助下，在一个虚拟的共享环境中相互磋商，快速高效地完成一个共同的任务。

CSCW 是一门研究人类群体工作的特性及计算机技术对群体工作支持的方法，并将计算机科学、社会学、心理学等多个学科的成果综合起来的新兴学科。

概括起来，一个完整的 CSCW 环境应满足如下要求。

1）支持产品设计的整个过程分布式并行设计需要进行建模、分析和控制，CSCW 能够引导设计过程高效地、协调地向前推进，对于不同设计团队在工作时出现的冲突，系统能够自动检测和协调。

2）提供多种通信模式为了满足分布式并行设计的需要，不同设计团队之间的产品数据通信、消息的发送等需要多种通信方式。如在线交谈、电子邮件、电子白板、视频会议等。

3）产品数据管理（PDM）由于产品设计过程中的数据类型十分复杂，并且必须具备动态生成、动态修改的要求，CSCW 能够支持多视图的操作。

4）CSCW 应具有一定的柔性，即具有在不同状态或模式之间转换的功能，能够支持多种应用。

5）高度的稳定性。由于 CSCW 是控制整个分布式并行设计过程的系统，其稳定性直接影响设计工作的正常进行，其错误可能导致整个系统的失败。

按照时间和空间的概念分类，CSCW 有交互合作方式和合作者的地域分布之分。具体来说，交互合作方式是指合作工作是同步的还是异步的，合作者地域分布是指合作者是远程的还是本地的，由此而将 CSCW 分成 4 类。

1）远程同步系统地域上分布不同的参加者可以进行实时交互协同工作，会议电视系统、远程协作系统等都是成功的远程同步系统的例子。会议电视系统是指分布于各地的会场通过通信网实现视频、语音、文字、数据和图片共享，便于人们进行问题的讨论和工作的完成；远程协作系统不是以视频共享而是以活动共享为特征的，分布于各处的用户可以在各自的计算机平台上进行对相同对象的操作，从而完成一件工作。

2）异步远程工作模式地域上分布不同的参加者可以在不同的时间内进行信息的通信，是传统邮政信件通信方式的进一步发展，多媒体邮件系统是其发展的最高模式。在这种 CSCW 工作模式下，相互通信的计算机系统必须通过网络互联，不需要二者处于同样的工作环境和相同的工作状态，但通信网络必须有"存储转发"的功能。

3）本地同步系统处于同一区域的合作者在同一时间完成同一工作，这一点和人们日常群体工作方式最为接近，似乎不借助计算机系统人们也可以协调工作，但是事实上只有在计算机环境中才能解决人们在群体工作时遇到的不易克服的问题，如怎样在会议环境下发挥每一位参加者的智能，在规定的时间内完成规定的任务，消除由人们观点不同引起人与人之间冲突及如何克服无关话题的引入等。

4）本地异步系统处于同一区域的人们在不同的时间内进行交互，主要有布告系统和留言系统等。

CSCW 使实时交互的协同设计成为可能，不同部门的技术人员之间，可以按照并行工程的方法实现资源共享，进行协通过国内说，合作参与技术方案的分析、选择、评价、发送、接受等，从而大幅提高设计效率，避免不必要的重复工作，使设计能够迅速投入生产。

4. 并行设计中的管理技术

并行设计系统是一项复杂的人机工程，不仅涉及技术科学，而且涉及管理科学。目前的企业组织机构是建立在产品开发的串行模式基础上，并行设计的实施势必导致企业的机构设置、运行方式、管理手段发生较大的改变。这样，研究和建立并行设计中的有效管理技术不仅是一项重要课题，而且成为并行设计的一项关键技术。

11.3　并行设计的工程应用

如上所述，产品设计的传统方法是串行的。其流程为：市场需求→初步设计→方案设计→技术设计→施工设计→试验试制→投产→售后服务等过程。设计阶段，由于得不到试验、制造及售后服务所反馈的信息或设计人员在设计零部件时，没有考虑制造、装配过程中所必须处理的约束和软件及硬件设施的有限资源，因此常出现设计者设计出来的零部件虽能满足产品性能要求但不能制造，或虽能制造但要付出较大的代价。若在设计阶段就将制造、检验、售后服务等提供给设计者，则可避免出现上述问题。由于并行设计是产品开发过程中对制造及其相关环节进行一体化设计，在设计初期就考虑产品整个生命周期中影响产品制造与报废的所有因素，因此设计出来的产品在可制造性、可靠性和可维护性等方面均具有良好的性能。随着信息时代的到来以及世界范围内的市场竞争日趋激烈的现实，使得并行设计在工程及产品设计中运用变得更加重要。

下面通过介绍我国几个并行设计开发实例，来说明其在工程及产品设计中的运用。

例 11-1　基于并行网络特征驱动的加工工艺设计及其面向零件表面质量的并行设计体系。

（1）基于并行网络特征驱动的加工工艺设计

由于零件加工的表面质量在整体上不仅与表面粗糙度、残余应力、加工硬化等有关，而且与零件的加工精度，特别是形状精度有直接联系。因此，在进行加工工艺设计时，所选择的每一种加工方法应使零件加工的表面质量与加工精度协调一致。

传统制造工艺的选择方法为车→铣→刨→磨→抛光。由于每种加工方法所选用的机床经济加工精度不同，对具有某一精度要求的零件，单纯按上述路线进行零件加工工艺的设计必将造成机床、夹具、刀具和量具的浪费，使加工成本增加。零件加工工艺设计的并行网络见图 11-6。除毛坯出库和零件入库两工序为单向并行网络外，由零件的加工工序所组成的网络均为双向并行网络。根据经济加工精度的不同，把同类型机床划分为 3 个等级，经互联后得到由粗加工网络、半精加工网络和精加工网络组成的并行网络系统。

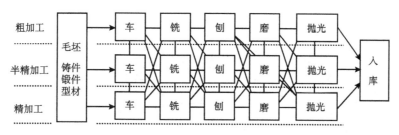

图 11-6 零件加工工艺并行网络

零件加工工艺设计，由专家系统根据零件的设计特征通过黑板对零件工艺数据库中的加工工艺并行网络进行搜索，并由零件的特征要求确定全部可选的工艺路线及每道工序的各种工艺参数，计算出每道工序的时间和每条工艺路线的时间。按一定的优化准则，如最高生产率准则或最低成本准则确定零件加工的最佳工艺路线。

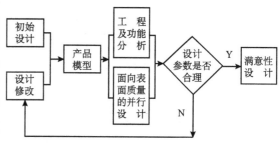

图 11-7 面向零件表面质量的并行设计系统

（2）面向零件表面质量的并行设计体系

武汉理工大学赵勇等开发出的面向零件表面质量的并行设计系统如图 11-7 所示。它由初始设计模块、产品模型、工程及功能分析模块、面向表面质量的并行设计模块组成。该系统运作过程如图 11-8 所示。

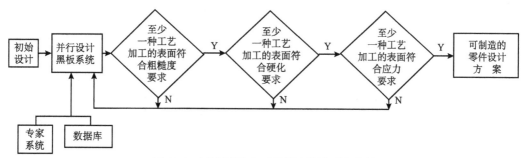

图 11-8 面向零件表面质量的设计系统决策

在并行设计的黑板系统中，具有由推理机和知识库组成的专家系统和加工工艺数据库。专家系统统筹考虑各领域的设计决策，以符合系统统一决策原则。当面向表面质量进行设计决策时，推理机利用知识库中的知识搜索数据库中所有满足加工约束的工艺过程，并同时调用工程及功能模块进行可行性分析和计算，然后把分析计算结果反馈至黑板系统，进行各相关领域的系统统一决策，最后以各领域的满意设计方案为其设计结果输出。

例 11-2　面向对象的模块化柔性生产线（MFTL）并行设计集成系统。

天津大学陈永亮等在建立 MFTL 并行设计过程模型的基础上，利用 Visual C ++和专家系统开发工具，在三维 CAD 软件平台上，二次开发了计算机辅助并行设计集成系统，实现了零件特征设计、CAPP 与生产线设备方案设计的并行集成，如图 11-9 所示。整个设计过程是基于并行设计原理，在设计工具的支持下完成的，如用户需求获取工具、工艺过程设计与优化工具、机床模块选择与方案优选工具、机床模块配置工具、设计评价工具等。

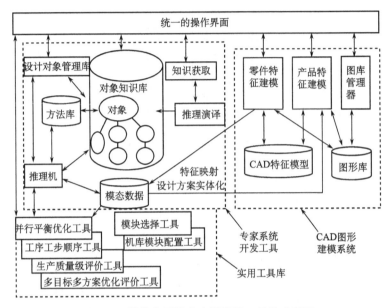

图 11-9　模块化柔性生产线设计工具集成框架

该系统采用面向对象的框架表达方法，实现产品数据和知识的统一表达，将各应用领域的知识融合在产品模型中，满足了不同应用对产品模型数据内容和结构的要求，通过各领域设计对象的知识协调与智能综合来辅助柔性生产线的并行设计。

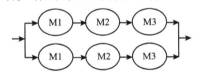

图 11-10　生产线方案机床配置结构图

以变速箱箱盖零件柔性生产线设计为例，该系统可根据用户零件加工的技术条件、生产纲领和品种的需要，根据生产线的柔性等性能指标的要求，确定生产线的结构形式（图 11-10），通过工艺规划，提出工序机床功能参数要求（表 11-1）。选用 TH6340 系列模块化卧式加工中心，TH6340A 加工中心基型的拓扑结构（图 11-11），基本功能模块分为床身（B）、立柱（C）、固定工作台（W）、主轴箱（S）、刀库（M）等，各模块的连接关系为移动（P）、转动（R）、固定（F）等。

表 11-1　变速箱盖生产线方案工序机床功能参数要求表

工序号	刀具数量	刀具直径范围 /mm	主轴转速范围 /(r/min)	进给速度范围 /(mm/min)	工时	负荷率	机床数量	机床型号	机床代号
10	13	5~102.6	590~5700	147.5~1400	223.2	0.76	2	TH6340A/1	M1
20	18	6.2~65	600~4500	94.4~2200	241.5	0.83	2	TH6340A/1	M2
30	22	3.2~99.7	200~5000	300~1200	244.8	0.84	2	TH6340A/1	M3

　　最后提供模块化生产线（FTL）的设计方案，为后续
详细设计提供数据，并进行 FTL 总体方案的评价论证和面
向用户快速报价，以便于竞标和参与市场竞争。

　　该系统已成功地应用于天津大学与某机床厂合作进行
开发的棱柱类零件柔性加工设备的快速响应设计系统中。

　　例 11-3　建筑工程并行设计集成系统。

　　西北工业大学吴子燕等开发出来的建筑工程并行设计
集成的系统如图 11-12 所示。

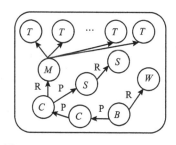

图 11-11　TH6340A/1 拓扑结构图

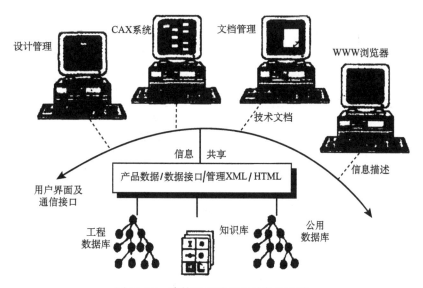

图 11-12　建筑工程并行设计集成系统

　　整个集成系统的特点为：以工程数据库为核心，以图形系统和网络环境为支持，运用接口
技术，把各个 CAX 应用软件及设计管理系统连接成一个有机的整体，使之相互支持，相互调
用，到达信息共享、信息及时交换，以发挥出单项 CAX 应用软件所达不到的整体效益，减少
了由各设计间的矛盾而造成的重复设计以及设计返工。

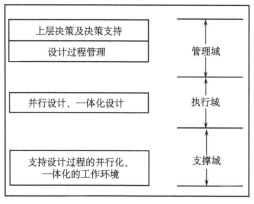

图 11-13　总体结构的三域划分

　　该建筑工程并行设计集成的总体结构划分为
三个域：支撑域、执行域和管理域（图 11-13）。

　　支撑域的主要任务是为并行设计、集成化
设计提供一个高效、可靠、功能完备和用户友
好的数据通信、信息以及知识共享的工作环境；
管理域基于 CE 原理，对执行域实施监督、管
理，确保执行域中产品及其相关过程的设计严
格按照 CE 的原理和方法开展。

　　该建筑工程并行设计集成系统具体的结构
框架，如图 11-14 所示。该系统总体结构所划分
的支撑域、执行域和管理域的任务及功能具体
如下。

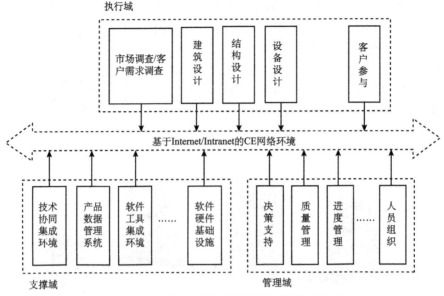

图 11-14 建筑工程并行设计集成系统的框架图

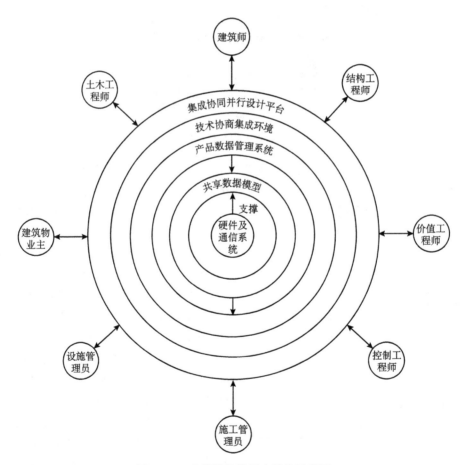

图 11-15 支撑域具体层次结构示意图

（1）支撑域

在支撑域上，基于计算机网络，完成并行设计和产品数据的分布式存储。支撑域以共享数据为基础，为执行域搭建一个可供各专业之间并行协同设计的平台，由硬件与通信，信息集成，工具集成三部分组成，硬件与通信满足了并行工程对数据通信的要求；以产品数据数据库管理系统为基础，通过统一的产品数据管理、约束管理等集成化管理，实现了建筑工程设计过程以及后续的施工过程的信息集成；在共享数据的基础上，集成面向执行域各成员的应用平台和接口，为各专业设计人员提供了集成的系统工作环境。图 11-15 为支撑域具体的层次结构示意图。

（2）执行域

在支撑域提供的环境下，在管理域的监控和管理下，设计的各项活动组成了执行域。各专业设计人员在支撑域提供的环境下，按照管理域对其的要求开展并完成其工作。

（3）管理域

管理域的主要任务是按 5 个坐标，即计划与进度控制、技术组织与管理、质量控制、成本控制及人员的组织与管理，对建筑工程设计的整个过程实施集成化的面向并行工程的组织与管理，以保证整个设计过程的并行、一体化设计的顺利进行。在管理域中，设计过程的管理是以活动/过程的组织与管理为基础的，并在各项约束条件下（资源约束、进度约束等），通过对活动/过程的组织与管理来实现。

习　　题

11-1　试述何为并行工程？并说明并行工程的特点表现在哪些方面？

11-2　试述并行工程的实施步骤。

11-3　简述并行工程方式与传统串行工程方式的本质区别。

11-4　试述何为并行设计？并说明并行设计的一般工作模式。

11-5　简述并行设计思想的演化过程。

11-6　试述并行设计的技术特点及其内涵。

11-7　简述并行设计中的主要关键技术。

11-8　试说明并行设计的效应在哪些方面？

11-9　简述当前在并行环境下的常用信息建模方法。

11-10　根据教材所介绍的三个产品的并行工程应用研究实例，总结在进行产品开发中采用并行设计的一般工作思路和步骤。

第12章 协同设计

12.1 概 述

12.1.1 协同设计的概念

随着经济全球化进程的加剧，跨行业、跨地区、跨国家的联盟形虚拟企业发展迅速，企业环境发生着深刻变化，许多复杂产品的设计不得不由分布在不同地点的产品设计人员和其他相关人员协同完成，于是分布式协同设计技术应运而生，并且越来越受到工业界的重视。计算机网络技术的快速发展则为分布式协同设计技术的发展和应用提供了先决条件。

协同设计（collaborative design，CD）又称计算机支持的分布式协同设计（computer supported cooperative design，CSCD），它是一种新兴的产品设计方式，在该方式下，分布在不同地点的产品设计人员及其他相关人员通过网络，采用各种各样的计算机辅助工具协同地进行产品设计活动，活动中的每一个用户都能感觉到其他用户的存在，并与他们进行不同程度的交互。

协同设计的特点在于：产品设计由分布在不同地点的产品设计人员协同完成；不同地点的产品设计人员通过网络进行产品信息的共享和交换，实现对异地 CAX 等软件工具的访问和调用；通过网络进行设计方案的讨论、设计结果的检查与修改，使产品设计工作能够跨越时空进行。上述特点使得分布式协同设计能够较大幅度地缩短产品设计周期，降低产品开发成本，提高个性化产品开发能力。

因此，协同设计通常采用群体工作方式，在计算机网络环境的支持下，多个设计人员围绕一个设计对象，各自承担相应部分的设计任务，并行交互地进行设计工作，最终得到符合要求的设计方法。协同设计是实现敏捷制造、分散网络化制造的关键技术之一，它为时空上分散的用户提供了一个你见即我见的虚拟协同工作环境，是复杂产品开发的一种有效工作方式。

协同设计研究开始于 20 世纪 90 年代前后，美国斯坦福大学设计研究中心的 Cutkosky 等是这一领域的主要开拓者。该方向的研究工作在经历了将网络通信、分布式计算、计算机支持的协同工作、Web 技术等与现有 CAX/DFX 技术进行简单结合的过程后，近些年来开始转向对其深层次、核心技术问题进行研究。现有研究工作大体上可分为 CAX/DFX 工具的分布集成、异步协同设计、同步协同设计、协同装配设计等。

12.1.2 协同设计的技术特点

一般而言，基于计算机支持的网络化产品协同设计，是在广域网络环境下，分布在异地的产品设计人员及其有关人员，在基于计算机的虚拟协作环境中，围绕同一个产品设计任务，承担相应的部分设计任务，并行、交互、协作地进行设计工作，共同完成设计任务的设计方法。

协同设计的技术特点如下：

1）分布性。参加协同设计的人员可能属于同一个企业，也可能属于不同的企业；同一企业内部不同的部门又在不同的地点，所以协同设计须在计算机网络的支持下分布进行，这是协同设计的基本特点。

2）交互性。在协同设计中人员之间经常进行交互，交互方式可能是实时的，如协同造型、协同标注；也可能是异步的，如文档的设计变更流程。开发人员必须根据需要采用不同的交互方式。

3）动态性。在整个协同设计过程中，产品开发的速度、工作人员的任务安排、设备状况等都在发生变化。为了使协同设计能够顺利进行，产品开发人员需要方便地获取各方面的动态信息。

4）协作性与冲突性。由于设计任务之间存在相互制约的关系，为了使设计的过程和结果一致，各个子任务之间须进行密切的协作。另外，协同的过程是群体参与的过程，不同的人会有不同的意见，合作过程中的冲突不可避免，因此须进行冲突消解。

5）活动的多样性。协同设计中的活动是多种多样的，除方案设计、详细设计、产品造型、零件工艺、数控编程等设计活动外，还有促进设计整体顺利进行的项目管理、任务规划、冲突消解等活动。协同设计就是这些活动组成的有机整体。

除上述特点外，协同设计还有产品开发人员使用的计算机软硬件的异构性、产品数据的复杂性等特点。

12.1.3 协同设计的分类

依据工作模式的不同，协同设计可以分为两大类：异步协同设计和同步协同设计。

1. 异步协同设计

异步协同设计是一种松散耦合的协同工作。其特点是：多个协作者在分布集成的平台上围绕共同的任务进行协同设计工作，但各自有不同的工作空间，可以在不同的时间内进行工作，并且通常不能指望迅速地从其他协作者处得到反馈信息。进行异步协同设计除必须具有紧密集成的 CAX / DFX 工具之外，还需要解决共享数据管理、协作信息管理、协作过程中的数据流和工作流管理问题。

2. 同步协同设计

同步协同设计是一种密切耦合的协同工作，多个协作者在相同的时间内通过共享工作空间进行设计活动，并且任何一个协作者都可以迅速地从其他协作者处得到反馈信息。如同面对面的协商讨论在传统的产品过程中不可缺少一样，同步协同在产品设计的某些阶段也不可或缺。从技术角度看，同步协同设计比异步协同设计的实现困难得多，这主要体现在它需要在网上实时传输产品模型和设计意图、需要有效地解决所发生冲突、需要在 CAX/DFX 工具之间实现细粒度的在线集成等方面的问题。虽然应用共享工具（如 NetMeeting）可以通过截取单用户 CAX/DFX 工具的用户界面和传输界面图像来实现简单的同步协同设计，但存在协同工作效率低，不支持多系统等问题，无法有效地支持同步协同设计工作。

由于设计与制造活动的复杂性和多样性，单一的同步或异步协同模式都无法满足其需求，因此，灵活的多模式协同机制对于协同设计与制造十分重要。事实上，在协同设计与制造过程中，异步协同与同步协同往往交替出现。

12.2　协同设计的关键技术与支撑技术

12.2.1　协同设计的关键技术

协同设计是指多个设计人员和管理人员在开发时间和企业资源的约束下，通过交互、通信、协作、协调和谈判，共同完成一个产品的开发。协同设计过程中既有技术问题，也有组织管理问题。为实现协同工作，必须解决好以下关键技术。

（1）产品建模

产品模型是指按一定形式组织的关于产品信息的数据结构，是协同设计的基础和核心。在协同设计环境下，产品模型的建立是一个逐步完善的过程，是多功能设计小组共同作用的结果。为了满足设计各阶段对产品数据模型的不同需求，需要建立一个多视图的产品模型。

（2）工作流管理

工作流管理的目的是规划、调度和控制产品开发的工作流，以保证把正确的信息和资源，在正确的时刻，以正确的方式送给正确的小组或小组成员，同时保证产品开发过程收敛于顾客需求。

（3）约束管理

产品开发过程中，各个子任务之间存在各种相互制约相互依赖的关系，其中包括设计规范和设计对象的基本规律、各种一致性要求、当前技术水平和资源限制以及用户需求等构成了产品开发中的约束关系。产品开发的过程就是一个在保证各种约束满足的条件下，进行约束求解的过程。

（4）冲突消解

协同设计是设计小组之间相互合作、相互影响和制约的过程，设计小组对产品开发的考虑角度、评价标准和领域知识不尽相同，必然导致协同设计过程中冲突的发生。可以说，协同设计的过程就是冲突产生和消解的过程。充分合理地解决设计中的冲突能最大限度地满足各领域专家的要求，使最终产品的综合性能达到最佳。

（5）历史管理

历史管理的目的是记录开发过程进行到一定阶段时的过程特征并在特定工具的支持下将它们用于将来的开发过程。

12.2.2　协同设计的支撑技术

协同设计是在计算机网络环境的支持下，多个设计人员围绕一个设计对象，各自承担相应部分的设计任务，并行交互地进行设计工作，最终得到符合要求的设计方法。因此，它需要借助如下支撑技术，来保证协同设计工作的进行。

（1）网络技术

目前，Internet/Intranet 等网络技术的发展使异地的网络信息传输与数据访问成为现实。Web 提供了一种技术支持成本低、用户界面好的网络访问介质，为动态联盟的建立提供了可靠的信息载体。通过对 HTML 语言及 HTTP 协议的扩充，使 Internet 环境支持电子图形的浏览，并使其成为设计过程中进行信息传递和交换的便利工具。联盟成员利用网络技术有效地连接在一起，共享资源，极大地提高了联盟企业的工作效率和质量。全双工以太网和 100Mbit/s 以太网及时传送协同信息方面尚存在不足。光纤分布数据接口（FDDI）、异步传输模式

(asynchronous transfer model，ATM)、虚拟网络三种技术的结合，可以有效地改善数据传输、网络宽带及动态信息的存储问题，是目前分布式协同设计中较为有效的网络技术。

（2）CAD 与多媒体技术

网络环境的 CAD 技术支持分布式协同设计。各种软件提供了从二维工程图到三维参数化计算机辅助设计工具，显著加快了设计速度。同时，CAD 与 CAM 的紧密或无缝衔接，实现了设计与制造一体化，使产品开发更具竞争力。

在分布式设计中为了更好地协同工作，多媒体技术是必不可少的。在一个协同设计工作组中，分散在不同地点的组员可以利用多媒体环境创建、分析和操作同一项任务。在初级阶段，多媒体技术帮助组员交流思想，迅速提出初始方案。在设计过程中，可以通过多媒体界面随时了解任务的进展情况，并且能方便直观地交流信息。多媒体技术甚至还可以传送工作组内组员间那些不易用文字表达的信息，例如，传送简短的提示或对话，传达微妙的表情或手势，还可以通过视频、声频和动画图像直观地看到结果。

（3）网络数据库技术

分布式网络数据库技术的发展为动态联盟的构筑和运行提供了重要的支持。数据库中不仅应包括产品的市场需求调查、所需的各种设计数据，而且包括构筑动态联盟时对候选者的评估数据，以及动态联盟运行过程中对各个联盟成员实际参加与合作表现的评估数据。同时，网络按集成分布框架体系存储数据信息。将有关产品开发、设计的集成信息存储在公共数据中心，统一协调和管理，并允许多个用户在不同地点访问存放在不同物理位置的数据。

知识库是网络数据库的重要组成部分。网络知识库技术可以实现领域知识复杂问题的求解、评估和建议，而且能够有效地进行智能推理，辅助构筑动态联盟，并且协调动态联盟的实际运行，作为设计过程中的专家系统，向分布式协同设计提供可靠的智力支持。

（4）异地协同工作技术

在一定的时间（如产品开发生命周期中的某一阶段）、一定的空间（如分布在异地的联盟组织或企业）内，利用 Internet/Intranet 联盟组织可以共享知识与信息，避免不相融性引起的潜在的矛盾。同时，在并行产品开发过程中，各协同小组之间及多功能小组中各专家之间，由于各自的目的、背景和领域知识水平的差异可能导致冲突的产生，因此需要通过协同工作，利用各种多媒体协同工具，如 BBS、电子白板、Net-Meeting 等协同工具解决各方的矛盾、冲突，最终达到一致。

联盟组织之间需要大量的信息传递和交换。进行异地产品信息交换时，除传送完好的产品模型外，还经常需要传送局部修改后的模型。特别在紧密耦合的产品设计中，信息交换更是随时发生的。如果传送完整模型，则需花大量时间和费用，一般可采用基于产品零部件的设计特征提取信息，按规定格式转换，再进行数据传输。同时，将修改信息作用于相应模型，实时更新产品设计。

（5）标准化技术

以集成和网络为基础的设计离不开信息的交流，前提是具有统一的交流规范。当前，各个企业在协同设计过程中相互间缺少统一的标准，这对企业间实施协同设计造成很大制约。因此，标准化的制定对于联盟组织（或企业）的建立十分必要。需要针对每位联盟成员的情况，制定合理、适宜的标准，使各个成员间的合作更加协调，使资源得以充分利用。

12.3　协同设计的工程应用

下面以一基于网络化产品协同设计支持系统的设计与实现为例，说明协同设计的工程应用。

基于网络化产品协同设计是指在广域网络环境下，分布在异地的设计人员，在基于计算机的虚拟协作环境中，围绕同一个产品设计任务，承担相应的部分设计任务，并行、交互、协作地进行设计工作，共同完成设计任务的一种设计方法。

网络化产品协同设计的基本特点是：多学科小组、异地、异构环境下的合作设计。分布在异地的具有不同专业特长的设计小组，使用不同的设计工具，基于广域网进行远程协作设计，在一个共享环境中对设计方案反复讨论、修改，以最快的速度、最好的质量完成产品设计。它要求所有成员都能及时了解整体设计方案，能随时了解设计过程的进展状态，能动态获取阶段性设计结果的信息，能方便地共享设计资源，能有效地实现人类智能的协同交流。

从实际应用的角度出发，网络化产品协同设计的内涵体现在如下三方面。

1) 在网络化产品协同设计中，合作成员利用网络技术，以协同的方式开展产品设计中的需求分析、方案设计、结构设计、详细设计和工程分析等一系列设计活动。

2) 其核心是利用网络，特别是 Internet，跨越协作成员之间的空间差距，通过对信息、过程、资源知识等的共享，为异地协同式的设计提供支持环境和工具。

3) 通过网络化协同设计，缩短产品设计的时间，降低设计成本，提高设计质量，从而增强产品的市场竞争力。

12.3.1　基于网络化协同设计集成模型的建立

实现网络化产品的协同设计，必须解决三个问题：①参与协同设计的各个主体之间能够共享产品设计信息；②整个协同设计过程能够协调有序地进行；③设计主体之间能够充分交流意见，真正体现"协同"。

要实现网络化产品的协同设计，首先必须构建出一个网络化产品协同设计支持系统，而这个支持系统将是一个基于 Internet 的集成化虚拟设计平台。要建设这一平台，其关键问题是建立这一系统的集成模型。根据协同设计的特点、应用背景以及协同设计方法，建立一个支持网络化产品协同设计的集成模型，该模型包括信息集成、过程集成和知识集成三方面的内容，如图 12-1 所示。

由图 12-1 可见，该模型是以信息与知识的管理为核心，利用 XML、VRML、HTML 和 Java 技术，从信息、过程、知识这三个层次上支持异地、异构设计主体之间基于 Internet 的集成。其中，信息集成解决协同设计中的产品信息，以及产品数据管理信息的集成与共享问题；过程集成解决协同设计中的任务分配和对各个子任务的进程进行协调控制的问题；知识集成解决继承性知识的共享（利用知识库）和创新性知识的生成（利用交流与协调的方法）问题。集成模型覆盖了产品设计过程中的主要集成需求，可以支持多模式协同设计方法中定义的各种协同设计模式，以及它们组合而成的新模式。

在该集成模型中，需要重点说明的是其知识集成与智能协同的内涵，它包括两个方面：第一，研究如何获取继承性知识，即已有的知识；第二，研究如何生成创新性知识，即新产生的知识。第一个问题的本质是研究如何利用计算机管理好已经存在的、显性的知识，提供一个良

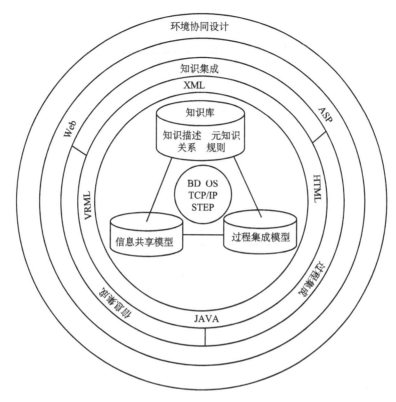

图 12-1 一种基于网络化产品协同设计的集成模型

好的人-机环境，使设计者方便、快速、准确地获得所需要的知识；第二个问题的本质是研究如何利用现有的计算机和网络技术，构建一个良好的人-人协同环境，使异地、异构应用系统中的设计者之间，能够通过有效的设计思想交流，产生支持创新设计的新知识。这一协同设计中的知识集成模式，如图 12-2 所示。

由图 12-2 可见，在该模式中，分两个层次来实现知识的集成。第一个层次是知识管理层。首先，建立支持协同设计的综合知识库，包括知识库、模型库、实例库和方法库等，并建立知识管理系统。通过对综合知识库的管理，实现显性、继承性知识的集成与共享，使得在协同设计过程中，能够充分利用已有的知识，提高设计效率和质量。同时，也为隐性知识的生成提供良好的环境。第二个层次是智能协同层，在知识管理和集成的基础上，建立以 CSCW 技术和 CSCD 技术为主要手段、以协同协商和知识融合为主要目的智能协同系统，通过提供可视化协同工具、冲突协商支持以及通信服务等多种支持人-人协同交流的工具，构建一个网络化人类智能协同交流环境，提供隐性知识集成的条件，进而支持创新性知识的生成。

在这种知识集成模式中，把设计者作为一种特殊的智能体（即 Human Agent）集成在系统中。知识管理层是一个人-机交互系统，Human Agent 通过知识管理系统获取合作伙伴提供的已有的知识，从中寻找解决问题的方案，或得到有益的启迪；智能协同层是一个人-人协同支持系统，利用该系统提供的各种协同工具，异地、异构环境中的 Human Agent 能够充分而有效地交流解决问题的思想和方法，从而产生解决新问题的新知识。

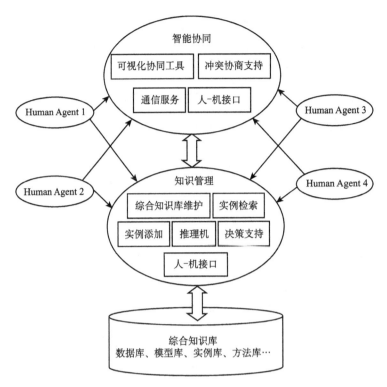

图 12-2　协同设计中的知识集成模式

12.3.2　基于网络化协同设计支持系统的体系结构设计

为实现网络化产品协同设计的需要，一种基于网络化协同设计支持系统的体系结构如图
12-3 所示。该系统包括一个协同信息管理平台和一组可独立使用的面向产品开发活动的协同
工具及应用系统，可从多角度满足多种模式异地协同设计的需求。

由图 12-3 可见，该系统的底层是网络/数据库层和应用协议层，采用 Internet 网和 SQL
Server2000 数据库系统。该支持系统通过 Web 界面与用户通信，采用 TCP/IP 网络传输协议，
主要是应用层中的 HTTP 协议。同时，整个系统利用 STEP、XML 和 VRML 来支持异构信
息的集成和共享。

建立在系统底层之上的是系统服务层和应用服务层。系统服务层负责管理整个系统的底层
数据，提供最基本的控制和协同功能；应用服务层由一组应用服务（包括系统管理服务、产品
结构管理服务、文档管理服务和资源管理服务）和协同工具（包括邮件服务、共享白板、三维
模型协同浏览批注、二维图形协同浏览批注和文档浏览批注）组成，应用服务层可以根据实际
需求自由裁剪或扩充。同时，协同工具可以独立使用，为该网络化产品协同设计支持系统整体
的柔性提供了良好的基础。

以上构成了协同设计支持系统的集成框架。在此框架的基础上，可以根据需求集成多个应
用系统，例如，基于 VRML 的虚拟装配系统、基于 XML 的产品结构信息共享系统、协同任
务规划与管理系统、冲突检测与协商系统和知识管理与智能协同系统等。这些应用系统既与该
网络化产品协同设计支持系统紧密集成，又可以独立使用，还可以根据实际需求开发和集成新

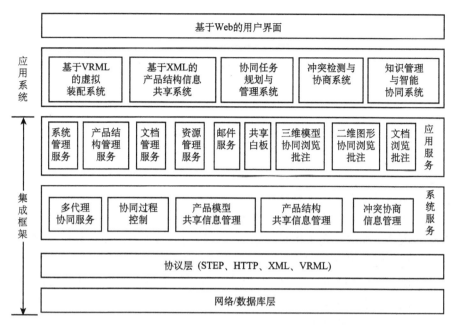

图 12-3　协同设计支持系统的体系结构

的应用系统。由于这些协同工具和应用系统功能独立，可以增加和裁剪，保证了该网络化产品协同设计支持系统良好的柔性和可扩展性，支持多种设计模式。

12.3.3　网络化协同设计支持系统的实现及应用

上述网络化协同设计支持系统采用面向对象技术，通过组件化的设计方法，保证系统的柔性、开放性和可扩充性。其基本框架和主要应用系统均基于 Web 技术实现。使用 JSP＋JavaBeans编程，以 Jbuilder7.0 作为 JSP＋JavaBeans 前端的开发工具；客户端用 Web 浏览器作为用户界面，用户通过浏览器上网即可使用本系统；服务器端采用 SQL Server 2000 存储数据。用户通过客户端向 Web 服务器发送请求，Web 服务器 调用 JavaBeans 进行处理，将结果返回客户端。系统中少量的协同工具和应用系统是用 VC 开发的，通过封装的方法与系统集成。

已将该支持系统运用于微小卫星的研制中，能从多角度满足多种模式异地协同设计的需求，实现了微小卫星的协同虚拟设计和协同产品信息管理。

习　　题

12-1　简述何谓计算机支持的分布式协同设计及其设计特点。

12-2　简述协同设计的技术特点及协同设计的分类。

12-3　简述协同设计所需的关键技术及其所需的支撑技术。

12-4　简述实现网络化产品的协同设计必须解决三个问题。

第 13 章 智 能 设 计

13.1 概　　述

随着信息技术的快速发展，设计正在向集成化、智能化、自动化方向发展。为适应这一发展需求，就必须加强设计专家与计算机这一人机结合的设计系统中机器的智能，使计算机能在更大范围内、更高水平上帮助或代替人类专家处理数据、信息与知识，进行各种设计决策，提高设计自动化的水平。如何提高人机系统中的计算机的智能水平，使计算机更好地承担设计中各种复杂任务，这就促进了现代智能设计方法的研究与发展。

智能设计（Intelligent Design，ID）是指应用现代信息技术，采用计算机模拟人类的思维活动，提高计算机的智能水平，从而使计算机能够更多、更好地承担设计过程中各种复杂任务，成为设计人员的重要辅助工具。

智能设计除具有传统 CAD 的功能外，更具有知识处理能力，能够对设计的全过程提供智能化的计算机支持，并具有面向集成智能化等特点。

智能设计与智能工程紧密联系，智能工程是适用于工业决策自动化的技术，而设计是复杂的分析、综合语决策活动，因此可以认为智能设计是智能工程这一决策自动化技术在设计领域中应用的结果。

智能工程要研究解决的问题，即如何用复合的知识模型代表人类社会各种决策活动，如何用计算机系统来自动化的处理这样的复合知识模型，进而实现决策自动化。"设计"是人类生产和生活中普遍存在而又重要的活动，其中包括大量广泛的依据知识做决策的过程。

13.1.1　智能设计技术的发展

追溯设计技术的发展，智能设计的发展与 CAD 的发展是联系在一起的。一般分为传统设计技术和现代设计技术两个阶段。

传统设计技术主要以传统的 CAD 系统为代表，以产品结构性能分析和计算机绘图为主要特征，在数值计算和图形绘制上能圆满地完成计算型工作，而对基于符号的知识模型和符号处理等推理型工作却难以胜任。这些工作一般由设计者承担，这不是我们所说的由具有智能的计算机进行的工作。产品设计中有很多工作需要设计者发挥创造性，应用多学科知识和实践经验分析推理、运筹决策、综合评价才能得到结果。那些提供了推理、知识库管理、查询等信息处理能力的 CAD 系统称为智能 CAD（intelligent CAD，ICAD）系统，其典型代表是设计型专家系统。这种系统模拟某一领域内专家设计的过程，采用单一知识领域的符号推理技术，解决单一领域内的特定问题，一般系统比较孤立和封闭，难与其他系统集成，相当于模拟专家个体的设计活动，属于简单系统，是智能设计的初级阶段。

ICAD 系统把人工智能技术与优化设计、有限元分析、计算机绘图等各种技术结合起来，尽可能多地使计算机参与方案决策、结构设计、性能分析、图形处理等设计全过程。这是现代设计技术的主要标志，但它仍是一些常规的设计，不过是借助于计算机支持使设计效率大幅提高。

随着信息技术的快速发展，智能化成为设计活动的显著特点，也就走向设计自动化的重要途径。

由于传统的 CAD 缺乏对设计的智能支持，20 世纪 70 年代后期人工智能和设计领域的学者即提出了智能 CAD 的概念。随之智能 CAD 的理论研究和开发应用受到越来越多的关注，众多专家相继推出了大批智能 CAD 系统，并应用于机械、集成电路和建筑等设计领域。这一阶段大多采用单一知识领域的符号推理技术——设计型专家系统，故此系统只能满足设计中某些困难问题的需要，是智能设计的初级阶段。但此阶段对设计自动化技术，即数值信息走向知识处理自动化有着重要意义。

20 世纪 80 年代末以来，日益增强的集成化要求智能设计系统不但提供知识处理自动化，而且需要实现决策自动化，以支持大规模的多学科多领域知识集成设计全过程的自动化。在大规模的集成环境下，人类专家在智能设计专家系统中扮演的角色将更加重要，人类专家将永远是系统中最有创造性的知识源和关键性问题的最终决策者。与此相适应，由 CIMS 的智能设计走向了智能设计的高级阶段——I_2CAD。由于集成化和开放性的要求，在 I_2CAD 系统中，智能活动由人机共同承担，它不仅可以用于常规设计，而且能够支持创新设计。

由于 I_2CAD 系统的大规模、集成化和高难度的特点，初级 ICAD 系统在特定领域仍有广泛的应用前景，今后的智能设计既要巩固和发展 ICAD 系统的理论研究，大力推广其实际应用，又要加强对理论研究、技术开发和实际经验的积累。

智能设计的发展与 CAD 的发展紧密相连，作为计算机化的设计智能，乃是 CAD 的一个重要组成部分，在 CAD 发展过程中有不同的表现形式。在 CAD 发展的不同阶段，设计活动中智能部分的承担者是不同的。传统 CAD 系统只能处理计算型工作，设计智能活动是由人类专家完成的。在 ICAD 阶段，智能活动是由设计型专家系统完成的，但由于采用单一领域符号推理技术的专家系统求解问题能力的局限，设计对象（产品）的规模和复杂性都受到限制，这样 ICAD 系统完成的产品设计主要还是常规设计，不过借助于计算机支持，计算的效率大大提高。而在 CIMS 的 ICAD，即 I_2CAD 阶段，由于集成化和开放性的要求，智能活动由人机共担，这就是人机智能化设计系统，它不仅可以胜任常规设计，而且还可以支持创新设计。因此人机智能化设计系统是针对大规模复杂产品设计的软件系统，它是面向集成的决策自动化，是高级的设计自动化。

上述三种设计技术及其说明可见表 13-1。

表 13-1　三种设计技术及其说明

设计技术	代表形式	智能部分的承担者	说明
传统设计技术	人工设计 / 传统 CAD	人类专家	智能设计的初级阶段
现代设计技术	ICAD	设计型专家系统	智能设计的初级阶段
先进设计技术	I_2CAD	人机智能化设计系统	智能设计的高级阶段

13.1.2　智能设计系统的功能及体系结构

智能设计系统是以知识处理为核心的 CAD 系统。将知识系统的知识处理与一般 CAD 系统的分析计算、数据库管理、图形处理等有机结合起来，从而能够协助设计者完成方案设计、参数选择、性能分析、结构设计、图形处理等不同阶段、不同复杂程度的设计任务。

1. 智能设计系统的基本功能

智能设计系统的基本功能表现在四个方面：知识处理功能，分析计算功能，数据服务功能和图形处理功能。

（1）知识处理功能

知识推理是智能设计系统的核心，实现知识的组织、管理及其应用，其主要内容包括：①获取领域内的一般知识和领域专家的知识，并将知识按特定的形式存储，以供设计过程使用；②对知识实行分层管理和维护；③根据需要提取知识，实现知识的推理和应用；④根据知识的应用情况对知识库进行优化；⑤根据推理效果和应用过程学习新的知识，丰富知识库。

（2）分析计算功能

一个完善的智能设计系统应提供丰富的分析计算方法，包括：①各种常用数学分析方法；②优化设计方法；③有限元分析方法；④可靠性分析方法；⑤各种专用的分析方法。以上分析方法以程序库的形式集成在智能设计系统中，供需要时调用。

（3）数据服务功能

设计过程实质上是一个信息处理和加工过程。大量的数据以不同的类型和结构形式在系统中存在并根据设计需要进行流动，为设计过程提供服务。随着设计对象复杂度的增加，系统要处理的信息量将大幅增加。为了保证系统内庞大的信息能够安全、可靠、高效地存储并流动，必须引入高效可靠的数据管理与服务功能，为设计过程提供可靠的服务。

（4）图形处理功能

强大的图形处理能力是任何一个 CAD 系统都必须具备的基本功能。借助二维、三维图形或三维实体图形，设计人员在设计阶段便可以清楚地了解设计对象的形状和结构特点，还可以通过设计对象的仿真来检查其装配关系、干涉情况和工作情况，从而确认设计结果的有效性和可靠性。

2. 智能设计系统的体系结构

根据智能设计系统的功能和特点，一般智能设计系统的体系结构如图 13-1 所示。

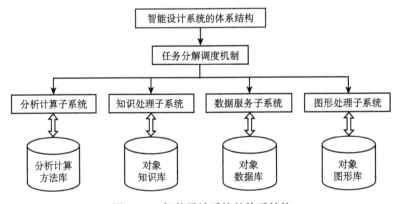

图 13-1　智能设计系统的体系结构

13.1.3　智能设计的特点

与传统设计方法相比，智能设计的特点体现在如下几个方面。

1）以设计方法学为指导。智能设计的发展，从根本上取决于对设计本质的理解。设计方法学对设计本质、过程设计思维特征及其方法学的深入研究是智能设计模拟人工设计的基本依据。

2）以人工智能技术为实现手段。借助专家系统技术在知识处理上的强大功能，结合人工神经网络和机器学习技术，较好地支持设计过程自动化。

3）以传统 CAD 技术为数值计算和图形处理工具，提供对设计对象的优化设计、有限元分析和图形显示输出上的支持。

4）面向集成智能化。不但支持设计的全过程，而且考虑到与 CAM 的集成，提供统一的数据模型和数据交换接口。

5）提供强大的人机交互功能。使设计师对智能设计过程的干预，即与人工智能融合成为可能。

13.2　智能设计的研究方法

13.2.1　智能设计的层次

综合国内外关于智能设计的研究现状和发展趋势，智能设计依据设计能力可以分为三个层次：常规设计、联想设计和进化设计。

1. 常规设计

所谓常规设计，即设计属性、设计进程、设计策略已经规划好，智能系统在推理机的作用下，调用符号模型（如规划、语义网络、框架等）进行设计。目前，国内外投入应用的智能设计系统大多属于此类，如日本 NEC 公司用于 VLSI 产品布置设计的 Wirex 系统，国内华中科技大学开发的标准 V 带传动设计专家系统（JDDES）、压力容器智能 CAD 系统等。这类智能系统常常只能解决定义良好、结构良好的常规问题，故称常规设计，即属于智能设计的常规设计这一层次。

2. 联想设计

联想设计目前研究可分为两类：一类是利用工程中已有的设计事例进行比较，获取现有设计的指导信息，这需要收集大量良好的、可对比的设计事例，对大多数问题是困难的；另一类是利用人工神经网络数值处理能力，从试验数据、计算数据中获得关于设计的隐含知识，以指导设计。这类设计借助其他事例和设计数据，实现了对常规设计的一定突破，称为联想设计。

3. 进化设计

遗传算法（genetic algorithms，GA）是一种借鉴生物界自然选择和自然进化机制的、高度并行的、随机的、自适应的搜索算法。20 世纪 80 年代早期，遗传算法已在人工搜索、函数优化等方面得到广泛应用，并推广到计算机科学、机械工程等多个领域。进入 20 世纪 90 年代，遗传算法的研究在其基于种群进化的原理上，拓展出进化编程（evolutionary programming，EP）、进化策略（evolutionary strategies，ES）等方向，它们并称为进化计算（evolutionary computation，EC）。

进化计算使得智能设计拓展到进化设计，其特点如下。

1）设计方案或设计策略编码为基因串，形成设计样本的基因种群。

2）设计方案评价函数决定种群中样本的优劣和进化方向。

3）进化过程就是样本的繁殖、交叉和变异等过程。

进化设计对环境知识依赖很少，而且优良样本的交叉、变异往往是设计创新的源泉，所以在1996年举办的"设计中的人工智能"（Artificial Intelligence in Design 1996）国际会议上，Roseman提出了设计中的进化模型，进而进化计算作为实现非常规设计的有力工具。

因此可以得出以下结论。

1) 在CIMS的推动下，设计技术发展到先进设计技术阶段，其代表形式是I_2CAD。

2) I_2CAD的智能部分工作是由人机智能化设计系统承担的。它构成了智能设计（计算机化的设计智能）的高级阶段。

3) 以人机智能化设计系统为代表的智能设计乃是新世纪设计技术的核心。

13.2.2　智能设计的分类原理——方案智能设计

方案设计的结果将影响设计的全过程，对于降低成本、提高质量和缩短设计周期等有至关重要的作用。原理方案设计是寻求原理解的过程，是实现产品创新的关键。

原理方案设计的过程是：总功能分析—功能分解—功能元（分功能）求解—局部解法组合—评价决策—最优原理方案。

按照这种设计方法，原理方案设计的核心归结为面向分功能的原理求解。面向通用分功能的设计目录能全面地描述分功能的要求和原理解，且隐含了从物理效应向原理解的映射，是智能原理方案设计系统的知识库初始文档。基于设计目录的方案设计智能系统，能较好地实现概念设计的智能化。

（1）协同求解

ICAD应具有多种知识表示模式、多种推理决策机制和多个专家系统协同求解的功能，同时需把同理论相关的基于知识程序和方法的模型组成一个协同求解系统，在元级系统推理及调度程序的控制下协同工作，共同解决复杂的设计问题。

某一环节单一专家系统求解问题的能力，与其他环节的协调性和适应性常受到很大限制。为了拓宽专家系统解决问题的领域，或使一些相互关联的领域能用同一个系统来求解，就产生了所谓协同式多专家系统的概念。在这种系统中，有多个专家系统协同合作。

多专家系统协同求解的关键，是要工程设计领域内的专家之间相互联系与合作，并以此来进行问题求解。协同求解过程中信息传递的一致性原则与评价策略，是判断目前所从事的工作是否向着有利于总目标的方向进行。多专家系统协调求解，除在此过程中实现并行特征外，尚需开发具有实用意义的多专家系统协同问题求解的软件环境。

（2）知识获取、表达和专家系统技术

知识获取、表达和利用专家系统技术是ICAD的基础。其面向CAD应用的主要发展方向，可概括如下。

1) 机器学习模式的研究，旨在解决知识获取、求精和结构化等问题。

2) 推理技术的深化，要有正向、反向和双向推理流程控制模式的单调推理，又要把重点集中在非归纳、非单调和基于神经网络的推理等方面。

3) 综合的知识表达模式，即如何构造深层知识和浅层知识统一的多知识表结构。

4) 基于分布和并行思想求解结构体系的研究。

13.2.3 智能设计的研究方法

1. 智能设计技术的研究重点

智能设计技术的研究重点，目前主要为以下几个方面。

1）智能方案设计。方案设计是方案的产生和决策阶段，是最能体现设计智能化的阶段，是设计全过程智能化必须突破的难点。

2）知识获取和处理技术。基于分布和并行思想的结构体系和机器学习模式的研究，基于基因遗传和神经网络推理的研究，其重点均在非归纳及非单调推理技术的深化等方面。

3）面向 CAD 的设计理论。包括概念设计和虚拟现实，并行工程，健壮设计，集成化产品性能分类学及目录学，反向工程设计法及产品生命周期设计法等。

4）面向制造的设计。以计算机为工具，建立用虚拟方法形成的趋近于实际的设计和制造环境。

具体研究 CAD 集成、虚拟现实、并行及分布式 CAD/CAM 系统及其应用、多学科协同、快速原型生成和生产的设计等人机智能化设计系统（I_2CAD）。智能设计是智能工程与设计理论相结合的产物，它的发展必然与智能工程和设计理论的发展密切相关，相辅相成。设计理论和智能工程技术是智能设计的知识基础。智能设计的发展和实践，既证明和巩固了设计理论研究的成果，又不断提出新的问题，产生新的研究方向；反过来还会推动设计理论和智能工程研究的进一步发展。智能设计作为面向应用的技术，其研究成果最后还要体现在系统建模和支撑软件开发及应用上。

2. 智能设计的研究方法

根据智能设计的特性，国内外学者从不同角度提出各种智能设计的研究方法，其主要方法如下。

（1）原理方案智能设计

方案设计的结果将影响设计的全过程，对于降低成本、提高质量和缩短设计周期等有至关重要的作用。

原理方案设计是寻求原理解的过程，是实现产品创新的关键。原理方案设计的过程是总功能分析—功能分解—功能元（分功能）求解—局部解法组合—评价决策—最佳原理方案。按照这种设计方法，原理方案设计的核心归结为面向分功能的原理求解。面向通用分功能的设计目录能全面地描述分功能的要求和原理解，且隐含了从物理效应向原理解的映射，是智能原理方案设计系统的知识库初始文档。基于设计目录的方案设计智能系统，能够较好地实现概念设计的智能化。

（2）协同求解

ICAD 应具有多种知识表示模式、多种推理决策机制和多个专家系统协同求解的功能。同时需把与理论相关的基于知识程序和方法的模型组成一个协同求解系统，在元级系统推理及调度程序的控制下协同工作，共同解决复杂的设计问题。

某一环节单一专家系统求解问题的能力，与其他环节的协调性和适应性常受到很大限制。为了拓宽专家系统解决问题的领域，或使一些互相关联的领域能用同一个系统来求解，就产生了所谓协同式专家系统的概念。在这种系统中，有多个专家系统协同合作，这就是协同式多专家系统。多专家系统协同求解的关键，是要工程设计领域内的专家之间相互联系与合作，并以此来进行问题求解。协同求解过程中信息传递的一般性原则与评价策略，是判断目前所从事的工作是否向有利于总目标的方向进行。多专家系统协同求解，除在此过程中实现并行特征外，尚需开发具有实际意义的多专家系统协同问题求解的软件环境。

（3）知识获取、表达和利用技术

专家系统技术是 ICAD 的基础，其面向 CAD 应用的主要发展方向可概括如下。

1）机器学习模式的研究，旨在解决知识获取、求精和结构化等问题。

2）推理技术的深化，要有正向、反向和双向推理流程控制模式的单调推理，又要把重点集中在非归纳、非单调和基于神经网络的推理等方面。

3）综合的知识表达模式，即如何构造深层知识和浅层知识统一的多知识表结构。

4）基于分布和并行思想求解结构体系的研究。

（4）黑板结构模型

黑板结构模型侧重于对问题整体的描述以及知识或经验的继承。这种问题求解模型是把设计求解过程看作先产生一些部分解，再由部分解组合出满意解的过程。其核心由知识源、全局数据库和控制结构三部分组成。全局数据库是问题求解状态信息的存放处，即黑板。将解决问题所需的知识划分成若干知识源，它们之间相互独立，需通过黑板进行通信、合作并求出问题的解。通过知识源改变黑板的内容，从而导出问题的解。在问题求解过程中所产生的部分解全部记录在黑板上。各知识源之间的通信和交互只通过黑板进行，黑板是公共可访问的。控制结构则按人的要求控制知识源与黑板之间的信息更换过程，选择执行相应的动作，完成设计问题的求解。黑板结构模型是一种通用的适于大解空间和复杂问题的求解模型。

（5）基于实例的推理（CBR）

CBR 是一种新的推理和自学习方法，其核心精神是用过去成功的实例和经验来解决新问题。研究表明，设计人员通常依据以前的设计经验来完成当前的设计任务，并不是每次都从头开始。CBR 的一般步骤为：提出问题，找出相似实例，修改实例使之完全满足要求，将最终满意的方案作为新实例存入实例库中。CBR 中最重要的支持是实例库，关键是实例的高效提取。

CBR 的特点是对求解结果进行直接复用，而不用再次从头推导，从而提高了问题求解的效率。另外，过去求解成功或失败的经历可用于动态地指导当前的求解过程，并使之有效地取得成功，或使推理系统避免重犯已知的错误。

（6）计算机集成智能设计系统研究

1）计算机集成智能设计系统的概念。

由于现有 CAD 系统缺少对设计过程的全面支持及彼此之间的设计信息流通，且现有 CAD 系统尚不具有人类所具有的智能，所以智能化、集成化是新一代 CAD 系统的发展方向。因此，国内外不少学者开始了计算机集成智能设计系统（computer integrated intelligent design system，CIIDS）的研究。

CIIDS 是指这样的 CAD 系统：以智能 CAD 系统为基础，以各种智能设计方法作为理论依据（方法的集成），能对产品设计的各个阶段工作提供支持（系统的集成），有唯一且共同的数据描述（知识的集成），具有发现错误、提出创造性方案等智能特性，有良好的人机智能交互界面，同时能自动获取数据并生成方案，能对设计过程和设计结果进行智能显示。最后，系统内部不但能够实现网络化，而且行业间的 CAD 系统也能组成 CAD 信息互联网。

因此，CIIDS 是人工智能和 CAD 技术相结合的综合性研究领域，它将人工智能的理论和技术用于 CAD 中，使 CAD 系统在某种程度上具有设计师的智能和思维方法，从而把设计自动化引向深入。其宗旨是使 CAD 系统具有智能，使计算机更多、更好地承担设计中的任务，在更大范围内、更高水平上帮助或代替人类处理数据、信息与知识。因此，智能 CAD 将是 CIIDS 的基本实现模型。

由于 CIM 技术的发展和推动，计算机集成智能设计由最初的传统 CAD 系统到 ICAD 系统（设计型专家系统）再发展到 CIIDS。虽然 CIIDS 也采用专家系统技术，但它只将其作为自己的一个基本技术，两者仍有很大的区别：①CIIDS 要处理多领域、多种描述形式的知识，是集成化的大规模知识处理环境。②CIIDS 面向整个设计过程的，是一种开放的体系结构。③CIIDS 要考虑产品在整个设计过程中的模型、专家思维、推理和决策的模型，不像 ICAD 系统那样只针对设计过程某一特定环节（如有限元分析）的模型进行符号推理。这是智能设计的高级阶段。

2）计算机集成智能设计系统的特性。

CIIDS 的特性主要体现在集成化、智能化、自动化、网络化等方面。

①集成化特性。CIIDS 的集成化特性体现在系统的集成、知识的集成和方法的集成等三个方面。

系统的集成：包括硬件集成和软件集成。硬件集成可选择主机中心配置，也可选择分布式配置；可采用局域网（Intranet）的形式，也可采用客户机/服务器（Client/Server）的体系结构。软件集成就是把各种功能不同的软件系统按不同用途有机结合起来，用统一的控制程序来组织各种信息的传递，保证系统内信息流畅通，并协调各子系统有效运行。

知识的集成：智能设计是基于知识的设计，通过各种知识库和知识树的建立、知识的统一管理、知识的智能接口等方式来实现知识的集成、管理与控制。

方法的集成：通过方法库的形式，把各种智能设计方法集成起来，如把智能优化设计、面向对象的设计、面向智能体的设计、并行设计、协同设计、信息流设计和虚拟设计方法等集成起来。

②智能化特性。CIIDS 的智能化特性表现在三个方面：CIIDS 本身的智能性、人机智能交互界面、设计过程和设计结果的智能显示。

CIIDS 本身的智能性：智能化就是把人工智能的思想、方法和技术引入传统 CAD 系统中，使系统具有类似设计师的智能，包括推理、分析、归纳设计知识的能力，发现错误、回答提问、建议解决方案的能力，自学习、自适应和自组织的能力等，使计算机能支持设计过程的各个阶段，尽量减少人的干预，从而提高设计水平，缩短设计周期，降低设计成本。

人机智能交互界面：系统以用户输入为基础，通过机器已具备的常识和推理，自动获得更多的信息，从而使人机交互变得简便、友好。此外，结合数据库技术和自然语言理解，计算机只要接受用户的简短语言描述，就可以知道输入的是什么图形。随着语言处理技术和智能多媒体技术的发展，人机智能交互的作用将更加突出。

设计过程和设计结果的智能显示：CIIDS 的一个重要方面就是在显示上使系统具有智能性。随着可视化技术、虚拟显示技术及智能多媒体技术的发展，CIIDS 将在色彩和真实感方面使设计过程和设计结果的显示得以充分表现。

③自动化特性。CIIDS 的自动化特性主要体现在三个方面：自动生成方案、自动获取数据和自动建立三维形体。

自动生成方案：在 CIIDS 中，从外形设计到系统特性设计，从概念设计到加工过程设计，设计者提出要求，由系统来模拟设计师，自动生成多种已能满足要求的方案。然而，设计理论至今尚未成熟，许多问题有待解决，设计全自动化还难以实现。比较现实的方法是局部或在人机交互协作下自动生成方案。

自动获取数据：图纸是工程中的重要媒介，它记录着大量的工程信息。自动获取数据主要指工程图纸的自动输入与智能识别，就是要通过扫描输入的点阵图像和 CAD 系统之间的智能接口，在点阵图像和矢量图形自动变换的基础上，实现对图纸内容的识别与理解，并转换为 CAD 系统兼容的数据格式。

三维形体的自动建立：三维形体的自动建立就是通过综合三维视图中的二维几何与拓扑信息，在计算机中自动产生相应的三维形体，其目的有两方面：一方面为 CIIDS 提供新的三维模型交互操作方法；另一方面是为在设计问题求解中，从设计方案到设计结果的转换过程提供一个有效、可靠的三维模型构建方法。

④网络化特性。信息时代工程技术与计算机和通信技术紧密结合，CIIDS 要想实现设计过程的自动化就离不开网络技术。CIIDS 的网络化可以通过以下两条途径实现

一是局域网方式。CIIDS 本身就由一个局域网构成。设计中的所有公用信息，如图形、文本、编码等存储在公用数据库中，各工作站通过网络共享其中的数据进行设计。工作站之间也通过网络交换相互需要的中间或最后处理结果。

二是互联网（Internet）方式。每个 CIIDS 都可通过 Internet 相连，构成一个 CAD 信息网络。通过该网络，设计者和决策者可以快速获得各种信息，并联合多个 CIIDS 共同解决一个复杂的大型工程设计问题，从而形成"互联网设计院"。

3）计算机集成智能设计系统的抽象模型。

为了将复杂的智能设计系统描述清楚，有学者参考网络的 ISO/OSI 模型，在总结归纳智能设计自身特点的基础上，提出了 CIIDS 的抽象层次模型，见图 13-2。

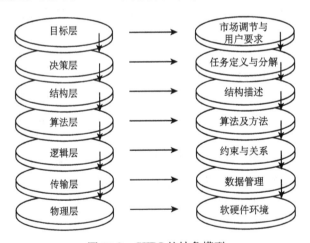

图 13-2　CIIDS 的抽象模型

如图 13-2 所示，左边层次体现了智能设计过程中层与层之间的相互关联，上一层以下一层为基础，下一层为上一层提供支持与服务，同时每一层有其自己的任务，正是这样的分层与分类，才构成复杂系统设计的统一整体。右边层次体现了抽象层次模型在具体应用时所承担的任务，同样也呈现出如左边一样的特性。抽象层次模型的建立，是智能设计系统集成求解的基础。

目标层为要达到的总目标，它与用户的要求相关联。决策层把总目标分解成子目标，表现

为任务的分解与进一步决策。结构层提供问题组织与表达的方法。算法层为决策层提供强大的支持工具，它包含所有可用的算法与方法。逻辑层通过约束与关系把算法层沟通，协调算法层，使系统融合为一体。传输层进行信息交换、数据的管理，是以上各层信息交流的平台。物理层即系统运行的硬件环境，包括信息的存储及与外设的连接。

4）建立计算机集成智能设计系统的智能设计方法。

根据 CIIDS 的特性，学者现已从不同角度提出了多种智能设计方法，主要如下。

①基于智能优化的设计方法。包括模糊智能优化、人工神经网络、进化智能优化等各种智能优化方法的集成。

②基于推理的设计方法。把推理的思想用于设计，方案的形成过程可看成推理的过程，输入设计数据、知识，由计算机推理得到设计方案。另外，人的设计是一种高度综合的智能活动，设计者可综合各种情况的信息产生新的想法，也可以利用旧的经验或仅采用设想的成分，在头脑中加工形成结果，这种方法称为基于综合推理的设计方法。

③面向对象的设计方法。这是一种全新的设计和构造软件的思维方法。首先构建该问题的对象模型，使该模型能真实地反映所要求解问题的实质。然后设计各个对象的关系以及对象间的通信方式等。最后实现设计所规定的各对象所应完成的任务。

④并行设计方法。就是在产品开发的设计阶段就综合考虑产品生命周期中工艺规划、制造、装配、测试和维护等各环节的影响，各环节并行集成，缩短产品的开发时间，降低产品成本，提高产品质量。CIIDS 应该是支持并行设计的计算机环境。

⑤协同式设计方法。以协同理论为理论基础、由设计专家小组经过一些协同任务来实现或完成一个设计目标或项目。协同式设计是一个知识共享和集成的过程，设计者必须共享数据、信息和知识。共享知识的表达以及冲突检测和解决是其关键技术。

⑥虚拟设计方法。就是把虚拟现实技术应用于工程设计中，实现理想的绘图与结构计算一体化。如果把虚拟现实技术与 CIIDS 相结合，创建虚拟现实的 CIIDS，则从工程项目的规划、方案的选择，到最后结果的实现将大大提高设计效率和设计质量。

另外，不少学者还提出了基于信息流设计方法、基于搜索的设计方法、基于约束满足的设计方法、基于实例的设计方法、基于原形的设计方法、面向智能体的设计方法等，详见有关文献。

13.3 知 识 处 理

知识是人类在实践中认识客观世界（包括人类自身）的成果，它包括事实、信息的描述或在教育和实践中获得的技能。知识是人类从各个途径中获得的经过提升总结与凝练的系统的认识。在哲学中，关于知识的研究称为认识论，知识的获取涉及许多复杂的过程：感觉、交流、推理。

13.3.1 知识表示

在人工智能中，知识表示（knowledge representation）就是要把问题求解中所需要的对象、前提条件、算法等知识构造为计算机可处理的数据结构以及解释这种结构的某些过程。这种数据结构与解释过程的结合，将导致智能的行为。智能活动主要是一个获得并应用知识的过程，而知识必须有适当的表示方法才便于在计算机中有效地存储、检索、使用和修改。因此，知识表示就是研究各种知识的形式化描述方法及存储知识的数据结构，并把问题领域的各种知识通过这些数据结构结合到计算机系统的程序设计过程中。

在人工智能领域里已经发展了许多种知识表示方法，常用的有产生式规则表示（production rules）、谓词逻辑表示（predicate calculus）、语义网络表示（semantic networks）、框架表示（frames）等。

在上述知识表示方法中，由于产生式规则表示方法是目前专家系统中最为普遍的一种知识表示方法，下面就以它为例，来说明知识表示的概念及方法。

产生式规则表示，有时称为 IF-THEN 表示，它表示一种条件-结果形式，是一种逻辑上具有因果关系的表示模式，也是一种比较简单表示知识的方法。IF 后面部分描述了规则的先决条件，而 THEN 后面部分描述了规则的结论。它在语义上表示"如果 A，则 B"的因果关系。生产式规则表示方法主要用于描述知识和陈述各种过程知识之间的控制，及其相互作用的机制。

产生式规则的一般表达形式为

$$P \to C \tag{13-1}$$

其中，P 表示一组前提或状态，C 表示若干个结论或事件。式（13-1）的含义是"如果前提 P 满足则可推出 C（或应该执行动作 C）"。前提 P 和结论 C 可以进一步表达为 $P = P_1 \wedge \cdots \wedge P_m$，$C = C_1 \wedge \cdots \wedge C_n$。符号"$\wedge$"表示"与"的关系。于是式（13-1）可以细化为

$$P = P_1 \wedge \cdots \wedge P_m \to C = C_1 \wedge \cdots \wedge C_n \tag{13-2}$$

例如，关于齿轮减速器选型的一条规则描述为：如果齿轮减速器的总传动比大于 5，并且齿轮减速器的总传动比小于等于 20，那么齿轮减速器的传动级数为 2，齿轮减速器的第一级传动形式为双级圆柱齿轮，齿轮减速器的第一级传动形式为闭式圆柱齿轮传动，齿轮减速器的第二级传动形式为闭式圆柱齿轮传动。令

$P_1 =$ 齿轮减速器的总传动比 > 5

$P_2 =$ 齿轮减速器的总传动比 $\leqslant 20$

$C_1 =$ 齿轮减速器的传动级数 $= 2$

$C_2 =$ 齿轮减速器的第一级传动形式为双级圆柱齿轮

$C_3 =$ 齿轮减速器的第一级传动形式为闭式圆柱齿轮传动

$C_4 =$ 齿轮减速器的第二级传动形式为闭式圆柱齿轮传动

则此规则形式化为描述为

$$P_1 \wedge P_2 \to C_1 \wedge C_2 \wedge C_3 \wedge C_4 \tag{13-3}$$

目前，多数较为简单的专家系统（expert system）都是以产生式表示知识的，相应的系统称作产生式系统。

产生式系统，由知识库和推理机两部分组成。其中知识库由规则库和数据库组成。规则库是产生式规则的集合，数据库是事实的集合。

规则是以产生式表示的。规则集蕴涵着将问题从初始状态转换为解状态的那些变换规则，规则库是专家系统的核心。规则可表示成与或树形式，基于数据库中的事实对与或树的求值过程就是推理。

数据库中存放着初始事实、外部数据库输入的事实、中间结果事实和最后结果事实。

推理机是一个程序，控制协调规则库与数据库的运行，包含推理方式和控制策略。

产生式系统的推理方式有：正向推理、反向推理和双向推理三种。

正向推理：从已知事实出发，通过规则库求得结论，或称数据驱动方式。推理过程如下：

1) 规则集中的规则前件与数据库中的事实进行匹配，得匹配的规则集合。

2) 从匹配规则集合中选择一条规则作为使用规则。

3) 执行使用规则的后件。将该使用规则的后件送入数据库中。

4) 重复这个过程直至达到目标。

具体而言，如果数据库中含有事实 A，而规则库中有规则 A→B，那么这条规则便是匹配规则，进而将后件 B 送入数据库中。这样可不断扩大数据库直至包含目标便成功结束。如有多条匹配规则需从中选一条作为使用规则，不同的选择方法直接影响着求解效率，选规则的问题称作控制策略。正向推理会得出一些与目标无直接关系的事实，是有浪费的。

反向推理：从目标（作为假设）出发，反向使用规则，求得已知事实，或称目标驱动方式，推理过程如下。

1) 规则集中的规则后件与目标事实进行匹配，得匹配的规则集合。

2) 从匹配的规则集合中选择一条规则作为使用规则。

3) 将使用规则的前件作为子目标。

4) 重复这个过程直至各子目标均为已知事实成功结束。

如果目标明确，使用反向推理方式效率较高。

双向推理：同时使用正向推理和反向推理。

生产式规则的存储结构可以采用多种形式，最常用的是链表结构，其基本形式如图 13-3 所示。

由图 13-3 可知，一条产生式规则用一个基本的结构体存放。该结构体包括两个指针，分别指向规则的前提和规则的结论，而规则的前提和结论分别又由链表构成。

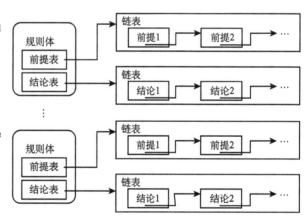

图 13-3 生产式规则的存储结构

知识的装入和保存过程与规则的结构相关，一般在系统开发时需要确定好知识库文件的存取格式，常用的格式有文本格式或二进制格式。

知识库采用文本格式时，每条规则的表达可以与规则的逻辑表达形式一致，例如：

Rule 1

If（为（加工方式，外圆加工））

And（为（加工表面，淬火表面））

Then（选用（加工机床，外圆磨床类机床））

Rule 2

If（选用（加工机床，外圆磨床类机床））

And（为（加工零件的精度要求，一般精度要求））

Then（选用（加工机床，万能外圆磨床））

Rule 3

If（选用（加工机床，外圆磨床类机床））

And（为（加工零件的精度要求，高精度要求））

Then（选用（加工机床，高精度外圆磨床））

⋮

上述规则集合既是逻辑表达形式，又是规则的文本存放形式。对应上述规则集合的推理网络如图 13-4 所示。图中带圆弧的分支线表示"与"的联系，不带圆弧的分支线表示"与"的关系。

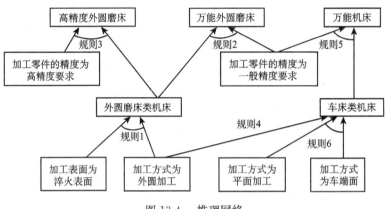

图 13-4　推理网络

文本文件是一种顺序存取文件，不能从中间插入读取某条规则，必须一次将所有规则装入内存，故对计算机内存资源消耗较大。

知识库文件采用二进制数据格式时，规则以记录为单位进行存取。每条记录的大小要根据规则的长度来确定。此时，可以按随机文件的方式存取指定的规则，因而不需要将所有规则同时装入内存，这样可减少计算机内存资源的消耗，但增加了计算机 CPU 与外设交换数据的次数。

综上所述，产生式规则表示方法的特点为：一是表示格式固定，形式单一，规则（知识单位）间相互较为独立，没有直接关系使知识库的建立较为容易，处理较为简单的问题是可取的。二是推理方式单纯，也没有复杂计算。特别是知识库与推理机是分离的，这种结构给知识的修改带来方便，无须修改程序，对系统的推理路径也容易做出解释。所以，产生式规则表示知识常作为构造专家系统第一选择的知识表示方法。

13.3.2　知识获取

1. 知识获取的任务

在人工智能中，知识获取就是从特定的知识源中获取可能有用的问题求解知识和经验，并将之转换成计算机内可执行代码的过程。知识源就是知识获取的对象。

在具体领域问题中有两种知识：一种是明确的规范化知识，一般来自理论、书本或文献；另一种是启发性知识，即专业人员及专家在长期解决问题实践中积累的经验知识，这种知识常有某种主观性、随意性和模糊性，如何将这部分知识概念化、形式化，并提取出来是获取这部分知识的困难之处。因此，知识获取系统最难获取的就是领域专家的经验知识。

知识获取过程之一是提炼知识，它包括对已有知识的理解、抽取、组织，从已有的知识和实例中产生新知识。

提炼知识并非是一件容易的事，提炼明确的规范化知识相对容易，提炼启发式知识就较为不易，主要是由于这类知识一般缺乏系统化、形式化，甚至难以表达。但是，往往正是这些启发性知识在实际工程应用中却发挥着巨大的作用。

无论哪种知识，以何种形式获取，当它们被获取后，都应该做到准确、可靠、完整、精炼。

2. 知识获取研究的问题

在知识获取中，需要研究的主要问题包括知识抽取、知识建模、知识转换、知识检测以及知识的组织与管理。

1）知识抽取。是为知识建模获得所需数据（此时尚不能称之为知识）的过程，由一组技术和方法组成，通过与专家不同形式的交互来抽取该领域的知识。抽取结果通常是一种结构化的数据，如标记、图表、术语表、公式和非正式的规则等。

2）知识建模。即构建知识模型（know ledge model）的过程，是一个帮助人们阐明知识 - 密集型信息 - 处理任务结构的工具。

3）知识转换。是指把知识由一种表示形式变换为另一种表示形式。

4）知识检测。为了保证知识库中知识的一致性、完整性，把知识库中存在某些不一致、不完整甚至错误的信息删除、改正过来。

5）知识的组织与管理。包括了知识的维护与知识的组织，以及重组知识库、管理系统运行和知识库的发展、知识库安全保护与保密等。

3. 知识获取的步骤

知识获取过程大体分为以下三个步骤：

1）识别知识领域的基本结构，寻找相对应的知识表示方法。这也是知识获取最为困难的一步。

这一阶段就是要抓住问题各个方面的主要特征，确定获取知识的目标和手段，确定领域求解问题，问题的定义及特征（包括子问题的划分、相关的概念和术语、相互关系等）。该阶段的目标就是把求解问题的关键知识提炼出来，并用相应的自然语言表达和描述。

2）抽取细节知识转换成计算机可识别的代码。

本阶段主要是将前一阶段提炼的知识进一步整理、归纳，并加以分析、组合。在确定了领域知识结构，选择了知识表示方法后，抽取细节知识转换成计算机可识别的代码，就变成了比较机械化的过程。该阶段的任务就是把上个阶段概括出来的关键概念、子问题和信息流特征映射成基于各种知识表达方法的形式化的表示，最终形成和建立知识库模型的局部规范。这一阶段需要确定三个要素：知识库的空间结构、过程的基本模型及数据结构。其实质就是选择知识的表达方式，设计知识库的结构，形成知识库的框架。

3）调试精炼知识库。

该阶段也就是知识库的完善阶段。本阶段可在很大程度上实现自动化。在建立专家系统的过程中，需要不断进行修改，不断总结经验，不断反馈信息，使得知识越来越丰富，以实现完善的数据库系统。

知识获取过程是建立专家系统过程中最为困难的一项工作，然而又是最为重要的一项工作。构建专家系统时必须集中精力解决好知识获取的工作。

需要指出的是，知识获取过程也是各步骤相互连接、反复进行人机交互的过程。

4. 数据获取中的常用技术

在数据获取中常用的技术，主要如下。

（1）关联规则（Association Rule）挖掘

关联规则挖掘发现大量数据中项集之间"有趣的"关联或相关联系。大量数据中多个项集频繁关联或同时出现的模式可以用关联规则的形式表示；规则的支持度和置信度是两个规则兴趣度度量，分别反映发现规则的有用性和确定性。关联规则如果满足最小支持度阈值和最小置信度阈值，则认为该规则是"有趣的"模式。

（2）统计方法

统计（statistics）方法是从事物的外在数量上的表现去推断该事物可能的规律性，即利用统计学原理对数据库中的信息进行分析。可进行常用统计（求大量数据中的最大值、最小值、总和、平均值等）、回归分析（求回归方程来表示变量间的数量关系）、相关分析（求相关系数来度量变量间的相关程度）、差异分析（从样本统计量的值得出差异来确定总体参数之间是否存在差异）等。这类技术包括相关分析、回归分析及因子分析等。

（3）人工神经网络技术

人工神经网络模拟人脑神经元，以 MP 模型和 HEBB 学习规则为基础，建立了三大类多种神经网络模型：前馈式网络、反馈式网络、自组织网络。神经网络系统由一系列类似于人脑神经元一样的处理单元组成，即节点（node），这些节点通过网络彼此互连。其处理过程主要是通过网络的学习功能找到一个恰当的连接加权值来得到最佳结果。通过训练学习，神经网络可以完成分类、聚类、特征挖掘等多种数据挖掘任务。

（4）决策树

决策树是通过一系列规则对数据进行分类的过程。它以信息论中的互信息（信息增益）原理为基础寻找数据库中具有最大信息量的字段，创建决策树的一个节点，再根据字段的不同取值建立树的分枝；在每个分枝中继续重复创建决策树的下层节点和分枝的过程，即可建立决策树。采用决策树，可以将数据规则可视化。其输出结果也容易理解。

（5）粗糙集方法

粗糙集（rough set）是一种刻画具有信息不完整、不确定系统的数学工具，能有效地分析和处理不精确、不一致、不完整等各种不完备信息，并从中发现隐含的知识，揭示潜在的规律。在数据库中，将行元素（即一条记录数据）看成对象，列元素作为属性（分为条件属性和决策属性），通过等价类划分寻找核属性集和约简集，然后从约简后的数据库中导出分类/决策规则。

（6）遗传算法

这是模拟生物进化过程的算法，可起到产生优良后代的作用。这些后代需满足适应度值，经过若干代的遗传，将得到满足要求的后代，即问题的解。遗传算法类似统计学，模型的形式必须预先确定，在算法实施的过程中，首先对求解的问题进行编码，产生初始群体，然后计算个体的适应度，再进行染色体的复制、交换、突变等操作，优胜劣汰，适者生存，直到最佳方案出现。遗传算法具有计算简单、优化效果好的特点。但还存在以下问题：算法较复杂，收敛于局部极小的过早收敛等难题未得到彻底解决。而且只有专业人员才能提出染色体选择的准则和有效地进行问题描述与生成。

（7）基于事例的推理方法

这种方法的思路非常简单，当预测未来情况或进行正确决策时，系统寻找与现有情况相类似的事例，并选择最佳的相同的解决方案。

13.4　智能设计系统的构建

设计的本质是创新和革新，作为一种创造性活动，设计实际上是对知识的处理和操作。随着信息化技术的快速发展，智能化成为设计活动的显著特点，也是走向设计自动化的重要途径。

智能设计系统是一个人机协同作业的集成设计系统，设计者和计算机协同工作，各自完成自己最擅长的任务。智能设计系统与一般 CAD 系统的主要区别在于，它以知识为其核心内容，其解决问题的主要方法是将知识推理与数值计算紧密结合在一起。数值计算为推理过程提供可靠依据，而知识推理解决需要进行判断、决策才能解决的问题，再辅之以其他一些处理功能，如图形处理功能、数据管理功能等，从而提高智能设计系统解决问题的能力。

13.4.1　智能设计系统的建造

建造一个实用的智能设计系统，是一项十分艰巨的工作。智能设计系统的功能要求越强，系统将越复杂。因此，在具体构建智能设计系统时，不必强求设计过程的完全自动化。开发与建造一个智能设计系统的基本步骤见图 13-5。

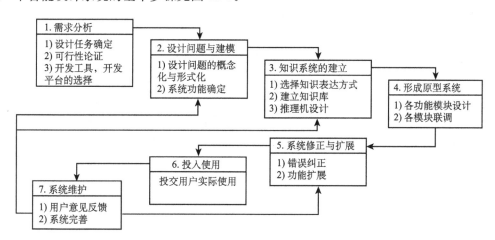

图 13-5　智能设计系统建造的基本步骤

由图 13-5 可见，一个智能设计系统建造的基本步骤如下。

1) 系统需求分析。系统需求分析必须明确所建造系统的性质、基本功能、设计条件和运行条件等一系列问题。其主要工作包括：①设计任务的确定；②可行性论证；③开发工具和开发平台的选择。

2) 设计对象建模问题。建造一个功能完善的智能设计系统，首先要解决好设计对象的建模问题。设计对象信息经过整理、概念化、规范化，按一定的形式描述成计算机能够识别的代码形式，计算机才能对设计对象进行处理，完成具体的设计过程。

在完成设计对象建模工作中，需要完成的工作包括设计问题概念化和形式化、系统功能的确定。

（1）设计问题概念化和形式化。设计过程实际上由两个主要映射过程组成，即设计对象的概念模型空间到功能模型空间的映射，功能模型空间到结构空间的映射。因此，如果希望所建造的智能设计系统能支持完成整个设计过程，就要解决好设计对象建模问题，以适应设计过程的需要。设计问题概念化、形式化的过程实际上是设计对象的描述与建模过程。

（2）系统功能的确定。智能设计系统的功能反映系统的设计目标。根据智能设计系统的设计目标，可分为智能化方案设计系统（完成产品方案的拟定和设计）、智能化参数设计系统（完成产品的参数选择和确定）和智能设计系统（完成从概念设计到详细设计整个设计过程）。其中，智能设计系统是一较为完整的系统，但建造的难度也较大。

3）知识系统的建立。知识系统是以设计型专家系统为基础的知识处理子系统，是智能设计系统的核心。知识系统的建立过程即设计型专家系统的建造过程。建造中的主要工作包括选择知识表达方式和建造知识库。

4）形成原型系统。形成原型系统阶段的主要任务是完成系统要求的各种基本功能，包括比较完整的知识处理功能和其他相关功能，只有具备这些基本功能，才能建造出一个初步可用的系统。

形成原型系统的工作可分为以下两步进行：①各功能模块设计（按照预定的系统功能对各功能模块进行详细设计，完成编写代码、模块调试过程）；②各模块联调（将设计好的各功能模块组合在一起，用一组数据进行调试，以确定系统运行的正确性）。

5）系统修正与扩展。系统修正与扩展阶段的主要任务是对原型系统有联调和初步使用中的错误进行修正，对没有达到预期目标的功能进行扩展。

经过认真测试后，系统已具备设计任务要求的全部功能，满足性能指标，就可以交付用户使用，同时形成设计说明书及用户使用手册等文档。

6）投入使用。将开发的智能设计系统交付用户使用，在实际使用中发现问题。只有经过实际使用过程的检验，才能使系统的设计逐渐趋于准确和稳定，进而达到专家设计水平。

7）系统维护。针对系统在实际使用中发现问题或者用户提出的新要求对系统进行改进和提高，以不断完善系统。

13.4.2 智能设计系统的关键技术

由于人机智能化设计系统是针对大规模复杂产品设计的软件系统，是面向集成的决策自动化，是高级的设计自动化。因此，智能设计系统的开发，将涉及如下关键技术。

（1）设计过程的再认识

智能CAD系统的发展，乃至设计自动化的实现，从根本上取决于对设计过程本身的理解。尽管人们在设计方法、程序和规律等方面进行了大量探索，但从信息化的角度看，设计方法学的水平还远远没有达到此目的，智能CAD系统的发展仍需要进一步的探索适合计算机程序系统的设计理论和有效的设计处理模型。

（2）设计知识的表式

设计过程是一个十分复杂的过程，它应用了多种不同类型的知识，如经验性的、常识性的以及结构性的知识，因此单一知识表示方式不能有效表达各种设计知识，如何建立一个合理且有效表达设计知识的知识表达模型一直是设计专家系统成功的关键。通常采用多层知识表达模式，将元知识、定性推理知识以及数学模型和方法等相结合，根据不同类型知识的特点采用相应的表达方式，在表达能力、推理效率与可维护性等方面进行综合考虑。面向对象的知识表示，框架式的知识结构是目前采用的流行方法。

（3）多方案的并行设计

设计类问题是"单输入/多输入"问题，即用户对产品提出的要求是一个，但最终设计的结果可能很多，均为满足用户要求的可行的结果。设计问题的这一特点决定了设计型专家系统必须具有多方案设计能力。需求功能逻辑树的采用、功能空间符号表示、矩阵表示和设计处理是多方案设计的基础。另外，针对设计问题的复杂性，可将其分成若干个子任务，采用分布式的系统结构，进行并行处理，从而有效地提高系统的处理效率。

（4）多专家系统协同合作以及信息处理

智能设计中，可以把较复杂的设计过程分解为若干个环节，每个环节对应一个子专家系统，多个专家系统协同合作，各子专家系统间互相通信，这是概念设计专家系统的重要环节。模糊评价和神经网络评价相结合的方法是目前解决多专家系统协同合作中多目标信息处理最有效的方法。

（5）再设计与自学习机制

当设计结果不能满足要求时，系统应能够返回到各个层次进行再设计，利用失败信息、知识库中的已有知识和用户对系统的动态应答信息进行设计反馈，完成局部和全部的重新设计任务；同时，采用归纳推理和类比推理等方法获得新的知识、总结新经验，不断扩充知识库，进行自我学习和自我完善。将并行工程设计的思想应用于概念设计过程中，这是解决再设计问题最有效的方法。

（6）多种推理机制的综合应用

智能 CAD 系统中，在推理机制上除演绎推理之外，还应有归纳推理（包括理想、类比等推理）、各种非标准推理（如非音调逻辑推理、加权逻辑推理等）以及各种基于不完全知识与模糊知识的推理等。基于实例的类比型多层推理机制和模糊逻辑推理方法的应用是目前智能CAD 系统的一个重要特征。

（7）智能化的人机接口和设计过程中人的参与

良好的人机接口对智能 CAD 系统是十分必要的。怎样能实现系统对自然语言的理解、对语音、文字、图形和图像的直接输入/ 输出是一项重要的任务。同时，对于复杂的设计问题和设计处理过程中某些决策活动，如果没有人的适当参与也很难得到理想的设计结果。

（8）设计信息的集成化

概念设计是 CAD/CAPP/CAM 一体化的首要环节，设计结果是详细设计与制造的信息基础，必须考虑信息的集成。应用面向对象的处理技术，实现数据的封装和模块化，是解决机械设计 CAD/CAPP/CAM 一体化的根本途径和有效方法。

13.5 智能设计的工程应用

13.5.1 智能设计系统的功能及体系结构

智能设计系统是以知识处理为核心的 CAD 系统。将知识系统的知识处理与一般 CAD 系统的计算分析、数据库管理、图形处理等有机结合起来，从而能够协助设计者完成方案设计、参数选择、性能分析、结构设计、图形处理等不同阶段、不同复杂程度的设计任务。

1. 智能设计系统的基本功能

智能设计系统的基本功能主要包括如下 4 个方面。

（1）知识处理功能

　　知识推理是智能设计系统的核心，实现知识的组织、管理及其应用，其主要内容包括：①获取领域内的一般知识和领域专家的知识，并将知识按特定的形式存储，以供设计过程使用；②对知识实行分层管理和维护；③根据需要提取知识，实现知识的推理和应用；④根据知识的应用情况对知识库进行优化；⑤根据推理效果和应用过程学习新的知识，丰富知识库。

　　（2）分析计算功能

　　一个完善的智能设计系统应提供丰富的分析计算方法，包括：①各种常用数学分析方法；②优化设计方法；③有限元分析方法；④可靠性分析方法；⑤各种专用的分析方法。以上分析方法以程序库的形式集成在智能设计系统中，供需要时调用。

　　（3）数据服务功能

　　设计过程实质上是一个信息处理和加工过程。大量的数据以不同的类型和结构形式在系统中存在并根据设计需要进行流动，为设计过程提供服务。随着设计对象复杂度的增加，系统要处理的信息量将大幅度地增加。为了保证系统内庞大的信息能够安全、可靠、高效地存储并流动，必须引入高效可靠的数据管理与服务功能，为设计过程提供可靠的服务。

　　（4）图形处理功能

　　强大的图形处理能力是任何一个 CAD 系统都必须具备的基本功能。借助二维、三维图形或三维实体图形，设计人员在设计阶段便可以清楚地了解设计对象的形状和结构特点，还可以通过设计对象的仿真来检验其装配关系、干涉情况和工作情况，从而确认设计结果的有效性和可靠性。

　　2. 智能设计系统的体系结构

　　根据智能设计系统的功能和特点，智能设计系统的体系结构如图 13-6 所示。

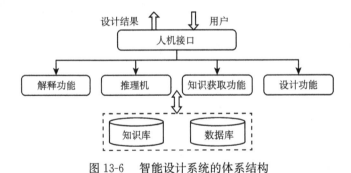

图 13-6　智能设计系统的体系结构

13.5.2　智能设计系统的应用—— 基于 VB. NET 的圆柱齿轮减速器智能设计系统

　　减速器是机械、交通、航空航天、矿山冶金等诸多领域重要的机械传动装置，在现代机械系统中应用很广。在齿轮减速器中，除传动零件齿轮、轴承、箱体、轴承端盖等主要零件外，还有连接螺栓、定位销、通气器、密封装置、轴承挡油盘等众多附件，即减速器组件多，结构复杂。传统的圆柱齿轮减速器设计效率低、难度大。为此，上海理工大学吴玮珂等以 Solid-Works 2016 软件为平台，结合 SQL. Server2008 数据库管理软件，用 VB. NET 编程语言开发出一种圆柱齿轮减速器的智能设计系统。该系统将模块化、参数化等产品设计开发技术应用到圆柱齿轮减速器智能设计系统中，实现了结构设计、工艺设计、产品数据库管理的一体化过程。

1. 系统结构

基于 VB. NET 的圆柱齿轮减速器智能设计系统结构如图 13-7 所示。系统的功能模块主要有设计计算、结构设计、三维参数化建模、工程图绘制、数据管理等模块。其中，设计计算、三维参数化建模、工程图绘制等三大模块的功能如下。

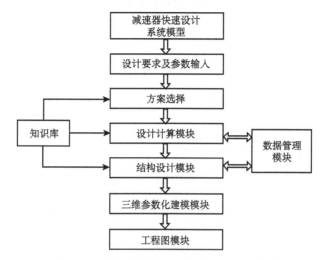

图 13-7 圆柱齿轮减速器智能设计系统结构

1) 设计计算模块：根据输入的传递功率、转速等基本参数，计算后判断强度、刚度等是否符合要求，确定各个零件的具体尺寸，设计结果存入数据库供研究。

2) 三维参数化建模模块：主要对零件进行参数设置，包括主动参数和从动参数，主动参数在可视化界面中直接输入，从动参数通过在 VB. NET 中定义的关系直接驱动生成三维模型。

3) 工程图模块：用于实现三维转二维的智能输出，通过编写工程图优化程序，调整工程图尺寸大小及视图位置，实现工程图的快速自动导出。

2. 系统设计

(1) 系统的工作流程

该系统的工作流程如图 13-8 所示。其主要工作过程为：①进入 SolidWorks 系统，在菜单栏进入用户登录界面，输入整体基本参数。②减速器的类型设计完成后，输入轴及齿轮主要参数，并通过计算分析得出二级参数。③根据已输入的产品编号，判断已知实例库中是否已有该型号，若已存在直接调用；若没有，则在判断数据真确的情况下，将参数写入数据库存档。④显示三维模型及工程图。

(2) 系统界面及引用添加

该系统主界面如图 13-9 所示。该系统主要包括基本参数、轴的参数设计和齿轮参数设计三部分。用户界面采用人机交互方式进行。

主界面分模块填写参数，并附上说明图标注，使具体参数位置更加清晰。大部分数据在后台计算自动得出。

系统使用 Visual Studio 2008 作为编写代码平台，为了使开发程序能成功连接到 SolidWorks 软件，首先应当添加 SolidWorks. Interop. sldworks、SolidWorks、Interop. swconst、SolidWorks、Interop. swpublished 等引用。

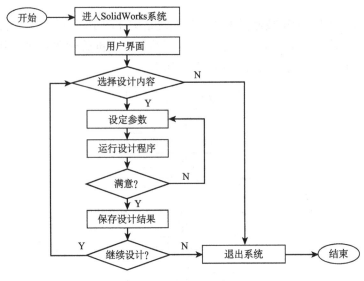

图 13-8 系统的设计流程

（3）尺寸模型驱动

模型驱动前，应对工作路径和存储路径进行修改。填写完圆柱齿轮减速器设计系统各零部件参数之后，对模型进行驱动，定义好尺寸驱动关系，单击尺寸驱动模型按钮，即可驱动减速器总装模型。

如图 13-10 所示为尺寸模型驱动完成后得到的减速器模型总装配图。

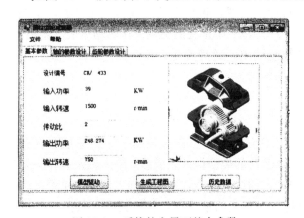

图 13-9 系统的主界面基本参数

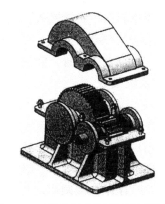

图 13-10 驱动完成的减速器三维模型

（4）设计计算

根据输入的初始参数，系统可以完成轴、齿轮的设计计算。通过后台程序运算就可得出想要的参数，也可根据后台的尺寸规则来判断数据的正确性，避免重复性工作。

（5）数据库访问

系统数据库对设计过程中的大量数据进行存储、保管、筛选、管理。对标准数据的管理，主要包括标准件及固定尺寸模型参数的存储、管理。使用过程中，通过代码对数据库进行调用，设计者通过选择需要的参数型号，直接驱动该类型模型生成。

该系统利用 SQL Sever 2008 作为系统的数据支持，用户在该数据库下使用 SQL 语言，可进行数据的新增、删除、查询等操作，功能较为强大。

（6）工程图驱动

模型驱动完成后，在主界面单击生成工程图按钮，就能自动生成工程图。再经工程图调整，可获得质量较高的工程图。工程图调整主要包括视图位置调整、视图比例调整、尺寸位置调整和材料明细表调整等。图 13-11 所示为经过工程图调整后所得的圆柱齿轮减速器工程图。

综上可见，该系统基本实现了圆柱齿轮减速器的智能设计需要。

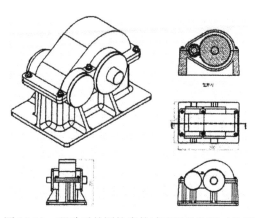

图 13-11　驱动后的圆柱齿轮减速器总装配工作图

习　　题

13-1　通过 CAD 技术的发展历程，分析传统 CAD、智能 CAD、智能设计三者的关系。

13-2　简述智能设计系统基本功能的构成。

13-3　何谓知识表示？简述常用的典型的知识表示模式的类型。

13-4　简述生产式规则的一般表达形式。

13-5　简述知识获取的任务及方法。

13-6　简述开发一个智能设计系统的基本步骤。

13-7　简要说明正向推理的概念及其主要实现过程。

参 考 文 献

陈定方，卢全国，2010. 现代设计理论与方法. 武汉：华中科技大学出版社

陈继平，李元科，1997. 现代设计方法. 武汉：华中科技大学出版社

陈健元，1992. 机械可靠性设计. 北京：机械工业出版社

陈屹，谢华，2004. 现代设计方法及其应用. 北京：国防工业出版社

高玮，尹志喜，2011. 现代智能仿生算法及其应用. 北京：科学出版社

贺炜，李思益等，2004. 计算机辅助设计. 北京：机械工业出版社

黄纯颖，1992. 设计方法学. 北京：机械工业出版社

黄友锐，2008. 智能优化算法及其应用. 北京：国防工业出版社

黄雨华，董遇泰，2001. 现代机械设计理论与方法. 沈阳：东北大学出版社

纪震，廖惠连，吴青华，2009. 粒子群算法及应用. 北京：科学出版社

刘之生，黄纯颖，1992. 反求工程技术. 北京：机械工业出版社

刘志峰，刘光复，1999. 绿色设计. 北京：机械工业出版社

孙靖民，2003. 现代机械设计方法. 哈尔滨：哈尔滨工业大学出版社

童秉枢，吴志军，李学志，等，2000. 机械CAD技术基础. 北京：清华大学出版社

王丰，1990. 相似理论及其在传热学中的应用. 北京：高等教育出版社

王风歧，张连洪，邵宏宇，等，2004. 现代设计方法. 天津：天津大学出版社

王启广，叶平，2005. 现代设计理论. 徐州：中国矿业大学出版社

徐燕申，1992. 机械动态设计. 北京：机械工业出版社

杨现卿，任济生，任中全，2010. 现代设计理论与方法. 徐州：中国矿业大学出版社

叶元烈，2000. 机械现代设计方法学. 北京：中国计量出版社

曾昭华，傅祥志，1992. 优化设计. 北京：机械工业出版社

张鄂，1992. 现代设计方法. 西安：西安交通大学出版社

张鄂，2008. 机械与工程优化设计. 北京：科学出版社

张鄂，2010. 机械设计基础. 北京：机械工业出版社

张鄂，2013. 现代设计方法. 北京：高等教育出版社

张鄂，2014. 机械设计基础. 北京：国防工业出版社

张鄂，买买提明·艾尼，2007. 现代设计理论与方法. 北京：科学出版社

赵松年，佟杰新，1996. 现代设计方法. 北京：机械工业出版社